Theodor Kirchhoff

Grundriss der Psychiatrie für Studierende und Ärzte

Theodor Kirchhoff

Grundriss der Psychiatrie für Studierende und Ärzte

ISBN/EAN: 9783743337985

Hergestellt in Europa, USA, Kanada, Australien, Japan

Cover: Foto ©berggeist007 / pixelio.de

Manufactured and distributed by brebook publishing software
(www.brebook.com)

Theodor Kirchhoff

Grundriss der Psychiatrie für Studierende und Ärzte

GRUNDRISS

DER

PSYCHIATRIE

FÜR

STUDIERENDE UND ÄRZTE

VON

DR. THEODOR KIRCHHOFF,

DIRECTOR DER PROVINZIAL-PFLEGE-ANSTALT BEI NEUSTADT IN HOLSTEIN UND
PRIVATDOCENT FÜR PSYCHIATRIE AN DER UNIVERSITÄT KIEL.

LEIPZIG UND WIEN.

FRANZ DEUTICKE.

1899.

Vorwort.

Das vorliegende Buch geht von der Erfahrung aus, dass die kürzeste und einfachste Fassung des Stoffes für den Lernenden die beste ist; auch der praktisch thätige Arzt nimmt lieber ein kürzeres Buch zur Hand. Erst eine eingehendere Beschäftigung mit einzelnen Fragen der Psychiatrie zum eigenen Studium und zum Weiterforschen erfordert eine umfangreichere Fassung. Da der Hauptzweck dieses Grundrisses Uebersichtlichkeit für den Studierenden forderte, habe ich namentlich im besonderen Theil möglichste Einfachheit angestrebt, denn den einzelnen Formen geistiger Störungen pflegt der Anfänger das grössere Interesse entgegenzubringen. Wenn die verfeinerte und erweiterte klinische Beobachtung jetzt vielfach zur Aufstellung immer neuer Krankheitsformen geführt hat, so sieht man gleichzeitig oft auch das Bemühen, alte Formen aufzulösen, wobei bestehende Bilder verwischt werden; jedenfalls ist es gerade hier gut für den Studierenden, diesem Streit der Meinungen ausweichen zu können. Daher ist das Unsichere unserer Wissenschaft möglichst aus dem besonderen in den allgemeinen Theil verwiesen; die noch in voller Entwicklung begriffene Psychiatrie erlaubt dafür hier oft Anregung zu weiteren Ausblicken.

Dr. Theodor Kirchhoff.

Inhaltsverzeichnis.

Allgemeiner Theil.

Besonderer Theil.

I.

Anatomische Grundlagen und Sitz geistiger Störungen.

Psychiatrie ist die Lehre von den geistigen Störungen und ihrer Behandlung. Sie ist eine Erfahrungswissenschaft, deren Inhalt zusammengesetzt ist aus äusserer und innerer Erfahrung. Die körperliche Thätigkeit, die sich zwischen einen Reiz und eine Empfindung einschiebt, wird die psychophysische genannt; sie läuft an einem Zwischengliede ab, dem Gehirn. Hier ist ein Grenzgebiet zu dessen Erforschung die Psychiatrie der Unterstützung der Psychologie bedarf ohne ein Eindringen in metaphysische Gebiete.

Das Gehirn als Sitz normaler geistiger Vorgänge mit Berücksichtigung von Entwicklungsgeschichte und Gehirnbau.

Menschen mit grossen, geistigen Leistungen besitzen in der Regel grosse Gehirne, diese zeigen immer auch eine reiche Entfaltung der Oberfläche des Rindengraus. Die Denkvorgänge werden begleitet von schwachen Empfindungen im Stirn- und Scheitelhirn. Es liegt nahe jene inneren Empfindungen auf unmittelbare Vorgänge in den Denkcentren zurückzuführen, seien sie nun rein chemischer oder molecularer, sagen wir elektrochemischer Natur, die wir als **Spannungszustände** bezeichnen wollen. Das Stirnhirn ist als Ort für den Vorgang der Aufmerksamkeit, Apperception anzusehen. In ähnlicher Weise ist ein Theil des Scheitelhirns als wichtigster Ort für andere höhere geistige Vorgänge, die des Wissens und Schaffens in Anspruch genommen worden.

Die **Entwicklungsgeschichte** zeigt einen Zusammenhang zwischen Gefässbildung und Entwicklung der Hirnoberfläche, der dauernde Bedeutung behält; es lagern sich um die am frühesten auftretenden und am besten mit Blut versorgten Furchen die wichtigsten sogenannten

Rindencentren. Das Riech- und Geschmackscentrum sucht man in der Ammonswindung und im Uncus; vielleicht liegt hier auch ein Centrum für cutane Gefühle. Um die Fissura calcarina und den Sulcus parieto-occipitalis lagert sich das Sehcentrum. Um die Fossa Sylvii gruppiren sich Hörcentrum und die Sprachfunctionen, an beiden Seiten der so wichtigen und schon früh auftretenden Central- oder Rolandoschen Furche finden wir die wichtigsten motorischen und sensibeln Centren. Ein sensibles System von Körpergefühlsnerven führt aus den hintern Wurzeln des Rückenmarks und des verlängerten Marks ausschliesslich in die Rinde der Centralwindungen; das aus diesen Wurzeln bestrahlte Hirnrindengebiet heisst Körperfühlsphäre; sämmtliche Organ- und Hautempfindungen, sinnliche Gefühle und Triebe scheinen ihr zugeführt zu werden. Aus ihr leiten dann zahlreiche motorische Systeme — besonders die Pyramidenbahnen — zur Peripherie des Körpers zurück. Durch die Körperfühlsphäre müssen alle Gefühle und ihre Aeusserungen hindurchgehen, darunter die durch Kreislauf und Athmung vermittelten; besondere Wichtigkeit beanspruchen dabei die Verbindungen mit dem Sehhügel, der für die Ausdrucksbewegungen und die dafür so wichtigen Schmerzgefühle ein niederes Centrum, ein Focus zu sein scheint. Auch die andern Ganglien des Hirnstammes sind theilweise wohl ähnliche Sammelpunkte z. B. das sogenannte Vorderhirnganglion (Nucleus caudatus+Putamen des Linsenkerns), welches trophischen Functionen zu dienen scheint. Wenn man daher diese Theile des Hirnstammes und die Körperfühlsphäre mit ihren Verbindungssystemen vielleicht als Centralhirn bezeichnen darf, so haben wir ein Organ für die besprochenen Functionen vor uns, welches in gewissem Sinne eine entwicklungsgeschichtliche Einheit umfasst.

Aehnliche Einheiten finden sich für alle übrigen Sinnesleitungen; auch ihre Sinnessphären in der Hirnrinde liegen um Hauptfurchen, von den peripheren Sinnesorganen aus wachsen ihnen Stabkranzfasern zu, anscheinend im Anschluss an den zeitlichen Eintritt der Function. Die Sehstrahlungen führen zu Rindentheilen, die den Fissurae calcarinae benachbart sind (Sehsphäre). Dem Centralhirn könnte man so ein Sehhirn an die Seite stellen. Die Bedeutung dieser entwicklungsgeschichtlichen Einheiten zeigt sich auch in dem mikroskopischen Bau ihrer Rindentheile; so findet sich eine Aehnlichkeit im Bau der Sehsphäre mit dem der Netzhaut des Auges, wie zwischen den Zellen des Centralhirns und des Rückenmarks; in Hör- und Riechsphäre finden sich besondere auffällige Zellenformen.

Neben und zwischen jenen Sinnessphären findet man noch etwa zwei Drittel der Hirnoberfläche von anderer Bedeutung. Diese Gebiete haben bis mehrere Monate nach der Geburt keinen Stabkranz. Es ist nicht unwahrscheinlich, dass sich von den Randzonen der Sinnessphären aus, später, vielleicht sogar noch im Gehirn des Erwachsenen, tiefere Einstrahlungen entwickeln, die einen Stabkranz vortäuschen; möglich ist es, dass sich auch echte Stabkranzfasern bilden, denn die Weiterbildung von Nervenelementen scheint mit dem Wachsen und Wechseln der Function eine bleibende Eigenschaft des Gehirns zu sein. Immerhin würde es eines der wichtigsten Ergebnisse neuerer Forschungen sein, wenn es sich allseitig bestätigte, dass diese Rindenbezirke im Wesentlichen nur Knotenpunkte für Associationsfasersysteme und nicht für Stabkranzfasern sind. Dann würden wir sie als die eigentlichen Denkorgane, Coagita- tions- (= coagito = cogito) oder Associationscentren ansehen müssen. Am einfachsten ist es zwei Associationscentren zu unterscheiden, ein vorderes im Stirnhirn, und ein grosses hinteres; dieses schiebt sich zwischen die Seh- und Tastsphären ein und enthält einen grossen Theil des Scheitel- und Hinterhaupthirns.

Man hat in dem feineren Bau der Hirnrinde wie im Nerven- system überhaupt über und neben einander aufgebaute Neurone erkannt, von denen ein jedes aus Ganglienzelle, Axencylinder und seiner Auf- splitterung besteht. In diesen nervösen Einheiten müssen wir uns die Ganglienzelle als den Brennpunkt denken, von dem aus Wachsthum und Ernährung geregelt werden; deshalb degeneriren schon diese kleinen Sy- steme in der Richtung von der Zelle aus. Treten sie zu zahlreichen gleichgerichteten Systemen zusammen, so kommt es bei krankhaften Vor- gängen zu systematischen Degenerationen in der Richtung der Function. Die mehrfachen Seitenäste (Collateralen) der Nerven- bäumchen (Neurodendren = Axencylinder) verzweigen sich vielfach unter den benachbarten und stellen durch korbartige Einschliessung der kolbenför- migen Enden Contactwirkungen und Verbindung mit andern Ganglien- zellen her. Es ist dies kein Netzwerk, sondern ein dichter Filz, in dem elektrochemische Contactwirkungen, Hemmungen und Reizungen, ein An- schwellen und Ueberfliessen der einzelnen Neuronzustände und -vorgänge auf die Umgebung übertragen werden können. Sie führen (durch An- spannung und Entspannung) zur Aufbewahrung Lösung und Vertheilung der verschiedenen Spannungszustände, die den Grund alles geistigen Ge- schehens bilden. Die Wachsthumsenergie der einzelnen Zelle, die sie als Erbtheil organischen Lebens mit auf ihren Weg bekommen hat, in ihrer frühesten Jugend noch an selbständigen Bewegungen kenntlich, er- lischt nicht, sondern führt ausser der Aeusserung ihrer inneren Spannungs- zustände zum Weiterwachsen der einzelnen Neurone. So wachsen die Sinnesnerven von aussen her, von peripheren Neuroblasten in peripheren

Ganglien der peripheren Sinnesorgane aus, in die Centraltheile hinein, während die Bewegungsnerven aus dem Gehirn und Rückenmark herauswachsen. Denken wir uns diese Wachsthumskraft der Neuronzellen als eine mächtige, so weist sie uns den Weg, auf dem auch in späteren Jahren noch weitere Verbindungen im Gehirn geknüpft werden, auf dem eine höhere und höchste Ausbildung des Geistes möglich ist. Hiernach scheint es, dass die besondern specifischen Leistungen der Neurone von ihren Ursprungsstellen herrühren, bei den sensibeln Nerven vom peripheren, bei den motorischen vom centralen Organ.

Im Gehirnmantel des Erwachsenen werden einzelne Gegenden durch die A n o r d n u n g der S c h i c h t e n u n d Z e l l e n und zugleich durch b e s o n d e r e F u n c t i o n e n unterschieden. Nur ein Theil der Körperfühlsphäre, die centromotorische Region enthält die sogenannten R i e s e n - z e l l e n dichter gedrängt, nur die Sprachregion enthält eine massenhafte Ansammlung von S p i n d e l z e l l e n, nur die Sehregion zeigt klar die eigenthümliche Schichtung des V i c q d' A z y r'schen S t r e i f e n s, und ein für Geruch und sinnliche Triebe angesprochener Theil der Hirnrinde hat einen eigenthümlichen Bau, der auch die A m m o n s w i n d u n g einschliesst. Der grosse Rest des übrigen Hirnmantels zeigt uns bis jetzt weniger auffallende Unterschiede.

Die specifisch selbständigere Stellung einzelner Rindenbezirke schliesst natürlich nicht aus, dass die geistigen Vorgänge erst durch die Gesammtthätigkeit des Gehirns zu Stande kommen; die Sinnessphären sind nicht Endstationen, sondern nur unentbehrliche Durchgangsstationen.

Der Sitz geistiger Störungen im Gehirn, begründet durch pathologische Anatomie und erklärt durch psychologische Betrachtungen mit Berücksichtigung der Sprache.

Am frühesten gelangte man nach schweren V e r l e t z u n g e n des Gehirns zu der Einsicht, dass es der Sitz geistiger Störungen sei; T h i e r - e x p e r i m e n t und gelegentliche elektrische R e i z v e r s u c h e am Menschen haben diese Ansicht heutzutage bestätigt. Pathologisch-anatomische Beobachtungen haben aber am meisten beigetragen diese Erkenntnis zu bewirken. Nach Allem steht fest, dass j e d e Hälfte des Grosshirns mit sämmtlichen Muskeln und empfindlichen Punkten des Körpers durch Nervenbahnen verknüpft ist, d. h. also b i l a t e r a l. Deshalb leiden bei Hemiplegieen auch die Glieder der andern Körperseite, erholen sich allerdings auch rascher; besonders die Beine, deren d o p p e l s e i t i g e

Innervation durch den regelmässigen Gebrauch bei der Fortbewegung fester eingeübt ist. Die Abgrenzung bestimmter Rindenfelder entspricht den Gliedern des Körpers, meistens nach ihren Gelenkabschnitten, so dass cortical bedingte Lähmungen und Reizegliedweise auftreten, im Gegensatz zu den segmental abgegrenzten spinalen. Neben den motorischen Rindenfeldern sind auch Tastvorstellungen localisirt. Bei Unterbrechung der Leitungssysteme zu den Rindenfeldern können wichtige Störungen auftreten, so z. B. in dem Fasersystem, welches von den hinteren Rückenmarkswurzeln zur Körperfühlsphäre führt. Hier können selbst sehr kleine Herde, sobald sie in unmittelbarer Nachbarschaft des Sehhügels liegen, die Schmerzleitung stören; aber auch in der fächerartigen Ausstrahlung dieses Systems sind verwandte Störungen die Folge. Die scharfe Abgrenzung der klinischen Erscheinungen ist in der Regel um so deutlicher, je tiefer unten in der Capsula interna der Herd sitzt. Diese Gegend ist auch sonst von grösster Wichtigkeit in ihr findet gewissermassen eine Kreuzung verschiedener Wege statt. Dabei ist die Nähe des Sehhügels von besonderer Bedeutung, denn unter den grossen Ganglien des Hirnstamms scheinen die Sehhügel eine innigere Beziehung zu den höheren geistigen Functionen zu haben als z. B. die Streifenhügel; nur die ersteren verkümmern bei angeborenem Mangel der Grosshirnlappen. Wegen der besonderen Beziehungen zu den einzelnen Rindenbezirken sind einzelne Kerne des Sehhügels als **Grosshirn-antheile** bezeichnet, soweit sie durch einen Stabkranz mit jenen Rinden-stellen verbunden sind. In den Sehhügel verlegt man nach klinischen Erfahrungen auch einen Ort für mimische Ausdrucksbewegungen.

Wir dürfen als Grundlage geistiger Störungen niemals engbegrenzte Stellen aufsuchen, sondern müssen die allseitigen Verbindungen mit-beachten. Vielleicht wird es möglich werden bestimmte klinische Krank-heitsgruppen mit bestimmten anatomischen, genauer entwicklungsgeschicht-lichen Einheiten zu vergleichen und die Abweichungen vom Typus zum Theil auf individuelle Verhältnisse zurückzuführen; der Affectzustand eines Melancholischen mit allgemeinen Schmerzen und dem Gefühl völliger Unlust, dessen tiefes Weh sich im Gesichtsausdruck offenbart, lässt sich abhängig denken von bestimmten innern Spannungszuständen im Centralhirn. Je mehr diese sich auf das Centralhirn beschränken, um so deutlicher würde das Bild einer einfachen Melancholie sein, während die innigen und allseitigen Verbindungen dieses Hirntheils mit allen übrigen Rindentheilen das gelegentliche Ergriffenwerden auch anderer geistiger Centren und Sinnessphären erklären können; dadurch würden die Bedingungen hergestellt für verschiedene andere Erscheinungsformen der Melancholie und verwandter psychischer Störungen. Die trophischen

Functionen des Vorderhirnganglions würden die eine Melancholie begleitenden Ernährungsstörungen in anatomischen Zusammenhang mit der Gesammterkrankung bringen. Bei einer andern Art des Spannungszustandes entwickelt sich vermuthlich auf denselben örtlichen Grundlagen ein maniakalischer Affect. Gerade die im Mittelpunkte aller psychischen Störungen stehenden Affecte würden so ihrer anatomischen Erklärung näher rücken, sowohl durch die Zustände des Centralhirns selbst wie seiner zur Peripherie reichenden Fasersysteme.

Entwicklungshemmungen finden sich bei Idioten, namentlich in der Ausbildung und Lagerung functionstüchtiger Nervenzellen; es handelt sich um ein Stehenbleiben auf frühen Entwicklungsstufen; gröbere Störungen in der Form des Gehirns sind dann auch häufig vorhanden. Je mehr die um begrenzte Herde liegenden Rinden- und Markgebiete diffus erkranken, um so leichter kommt es neben Herderscheinungen auch zu geistigen Störungen, entweder Begleiterscheinungen oder Folgezuständen. In letzterem Falle findet man sogar nach jahrelangen Zwischenräumen Krankheitszustände, deren herdförmiger flüchtiger Anfang schon lange ausgeglichen zu sein schien; diese frühen Anfänge sind also oft keine mit Zerstörung des Gewebes einherlaufende Herde gewesen, sondern nur herdförmig umschriebene, diffuse Vorgänge, deren Ausgleich die Function anscheinend wieder ganz hergestellt sein liess. Erst nach vielen Jahren kommt es durch irgend eine neue Veranlassung zum Ausdruck, dass dieser Hirntheil widerstandsschwächer geblieben ist durch in frühester Kindheit oder schon im Fruchtleben erworbene Schädigungen. Dieser Zusammenhang ist in manchen Fällen besonders nach Infectionskrankheiten nachgewiesen und wahrscheinlich für andere Fälle, in denen die vorausgehende frühe Erkrankung kaum beachtet wurde. Es finden sich dann Lähmungen und geistige Störungen vereint wie bei einigen einfachen Verblödungsformen und Fällen aus der Gruppe der paralytischen Seelenstörung.

Die im Gefässgebiet der Arteria cerebri media vereinten anatomischen Grundlagen der Sprache haben für die Auffassung der geistigen Störungen eine grundlegende Bedeutung. Einige Bemerkungen über das Verhältnis von Sprache und Geist müssen mit ihrer Untersuchung verbunden werden. Ist die Sprache nur das Gewand des Geistes oder der unmittelbare Ausdruck des Gedankens? Ist ein Denken ohne Sprache möglich? Zweifellos sehen wir, dass die höhere geistige Entwicklung des Menschen von der Sprachbildung fast überall eng begleitet wird; es ist aber ebenso sicher, dass es ein wortloses Begreifen gibt. Schon Monate vor dem Beginnen des Sprechens zeigt das Kind Verständnis für Worte und Sätze. Wir müssen also Verstehen und Sprechen unterscheiden. Umgekehrt bedeutet auch das Aussprechen von Worten nicht das Verständnis ihres Sinnes; Kinder können Worte und ganze Sätze nachsprechen, für die sie sicher noch kein Verständnis haben, ja diese können längere Zeit in ihrem Gedächtnis haften, bis sich erst mit den Jahren ein Begriff für den Inhalt einstellt. Bei vielen Dingen, die wir lernen, geht es uns auch später so; der Wortkörper wird uns zuerst gegeben, aber erst allmählich formt sich Leben und Seele in ihm. Wir lernen leicht eine fremde Sprache lesen und aussprechen, aber in ihr denken und sich unterhalten ist schwerer. Auch in der eigenen Sprache wächst und verändert sich der mit einem Wort verbundene Begriff; die Sonne des Kindes ist etwas ganz Anderes als die des Erwachsenen. Eng verbunden finden wir Wort und Begriff wieder beim Lernen; was wir fest im Gedächtnis behalten wollen, lesen oder lernen wir gern laut. Getrennt dagegen finden wir Wort und Gedanke bei gedankenlosem Sprechen und Vorlesen.

Der Entwicklungsweg der Sprache beim Einzelnen wie bei den Reihen der Völker lässt erkennen, dass Anschauung und Laut, Sehen und Hören die wichtigsten Elemente der Sprache sind. Diese Entstehungsweise hat sich im Allgemeinen und individuell vielfach verschoben, so dass, auch in Folge pathologischer Beobachtungen, die Ansicht vielfach gilt, die Sprache verdanke ihre Entstehung vorherrschend dem Gehörsinn; die Wichtigkeit des Gesichtssinnes ergibt sich aber nicht nur aus den Erfahrungen der Ethnologen, sondern z. B. auch aus Beobachtungen an Taubstummen. Wesentlich für diese Anschauung über die Beziehung' der Sprache zum Denken und zu den Sinnen ist die centrale anatomische Lage der Sprachregion mitten zwischen den Sinnessphären und Coagitationscentren. Manche geistige Störungen beweisen, dass der Zusammenhang zwischen Sprache und Gehör kein unablösbarer ist, denn in ihnen findet eine nachweisbar allmählich fortschreitende Trennung von Wort und Gedanke, Laut und Sinn statt, die in Zuständen höchster Verwirrtheit die gänzliche Ablösung des sprachlichen Ausdrucks von begrifflichen Vorstellungen zeigt.

Auch auf der Höhe geistigen Lebens scheint sich die innige Verbindung von Sprache und Geist beim Denken in Begriffen zu lockern. Die innere Erfahrung des Einzelnen führt nämlich auf einen Unterschied zwischen einer äussern und einer sogenannten innerlichen Sprache. Nehmen wir ein sehr gebräuchliches Beispiel und denken uns z. B. eine Rose, so kann uns diese Vorstellung in verschiedener Weise entgegentreten. Dem Einen wird sich das Gesichtsbild aufdrängen, begleitet von dem Gedanken an den Duft der Rose, einem Andern nur noch der Klang oder die Schriftzüge des Wortes Rose: denn so innig an dem menschlichen Denken auch die Anschauung der Gestalt haften bleibt, so dass auch eine gemalte Rose uns immmer noch eine Rose bleibt, so löst sich im begrifflichen Denken unsere Vorstellung doch immer mehr von der sinnlichen Gestalt mit ihren Einzelheiten, die den verschiedenen Eigenschaften, hier der Rose entsprechen; das Wort Rose ist nur der Sammelbegriff. Denken wir uns eine Glocke: bei dem Einen ist es das Gesichtsbild, bei dem Andern das Klangbild, welches sich zuerst aufdrängt. Andere stellen sich nur das gesprochene oder geschriebene Wort Glocke vor. Die Selbstbeobachtung in solchen Fällen lehrt, dass das Wort dann fast immer leise mitgesprochen wird. Die Sprache ist ein innerlicher und äusserlicher Vorgang, sie setzt sich aus Vorstellung und Wort zusammen. Diese sind unabhängig von einander, insofern das Wort nicht nothwendig die Vorstellung begleiten muss, wie z. B. die Aphasie zeigt. Ist das Wort aber da, so ist es ein Sammelbegriff, entstanden durch die Verknüpfung mehrerer Vorstellungsarten, wobei Gehörsbilder, Gesichts- Sprech- und Schreibebilder die wichtigsten sind. Diese Hauptbestandtheile des Wortes sind Formeln, welche jede Ueberlegung benutzt, aber dabei treten sie nach den Neigungen und Fähigkeiten des einzelnen Menschen entweder in verschiedener Stärke oder nur theilweise in seinen Ueberlegungen hervor. Die meisten Menschen denken in Sprachvorstellungen. Gehörsbilder der Worte begleiten unsere Vorstellungen meistens, wir hören unsere Gedanken. Bei nur wenigen Menschen kleidet sich der Gedanke in geschriebene Worte; sie lesen die Gesichtsbilder ihrer Vorstellungen. Es ist eine Fähigkeit und Eigenschaft, die bei Malern noch am häufigsten ausgeprägt ist, die überhaupt alle Gegenstände ihrem Gedächtnis als Erinnerungsbilder einzuprägen pflegen. Bei ihnen treten die Sprachvorstellungen unter der Form von Schriftbildern auf. Menschen, bei denen das Gedächtnis für die Bewegungen des Sprechens oder des Schreibens die Vorstellungen begleitet, sprechen oder schreiben ihre Gedanken innerlich; die entsprechenden Bewegungsgefühle schliessen sich eng an jeden Gedanken. Meistens aber bedient man sich abwechselnd dieser oder jener Form der innerlichen Sprache, die besondere Form ist nur die vorzugsweise. Wir dürfen dies als ein Glück ansehen, denn sonst würde der Verlust der einen Art immer den völligen Verlust der Sprache nach sich ziehen, so aber bleiben die andern Gebiete dann offen. Meistens werden die Sprachbilder zuerst erworben, doch finden sich zahlreiche physiologische Abweichungen in der Art des Erwerbes und des Ablaufs der Sprachvorstellungen. Die Sprache hat zum gesammten geistigen Leben die mannichfachsten Beziehungen, sie ist die höchste geistige Leistung des Menschen.

Es ist gewiss bezeichnend, dass wir bei Thieren, denen der höchste Ausdruck geistiger Thätigkeit, die Sprache fehlt, überhaupt keine ausgesprochenen Geistesstörungen finden. Da fast jede geistige Störung zusammengesetzt ist aus den verwickeltsten Erscheinungen, so werden wir nicht erwarten sie an einzelne Orte des Gehirns gebunden zu sehen; in der That zeichnen sich alle Hirnbefunde bei Geisteskranken dadurch aus, dass sie vertheilt über die Rinde, d i f f u s auftreten.

Die häufige Beobachtung von l i n k s seitigen Herden scheint einen ungleichen Werth der Hirnhälften in der Ausübung der Function der Sprache festzustellen. Eine Zeitlang wurde diese Ansicht von der Ungleichwerthigkeit unterstützt durch die Beobachtung, dass sich das linke Stirnhirn beim Menschen rascher und reicher entwickle. Man wies darauf hin, dass die linke Stirnhälfte bei geistigen Anstrengungen durchschnittlich etwas höhere Temperaturgrade zeigt. Die Zeit liegt noch nicht weit zurück, wo man es deshalb als sicher ansah, dass der Sitz der A p h a s i e eng zu begrenzen sei auf die untere linke Stirnwindung; diese Ansicht hat aber durch zahlreiche Beobachtungen gedrängt allmählich anderen Anschauungen weichen müssen: es wurden noch mehrere andere Rindenfelder festgestellt, deren Erkrankung nahe Beziehungen zur Aphasie hat. Diese liegen in der Nähe des Centrums für die optischen Wahrnehmungen im Hinterhauptslappen und in der obern Schläfenwindung in der Gegend eines Centrums für die akustischen Wahrnehmungen. Vorübergehend wurde auch die Regel der Localisation in der linken Hirnhälfte anscheinend erschüttert durch die Beobachtungen von Sprachstörungen nach Verletzung der r e c h t e n Hirnhälfte; doch ist diese Schwierigkeit bei genauerer Nachforschung fast regelmässig durch den Nachweis zu beseitigen, dass man es mit Linkshändigen zu thun hat, die ihre rechte Hirnhälfte durch zahlreiche, von Jugend auf geübte Bewegungen der linken Hand bevorzugten. Wahrscheinlich ist die nahe Beziehung des Schreibens zum Sprechen in diesem Zusammenhang ein besonders wichtiges Verbindungslied; wir schreiben ja mit der rechten Hand, daher sind für die Verbindung der Rindenfelder, z u und v o n welchen die Schriftzeichen geleitet werden, in der gekreuzten linken Hemisphäre die n ä c h s t e n a n a t o m i s c h e n Grundlagen vorhanden.

Die Sprachverrichtungen sind verwickelter Natur; es ist nöthig verschiedene Arten zu unterscheiden, deren Verlust auch verschiedene Formen der Aphasie bedingt. Der Verlust der Fähigkeit, Worte zu h ö r e n, verursacht Worttaubheit; der Verlust des L e s e n s Wortblindheit; der Verlust der articulirten Sprache, des S p r e c h e n s, bedingt m o t o r i s c h e A p h a s i e und der Verlust der Schreibfähigkeit A g r a p h i e. Unter den genannten vier Gruppen enthalten die beiden letzten die Hauptausdrucksweisen der menschlichen Sprache: die Geberdensprache begleitet das Sprechen, der Verlust beider ist meistens ein gleichzeitiger.

Ueberall zeigt sich die Sprache anatomisch und klinisch als Angelpunkt für die geistige Entwicklung; alle Sinnesgebiete führen ihr Eindrücke zu. Die Stärke bestimmter Begriffsvorstellungen ist von der Vervielfältigung ihres Inhaltes aus allen diesen Sinneseindrücken abhängig. Darum kann bei Reiz- oder Ausfallsvorgängen in den zur Sprachregion hinleitenden Sinnesbahnen ein Zustand von **Verwirrtheit** entstehen, der gerade in sprachlichen Aeusserungen seinen Hauptansdruck findet; die Verwirrtheit der Sprache ist dann oft noch grösser als die der Gedanken. Anders ist die Entstehung des klinischen Bildes einer Verwirrtheit zu denken bei Erkrankung von Rindentheilen, von denen motorische Sprachbahnen abwärts führen; in stürmischer Erregung drängen sich Worte vor ohne entsprechenden raschen Zufluss von Gedanken. Im Allgemeinen ist der Ort der Erkrankung bei der Verwirrtheit sicher kein gleicher, die Form ihres Auftretens auch von anderen, z. B. toxischen Ursachen abhängig; ihr klinisches Bild macht es aber wahrscheinlich, dass meistens Randzonen der Rinde des Centralhirns der Ort sind, also weiter entfernt vom eigentlichen Sprachcentrum. Die deliriöse Form der Verwirrtheit ist begleitet und hervorgerufen durch zahlreiche Sinnestäuschungen; die ideenflüchtige Verwirrtheit, bei welcher der Ausdruck der Sprache und andere Bewegungen zugleich lebhaft gesteigert sind, zeigt mehr Beziehungen zu den motorischen Rindencentren. Die einfache Form der Verwirrtheit endlich, welche ohne den beunruhigenden Einfluss wechselnder Sinneseindrücke entsteht, ohne Delirien und Bewegungen auftritt, beruht auf Störung der Aufmerksamkeit; in geringerer Stärke überfällt sie vorübergehend den Gesunden, wenn die Anspannung seiner Aufmerksamkeit irgendwie geschädigt ist. In der deliriösen Form spielt die gestörte Phantasiethätigkeit eine wichtige Rolle, deren Grundlage im hintern grossen Associationscentrum gesucht wird: im Stirnhirn haben wir die Grundlagen der Apperception gefunden. Denken wir uns jetzt einen krankhaften Process etwa vom Stirnhirn aus über das Centralhirn weiter nach hinten fortschreiten, so muss ein anfänglicher Verlust der Anspannung und des Interesses sich allmählich verbinden mit Störungen des sprachlichen Ausdruckes, zu denen endlich Sinnestäuschungen und ein ungeordnetes Spiel der Phantasie hinzutreten können. Ueberall aber ist eine enge Verbindung mit der Sprache zu bemerken; wie beim Gesunden der klare Gedanke die beste Form sprachlichen Ausdrucks findet, so zeigt sich die Verwirrtheit als Ausdruck gestörter sprachlicher Verbindungen. Betont muss aber endlich doch wieder werden, dass Sprache und Geist nicht dasselbe sind; es kommen bei der einfachen Verrücktheit Fälle genug vor, die Erhaltung des sprachlichen Ausdrucks trotz zweifelloser Störungen im Denken zeigen. Nicht immer ordnet die Sprache das Spiel der Associationen, aber sie nimmt die wichtigste Stellung im geistigen Leben des gesunden und kranken Menschen ein. Auf dem Wege der Associationsfasersysteme dringen ihre Verbindungen vom Centralhirn aus wie Fühlfäden nach allen Seiten in die Organe des Denkens, sie gehören nach einem neueren Ausdruck zu den M e r k s y s t e m e n, auf denen die Vorgänge alles geistigen Lebens zum Eigenthum des Individuums werden.

Unter den übrigen Beziehungen von Geist und Körper, welche in **Centren der Bewegung und Sinne** stattfinden, liefert das S e h c e n t r u m ein wichtiges Beispiel. Werden der Zwickel und die erste Occipitalwindung verletzt, so ist die einfache optische Wahrnehmung gestört; diese Störung ist bei einseitiger Verletzung eine Hemianopsie, bei beiderseitiger vollständige Blindheit. Nach Verletzung der übrigen Occipitalwindungen werden Netzhauteindrücke nicht mehr psychisch verwerthet. Diese aus Herderkrankungen gewonnenen Erfahrungen werden bestätigt durch die bei Geisteskranken, besonders Paralytikern, beobachteten subjectiven Lichterscheinungen und Gesichtstäuschungen, die dem Befunde diffuser Veränderungen in jenen Hirntheilen vorausgingen. Es handelt sich also um die Wirkung von Reizvorgängen in denjenigen Rindengebieten, deren andersartige Erkrankung sonst die Herdsymptome der Hemianopsie und Blindheit bedingte. Die Annahme eines Farben-, Raum- und Lichtsinnes stützt sich auf pathologische Veränderungen, die zuweilen auf e i n z e l n e der verschiedenen, über einander gelagerten S c h i c h t e n der Hirnrinde beschränkt sind. Die oberflächlichen Verletzungen der Rinde bedingen dann nur den Ausfall des Farben- und Raumsinns, während der Verlust des Lichtsinns erst bei tieferen Zerstörungen der Rinde entsteht.

Vorzugsweise bedingen diffuse Erkrankungen die Geistesstörungen; der aber oft fehlende Befund einer anatomischen Veränderung legt daher den Hinweis auf mangelhafte Untersuchung und mangelhafte Untersuchungsmethoden als Erklärung nahe; verfeinerte Forschungswege werden wahrscheinlich nur für eine beschränkte Zahl und Form geistiger Störungen anatomische Grundlagen und Veränderungen nachweisen, doch haben wir hier einige anatomische Begründungsversuche ins Auge zu fassen. Als wenig erfolgreich müssen wir die Versuche betrachten, bestimmte Psychosen aus Anomalien des S c h ä d e l s und der D u r a abzuleiten und zu localisiren; jedenfalls kommen dabei oft Verwechslungen von Ursache und Wirkung vor. Es handelt sich fast immer nur um B e g l e i t e r s c h e i n u n g e n von pathologischen Vorgängen an der Hirnrinde, die selten örtlich localisirt

werden können, meistens allgemeinere Erscheinungen hervorrufen. Werden
dabei Veränderungen von Pia und Dura mater in Zusammenhang gebracht,
so ist zu bedenken, dass diese nicht einmal aus demselben Gefässgebiet
versorgt werden, denn die Arteria meningea media, das Hauptgefäss der
Dura, stammt aus der Carotis externa, während die Pia ihr Blut aus der
Interna und Vertebralis erhält. Nur pathologische Zustände der Pia pflegen
regelmässigere Begleiter von Erkrankungen der Hirnrinde zu sein;
hier darf erfahrungsgemäss von einem nachweisbaren Zusammenhang gesprochen werden, insofern ein gleiches Ernährungsgebiet vorliegt. Auf
die Frage, ob die nervösen oder bindegewebigen Elementartheile der Hirnrinde die wesentlichste Grundlage der in Betracht kommenden anatomischen
Veränderungen seien, ist keine allgemein gültige Antwort zu geben, um
so weniger als über die bindegewebige oder nervöse Natur bestimmter
Theile der grauen Rinde, nämlich der reticulirten Substanz, in welche
Gefässe und zellige Elementartheile eingewebt erscheinen, noch heutzutage
keine Einigung erfolgen kann.

Eine rothe Erweichung der Hirnrinde kann schichtweise
auftreten, so dass am häufigsten die mittlere der drei mit blossem Auge sichtbaren Schichten der Hirnrinde erweicht war. Beim Versuch, die Pia von
der Hirnoberfläche abzulösen, pflegt dann die äussere Schicht mitzufolgen.
Seltener betrifft die Erweichung die äussere Schicht selbst, wo dann beim
Abziehen der Pia die Oberfläche rauh, wie geschwürig zurückbleibt. Am
seltensten bildet sich eine Erweichungsschicht an der Grenze der Hirnrinde und des Markes; zuweilen ist ein Abreissen der Hirnrinde in der
Markleiste zu beobachten. Wenn im letzteren Falle die Entartung der
betreffenden Markfasern die Ursache ist, so scheint die Erweichung in
andern Fällen mit der Verästelungsweise der Gefäss-Stämmchen der Hirnrinde in drei übereinanderliegenden Reihen zusammenzuhängen. Mit einem
gewissen Recht kann man dann den Ort der Erweichung als Ort der
höchsten Reizung ansehen. Die Beschränkung anatomischer Veränderungen
auf einzelne Schichten findet sich auch bei Gliose und Miliar-Sklerose
der Hirnrinde; vorwiegend tumorartige Gliawucherungen in den oberflächlichen Rindenschichten mit Höhlenbildung und Schwund der nervösen
Elemente führen der Dementia paralytica ähnliche Krankheitserscheinungen
mit sich; in andern Fällen liegen kleine rothgraue Punkte an der Grenze
der grauen und weissen Substanz, die Windungen reihenförmig einfassend.
Indessen gestatten diese eigenthümlichen Veränderungen, ebenso wenig
wie die unregelmässig vertheilt auftretenden miliaren Aneurysmen
der Hirnrinde durch eine bestimmte wiederkehrende Localisation
Schlüsse auf bestimmte psychische Störungen nach dem Leichenbefunde
zu ziehen.

Man kann jene Vorgänge auch als örtliche Ernährungsstörungen auffassen; herdartige Erkrankungen rufen aber sehr oft auch in ihrer nächsten Umgebung Reizzustände hervor, die zu Erscheinungen führen, welche sonst nur diffusen Erkrankungen zukommen. Namentlich auf vasomotorischer Grundlage entwickeln sich solche Fernwirkungen. Andererseits bedingen besondere mechanische und anatomische Verhältnisse Vertheilungen meningitischer Exsudate und des Flüssigkeitsdruckes in den Hirnhöhlen, welche die Wirkungen des diffusen Krankheitsvorganges örtlich beschränken, namentlich in den Stirnlappen. Verwandt damit sind die Wirkungen der Lymphstauung nach Nasenkrankheiten, die besonders bei Kindern begleitet sind von der Unfähigkeit die Aufmerksamkeit auf einen Gegenstand zu richten.

Die Auffassung mancher Psychosen als Ernährungsstörungen wird sonst erleichtert durch folgende Betrachtung. Gewebsnekrosen kommen beim Foetus und im frühesten Kindesalter leichter im Gehirnmantel als in den Ganglien des Hirnstammes zu Stande, weil die Länge der Arterien viel grösser ist und die am Mantel ins Hirn eintauchenden Aestchen weit zarter als die Endarterien des Hirnstammes sind; sie werden also leichter zusammengedrückt und solche Bezirke werden rascher blutarm. Im Gefässnetz der Sylvischen Grube liegen diese Verhältnisse am ungünstigsten, ähnlich in der ganzen motorischen Region, daher treten an diesen Stellen Nekrosen auch am häufigsten auf. Die längsten Endzweige des Gefässsystems der Pia führen zu dem weissen Marklager unter der Rinde, so dass die Zerstörungen früher und ausgedehnter in der Markschicht als in der Rinde auftreten. Diese Markschicht enthält die geschlossenen Schichten der Associationsbahnen; selbst kleine Zerstörungen reissen daher gerade hier tiefe Lücken in psychische Vorgänge; man hat mehrfach pathologische Veränderungen in dem Grenzgebiet der corticalen und medullaren Gefässe gefunden.

Die Frage, ob einzelne Acte des geistigen Geschehens an bestimmte Stellen der Hirnrinde gebunden sind, ist noch in anderer Form aufgetaucht und beantwortet worden. Man spricht von geistigen Herdsymptomen, von Einzelinhalten des Bewusstseins; dabei wird darauf hingewiesen, dass zusammengesetzte geistige Leistungen, wie z. B. Begriffe und das Sprachvermögen einzeln erworben werden und auch einzeln verloren gehen können. Es beschränken sich die dahin gehörigen Erfahrungen auf einzelne klinische Beobachtungen, bei denen vorzugsweise Eigennamen und Zahlen dem Gedächtnis fehlten, oder später gelernte fremde Sprachen vergessen wurden bei Erhaltung der Muttersprache. Anatomische Veränderungen werden dabei schichtenweise vorkommend gedacht, doch fehlen dieser Vermuthung vollgültige Beweise. Auch sind alle höheren geistigen

Thätigkeiten Vorgänge von so verwickelter Art, dass wir nicht daran denken dürfen sie an einfache Elemente zu binden. Eine Empfindung, einen Anstoss zu einer Bewegung mögen wir uns an eine einzelne Ganglienzelle gebunden denken, aber bei verwickelten geistigen Vorgängen können wir dies nicht. Diese setzen sich aus zahlreichen Vorstellungen in verschiedenen Sinnesgebieten zusammen; geht ein Theil verloren, so ist es gar nicht einmal nöthig daran zu erinnern, dass andere Hirntheile stellvertretend eintreten können, sondern es sind noch so viele Vorstellungen aus anderen Sinnesgebieten vorhanden, die mit in den Inhalt jener verwickelten Vorstellung im Bewusstsein eingegangen sind, dass es nicht gestattet ist, von dem Verlust eines Einzelinhalts des Bewusstseins zu sprechen. Alle inneren Vorgänge machen das Bewusstsein aus, es gibt keine einzelnen Bewusstseinsarten. Will man festhalten an einem Parallelismus und Aequivalent von geistigen Thätigkeiten und von Vorgängen in bestimmten anatomischen Grundlagen, so ist mindestens zu bedenken, dass ein solcher nicht nur in der Hirnrinde vor sich geht, sondern überall im Nervensystem. Die Vorgänge des Bewusstseins sind an das ganze Nervensystem gebunden, nicht an die Hirnrinde allein. Vielleicht dürfen wir die Schwierigkeit für den Nachweis und das Verständnis eines solchen Parallelismus uns durch die Annahme erleichtern, dass der Umsatz psychischer Energie in physische deshalb nicht ein genaues Aequivalent für uns zeigt, weil psychische Functionen zum Theil physische Energie verbrauchen, aber theilweise vielleicht auch erzeugen. In diesem Sinne entscheidet für die Selbständigkeit eines Krankheitsbildes nicht nur die Verschiedenheit des Entstehungsortes, sondern auch die Verschiedenheit der physiologischen Entstehungsbedingungen.

Alles in Allem genommen sind die Bestrebungen nach Localisation geistiger Störungen bisher doch nur von allgemeinem Werthe geworden; zur Feststellung einzelner Herdsymptome geistiger Störungen haben sie Nichts genützt. Es sind höchstens bestimmte Symptomengruppen anatomisch festzustellen, nicht volle klinische Krankheitsbilder, wie wir bei ihrer Schilderung sehen werden. Die einseitig anatomische Richtung der Forschung übersieht noch immer die Bedeutung verwickelter psychischer Vorgänge.

So vermag auch die Thatsache, dass das Gedächtnis gelegentlich nur theilweise verloren geht, uns nichts zu sagen über einen bestimmten Ort der betreffenden Verluste; dabei ist es auch noch nicht einmal ganz zweifellos, ob wirklich z. B. ganz vereinzelt nur das Gedächtnis für eine bestimmte Sprache, für die Musik verloren gehen kann. Sicherer ist schon die Beobachtung, dass das Gedächtnis für Eigennamen leichter schwindet als das für Substantiva und Adjectiva.

Dass das Gefühl der Ermüdung wahrscheinlich zur Zeit immer nur auf eine bestimmte Gehirngegend localisirt ist, sieht man an Personen, die unfähig geworden sind eine bestimmte Sache weiter zu überlegen: sie beseitigen jenes Gefühl, das oft mit einer Schwere im Kopfe verbunden ist, indem sie an etwas ganz Anderes denken. Es handelt sich um eine in bestimmten Hirntheilen stärkere Ermüdung, denn die vermuthliche ursächliche Vergiftung durch Stoffwechselproducte ist eine allgemeinere, darum können sich nach langen Märschen z. B. auch die Arme ermüdet zeigen.

Wenn man mit Hülfe verfeinerter Untersuchungsmethoden der Chemie neue Ergebnisse zu gewinnen hofft, so ist zu bemerken, dass das lebende Gehirn dafür nicht zugänglich ist und dass chemische Behandlung des Gehirns der Leiche zahlreiche Einwände bedingt, die kaum widerlegt werden können; eine neue Richtung der Forschung ist die mikroskopische Chemie der Ganglienzellen, welche verschiedene Farbstoffe und Härtungsweisen bei ihrer Untersuchung verbindet. Vorläufig hat sie uns auch nicht über die bisherigen Kenntnisse hinausgeführt, die über Localisation geistiger Störungen auf andern Wegen gewonnen sind.

II.

Ursachen geistiger Störungen.

Bei den zahllosen Ursachen geistiger Störungen gewinnen wir in den seltensten Fällen einen Einblick in die **unmittelbare** Wirkung der Schädlichkeit; die Abwägung des Einflusses verschiedener Ursachen wird schon dadurch erschwert, dass die geistigen Störungen meistens sehr langsam entstehen, ausserdem wird dieser Einfluss in der Regel noch vermittelt durch **vorbereitende** Ursachen, welche eine Empfänglichkeit für die Entstehung der geistigen Störung erzeugen. Sie schaffen eine A n l a g e, N e i g u n g oder D i s p o s i t i o n zur Geisteskrankheit. Diese Unterscheidung hat nicht nur wissenschaftlichen, sondern einen hohen praktischen Werth, weil ihre Kenntnis die Behandlung des b e g i n n e n d e n I r r e s e i n s ermöglicht, denn grade bei der entstehenden Geistesstörung hat die Behandlung grösste Aussicht auf Erfolg. Aber auch noch in der weiteren Entwicklung der Krankheit ist die Art der Behandlung abhängig von der Bekämpfung der unmittelbaren oder vorbereitenden Ursache. Ausserdem fragen die Angehörigen den Arzt beharrlich wodurch die Krankheit entstanden sei; jedenfalls ist es dann vorsichtig nicht eine einzelne Ursache zu beschuldigen, da es kaum jemals zweifellos ist, dass sie allein wirkte. Selbst in den Fällen, wo z. B. eine plötzliche heftige Erschütterung oder Verletzung des Gehirns eine Erkrankung einleitete, kann dies Ereignis nur als eine auslösende Gelegenheitsursache gedient haben, während die Krankheit schon lange allmählich vorbereitet oder als Veranlagung bis dahin verborgen war. Wenn andrerseits der Anfang ein allmählicher ist, kann neben vielen minder wichtigen Ursachen eine sich beständig wiederholende die wichtigste Ursache sein; natürlich ist es dann des Arztes Aufgabe besonders diese zu bekämpfen oder zu entfernen, aber in dem Zusammenhang der Dinge wirkte sie doch nicht allein. Die meisten psychisch wirkenden Ursachen lassen sich in ihrer Wirkungsweise gut mit einer rein körperlichen Verletzung, einem Trauma des Gehirns vergleichen. Der Unterschied ist besonders der, dass die dort nur einmal einwirkende Schädlichkeit hier aus ganzen Reihen gleichartiger oder auch ungleichartiger Erschütterungen besteht. Das psychische Trauma wirkt durch fortdauernde Wiederholung und ruft dadurch einen anhaltenden, nicht rasch wieder auszugleichenden krankhaften Zustand hervor. Es ist hierbei von grossem Interesse, dass neben deutlichen geistigen Störungen auf dieselbe Weise einige niedrigere Functionen krankhaft verändert werden können, die in naher Beziehung zu Bewegungen des Gemüths und geistigen Erregungen auch in gesunden Tagen stehen. Es sind dies Erscheinungen wie Herzklopfen, Schlaflosigkeit, nervöse Verdauungsstörungen, Zustände, die bei psychischen, beständig wirkenden Schädlichkeiten sich einzustellen pflegen. Dass diese Zustände an und für sich nicht krankhaft sind ist klar, denn sie sind ebenso wie Röthung des Gesichts im Zorn, das Erbleichen im Schreck, Zittern vor Angst, durchaus natürliche Folgen der genannten Eindrücke; kehren diese aber in ununterbrochener Folge wieder, so antwortet das verletzte Nervensystem ununterbrochen auf jene Weise; diese Erschöpfung, ohne dass Zeit gegeben ist, sich in frischem Stoffwechsel zu erholen, ist das Zeichen des krankhaften Zustandes. Hier ist mit Recht von einer psychischen Verletzung, einem Trauma zu sprechen, hier ist die Erkenntnis des Zusammenhangs der Weg zur Verhütung des weiteren Umsichgreifens der erkannten Schädlichkeiten.

Die Ursachen geistiger Störungen wirken entweder mehr auf die Gesammtheit der Menschen, erzeugen eine allgemeine Veranlagung, oder sie treffen mehr oder minder nur den Einzelnen.

Die für die neuere Zeit nicht zu bezweifelnde Thatsache der fortschreitenden Häufigkeit des Irreseins ist oft als Folge der fortschreitenden Civilisation angesehen worden; es ist unter dieser vorzugsweise der Fortschritt in den äussern Lebensumständen der Menschen zu denken, der Nachtheile wie Vortheile mit sich bringt. Denn es ist sicher, dass die Fortschritte der Cultur z. B. durch verbesserte Krankenpflege auch das Leben der Irren verlängern und darum ihre Zahl scheinbar vermehren. Die socialen Mißstände, welche sich mit dem riesenhaften Anschwellen der großstädtischen Bevölkerungen verbinden, sind sehr wichtige Ursachen für die Zunahme; dazu kommt die Nothwendigkeit aus dem Leben und Treiben dieser Städte Geisteskranke rascher zu entfernen als es früher nöthig war. Man müsste eine Beschreibung des Lebens der Großstädte geben, um alle die Schädlichkeiten zu berühren, die in ihnen wirken. Es mag genügen an die oft noch schlechten hygienischen Verhältnisse zu erinnern, an die Armuth, das Fabrikleben, die Unsittlichkeit und Ehelosigkeit. Alle diese Umstände treffen zusammen mit dem rastlosen Kampf ums Dasein, der in allen Kreisen mit fieberhaftem Streben nach aufreibenden Vergnügungen wechselt.

Nirgends Ruhe, daher überall neue Reize die drohende Erschlaffung beseitigen müssen. Es werden Genussmittel nöthig, besonders der schlechte Alkohol muss zur scheinbaren Hebung der verlorenen Nervenkräfte dienen.

Religiöse Streitfragen und Anforderungen erschüttern heutzutage die Gesammtheit weniger als z. B. zur Zeit der Reformation oder der Kreuzzüge. Religiöser Fanatismus, der die Massen ergreift, ist in den civilisirten Staaten unseres Jahrhunderts eine Seltenheit geworden. Aehnlich steht es mit politischen Erregungen. Während des deutsch-französischen Krieges will man die Beobachtung gemacht haben, dass viele Leute, die an der Grenze des Irreseins standen, durch die geistige Erregung und die Beschäftigung, die ihnen die unruhige Zeit gewährte, vor dem Uebergange in ausgesprochene Geistesstörung bewahrt worden seien. Indessen sind die dabei in Betracht zu ziehenden Fragen sehr verwickelter Art: der Krieg leitet manche Leidenschaften in andere Richtungen, die Kranken gelangen darum weniger in Anstalten, auch bedingt der Krieg Sparsamkeit bei Familien und Behörden, er hindert die genaue Ueberwachung der Zahl der Kranken.

Da die bessere Nahrung, Kleidung und Wohnung, die sich mit fortschreitender Civilisation einfinden, der Entstehung von Geisteskrankheiten entgegenwirken, die allgemeine Aufklärung und Verbreitung sittlicher Anschauungen sie in wirksamster Weise verhüten, so bleibt es unsicher, ob man die Civilisation im Allgemeinen unter die Ursachen einer fortschreitenden Zunahme des Irreseins zu zählen hat. Ihre guten und schädlichen Einflüsse halten sich vielleicht das Gegengewicht.

Im Anschluss hieran steht die Frage des Einflusses der Raße. Eine Zeitlang glaubte man die schottischen Hochländer, die Iren, ferner die Neger seien weniger geneigt zum Irresein, da bestimmte Formen desselben, namentlich die fortschreitende Paralyse unter ihnen nicht beobachtet wurden. Dann zeigte sich aber, dass diese Ausnahmestellung verschwand, sobald sie in grosse Städte kamen. Vielleicht muss man den Juden eine verhältnismässig grössere Veranlagung zuschreiben; aber auch hier mag ein anderer Grund vorliegen als eine Raßeneigenthümlichkeit. Bekanntlich heirathen die Juden vielfach in engen Familienkreisen, darum führt die Vererbung durch Inzucht zu einer rasch wachsenden Anlage.

Von jeher hat man einen Zusammenhang gesucht zwischen dem endemischen Vorkommen des Cretinismus in einigen Alpenthälern und bestimmten Bodenverhältnissen derselben. Die vorwiegende Maisnahrung der Landleute in Ober-Italien führt die Form des sogenannten pellagrösen Irreseins herbei; es wirken aber auch hiebei noch andere Ursachen, denn in Amerika essen z. B. die Neger fast nur Maisbrot, ebenso viele Farmer und zahlreiche andere Weisse, ohne dass pellagröses Irresein dort besonders bekannt ist.

Kosmische Einflüsse, solche der Jahreszeiten und des Klimas sind nicht sicher zu bezeichnen; grosse Erschöpfung mit Erregungszuständen und Verworrenheit stellen sich zuweilen nach einigen Monaten im Tropenklima ein: jedenfalls sind Disponirte nicht für längere Zeit in die Tropen zu schicken; obwohl die Sonnenhitze der heissen Zonen den Südländer weniger erregt, so entsteht dadurch dort vielleicht doch eine grössere Erkrankungszahl; eine solche wird sicher aufgewogen durch andere Ursachen im Norden, wie z. B. unmässigen Alkoholgenuss. Zwecklos ist es immer noch wieder nach einem vermeintlichen Einfluss der Mondphasen zu suchen. Aberglaube und ungenaue Beobachtung führen dazu.

Im Ganzen ist das Geschlecht nur in der Form, nicht in der Zahl der Erkrankungen zu unterscheiden; bei Frauen überwiegen die von Affecten und Stimmungsschwankungen begleiteten und oft auch bedingten Erkrankungen, während die Männer viel häufiger nach Störungen der Verstandesthätigkeit erkranken. Bei den Männern sind wirksamer und gefährlicher der Kampf ums Dasein, Trunksucht und Ausschweifungen; die Frauen sind durch Schwangerschaften, Wochenbetten, Säugen oder durch ein bei ihnen viel häufiger als bei den Männern unbefriedigtes Geschlechtsleben gefährdet. Eine auffallende Thatsache bleibt die Erkrankung vieler junger Mädchen; man wird mehr in Fehlern der Erziehung die Ursache dafür zu suchen haben, als in einem unbefriedigten Geschlechtsleben, denn es betrifft dies vielfach ganz jugendliche Personen, die kaum in die Pubertät eingetreten sind. In späteren Jahren sind die festgestellten Nachtheile der Ehelosigkeit bei Frauen von schädlicherem Einfluss als bei den Männern. Das geordnete Leben der Ehe übt im Allgemeinen eine schützende Wirkung aus.

Das Lebensalter beeinflusst Form und Häufigkeit des Irreseins in hohem Grade. Beim Neugeborenen und im frühen Kindesalter kann man von Geisteskrankheit deshalb noch nicht sprechen, weil sich überhaupt noch keine geschlossene geistige Persönlichkeit gebildet hat. Trotzdem verdienen die in diesem Lebensalter auftretenden Schädlichkeiten die grösste Beachtung und Vorsicht, denn der Keim der Krankheit kann sich hier leicht entwickeln; andererseits gleichen sich einmalige Schädlichkeiten noch leicht wieder aus. Als Folge schwerer organischer Erkrankungen kommt es zu schweren Formen von Idiotie wie leichteren Graden dauernder Imbecillität, wenn diese nicht schon aus dem fötalen Leben stammen.

2*

Von kindlichem Irresein kann erst die Rede sein mit dem Auftreten höheren geistigen Lebens. Seine Dauer ist meistens eine kurze, ein ungünstiger Verlauf aber auch zu beobachten; die Energie aller Lebensvorgänge bringt in der Regel den günstigen Ausgleich mit sich. Triebartige Leidenschaftlichkeit, Mangel an Wahnvorstellungen sind einige besondere Merkmale. Oft erscheinen sie nur als Unarten und werden so behandelt. Auf erblicher Grundlage sieht man rasche geistige und körperliche Erschöpfbarkeit, Neigung zu Delirien und Fieberzuständen; andere Kinder sind geistig frühreif, körperlich zurückgeblieben, werden deshalb verhätschelt und verzogen von den häufig selbst belasteten Eltern. Im späteren Kindesalter getriebene Masturbation ist weniger Ursache als Folge der krankhaften Grundlage, bei jüngeren Kindern sind Oxyuren zuweilen der auslösende Reiz. Die zweite Dentition lässt geistige Störung stärker hervortreten oder sich bessern. Von weit grösserem Einfluss ist das Alter der geschlechtlichen Entwicklung, die Zeit der Pubertät. In diese Zeit fällt beim weiblichen Geschlecht der Beginn wohl fast der Hälfte oder eines Drittels aller geistigen Störungen, freilich oft erst später erkannt. Die geistige und körperliche Entwicklung erleidet hier bei jedem Menschen den grössten Umschwung; es ist dabei die Gefahr der Erkrankung eine sehr grosse, wenn erbliche Gründe und sonst noch andere Ursachen vorliegen. Das Hinzutreten des mächtigen geschlechtlichen Triebes erweitert den Vorstellungskreis im Pubertätsalter bedeutend und grade in dieser Zeit macht sich die erbliche Anlage besonders geltend. Die physiologische Entwicklung, die sogenannte Evolution gibt den in der Keimanlage vererbten, schon kranken Zellen einen neuen Anstoss, jetzt treten die davon abhängigen Erscheinungen fast plötzlich mächtig hervor. Darum finden wir zur Zeit der Pubertät die Geistesstörungen viel häufiger als in der Kindheit, ihre Erscheinungsformen viel reichhaltiger, entsprechend dem erweiterten und inhaltsreicheren Erfahrungsschatze. Aus der Kindheit nimmt dies Lebensalter die triebartigen, noch wenig gezügelten Aeusserungen des Gefühlslebens mit sich, jetzt kommen dazu die unbestimmten geschlechtlichen Gefühle, deren Ziel noch undeutlich erkannt wird und zu verkehrter Auffassung und Entäusserung leitet. Schwärmerische Stimmungen kennzeichnen den gemeinsamen Boden, dem mystische und sexuelle Gefühle entstammen. Heftige Ausbrüche, gewaltsame plötzliche Handlungen ohne eigene innere Begründung entfliessen dieser Entwicklungsstufe des Lebensvorganges. Rascher Stimmungswechsel ist sehr bezeichnend.

In diesem Lebensalter finden sich verhältnismässig oft jugendliche Brandstifter, die entweder nur aus unverstandenen inneren Beweggründen zur That getrieben werden, oder in triebartig auftretenden, aber klar ausgesprochenen Gefühlen handeln. Das Heimweh ist ein solches Gefühl, das sich zu krankhafter Höhe steigern kann. Auch andere Vorstellungen zwingen sich auf, nur zuweilen begleitet von Sinnestäuschungen. Eigenthümliche Störungen der Bewegungen, die wie das ganze Gebahren etwas Albernes und Läppisches zeigen, sind Folge der unbestimmten Gefühle und Triebe. Einige dieser Zustände werden auch als Hebephrenie beschrieben; einige gehen rasch in dauernden Blödsinn über.

Die grösste Häufigkeit der Entstehung des Irreseins zeigt das Alter der körperlichen und geistigen Entwicklungshöhe, die Zeit der vollen Kraftentfaltung. Die äusseren Umstände, die Kämpfe und Stürme des Lebens bilden hier die Gefahren; die Widerstandsfähigkeit ist jetzt am grössten, aber der Mensch ist in Beruf und Leben am wenigsten geschützt. Unter diesen Schädlichkeiten seien hier besonders hervorgehoben der Alkoholismus und die Syphilis. Die Blüthezeit des Lebens mit ihren grossen Leistungen und Erwartungen fällt beim Weibe etwa ein Jahrzehnt früher; Enttäuschungen und Schädlichkeiten bewirken daher bei den Frauen schon vom 25. Jahre an geistige Störungen, die beim Manne dann noch fehlen. Wie der Eintritt, so ruft auch der Ausfall der Geschlechts-function tiefgreifende Umwälzungen der ganzen Persönlichkeit hervor. Schärfer abgegrenzt als bei den Männern tritt der Beginn dieser Zeit bei den Frauen hervor im Klimacterium, obwohl die Gefahren der Fort-pflanzung bei ihnen nun fortfallen. Die dann wohl bei jeder Frau auf-tretenden geistigen Veränderungen scheinen zu den frühesten Zeichen des Eintritts der Wechseljahre zu gehören: meistens sind es trübe Stimmungen, zuweilen auch heitere, häufiger Verdriesslichkeit und Reiz-barkeit. Dem Klimacterium ähnlich kann die künstliche Entfernung der Ovarien wirken; nach der Castration der Frauen treten namentlich trübe Verstimmungen auf, deren Uebergang in ausgesprochene Geistesstörung beobachtet ist. Eine solche Wirkung ist nicht allein auf die Castration beschränkt, sie findet sich nach Ovariotomieen, Totalexstirpationen, über-haupt nach Laparotomieen. Manche Begleiterscheinungen der regel-mässigen Menstruation, wie die sogenannten heissen Uebergiessungen und sonstigen Blutwallungen, die sich im Klimacterium und nach Castration finden, sprechen entschieden für diesen Zusammenhang.

Das Zeichen der Involution aller Lebensvorgänge ist das Altern. Zusammenfassend spricht man vom Greisenalter. Die Thätigkeit des Gehirns ist durch den inneren Lebensvorgang geschwächt, man hat ein solches Gehirn daher ein invalides genannt im Gegensatz zu dem rüstigen der früheren Jahre. Bezeichnend für den Vorgang der Rück-bildung ist besonders das Wiederhervortreten des Triebartigen in Strebungen und Begehrungen, dadurch wird das Zurückfallen auf die kindliche Stufe angedeutet. Wenn trotz der zunehmenden Schwäche der geistigen Thätigkeit die Häufigkeit der Erkrankungen mit zunehmendem Alter abnimmt, so muss man bedenken, dass die Zahl der zur Krankheit Veranlagten allmählich immer mehr durch schon früher eingetretene Erkrankung verringert ist, dass die Sorgen und Aufregungen des Lebens in der Regel doch im Greisenalter zurücktreten.

—

Die häufigste Ursache des Irreseins ist **Erblichkeit.** Ueber die Höhe des Procentsatzes dieser Thatsache braucht man nicht zu rechten (die Angaben schwanken zwischen 30 und 80%), ihre Bedeutung ist genügend anerkannt. Man kann ja zweifelhaft sein, wie weit man den Begriff Erblichkeit fassen soll: ob man Atavismus als Form der Vererbung berücksichtigen will, wie weit man das Heer der Nervenkrankheiten als Zwischenglied ansehen soll oder verwandte Zustände wie: auffallende Charaktere, verbrecherische Neigungen, Neigung zum Selbstmord u. s. w. Die Vieldeutigkeit aller dieser Verhältnisse ist nur am Anfangspunkte ihrer Entstehung bis zu einem gewissen Grade klarer; auch die Zeugung als Beginn der Vererbung, bleibt ein Wunder und Geheimnis in ihren letzten Gründen. Aber so eindeutige Thatsachen wie die Aehnlichkeit zwischen Eltern und Kindern werfen Licht auf einige andere Ueberlegungen in dieser Frage, lassen wenigstens mehrdeutige äussere Einflüsse zurücktreten. Als ein Grundgesetz der Vererbung steht fest, dass Eigenschaften allein durch das K e i m p l a s m a übertragen werden; im späteren Leben e r w o r b e n e E i g e n s c h a f t e n w e r d e n n u r v e r e r b t, w e n n s i e a u c h d a s K e i m p l a s m a b e t r a f e n. Daher sind Kinder eines Geisteskranken, der vorher gesund, nach einem heftigen Schädeltrauma geistig erkrankte und später heirathete, erblich n i c h t belastet; wenn Jemand nicht schon aus erblichen Gründen, sondern durch Leben und Beruf Trinker geworden ist, so kann er vor seiner Trunksucht Kinder gezeugt haben, die gesund bleiben, nachher stark belastete, weil der Alkohol vergiftend auf das Keimplasma selbst wirkt. Wenn endlich ein Vater nach Erzeugung einer Reihe von Kindern geisteskrank wird, Trauma, Alkoholismus u. s. w. völlig ausgeschlossen sind, so ist nur eine von ihm mit auf die Welt gebrachte Veranlagung seines Keimplasmas Ursache für eine Belastung seiner Kinder. Es gibt also eine Vererbung durch Uebertragung äusserer Schäden auf den Keim, sowie eine andere, bei der die Vererbung allein an den Keim selbst gebunden ist, unverändert und unbeeinflusst von den Geschicken des Trägers: hier findet man dann die continuirliche Vererbung auch in gleichartiger Form, so dass Affectzustände sich in einigen Familien zu vererben pflegen, in anderen intellectuelle Störungen.

Eine sehr grosse Steigerung erfährt die Wahrscheinlichkeit der Vererbung natürlich dann, wenn b e i d e Eltern erblich belastet oder geisteskrank sind. Diese Gefahr ist so gross, dass jeder Arzt seinen ganzen Einfluss aufwenden sollte, um Heirathen zwischen Geisteskranken zu verhindern. Die Häufigkeit des Irreseins in gewissen gesellschaftlichen Kreisen ist als Folge der Inzucht anzusehen zwischen beiderseitig belasteten Generationen; B l u t s v e r w a n d t s c h a f t der Eltern an und für sich ist nicht gefährlich.

Die durch Geschlechterreihen fortgepflanzte Belastung kann zur **Entartung** führen; dann folgen sich in Generationen e i n e r Ahnentafel neben nervösen Erscheinungen: Schwinden ethischer Gefühle, Neigung zu Excessen, Alkoholismus. Selbstmord oder eine affective Form der Geistesstörung enden diese traurige Entwicklungsreihe; in der letzten Generation findet sich oft angeborener Blödsinn. Zum Glück, denn entweder ist durch die angeborene Störung die Möglichkeit der Ehe ausgeschlossen oder die Fähigkeit der Fortpflanzung erloschen. Mannigfaltige körperliche Missbildungen und Entwicklungshemmungen lassen dann die sogenannte o r g a n i s c h e B e l a s t u n g erkennen.

Die Vererbung der Neigung zum S e l b s t m o r d ist besonders zu fürchten. Es sind Fälle mitgetheilt, in denen ein Mitglied einer Familie nach dem andern durch Selbstmord endete, obgleich sie durch Welttheile getrennt lebten. Die Thatsache, dass in diesen Fällen ungefähr das gleiche Lebensalter, z. B. Pubertät, die Erscheinungen herbeiführt, beleuchtet den erblichen Vorgang, der eine Entwickelung der Keimanlage bis zu einem bestimmten Punkt führen muss, bei dem der unvermeidliche Schlussact in Erscheinung tritt; früher oder später, aber er tritt ein.

Es gibt eine Reihe von körperlichen Verbildungen, die als **Degenerationszeichen** gelten; häufiger finden sie sich auch bei einer Classe von **Verbrechern**, die mindestens erblich belastet, wenn nicht geisteskrank sind. Ein hoher Procentsatz von Sittlichkeitsvergehen erklärt sich hauptsächlich durch die häufigen unsittlichen Handlungen Schwachsinniger, manche Verbrechen wider das Leben durch die gewaltthätigen Handlungen Verrückter und Epileptischer. In ausgeprägten Fällen ist auch eine Veränderung oder Verkümmerung, irgend eine Entwicklungsstörung des Gehirns nachweisbar. Die Bezeichnung dieser Zustände als „m o r a l i s c h e s I r r e s e i n" ist überflüssig, da die geistige Störung immer aus andern Merkmalen nachweisbar sein wird. Man kann unterscheiden zwischen einem einfachen M a n g e l der sittlichen Gefühle und der Umkehrung, Verdrehung (P e r v e r s i o n) des sittlichen Empfindens; triebartig ungezügelt vom Verstande erscheint das Handeln in beiden Fällen. Eine H e m m u n g der geistigen Entwicklung oder eine fortlaufende Erkrankung kann also das Verbrechen erzeugen; zu dieser Gruppe gehört der g e b o r e n e V e r b r e c h e r. Getrennt durch oft schwer erkennbare Grenzzustände steht auf der andern Seite der Verbrecher die bei weitem grössere Gruppe der geistig gesunden, die man G e l e g e n h e i t s - v e r b r e c h e r nennt. Der geborene Verbrecher ist der Strafe und Besserung wenig zugänglich, besonders da er wie alle erblich Belasteten meistens periodisch stärker gestört zu verbrecherischen Handlungen schreitet.

In entgegengesetzter Weise findet man bei genialen Menschen eine mächtige Entwicklung des Gehirns; das Genie ist im Gegensatz zur Entartung ein Fortschritt zum Höhern in der Entwicklung der Menschheit. Nicht in jedem genial angelegten Menschen bringt die Natur es zur höchsten Vollendung. Zahlreiche Uebergänge zum Gewöhnlichen kommen vor, sogar Berührungen mit dem Kranken. Vielleicht ist es auch mehr als Zufall, dass viele geniale Menschen aus erblich belasteten Familien stammen, manche selbst erkranken oder schwachsinnige Geschwister und Kinder haben; denkt man auch noch an die ungeheure Zahl hochbegabter Menschen, die als verkannte Genies zu Grunde gehen, so lässt sich die Berührung von Gesundheit und Krankheit nicht verkennen. Die Entwicklung des Gehirns oder seiner Theile ist sicher oft eine ungleichmässige. Ob in der fortlaufenden Reihe der Geschlechter nach dem Aufbau eines genialen Menschen die Keimkraft erschöpft ist und nur noch zu minderwerthigen Bildungen fähig ist, lässt sich nur vermuthen; doch wird so oder ähnlich der ursächliche Zusammenhang zwischen „Genie und Wahnsinn" aufzufassen sein.

Weniger Ursache geistiger Störung, aber wichtig für ihre Färbung und Form ist das Temperament des Einzelnen; sein Einfluss berührt sich mit dem der Raße. Menschen mit dunklen Haaren und dunklerer Hautfärbung erkranken häufiger an Melancholie als die blonden und hellen, zeigen überhaupt trägere Lebensäusserungen und düsterere Ansichten und Auffassungen der Dinge.

Unter Umständen kann zu den Ursachen geistiger Störung die Erziehung gehören. Ihr idealer Zweck ist natürlich durch eine gleichmässige Ausbildung aller Eigenschaften des Körpers und Geistes auch die Gefahren zu beseitigen, die zum Irresein führen. Da die Erziehung aber heutzutage diesen idealen Gesichtspunkt kaum verfolgen kann, sondern mehr die Vorbereitung auf die Anforderungen unseres heutigen Lebens übernehmen muss, so ist sie oft eine einseitige geworden. Am gefährlichsten sind Fehler in der Erziehung, wenn sie zusammentreffen mit erblicher Empfänglichkeit; leider ist dies sehr oft der Fall, da die Erzeuger meistens auch die Erzieher sind. Allzu grosse Strenge wie zu grosse Nachsicht können gleich schädlich wirken. Leidenschaften und Wünsche der Kinder müssen massvoll geregelt werden, damit die Gewöhnung an Selbstbeherrschung nie von ihnen vergessen wird. Die einseitige Ausbildung der geistigen Fähigkeiten, die Ueberanstrengung des Gedächtnisses durch Auswendiglernen bei gleichzeitiger Vernachlässigung der Gemüthsanlagen erzeugen wohl sogenannte Wunderkinder, die aber wie Treibhauspflanzen hinwelken, wenn sie hinaustreten ins Leben. Es ist eine dankenswerthe Aufgabe des Arztes, die Pädagogik in diesem Sinne zu beeinflussen, damit in Schule und Haus nicht zu viel gesündigt werde. Mit Recht wird diesen beiden vorgeworfen, dass das Kind zu früh, zu viel und unter ungünstigen gesundheitlichen Verhältnissen arbeiten müsse. Knaben haben zuweilen 50—60 Stunden geistiger Arbeit in einer Woche und dabei vielleicht nur zwei Turnstunden. Noch verkehrter ist in mancher Beziehung die Erziehung vieler Mädchen höherer Stände. Namentlich die Pensionate sind bedenkliche Einrichtungen für manche im Schoss der Familie bis dahin behütete Mädchen: nicht allein lasterhafte Neigungen, ungesunde Wohnungs- und Luftverhältnisse grosser Städte wirken schädigend, sondern besonders auch das Einpfropfen von Kenntnissen, die im Leben voraussichtlich nie verwandt werden.

Bei einzelnen Berufsclassen vereinigen sich mehrere Schädlichkeiten, so dass die Gefahr der Erkrankung durch den Beruf bedingt zu sein scheint; neben geistiger Ueberanstrengung finden wir z. B. bei jungen Lehrerinnen und Erzieherinnen schlechten Lohn und eine schiefe gesellschaftliche Stellung. Kopfarbeiter sind im Ganzen gefährdeter; Künstler, namentlich Musiker, auch Schauspieler werden durch einen Beruf aufgerieben, der nervöse Erregungen und Schlaflosigkeit neben vielen anderen Einflüssen mit sich führt. Kaufmännische Speculationen wirken erschöpfend. Verwickelt bleiben die Verhältnisse aber meistens; es wird kaum zu entscheiden sein, ob Officiere häufiger erkranken, weil Excesse verschiedenster Art neben strammem Dienst ohne genügende körperliche Erholung, lange Ehelosigkeit ihre Widerstandsfähigkeit schwächen, oder weil der Widerspruch zwischen socialen Ansprüchen und Leistungen, der lähmend auf jedes äussere Auftreten wirkt, neben andern psychischen Einflüssen sie erkranken lässt. Auch im Kriege ist der Soldat zahlreichen Ursachen der Erkrankung ausgesetzt, wie Strapazen, erschöpfenden Krankheiten, Verwundungen und den mannigfachsten gewaltigen Gemüthsaufregungen. Sehr verwickelt sind ferner die Ursachen für die häufige Erkrankung von Prostituirten, Matrosen und einigen Berufsarten aus nahestehenden Volksclassen: Trunk, Elend, Syphilis und sexuelle Ueberreizung spielen dabei ihre Rolle. Unter den Prostituirten sind auch viele Belastete.

Berufslosigkeit ist in der Regel wohl eher Ausfluss als Quelle des Irreseins.

Gefangenschaft ist als Einzelhaft sicher in einigen Fällen unmittelbare Ursache; namentlich entstehen dann plötzlich beängstigende Sinnestäuschungen. Natürlich sind andere Einflüsse, wie Sorgen, Gewissensbisse u. s. w. schwer abzutrennen.

Durchsichtiger und eindeutiger, weil mehr das einzelne Individuum für sich schädigend, sind diejenigen Ursachen, welche vorzugsweise eine **Erkrankung des Gehirns und seiner Häute** betreffen. Blutüberfüllung der Hirnrinde erhöht den Hirndruck und führt allmählich auch sicher eine Veränderung in der Ernährung der Gewebe mit sich; bei dem reichen Gefässnetz der Hirnrinde ist indessen ein Ausgleich noch lange möglich, sonst zeigen sich Unruhe, Reizbarkeit, Gedankenflucht und Sinnestäuschungen. Nicht immer kommt es zu diffusen Veränderungen im Hirngewebe, aber schon die Ueberschwemmung der Rinde mit gewissermassen giftig wirkenden Bestandtheilen des im Ueberfluss zuströmenden oder sich stauenden Arterienblutes führt zu Reizzuständen. Blutmangel oder venöse Stauung, auch wenn sie plötzlich durch Lähmung der Gefässnerven eintreten, setzen dagegen die Reizbarkeit herab; auch hier ist der Vergleich mit einer Vergiftung naheliegend, wenn das gestaute Venenblut sich mit Kohlensäure überfüllt. Eine der auffälligsten Erscheinungen von Blutmangel in der Hirnrinde ist Schlafsucht; Benommenheit bis zur Bewusstlosigkeit, zuweilen gleichzeitig mit Krämpfen, können sich daraus entwickeln, wenn die Blutleere rasch eintritt.

Die anatomische Zusammengehörigkeit der Blutgefässe in den weichen Hirnhäuten und der Hirnrinde erklärt das häufig gleichzeitige Auftreten von Hirnhaut- und Hirnentzündungen. Bei seröser Meningitis steigt die Menge des Hirnwassers über 100 g; frische Ergüsse spannen die Häute und platten die Windungen ab. Dieser Druck führt nicht zu so starken Kopfschmerzen und Empfindlichkeit bei Beklopfen des Kopfes wie in der Pachymeningitis. Die Meningitis serosa rührt in der Regel von einem Exsudat aus dem Arachnoidealgeflecht in die Hirnventrikel her bei ungenügendem Abfluss durch die Arachnoidealzotten; sie ist eine Krankheit des jugendlichen Alters, möglicherweise eine verschleppte Störung in der Entwicklung des Gehirns und seiner Häute; bei Reizerscheinungen der Hirnrinde scheinen parasitäre Ursachen mitzuspielen. Da diese Krankheit nur mit geringem Fieber verläuft, ist sie schwer von andern Zuständen zu unterscheiden, z. B. von Hirngeschwülsten. Manches Aehnliche sieht man zuweilen bei Erweichungsherden, Sklerosen, ja auch bei kleinen Hirnblutungen, wenn sie diffuse

Veränderungen mit sich führten; gemeinsam sind allen diesen Zuständen einige Zeichen geistiger Störung, namentlich Schwächezustände, die sich mehr oder weniger mit Lähmungserscheinungen verbinden und oft chronisch werden; auch Aufregungszustände werden beobachtet. Auf das Gehirn fortgeleitete Entzündungen des Schädels und der Hirnhäute entstehen nach Erschütterungen und Kopfverletzungen. In der Hirnsubstanz selbst rufen sie Schwankungen der Blutbewegung und Ernährungsstörungen hervor. Wenn eine Gehirnerschütterung sofort zur Krankheit führt, so zeigen sich neben Kopfschmerzen, Schwindel und ängstlichen Sinnestäuschungen sensible und namentlich motorische Störungen: enge Pupillen, Zähneknirschen, Lähmungen; die Zeichen der Gehirnerschütterungen pflegen rasch zurückzugehen, am längsten bleiben die motorischen Störungen, daneben findet sich für längere Zeit Rathlosigkeit und eine abgeschwächte geistige Leistungsfähigkeit mit grosser Reizbarkeit. Bei vielen Fällen stellt sich dauernde geistige Schwäche ein. Auch die sich langsam entwickelnden Fälle haben das Gepräge der Reizbarkeit und Schwäche von Anfang an; mehrfach sind epileptische Krämpfe beobachtet worden ohne örtlich nachweisbare Herderkrankung. Diese Personen sind leicht erschöpfbar, dies zeigt sich in der geringen Widerstandskraft bei Genuss kleiner Mengen von Alkohol; auch findet die Unruhe ihren Ausdruck in häufigem Vagabundiren. Obwohl die meisten nach einem Trauma auftretenden geistigen Störungen in der grossen Reizbarkeit, Rathlosigkeit und vielfach rasch auftretenden geistigen Schwäche gemeinsame Kennzeichen haben, so ist ihre Zusammenfassung unter dem Namen traumatisches Irresein doch nur ein Sammelbegriff, der die verschiedenartigsten Ursachen und Krankheitserscheinungen umfassen muss.

Mit jeder Psychose kann sich eine gleichzeitige **Erkrankung des ganzen cerebro-spinalen Nervensystems** verbinden, besonders des Rückenmarks, wie bei den inselförmigen oder strangförmigen allgemeinen Sklerosen. Eine engere Verbindung besteht auch zwischen der Tabes und Dementia paralytica oder Paranoia; zuweilen verbindet sich die Tabes klinisch untrennbar mit ihnen, andere Male sind die rein körperlichen Erscheinungen zeitlich weit getrennt von den psychischen, so dass der innere Zusammenhang erst viel später deutlich wird. Der Zusammenhang geistiger Störungen mit allgemeinen Neurosen, Neuralgieen, Nervenverletzungen wird wahrscheinlich durch das vasomotorische Nervensystem vermittelt; so bei Chorea, Epilepsie und Hysterie. Noch deutlicher ist die Verbindung bei einigen Neuralgieen, wenn die Schmerzanfälle periodisch die geistige Störung einleiten. Nach Operationen verschiedenster Art, Staarextractionen, schmerzhaften Panaritien, bei denen empfindliche Nerven verletzt wurden, sind vorübergehende Aufregungszustände vorgekommen; Erinnerung dafür fehlt meistens nachher.

Bei einer Reihe von Krankheitszuständen sind **allgemeine** andauernde **Blutarmuth** und schwächende **Erkrankungen innerer Organe** Zwischenglieder. Zunächst beeinflussen sie die Stimmung; man erinnere sich der gedrückten Stimmung der Magen- und Unterleibskranken bei mangelndem Appetit und dem Gefühl der Uebelkeit. Die zahlreichen Nervengeflechte des Unterleibes vermitteln reflectorisch diese Reizzustände. Auch die Möglichkeit der Aufsaugung giftiger Stoffe z. B. von Schwefelwasserstoff durch die Blutsäule ist ins Auge gefasst worden. Unregelmässige Blutvertheilung im Unterleibe, Stauungen im Pfortadersystem spielen sicher eine Rolle, wenn auch nicht die umfassende, die frühere Zeiten ihr zuschrieben. Am wichtigsten wird die Beeinträchtigung der allgemeinen Ernährung sein, nur muss man sich hüten, hier Ursache und Wirkung zu verwechseln, denn Verdauungstörungen mit ihren Folgen finden sich bei vielen geistigen Störungen, hervorgerufen durch unregelmässige Nahrungsaufnahme und nervöse Störungen. Durch Darmschmarotzer hervorgerufene Psychosen finden sich vielleicht nur bei Kindern. Bekannt ist die eigenthümlich sorglose und lebensfrohe Stimmung mancher Schwindsüchtigen, während andere Lungenkrankheiten grössere Reizbarkeit mit sich führen. An schwere Pneumonieen schliessen sich Erregungen, die aber oft auf Fieber oder Infection zurückzuführen sind. Die Bedeutung der Herzkrankheiten ist häufig durch die allgemeine Anämie zu erklären. Bei einigen Herzfehlern ist Blutüberfüllung des Hirns durch Stauung vorhanden; bei diesen zeigen sich vorzugsweise ängstliche Aufregungszustände, während bei allgemeiner Abschwächung des Kreislaufes und Anämie gedrückte Stimmungen vorherrschen. Natürlich gehen reflectorische Wirkungen von Herzpalpitationen und Herzbeklemmungen unlösbar mit in die Entwicklung solcher Krankheitsbilder ein. Alle Herzkranken sind reizbar; bei gleichzeitigen geistigen Störungen äussert sich die eigenthümliche Unruhe und Unstetigkeit triebartig in Gewaltthätigkeiten. Eigenthümlicher Weise machen Aortenklappenfehler gewöhnlich eine Ausnahme, obwohl sich die Stromschwankungen und Gefässschwingungen bis mitten ins Gehirn hinein fortpflanzen, wie der Capillarpuls zeigt; möglicherweise ist aber die Hirnrinde geschützt durch ihr reiches Gefässnetz. Gelegentlich führen auch hier starke Anstrengungen zu längerer Blutüberfüllung der Hirnrinde und zu Aufregungszuständen. Durch Hirnblutungen und Embolieen kann natürlich auch ein Zusammenhang vermittelt sein.

Bemerkenswerth ist die Entwickung von Schwachsinn und Stumpfsinn nach operativer Entfernung der **Schilddrüse**; man denkt sich die

Wirkung als Folge des veränderten Blutkreislaufes im Gehirn, wobei man die Schilddrüse als einen Blutbehälter zur gelegentlichen Entlastung des Gehirns von schädlichen Stoffen anzusehen geneigt ist. Verwickelter ist die Entstehung des sogenannten myxödematösen Irreseins nach Atrophie der Schilddrüse. Eine Selbstvergiftung ist wahrscheinlich, die eigenthümliche Hautbeschaffenheit und eine vasomotorische Beeinflussung sind in ihren gegenseitigen Beziehungen und in ihrer Einwirkung auf die Psychose allerdings nicht völlig erklärt; diese erinnert an Hemmungszustände ohne eigentlichen melancholischen Affect, Angstzustände kommen aber vor. Gewöhnlich schliesst sich an körperliche und geistige Trägheit, von Delirien selten unterbrochen, nach jahrelangem Verlauf ein zunehmender Blödsinn. Am meisten werden erwachsene Frauen betroffen. Remissionen sind häufig, auch ohne Behandlung; es ist daher nicht ganz sicher, ob die glänzenden Heilerfolge nach Darreichung von Thyreoïdin nicht theilweise nur längere Remissionen darstellen; jedenfalls scheint dauernde Anwendung des Mittels Bedingung. Immerhin sind die Erfolge überraschend, auch die Verdickung der Haut in Gesicht und Händen geht zurück. Myxödem, einzelne Fälle von Cretinismus ausserhalb der endemischen Gebiete, und die Kachexie nach Entfernung der Schilddrüse sind Zustände, die von einem Aufhören der Schilddrüsenthätigkeit abhängen. In diesem Zusammenhang ist hier noch der Morbus Basedowii zu erwähnen; auch hier bedeutet die Hypertrophie der Schilddrüse eine Verödung und Entartung des Drüsengewebes, welche von sehr verschiedenen geistigen Störungen begleitet sein können. Gelegentlich kann Myxödem und myxödematöses Irresein auf Morbus Basedowii folgen. Das häufigere Auftreten dieser Schilddrüsenkrankheiten, besonders des Myxödems, ist beschränkt auf einzelne Gegenden und erinnert dadurch an die endemische, vielleicht infectiöse Entstehung des Cretinismus (siehe dort).

Die psychischen Störungen in Folge von Nierenkrankheiten sind zuweilen durch Urämie bedingt, ähnlich wie das Coma nach Diabetes, also Vergiftungen durch Zerfallsproducte des Stoffwechsels. Nicht so selten kommt eine flüchtige Glycosurie bei progressiver Paralyse vor. In manchen Fällen findet man chronische Nierenerkrankungen und Geisteskrankheiten neben einander, wahrscheinlich auf der gemeinsamen Grundlage von Gefässerkrankungen.

Wichtige Ursachen sind die Erkrankungen der Geschlechtsorgane namentlich bei Frauen, besonders die Gewebs- und Lageveränderungen des Uterus mit entzündlichen Zuständen; kommt es auf dieser Grundlage auch nicht sehr oft zu vollen geistigen Krankheitserscheinungen, so dürften doch in weitaus den meisten Fällen nervöse Störungen und solche der Stimmung nicht fehlen. Aehnlich wirken Scheidenkatarrhe, Geschwüre des Uterushalses, Neubildungen u. s. w. Eine erotische oder hysterische Färbung des Krankheitsbildes ist oft nicht vorhanden. Zuweilen verstärkt die in Folge von Genitalleiden entstehende Unfruchtbarkeit auf psychischem Wege die genannten Einflüsse, oder dieser Kummer ist der unmittelbare, alleinige Grund der folgenden geistigen Störung. Die Störungen der Menstruation sind als Ursache und Wirkung zu betrachten: sie begleiten geistige Erkrankungen oft, ihr Verlauf ist sehr oft dadurch beeinflusst; man kann häufig beobachten, dass Ausbleiben der Menses mit Steigerung der Erregung zusammenfällt; bei manchen geisteskranken Frauen treten zur Zeit der Menstruation die Krankheitserscheinungen heftiger auf.

Geschlechtliche Ausschweifungen können zweifellos Psychosen erzeugen, oft sind sie aber auch schon ein Zeichen der geistigen Krankheit. Sicher hat die erschöpfende nervöse Wirkung den Hauptantheil der Schädlichkeit, nicht der Säfteverlust. Deshalb ist widernatürliche Befriedigung des Geschlechtstriebes am gefährlichsten. Bei der Masturbation, die häufiger beim weiblichen Geschlecht vorkommt, als man denkt, ist ein fruchtloser innerer Kampf zwischen dem übermächtigen Trieb und dem schwankenden Charakter die Folge des Lasters. Im Verein mit den erschöpfenden Wirkungen ist dann der Seelenkampf die Ursache. Bei jugendlichen und gealterten Personen zeigt sich diese Entstehungsart am häufigsten. Ein im Uebermaß getriebener geschlechtlicher Verkehr auf normalem Wege wirkt bei vollkräftigen Menschen selten verderblich; Frauen vertragen ihn in der Regel besser als Männer. In einzelnen Fällen mögen periphere Reize den Trieb zum Masturbiren hervorrufen, wie z. B. Oxyuren, Hautausschläge in der Nähe der Geschlechtstheile, in den meisten Fällen ist der Trieb central bedingt. Bei den Kranken finden sich auf derselben centralen Grundlage auffallend oft Geruchstäuschungen widriger Natur, Gestank von Koth und Leichen; ebenfalls verbindet sich mit diesen Erscheinungen nicht selten ein Hang zu religiöser Schwärmerei.

Wenn Enthaltsamkeit vom Geschlechtsgenuss überhaupt eine grössere Bedeutung hat, so liegt sie mehr in psychischen als körperlichen Momenten, bei Frauen in der Nichterfüllung des idealen Berufs als Gattin und Mutter.

Die Beziehung zwischen Schwangerschaft und Irresein scheint in gewissem Grade durch Kreislaufsstörungen vermittelt zu sein, die eine naturgemässe Folge des Wachsens des Uterus und der Einschaltung des Placentarkreislaufes sein müssen. Zu diesen mechanischen Blutdrucksstörungen gesellen sich chemische Veränderungen in der Zusammensetzung des Blutes; die geistige Störung pflegt sich erst in den letzten drei

Monaten der Schwangerschaft zu zeigen. Die Kenntnis der Fortdauer einer Schwangerschaftspsychose über die Geburt hinaus hält von dem Versuch eine künstliche Fehlgeburt einzuleiten zurück. Auch in den ersten Monaten der Schwangerschaft, in denen jene mechanischen und chemischen Veränderungen im Blutkreislaufe noch keinen so bemerkenswerthen Einfluss ausüben, gibt es leichtere, meistens vorübergehende psychische Störungen; in diesen Fällen wird ein reflectorischer nervöser Vorgang zu Grunde liegen; dafür sprechen auch die in dieser Zeit besonders bekannten körperlichen Beschwerden der Frauen, wie die Uebelkeit Nervenschmerzen und das allgemeine Unbehagen. Bei unehelich Geschwängerten erklären mannigfache andere schädliche Lebensverhältnisse ähnlich wie bei unehelich Gebärenden die vorübergehenden psychischen Störungen während des **Geburtsactes**; diese sind als Affectzustände aufzufassen, oft auch ausgelöst durch heftigen Wehenschmerz, namentlich bei längerer Dauer desselben.

Bei den Verhältnissen im **Wochenbett** ist der physiologische Zusammenhang dunkler; in dem klinischen Bilde der Puerperalpsychosen sind aber einige bestimmte Züge ziemlich regelmässig; diese Fälle bilden die Hälfte aller sich an das Fortpflanzungsgeschäft knüpfenden Störungen. Meistens entwickeln sie sich erst zwischen dem fünften und zehnten Tage des Wochenbettes, dann aber gewöhnlich recht unerwartet, nicht im Einklang mit der schon weit vorgeschrittenen Rückbildung der Unterleibsorgane. Einzelne Male mag die längere Aufsaugung giftiger Stoffe schädlich wirken, besonders wenn Fieberbewegungen solche Vorgänge andeuten. Die meisten Puerperalpsychosen sind aber ohne Infectionszustände und ohne fieberhafte Erkrankung entstanden, oft auf rein nervöser Grundlage. Am wahrscheinlichsten ist überhaupt der Einfluss allgemeiner Anämie, die nach der erschöpfenden Wirkung der Schwangerschaft und etwaigen Blutverlusten während der Geburt oft zurückbleibt. Sehr selten sind heftige Aufregungszustände von nur einigen Stunden Dauer in den allerersten Tagen, bei denen die plötzliche Kreislaufsänderung und hohe Fieberzustände als Ursache angesehen werden müssen.

Die in der **Säugeperiode** vorkommenden Fälle von geistiger Störung pflegen nicht vor dem dritten Monat nach der Entbindung aufzutreten.

Ob bei **fieberhaften** Krankheiten die Steigerung der Körperwärme und die Beschleunigung des Kreislaufes in der Schädelhöhle die Ursache von Delirien sind, ist fraglich; denn es hat sich gezeigt, dass Delirien und andere psychische Störungen schon im Prodromalstadium hervortreten können, bevor noch eine Temperaturerhöhung nachweisbar ist; andererseits gibt es Geistesstörungen, die sich bei eintretender Genesung einstellen, nachdem der fieberhafte Vorgang schon völlig abgelaufen ist.

Daraus folgt, dass das Fieber nicht die alleinige Ursache der Erscheinungen sein kann: auch gibt es Anfälle von Geistesstörung, die im Verlauf von Wechselfieber an Stelle einzelner Anfälle desselben erscheinen, aber fieberlos verlaufen. Bei Infectionskrankheiten müssen wir ihre Ursachen, die organisirten Krankheitsgifte auch für die in ihrem Verlauf sich zeigenden geistigen Störungen in Rechnung ziehen; wahrscheinlich ist die Wirkung als eine fermentartige aufzufassen. Typhus, Influenza, Wechselfieber, Cholera, gelbes Fieber, die acuten Exantheme, Gelenkrheumatismus, Lyssa und vielleicht auch die Pneumonie und Sepsis gehören zu dieser Gruppe. Weil die giftige Substanz auch schon vor Erzeugung des Fiebers im Blut kreist, ist die Annahme ungezwungen, dass jenes Gift die geistige Störung hervorruft; ähnlich sind nach Ablauf des Fiebers die Einwirkungen der giftigen Toxine zu erklären. Beim acuten Gelenkrheumatismus finden sich in den Hirnhäuten und den Hirnrindengefässen abgegrenzte Entzündungen und mechanische Verstopfungen der Gefässe; toxische Veränderungen der Ganglienzellen, Rarefaciruugen der Kerne werden neben vielen weissen Blutzellen in den Gefässen gefunden. Den günstigen Einfluss von Kochsalzinfusionen bei Typhuspsychosen kann man sich vielleicht erklären durch Hinwegschwemmung der Typhotoxine; die gleichzeitige Wärmebildung tritt klinisch in dem Wechsel zwischen fieberhaften und nervösen, beziehentlich psychischen Erscheinungen zu Tage. Dadurch versucht man Typhusdelirien von manischen Erregungen zu unterscheiden.

Zu den eigentlichen **Vergiftungen** gehören rauschartige Zustände nach der Anwendung von Belladonna, Datura Strammonium, Atropin, selbst bei medicamentösem Gebrauch oder wie in früheren Zeiten zur Erzeugung von Traumzuständen zur Zeit der Hexenverfolgungen, wo sie häufig in Salbenform angewandt wurden. Bekannter noch ist die grosse Ausdehnung der Anwendung des Opiums, Haschischs und ähnlicher Stoffe zur Erzeugung von Rauschzuständen; das Opiumrauchen ist im Orient so verbreitet wegen der sinnlich üppigen Phantasiebilder, die sich nach seinem Gebrauche einstellen. Das gefährliche Genussmittel des Abendlandes ist der Alkohol. Die psychischen Störungen, die sich nach seinem Missbrauch zeigen, sind sehr zahlreicher Art; der vorübergehende Rauschzustand kann zu heftigen Affecten führen, in denen Gewaltthaten, Mord und Selbstmord vorkommen. Andauernder Missbrauch hat zunehmende geistige Schwäche und sittliche Entartung zur Folge (vergl. Alkoholismus). Bei Erblichkeit pflegt die psychische Störung eine periodische zu sein (Quartalssäufer). In solchen Fällen muss man zuweilen zweifeln, ob der Alkoholmissbrauch Ursache oder Wirkung der nervösen

Anlage ist; fast alle Gewohnheitsverbrecher trinken ebenfalls; es gibt Kranke, die von Zeit zu Zeit das unabweisbare Bedürfnis haben zu trinken. Der Alkoholgehalt der Getränke ist aber nicht immer unumgänglich, denn in geschlossenen Abtheilungen von Anstalten trinken solche Personen Wasser in grossen Mengen. Andere Gründe zur Unterstützung der giftigen Wirkung des Alkohols sind die Seelenkämpfe in dem fruchtlosen Kampf gegen die triebartige Neigung zum Alkoholmissbrauch, und die Verschlechterung der äusseren Erwerbs- und Lebensverhältnisse. Je schlechter der Branntwein, je verderblicher ist er; die fuselölhaltigen Kartoffelbranntweine, der Absynth sind unendlich viel gefährlicher als Bier und gute Weine.

Salicylsäure, Jodoform, Secale cornutum sind sich in ihren Wirkungen ähnlich; letzteres führt wie verdorbener Mais zu psychischen Störungen epidemischer Art (pellagröses Irresein). Nach übermässigem Genuss von Tabak werden Psychosen beobachtet. Längerer Chloroform- und Chloralmissbrauch kann durch Gefässlähmung zu geistiger Entartung führen. Häufiger sind die schädlichen Folgen der Vergiftung durch einige Metalle, besonders Blei und Quecksilber. Sie kommen vor bei Anstreichern, Bergleuten in Bleibergwerken, entweder als vorübergehende heftige Erregungszustände, sogenannte Bleitollheit, oder als sich hinschleppende Krankheitsbilder, in denen Störungen der Sprache und andere Lähmungen eine tiefer gehende Erkrankung der Hirnrinde beweisen. Auch bei Arbeitern, die mit Quecksilber zu thun haben, treten Erscheinungen auf, die eine Einwirkung auf die Hirnrinde selbst zeigen. Hieran schliesse sich noch die Erwähnung der Vergiftung durch Bromsalze; schwere Bewegungsstörungen verbinden sich mit geistigen Schwächezuständen, die indessen nach dem Aussetzen des Mittels bald wieder zu verschwinden pflegen. Als Vergiftungsursache sind noch einige Gase anzuführen (vergl. Vergiftungen.). Kohlenoxydgas wirkt durch Blutüberfüllung des Gehirns, wobei zuweilen sogar Erweichung der Hirnrinde auftritt. Nach Einathmung von Schwefelkohlenstoff sind einzelne Male psychische Störungen gesehen worden; Aehnliches wird von Leuchtgas und Schwefelwasserstoff berichtet.

Zu den häufigsten und ergiebigsten Quellen des Irreseins gehören die **psychischen Ursachen.** Wie eine immer wiederholte Verletzung wirkt stetig von Tag zu Tag und von Stunde zu Stunde der **Kummer,** den das Unglück naher Verwandter mit sich führt. Trauer und Schmerz über den Tod von Angehörigen erschüttern das geistige Gleichgewicht tief. Die Wirkungen des psychischen Schmerzes sind um so tiefgreifender, wenn er innerlich verschlossen gehalten wird. Krankhafte Gemeinempfindungen, Vorgänge des körperlichen Lebens steigern die

Gemüthsbewegungen: Schlaflosigkeit hindert neue Kräfte für den Seelenkampf zu sammeln. So ist es die verhängnisvollste Eigenschaft der meisten Folgeerscheinungen der Geisteskrankheit, dass sie ihrerseits immer wieder neue Ursachen für die krankhafte Veränderung abgeben. Aber zweifellos ist in zahllosen Fällen der unterdrückte oder ungefesselte geistige Schmerz der Quell, aus dem alle Erscheinungen fliessen. Aehnlich wie dieser tiefe Seelenschmerz wirken manche andere Umstände, wie **Sorgen** für das Geschäft, drohende Vermögensverluste, auch ohne dass sie zu Nahrungssorgen und mangelnder Ernährung zu führen brauchen. Auch ihre Wirkung ist eine langsam fortschreitende; kleine Verdriesslichkeiten und Aergernisse kennzeichnen meistens den Beginn, auch im weiteren Verlauf brauchen sie nicht zu wachsen, denn die Widerstandsfähigkeit erlahmt unter den wiederholten Stössen. Unaufhörlich nagende Befürchtungen ohne schon eingetretene materielle Verluste können den geistigen Zusammenbruch herbeiführen. Wir sehen immer wieder zwei Merkmale dieser Ursachen, die entscheidend sind für ihre Wirkung; das wiederholte und s t e t i g e F o r t d a u e r n und die s t a r k e schmerzhafte G e f ü h l s - b e t o n u n g, beide zusammen lassen hemmende Gegenwirkungen anderer Vorstellungen nur nutzlos dagegen auftreten, und man muss in **dauernden schmerzhaften Affecten** die w i c h t i g s t e n psychischen Ursachen des Irreseins suchen. Nur auf erblicher Grundlage wirken auch einmalige Affectstösse ebenso entscheidend, z. B. schwere pecuniäre Verluste. F r e u - d i g e Affecte führen so gut wie niemals zu Geisteskrankheit, besonders wohl deshalb, weil sie nur sehr vorübergehend zu wirken pflegen; das Gleichgewicht wird rasch wieder gewonnen.

Zuweilen schliesst sich die F o r m der Erkrankung an die A r t des bestimmenden Einflusses an, insofern A n g s t und V e r z w e i f l u n g auch zu ähnlichen Vorstellungskreisen während der Psychose führen, Z o r n zu aufgeregten Erscheinungen, S c h r e c k zu tiefen mit starrer Haltung auftretenden Gemüthserschütterungen.

Heftige Affecte und **Gemüthsbewegungen** führen gewöhnlich durch Erregung oder Lähmung des Gefäßsystems zur Erschöpfung; jene Affecte gehen dann leicht in dauernde Stimmungen über. Wenn keine Erholung das erschöpfte Gehirn erlöst, jagen quälende Gedanken rasch nach einander vorbei an dem aufmerkenden Bewusstsein, bis sich regellos aus der Tiefe des Gehirnlebens Gedankenverbindungen aufdrängen und jede Ordnung unmöglich wird. Daher die Aehnlichkeit massloser Affecte mit maniakalischer Aufregung, darum auch die Neigung vieler Geisteskranken zu ungezügelten Affecten. Das willkürliche Denken tritt zurück hinter der Macht des äusseren Geschehens, die Bewegung des Gemüths wird zu einer dauernden krankhaften Störung.

Scharfe Gehirnarbeit führt zur Gehirnermüdung, nicht nur die Denkarbeit, sondern jede intellectuelle Ueberanstrengung. Auch hier sind widrige Gefühle die Begleiter des Misslingens, gekränkter Ehrgeiz ist von gehemmtem Selbstgefühl begleitet. Unbegrenzter Ehrgeiz, der Unerreichbares erstrebt, kann zu geistiger Störung führen. Die einseitige Ueberbürdung mit wenigen Gebieten des Wissens fanden wir als schädlichen Einfluss schon bei der Erziehung.

Unmittelbaren Einfluss bei der Entwicklung von Irresein können noch manche andere psychische Ursachen ausüben, z. B. **unglückliche Liebe, religiöse Gefühlsschwärmerei.** Man soll sich aber hüten diese Einflüsse zu überschätzen, da erbliche Belastung Verwechslung von Ursache und Wirkung grade hier sehr oft bedingt. Das früher so häufige Auftreten religiös gefärbter Geistesstörungen in Form **psychischer Epidemieen** ist heutzutage sehr selten. Die Thatsache, dass krankhafte Vorstellungen sich durch Umgang und Mittheilung auf Andere übertragen, ist auch bei einsam abgeschieden lebenden Personen beobachtet worden : besonders bei Geschwistern und Eheleuten ist dies sogenannte i n d u c i r t e I r r e s e i n , f o l i e à d e u x , zu finden. Grade in der Familie ist die Entstehung solcher Zustände leicht möglich bei dem engen Zusammenleben und dem Durchsprechen aller Wahrnehmungen, Gedanken und Vermuthungen. Erblich gleich belastete nahe Verwandte, bei denen gleiche Ursachen fast ganz gleiche Wirkungen hervorrufen, sind natürlich noch gefährdeter als Eheleute. Die Ansteckung, p s y c h i s c h e I n f e c t i o n hat demnach in der Regel auch noch andere Gründe und kann nur selten durch unmittelbaren psychischen Einfluss, eine Art w a c h e r S u g g e s t i o n erklärt werden; das Bewusstsein ist auf einzelne Vorstellungskreise eingeengt.

So verwickelt die Ursachenlehre ist und obwohl eine Mischung der verschiedensten Einflüsse im einzelnen Fall die klare Erkenntnis des Zusammenhangs trübt, so ist die Erforschung der Ursachen der Krankheit doch in jedem Falle von Geistesstörung so ausserordentlich wichtig, weil ja die Bekämpfung des b e g i n n e n d e n Irreseins meistens abhängig ist von der Kenntnis jener Ursachen.

III.

Zeichen und Erscheinungen geistiger Störungen.

Es ist nöthig einige Grundrichtungen der Geistesthätigkeit zu unterscheiden, obwohl alles geistige Geschehen schliesslich nur unter einem einheitlichen Gesichtspunkte verständlich ist. Voran steht das Bewusstsein, das wir als eine Erfahrungsthatsache hinnehmen müssen; wesentlich ist dabei der eigenthümliche Gegensatz zwischen innerer und äusserer Erfahrung, zwischen der Wahrnehmung von Zuständen des eigenen Innern und von Veränderungen in der Aussenwelt. Vorstellungen, Gefühle und Willenshandlungen bilden den Inhalt der inneren Erfahrung, sind indessen immer so zusammengesetzte Ereignisse, dass die Zurückführung auf ihre unmittelbar gegebenen einfachsten Thatsachen nöthig bleibt. Das wirkliche Element aller geistigen Thätigkeiten ist der Trieb, diejenige Thätigkeit, bei der Empfindung und Wille in ursprünglicher Verbindung wirksam sind. Die geistige Entwicklung des Menschen schaltet dazwischen den Vorgang der Apperception ein, das heisst die Erfassung äusserer und innerer Eindrücke durch die Aufmerksamkeit. Erst mit diesem Vorgange erfolgt eine höhere geistige Entwicklung, an die sich alle höheren Gefühle und Willenshandlungen anschliessen.

Unsere Betrachtung der Zeichen und Erscheinungen geistiger Störungen soll sich als elementaren Störungen, die sich in den besonderen Formen der Erkrankung verschieden gruppirt wiederholen, unter solchen allgemeinen Gesichtspunkten zuerst zuwenden den

A. Störungen des Bewusstseins.

Unter ihnen sind die wichtigsten für uns diejenigen, welche sich an die Sammlung sinnlicher Eindrücke durch Sinnesempfindungen anschliessen, die Störungen des Wahrnehmungsvorganges, auch Trugwahrnehmungen genannt. Die Aufnahme und Sammlung sinnlicher Eindrücke kann schon gestört werden auf dem Wege durch die Sinnesnerven. Diese Auffassung oder Perception von Eindrücken auf die Sinnesnerven wird oft schon in ihren Endausbreitungen gefälscht.

Augenerkrankungen, Katarrhe der Paukenhöhle, Reizzustände der Nasenschleimhäute, der Mundhöhle, Entzündungen der äusseren Haut sowie aller Schleimhäute, und krankhafte Veränderungen in den Organen der Körperhöhlen und der Muskeln können dazu beitragen.

Wenn wir nun die **Entstehung und den Sitz der Sinnestäuschungen** untersuchen wollen, so müssen die einzelnen Sinne gesondert betrachtet werden. Am klarsten liegen die Verhältnisse beim **Gesichtssinn.** Alle Vorgänge, die sich v o r der Netzhaut des Auges abspielen, lassen wir vorläufig noch aus unserer Betrachtung, halten uns also streng an die Untersuchung der Erscheinungen in der nervösen E n d a u s b r e i t u n g des Sehnerven. Einzelne L i c h t erscheinungen, die aus der Netzhaut stammen, gehören hieher, der sogenannte L i c h t s t a u b des i n n e r e n S e h f e l d e s, ferner Verdunkelungen sowie F a r b e n erscheinungen; unterstützt wird ihr Auftreten durch Vorgänge in den Blutgefässen der Netzhaut, besonders durch die Betheiligung der B l u t k ö r p e r c h e n mit Form und Bewegung. Einen wesentlichen Einfluss auf die berührten Erscheinungen übt die P u p i l l e n g e g e n d aus, insofern sie der scheinbare Schauplatz für den subjectiven Beobachter ist. Hervorragend für die Erzeugung und Gestaltung vieler Sinnestäuschungen sind Vorgänge im g e l b e n F l e c k der Netzhaut; auch seine Form wirkt dabei mit.

Den G e s t a l t u n g e u a u s d e m E i g e n l i c h t e der N e t z h a u t ist durchweg die starke oft ungeheure V e r g r ö s s u n g gemeinsam ; sie ist wahrscheinlich zu erklären aus der Nähe des Gesehenen, besonders wenn dies sich i m Auge befindet, also die brechenden Wirkungen seiner Theile fehlen. Im Uebrigen treten diese Sinnestäuschungen meistens als Lichtwirkungen oder Verdunkelung in Form von Scheiben auf, entsprechend der Form des gelben Flecks. Indem solche Lichtscheiben oder Verdunkelungen gewissermassen aus der Macula hervorbrechen, bilden sie einen reichen Stoff für die krankhafte Verarbeitung in den Sinnesvorstellungen des Gehirns. Der Gesunde übersieht solche Vorgänge, um so mehr als sie nicht so heftig auftreten ; die nervöse Asthenopie bei Schulkindern zeigt auch derartige Fälle. E r s t e i n e T r ü b u n g u n d E i n e n g u n g d e s B e w u s s t s e i n s begünstigt die Wirksamkeit elementarer Sinnestäuschungen ; es finden sich diese p e r i p h e r bedingten Sinnesverfälschungen vorzugsweise bei Bewusstseinstrübung. F l a m m e n und B l i t z e sind in diesem Zusammenhang beängstigende Erscheinungen für den Kranken. F e u r i g e P u n k t e, S t e r n e und S t r a h l e n, wie sie sich nach Verletzungen der Augen, beim Husten, Niesen und Bücken zeigen, werden in der Regel nur vorübergehend beachtet, wie sie entstehen und vergehen. Ist aber ihre Dauer eine längere, wie im F i e b e r, so werden sie Stoff für krankhafte Verarbeitung in der Vorstellung. Oertliche B l u tüberfüllung der Netzhautgefässe und giftige Wirkung von kranken chemischen Bestandtheilen der Blutsäule auf die Netzhautausbreitung des Sehnerven rufen periphere Sinnestäuschungen besonders bei Alkohol-Vergiftung hervor. Im Delirium der Säufer treten dunkle oder glänzende Erscheinungen in grosser Fülle und lebhaftem Wechsel auf; oft schiessen nur immer wieder sehr kleine punkt- oder fleckförmige Verdunkelungen oder Lichtwirkungen hervor, seltener grössere. Wir müssen annehmen, dass es sich um Reiz- oder Erlahmungszustände in der von Blutschwankungen betroffenen Macula lutea handelt; die gleichzeitige Trübung des Bewusstseins lässt keine Aufklärung dieser dem Hirn zugeführten Sinneseindrücke zu, es kommt zur Auffassung von kriechenden Insecten, Ratten, Mäusen, Nadeln, Münzen u. s. w. Zuweilen wird durch langes angestrengtes Ansehen farbiger Gegenstände in der ermüdeten Netzhaut complementäre Farbenauffassung bewirkt; der Himmel gibt hierzu oft Gelegenheit: seine fahlgelbe Färbung zeigt später einen Hund blau; ist der Himmel tief violett oder rothbraun, so kann eine Leiche grüngelb erscheinen. Durch Druck auf das geschlossene Auge lassen sich jene elementaren Täuschungen oft dann noch willkürlich wieder hervorrufen, wenn sie sonst schon im Abklingen sind.

Stoff zu den verschiedenen Gestalten können die sich in den Gefässen vor der Netzhaut bewegenden Blutkörperchen geben; die hinter den Stäbchen zwischen Retina und Chorioidea liegenden eckigen Pigmentepithelien, welche mit den Pigmentscheiden der Stäbchen in Verbindung stehen, wirken wohl eher als chemische Reize, nicht als Schatten. Die Massenhaftigkeit solcher Reizzustände beruht dann auf der allgemeinen Erfahrungsthatsache, dass bei Reizung einer beschränkten Netzhautstelle die gesammte Netzhaut an dieser Erregung Antheil nimmt. Entsteht die Sinnesverfälschung nur in einem Auge, so wird man die Möglichkeit sie von einer einseitigen central bedingten Sinnestäuschung zu unterscheiden, in der Thatsache suchen, dass die centrale Entstehung zu viel verwickelteren Vorgängen und Erscheinungen führt; oft finden sich daneben dann Verfälschungen anderer Sinne, die gestörte Sinnesvorstellung macht einen viel packenderen Eindruck und verbindet sich leichter mit anderen Vorstellungen. Die peripheren Vorgänge sind einfacher, die elementare Grundlage gibt sich in ihrer grösseren Selbständigkeit gegenüber dem sonstigen Vorstellungsinhalte kund. Die peripheren Sinnestäuschungen sind bei geschlossenen Augen und in der Dunkelheit kräftiger als in hellem Licht; man denke dabei auch an die Erfahrungen in Dunkelzimmern für Augenkranke, und an die flüchtigen schreckhaften Zustände nach Augenoperationen. Diese entoptisch sichtbaren Massen der Netzhaut sind jedenfalls die Quelle zahlreicher Netzhautgestalten; auch die Bewegungen der Augenmuskeln und die Eindrücke von Pulsstössen der Netzhautgefässe treten in scheinbaren Bewegungen dieser Netzhautgestalten hervor. Zuweilen scheinen Gesichtstäuschungen beim Näherkommen zu wachsen, was man durch den Einfluss eines Accommodationskrampfes erklärt; anfallsweise findet sich bei plötzlicher Erschlaffung der Accommodation ein Kleinersehen aller Gegenstände. Da die Lebhaftigkeit der Sinnestäuschung durch solche scheinbare Bewegungen sehr gesteigert wird, so ist diese anscheinend willkürliche Beeinflussung nicht ohne Bedeutung. In der Netzhaut selbst ist noch ein Unterschied, dass ihre peripheren Theile deutlicher Helligkeit empfinden, während die Empfindlichkeit für Farben am feinsten in der Mitte ist. Schon hier sind individuelle Verschiedenheiten möglich; Netzhauterkrankungen werden sie vermehren, ebenso z. B. Astigmatismus durch Verzerrungen u. s. w., doch gehört immer ein krankhaft eingeengtes Bewusstsein dazu, wenn solche Zustände zu falschen Auffassungen der Aussenwelt führen sollen; der geistig Gesunde und Klare kann die genannten physiologischen individuellen Abweichungen im Auge berichtigen und überwinden.

Ausser den genannten Gründen ist es ein Beweis für die periphere Entstehung, dass Sinnestäuschungen nach Durchschneidung der Sehnerven beseitigt wurden. Andrerseits ist eine Reihe von Fällen bekannt, in denen Gesichtstäuschungen trotz völligen Schwundes der Sehnerven bestanden. Der Ort der Entstehung muss dann also weiter centralwärts gesucht werden. Pathologische Erfahrungen verlegen ihn in die Grosshirnrinde; man nennt diese Orte centrale Sinnesflächen, die den anatomischen Sinnessphären entsprechen. Im einzelnen Falle ist es schwer die periphere oder centrale Entstehung einer Sinnestäuschung nachzuweisen; beide Arten können neben einander bestehen. Vielleicht sollte man bei einseitigen Sinnestäuschungen zunächst eine periphere Entstehung vermuthen, doch kann der Zusammenhang anders sein, wie in dem Fall, wo bei einem völlig erblindeten Auge eine spätere Hornhautentzündung einseitige Lichtschen und Sinnestäuschungen, vermuthlich reflectorisch hervorrief; zweifellos cerebral bedingt sind die garnicht so seltenen Fälle, in denen, auch einseitig, Erscheinungen halber Körper, z. B. ein halbes Gesicht zur Beobachtung kamen bei gleichzeitigem Gesichtsfelddefect der anderen Hälfte; in dieser treten dann auch wohl farbige Erscheinungen auf. Weiter sind Unterschiede zwischen rechts und links berichtet in der Art, dass rechts angenehme, links peinliche Sinnestäuschungen vorkommen.

In der Mehrzahl der Fälle muss die Entstehung eine cerebrale sein, da ihr Inhalt meistens aus dem Erfahrungsschatz des Einzelnen stammt. Die Verlegung ihres Ursprungs in die Aussenwelt ist eine subjective Vorstellung, die allen unsern Sinnen und Gedanken anhaftet. Die greifbare sinnliche Deutlichkeit mancher Sinnestäuschungen hat den Gedanken nahegelegt, dass von den centralen Sinnesflächen aus eine centrifugale Erregung zu der Endausbreitung des Sehnerven stattfinde; der Nachweis centrifugalleitender Fasern im Opticus könnte diese Ansicht unterstützen. Alle Vorstellungen von starker sinnlicher Kraft nähern sich diesen Sinnestäuschungen; bei bildenden Künstlern scheinen sie sogar die Kraft der unmittelbaren Wahrnehmung zu erreichen, aber auch bei andern Menschen bewahrt das Gedächtnis — die Grundeigenschaft aller nervösen Substanz — die Erinnerungsbilder des Erlebten auf: aus ihnen entstehen auch die centralen Sinnestäuschungen. Daraus erklärt sich zum Theil auch ihre beharrliche Wiederholung bei derselben Person und ihre überzeugende Kraft für diese; sogar die daneben gemachten regelrechten Wahrnehmungen äusserer Gegenstände können zurücktreten und blass erscheinen.

Alle bis jetzt erwähnten Arten von Gesichtstäuschungen sind hervorgerufen durch Vorgänge im Innern des Menschen, streng genommen in seinem Centralnervensystem. Man fasst sie auch zusammen unter dem Namen von Gesichts-Hallucinationen; man stellt ihnen Sinnesverfälschungen gegenüber, deren gemeinsames Merkmal ist, dass sie durch äussere Gegenstände hervorgerufen werden, zu denen in diesem Sinne alle vor der Netzhaut liegenden Körper, also auch die betreffenden Theile des Auges gehören; diese Täuschungen heissen Illusionen. Ein gesundes Bewusstsein erkennt alle Illusionen leicht als Täuschungen, berichtigt diese durch die anderen Sinne und eine ruhige Ueberlegung. Der erregte oder unbesinnliche Kranke deutet die äusseren Gegenstände oft falsch und legt sie verkehrt aus. Trübungen des Glaskörpers und der Hornhaut können Illusionen veranlassen, überhaupt alle Vorgänge, durch die entoptische Schatten auf die Netzhaut fallen. Es gibt Fälle von einseitiger Gesichtsillusion, die nach einer Iridectomie oder Linsenextraction, ja selbst beim Schliessen des Auges verschwanden. Das ganze weite Gebiet der sichtbaren Aussenwelt kann der Schauplatz dieser Illusionen werden: nur in dem Augenblick, wo ein sehendes Auge Gegenstände auffasst, entstehen Illusionen, sie sind immer ein Erzeugnis der Gegenwart. Hallucinationen bedürfen dagegen zu ihrem Entstehen vorausgegangener Eindrücke, häufig aus weit zurückliegender Vergangenheit: Netzhaut-Blinde können halluciniren, Gesichtsillusionen fehlen ihnen immer.

Die Dunkelheit der Nacht, das Dämmerlicht ist die Zeit, in der die erregte Einbildung die unbestimmten Gesichtseindrücke am leichtesten zu falscher Auffassung umbildet. Steine und Baumstümpfe werden zu Gespenstern, Wolken und Felsen täuschen in verschwimmenden Umrissen

phantastische Formen und Geschöpfe vor, je mehr die Besonnenheit schon
verloren gegangen ist. Schliesslich sieht der Kranke auch bei hellem
Tageslicht in zweifellosen Erscheinungen der Wirklichkeit andere Dinge,
es findet ein unmerklicher Uebergang von Illusionen aus verkehrt aufge-
fassten Gegenständen zu rein eingebildeten Vorstellungen, den Wahnvorstellungen statt; so erblickte Don Quixote in den Windmühlflügeln Riesen-
arme; in dem Gedankenkreise des Kranken liegen immer Vorstellungen
dazu in Menge bereit. Hier berührt sich die Entstehungsart der Illusion
mit der der Hallucination, weil von Aussen wirkende Eindrücke oft nicht
mehr vorhanden sind. Illusionen beruhen auf Irrthümern der Erkenntnis,
auf falscher Beurtheilung äusserer sinnenfälliger Gegenstände; Personen-
verwechslungen gehören zu den häufigsten Illusionen; Aberglaube erleichtert
die verkehrte Auffassung. Illusionen schliessen Hallucinationen nicht aus,
sie können gleichzeitig bei einer Person vorkommen, es ist dann nicht
leicht im einzelnen Fall die Entstehungsart zu unterscheiden. Wahrscheinlich ist eine solche Mischung das gewöhnliche Verhalten; die
Verlegung der eigentlichen Hallucinationen geschieht um so leichter nach
Aussen, wenn sie durch Illusionen im und vorm Auge unterstützt werden.

Von grundlegender Bedeutung für das Verständnis geistiger Störungen
überhaupt ist die Untersuchung über die **Entstehung** und den Sitz der
Gehörstäuschungen; denn wir betreten damit das Gebiet der Sprache,
die Mittel und Weg für die höhere geistige Entwicklung ist, deren Betrachtung auch die feinste Art für die Untersuchung eines Geisteszustandes
wird. Denken wir an die früher (Seite 8) erörterte Gewohnheit des
Menschen, in Wortbildern zu denken, ein innerliches Hören gesprochener
Worte: dabei findet eine Erregung der Sprechmuskeln vom Hirn aus
statt, also eine Verbindung von innerem Hören mit innerlichem Sprechen.
Wenn daher in der centralen Sinnesfläche des Gehörsinnes Erregungszustände eintreten, so werden die lebhaft gesteigerten Klangbilder und
Wortbilder nicht nur wie die Gesichtsbilder nach Aussen verlegt, sondern
gleichzeitig zu sinnlicher Deutlichkeit im höchsten Grade dadurch
erhoben, dass den Sprechmuskeln eine Erregung zufliesst.
Das innerliche Sprechen ist ein Vorgang, der in den verschiedensten
Stärkegraden auftritt und dadurch die Uebergänge vom gesunden zum
kranken Geistesleben beweist; natürlich braucht es nicht jeden centralen
Erregungsvorgang zu begleiten, wo es aber der Fall ist, sind die Gehörshallucinationen von packender Gewalt. Ihre Verbreitung ist bei weitem
grösser als die der Gesichtshallucinationen; dies muss auf die so häufige
Verbindung mit Sprechbildern zurückgeführt werden. Diese Verbindung
von Wort und Gedanke ist so fest, dass bei den meisten Menschen
jeder Gedanke ein Gefühl in denjenigen Sprechmuskeln hervorruft, die

bei wirklichem Aussprechen in Bewegung versetzt werden. Die leichten Bewegungseindrücke sind doch stark genug, um als Bewegungsempfindungen nun rückläufig zu wirken. Beweisend ist die Aeusserung vieler Gehörshallucinanten, es sei so, als ob ihre Gedanken innerlich gesprochen oder nachgesprochen würden, als ob ihnen Mittheilungen gemacht würden auf dem Wege der Gedanken, ihre Gedanken laut würden. Auch das Doppeldenken ist oft nur ein anderer Ausdruck für denselben Vorgang der Mitbewegung der Sprechmuskeln. Ferner kommt die Angabe vor, es würden die Worte vorweg gesprochen, ehe der Kranke sie ausgesprochen habe, als seien sie in sein Gehirn hineingedrückt. Ist die Urtheilskraft geschwächt, so werden diese zuerst innerlich verstandenen Worte nach Aussen verlegt, es verschwindet die Angabe, dass die Gedanken gemacht würden, dafür tritt die Vorstellung ein, dass wirkliche äussere Ursachen vorliegen.

Aber damit ist die centrale Entstehung von Gehörshallucinationen nicht erschöpft. Die Erinnerungsbilder der Stimme bestimmter Personen sind leicht erregbar; die Klangfarbe der Stimme unserer Angehörigen können wir uns leicht ins Gedächtnis rufen. Solche Vorstellungen liegen auch im Kranken jeder Zeit bereit und verbinden sich rasch mit andern Errinnerungsbildern; der Hallucinant hört die Stimme der Verwandten oder der Personen aus seiner Umgebung seine eigenen Gedanken aussprechen. Zur Erklärung für diesen Vorgang werden diese Hallucinationen von den Kranken als innere Stimmen bezeichnet, die durch Telephoniren oder Telegraphiren, durch Phonographen verursacht seien. Je unklarer ein Bewusstsein, je ungebildeter der Kranke ist, desto leichter und unumstösslicher wird ihm eine solche Erklärung. Die Stärke dieser Stimmen müssen wir uns abgestuft denken von der leisen innerlichen Sprache des Gesunden bis zur sinnlichsten Deutlichkeit, wobei der Kranke so deutlich hört als bei gesprochenen Worten; ja unter Umständen ist die Täuschung so gewaltig, dass sie ein gleichzeitig gehaltenes Gespräch übertönt. Sicher sind indessen auch Fälle, in denen die Täuschung dem Betroffenen selbst nicht über das Bereich des eigenen Körpers zu gehen scheint, nicht in die Aussenwelt verlegt wird; sie reden von Gedankensprache, hören nicht Stimmen Verstorbener, sondern deren Gedanken in ihrer eigenen Seele. Oder die Stimmen machen ein leises Geräusch, dies wird in irgend einen Theil des eigenen Körpers versetzt; vermuthlich ist in diesen Fällen irgend ein krankhaftes Gefühl in dem betreffenden Körpertheil die Ursache der Verlegung der Stimmen dahin. Eine eigenthümliche Ausdrucksweise bei Geisteskranken mit Gehörtäuschungen ist die Angabe, dass Andere ihre Gedanken lesen; das Fremdartige der eigenen Sprechmuskelbewegungen scheint so bezeichnet zu werden. In

einzelnen Fällen haben Kranke selbst diese Bewegung ihrer Sprechwerk-
zeuge beachtet.

Einseitige Gehörshallucinationen sind nach Herden in der entgegengesetzten Hirnhälfte beobachtet.

Taubgewordene Menschen können an starken Gehörshallucinationen leiden (vgl. Gesichtstäuschungen bei Blinden).
Zahlreich sind Illusionen des Gehörs, vor Allem nach euto-
tischen Geräuschen. Selbständige Reizzustände der Hirnnervenendi-
gungen und solche der nächsten Umgebung führen dazu. Im Ohr selbst
sind es Entzündungen des Trommelfells und der Paukenhöhle, ferner alle jene Bedingungen, welche die Labyrinthflüssigkeit
unter gesteigerten Druck versetzen, wie vom äusseren Gehörgang aus
oder durch Verschluss der Eustachischen Trompete. Klopfende Gefässe
machen Illusionsgeräusche. Wenn in diesen Fällen meistens elektrische
Uebererregbarkeit gefunden wird, so ist die Ohrerkrankung nicht
leicht von dem Zustand des Hörnerven abzugrenzen; beide Ursachen
können diese Wirkung haben.

Alle wirklichen Geräusche der Aussenwelt können durch falsche
Auffassung zu Illusionen werden; vorzugsweise verworrene Tagesgeräusche,
Fahren von Wagen, gleichzeitiges Sprechen vieler Menschen, entfernte
Musik werden oft falsch gedeutet.

Hallucinationen und Illusionen des Gehörs können neben einander
auftreten; dann nützt auch die Entfernung der Ursache der Illusion, wie
z. B. eines Ohrenpfropfen nur theilweise. In der Hauptsache kommt es
auch in diesem Sinnesgebiete, wie in allen andern, auf den gleichzeitigen
Zustand des Bewusstseins an: ein klares Bewusstsein findet sich
zurecht, das getrübte verarbeitet die Illusionen zu Wahnvorstellungen.
Wo diese sich ohne vorausgegangene Sinnestäuschungen einfinden, ist die
Hoffnung auf Genesung viel geringer; klärt sich im Laufe der Krankheit
das Bewusstsein, so können auch jene Illusionen wieder richtig aufgefasst
werden, während Wahnbildung ohne Trugwahrnehmung immer schon ein
tiefer gestörtes Denken voraussetzt.

Beim Geruch und Geschmack ist die klinische Unterscheidung
peripherer und centraler Sinnestäuschungen eben so schwer wie die von
Hallucinationen und Illusionen. Katarrhe und Geschwülste der Nasen-
schleimhaut werden von Zersetzungsvorgängen begleitet und können durch
Lymphstauungen wieder die Gehirnfunctionen stören, z. B. namentlich bei
Kindern auch die Aufmerksamkeit in hohem Grade schwächen. Faulendes
Zungenepithel kann Geruchstäuschungen veranlassen. Fortschreitende Zerstörung der Riechnerven durch Geschwülste führte zu unangenehmen Geruchshallucinationen; aber wie bei den höheren Sinnen sind

auch nach völligem Schwund des Riechnerven echte Hallucinationen beobachtet. Periodischer Geruchsmangel fand sich bei Hirndruck.

Die Täuschungen des Geschmacks sind natürlich vielfach peripherer Natur und oft eng verbunden mit denen des Geruchs; die Möglichkeit ihrer centralen Entstehung geht aber namentlich aus der Thatsache hervor, dass Geschmackstäuschungen oft neben solchen des Geruchs, Gesichts und Gehörs auftreten.

Die Gefühlstäuschungen endlich sind häufig umgedeutete Illusionen, werden daher von den Kranken oft auch nur mit ähnlichen Vorgängen verglichen; bei längerem Bestehen verschwindet in der Vorstellung des Kranken immer mehr ihre ursprüngliche Veranlassung, es kann daher eine frühere Illusion in den Erinnerungsschatz übergehen und aus diesem später als selbständige Hallucination wieder auftauchen; eine Bemerkung, die natürlich auch für die übrigen Sinnesgebiete gelten kann. Für das Gefühl gibt die bekannte eingebildete Vorstellung des Vorhandenseins eines amputirten Fusses ein Beispiel einer Hallucination, die central geworden ist, nachdem die anfänglichen Reizerscheinungen in den Nervennarben verschwunden sind. Hierbei ist übrigens durch Betheiligung der Muskelsinnes der Vorgang schon ein verwickelter.

Die Vermischung wirklicher richtig aufgefasster Wahrnehmungen mit Umdeutungen anderer daneben befindlicher Eindrücke ist am häufigsten zu finden in Vorstellungen über den Zustand der Eingeweide; der Hypochonder ist hierzu besonders geneigt. Sehr wichtig sind Täuschungen, die von Zuständen des Geschlechtsapparats ausgehen; ferner die als mangelndes Sättigungsgefühl bezeichnete Störung, deren Veranlassung oft in Magenerkrankungen liegt. Aber auch alle anderen Eingeweideorgane können im gesunden oder kranken Zustande das Gemeingefühl verändern und dann zu Täuschungen führen. Dies Gemeingefühl ist central begründet, wie namentlich das Auftreten zahlreicher Mitempfindungen beweist, die sich an Reizzustände der verschiedensten Nerven anschliessen; die wichtigste der Störungen der Gemeinempfindungen ist der Schmerz, dessen Ursprung in der Vorstellung so oft vor sich geht, dass man ihn eine Function des Intellects genannt hat; er ist auch für die Entstehung von Gefühlstäuschungen von umfassendster Bedeutung. Der anatomisch sehr wahrscheinliche Verlauf von Schmerzfasern im Gehirn (s. o. Seite 5) lässt die Beziehungen zu den zahlreichen Formen der Empfindung erkennen. Echte Schmerzhallucinationen beobachtet man oft bei Hysterischen.

Inhalt und Häufigkeit der Sinnestäuschungen sind wesentlich abhängig von dem gerade vorhandenen Inhalt des Bewusstseins; am deutlichsten zeigt sich diese Erscheinung in dem Lautwerden der Gedanken.

Da die Gehörstäuschungen vorzugsweise in chronischen Störungen vorkommen, sind sie die häufigsten Sinnestäuschungen überhaupt, bei ihnen ist die Anknüpfung ihres Inhaltes an vorhandene Gedanken sehr gewöhnlich und auch durch die Sprache vermittelt. Der Kranke nennt bezeichnend dafür diese Vorgänge „Stimmen; doch bestehen daneben noch zahlreiche anders bezeichnete Geräusche. Der Inhalt der Gehörstäuschungen ist meistens ein unangenehmer, peinigender. Schmähungen, Beschimpfungen und höhnische Bemerkungen, die meistens in kurzen Sätzen auftreten, setzen den Kranken in Angst und Aufregung, veranlassen ihn zu Gewaltthaten gegen seine vermeintlichen Beleidiger und Verfolger; ihre Drohungen zwingen ihn zur Flucht; Befehle leiten ihn zu unsinnigen und unnatürlichen Handlungen, besonders wenn die Stimmen höheren Mächten zugeschrieben werden. Häufig werden die Stimmen nach Höhe und Klangfarbe unterschieden und dann auf verschiedene Personen bezogen. Sie sprechen leise flüsternd oder zischend, aus der Ferne, von oben oder aus dem Boden; andere Male sind sie so laut, dass sie alle anderen Geräusche übertönen. Seltener hört der Kranke laute Geräusche, Musik oder Gesang; am seltensten haben sie einen angenehmen Inhalt. Die Kranken hören ein Schlagen wie mit einem Hammer, Pfeifen, das Läuten von Glocken oder das Einschlagen von Nägeln in einen vermeintlichen Sarg. Verbindung mit Gesichtstäuschungen ist häufig, wobei übernatürliche Wesen auftreten. Gott oder Christus erscheinen dem Kranken, geben ihm Aufträge und Verheissungen zukünftiger Grösse, enthüllen ihm eine hohe Abstammung, sagen ihm wohin er gehen und wie er seine Rechte geltend machen soll. Indem sie wieder eingehen in den Vorstellungskreis, aus dem sie meistens entstanden sind, bilden die Gehörstäuschungen eine immer neue Anregung zu denselben Wahnvorstellungen und engen den an und für sich schon beschränkten Gedankenkreis in dieselben Grenzen ein.

Der Inhalt der Gesichtstäuschungen ist nicht so vorschlagend ein unangenehmer. Weil sie sich am häufigsten bei frischen Erkrankungen zeigen, ist ihre Färbung oft, wie bei diesen die Stimmung, eine heitere oder eine gedrückte; die Entstehung bedingt hier noch deutlicher als bei den anderen Sinnen den Inhalt. Die meistens peripher auftretenden Sinnestäuschungen der Säufer bestehen aus Erscheinungen von Thieren: wie Mäusen, Ratten, Vögeln, Insecten in grosser Zahl, deren rasche Bewegungen den Kranken oft erheitern, zuweilen auch erschrecken. Andere peripher auftauchende Lichterscheinungen sind Feuer- oder Lichtmassen; der Kranke glaubt sich im Himmel, sieht Gottes Herrlichkeit leuchtend geoffenbart, oder er wähnt sich von den Flammen der Hölle umgeben; hin- und herhuschende Schatten sind Teufelserscheinungen. Je enger das Bewusstsein ist, je schreckhafter wird ein solcher Inhalt der Gesichtstäuschungen: diese Angstzustände, z. B. bei Epileptischen sind zuweilen von furchtbarer Heftigkeit. Auch im Fieber können sie sich zeigen. Sehr gewöhnlich ist ein religiöser Inhalt: bekannt sind die historischen Beispiele der Visionen.

Beim Geruchssinn sind die wirklichen Sinnestäuschungen ihrem Inhalt nach meistens unangenehmer Art. Leichengestank, Schwefelgeruch werden oft angegeben: Vergiftungswahn und Nahrungsverweigerung begleiten diese Erscheinungen in vielen Fällen Die meisten Geschmackstäuschungen sind wie die Geruchstäuschungen widriger Natur und werden in der Regel auf Beimischungen zu den Speisen bezogen.

Entsprechend der grossen Ausdehnung des Gebietes aller Gefühlsnerven sind Gefühlstäuschungen zahlreich und verschiedenartig; Störungen des Muskelsinns und Gemeingefühls, ferner solche in Haut und Schleimhäuten müssen wir dazu rechnen. Ihr Inhalt ist häufiger als in den anderen Gebieten ein angenehmer, doch überwiegen auch hier die unangenehmen Erscheinungen. Namentlich behalten sie diesen Charakter im Beginn, wo sie meistens dem Vorstellungsinhalt fremd sind; erst mit zunehmender geistiger Schwäche verschwindet die widrige Natur unter Zurücktreten des anfänglichen Affectes.

Ueber den Verlauf der Sinnestäuschungen in einer bestimmten Psychose ist zu bemerken, dass gelegentlich ein Sinnesgebiet nach dem andern hinzutritt und sich dann allmählich alle Sinne an dem Aufbau der daraus entwickelten Wahnvorstellungen betheiligen können; ferner lässt sich beobachten, dass die Stärke der Täuschungen während der Krankheit schwankt, besonders beim Beginn und Ende; selten ist ein plötzliches Aufhören. Bei eintretender Genesung werden die Gesichtstäuschungen meistens blasser, die Umrisse verschwimmen, die Gehörstäuschungen erscheinen undeutlicher, entfernter. In dieser Zeit kann der Versuch gemacht werden die Beobachtung des Kranken auf das Krankhafte der Zustände hinzulenken, um die eintretende Genesung zu beschleunigen. Aber auch dann ist Vorsicht rathsam, da es gilt die Aufmerksamkeit nicht aufs Neue auf jene schwindenden Vorgänge zu lenken. Verkehrt ist es auf der Höhe der Krankheit dem Patienten die Sinnestäuschungen ausreden zu wollen; es ist dies durchaus erfolglos und gewöhnlich nur schädlich, da man dadurch nur das Misstrauen des Betroffenen erregt oder verstärkt; den Verlauf der Sinnestäuschungen unterbricht man dadurch jedenfalls nicht.

Die Unterbrechung, welche das Bewusstsein im Schlaf erfährt, ist als Folge einer geregelten Erschöpfung des centralen Nervensystems anzuschen, die von Herabsetzung oder Aufhebung der Aufmerksamkeit begleitet wird; er dient also zur Erholung des Gehirn- und Geisteslebens. Eine Steigerung oder Herabsetzung dieser regelmässigen periodischen Function kann eines der auffallendsten Zeichen geistiger Störung werden. Am wichtigsten ist die **Schlaflosigkeit**, da sie nicht nur ein Zeichen, sondern eine immer wieder neue Veranlassung für die Entwicklung der geistigen Störung wird. Eine eigenthümliche Störung des Bewusstseins ist das **Nachtwandeln**, welches sich in der Regel während des Schlafes, aber am Tage auch im Anschluss an Krampfzustände bei Hysterischen, Epileptischen u. s. w. einstellt. Schon leichte Geräusche können diesen Zustand lösen. Tief ist die Störung des Bewusstseins in den verschiedenen Zuständen krankhafter **Schlafsucht**.

In den sogenannten **Dämmerzuständen,** die sich in Anfällen von kürzerer oder längerer Dauer zeigen, handelt es sich um Störungen in der Auffassung aller Eindrücke durch die Aufmerksamkeit; auch sie schliessen sich oft an Krampfanfälle. Am Ende der ganzen Reihe dieser verschiedenen Grade von Trübungen des Bewusstseins, steht die **Bewusstlosigkeit**, in der kein physiologischer Reiz mehr in geistige Vorgänge umgesetzt wird. Die Bewusstlosigkeit kann vorübergehend sein, wie im Rausch, schweren Krampfanfällen, Fieberzuständen, Vergiftungen, Hirnentzündungen, oder dauernd im Verlauf und Ausgang vieler chronischer Geisteskrankheiten, wie besonders im Blödsinn. Je tiefer die Bewusstseinsstörung war, um so grösser pflegt auch der **Mangel an Erinnerung** für die betreffende Zeit zu sein; bei den schweren Störungen fehlt sie ganz.

In allen genannten Vorgängen ist das Entscheidende die Zuleitung peripherer Reize; ist diese gestört oder aufgehoben, so kommt es zu jenen Bewusstseinsstörungen. Wahrscheinlich entspringen auch alle **Traum**vorstellungen aus Sinnesreizen von Aussen her oder aus Reizzuständen der peripheren Sinnesorgane, ihrer Leitungswege und Centren. Im Traum wirken Zersetzungsproducte des Stoffwechsels als Reize; einzelne Vorstellungen verbinden sich mit schwachen Sinneseindrücken, Illusionen, mit echten Hallucinationen aus Erinnerungsvorstellungen. Das reichste Material bieten die Bewegungen und Vorgänge im eigenen Körper, der Lichtstaub des Auges, Ohrenklingen und -sausen.

Traumähnliche Zustände lassen sich **willkürlich** hervorrufen durch Gifte und Arzneistoffe. Atropin regt Erinnerungsbilder des Hässlichen und Grauenhaften an, der indische Hanf vorzugsweise die des Sinnlichschönen, der Aether verschafft das Gefühl des Fluges in die Unendlichkeit. Es werden verschiedene geistige Thätigkeiten einzeln angeregt; in der Chloroformnarkose lässt sich eine bestimmte Reihenfolge in der

Betheiligung gewisser Hirntheile erkennen. Diese theilweise Thätigkeit des Gehirns im künstlichen wie im natürlichen Traum ist ähnlich wie der Schlaf von Verengerung der Hirnrindengefässe und der Pupillen begleitet.

Eine dem Schlaf verwandte Störung des Bewusstseins ist der hypnotische Zustand; in ihm ist nur ein Theil der während des Schlafes ruhenden Functionen gehemmt. Aus einem Halbschlaf, in dem oft die eigenthümliche kataleptische Gliederstarre eintritt, entwickelt sich die eigentliche Hypnose. Nicht jeder Mensch ist hypnotisirbar und Geisteskranke sind es im Ganzen seltener. Voraussetzung ist eine Neigung sich durch Andere beeinflussen zu lassen, ihren Vorstellungen Raum zu geben: Gläubigkeit, Autoritätsglaube bereitet den Boden, auf dem die S u g g e s t i o n, d. h. die befehlende Art der Eingebung leichter gelingt, eine fremde Vorstellung leicht eingeredet wird. Auf der allgemein herrschenden Function des Gedächtnisses, die die Wiederholung früherer Eindrücke im Nervensystem erleichtert, beruht also auch die Suggestion: erwartete psychologische und physiologische Wirkungen haben die Neigung einzutreten. In diesem Sinne sind Gewohnheiten abhängig von eigener Suggestion: man denke an das Einschlafen zur gewohnten Zeit und Stelle. In der Hypnose herrscht die eingeredete Vorstellung, nicht ohne fremde Hülfe erwachen oder nur bestimmte Bewegungen ausführen zu können, andere machen zu müssen. Das Bewusstsein ist nur für ganz bestimmte äussere Einwirkungen empfänglich ; die ungehemmte völlig selbstständige Fähigkeit thätigen Aufmerkens fehlt. Es wird so ein förmlicher geistiger Zwang ausgeübt, der darum nicht weniger bedenklich ist, weil Jemand sich freiwillig zum Sclaven seines Nebenmenschen macht. Bei einem reizbaren Nervensysteme kann die häufige Hervorrufung der Hypnose schwere Schädigungen zur Folge haben; für Schaustellungen und öffentliche Versuche ist sie daher ganz verwerflich, nur in der Hand kundiger Aerzte darf sie zu Heilversuchen ausgeübt werden. Hier kann sie grosse Erfolge haben ; Gemeingut aller Aerzte wird sie nicht werden, da persönliches Talent im Umgang mit Menschen und die dazu nöthige grosse Sicherheit des Auftretens Eigenschaften sind, die nicht jeder Arzt hat oder erwirbt. In der Behandlung geistiger Störungen ist die Hypnose als abnormer psychischer Zustand, der sich zu den vorhandenen gesellt, bedenklich ; jedenfalls hat die Wirksamkeit der Hypnose hier sehr verschiedene Beurtheilung erfahren, wahrscheinlich zum grössten Theil in Folge der angedeuteten persönlichen Eigenschaften der behandelnden Aerzte; es bildet sich um einen zur Hypnose geschickten Arzt eine Art vorbereiteter Atmosphäre, so dass die nun in diesen Bannkreis Eintretenden schon empfänglicher sind. Diese fast ansteckende Wirksamkeit der Suggestion (Wachsuggestion) wiederholt sich als M a s s e n s u g g e s t i o n bei allen grossen geistigen Zeitströmungen im guten und bösen Sinne: Patriotismus und Fanatismus, religiöse und revolutionäre Ideen wirken so. Die Macht des Arztes beruht in der Möglichkeit seine, also eine fremde Suggestion wirken zu lassen; beim Geisteskranken herrschen die eigenen Vorstellungen krankhaft vor, darum gelingt eben die hypnotische Behandlung, die Suggestion bei ihm so viel schlechter wie z. B. bei einer echten Hysterischen; hier allein findet sich die sogenannte grosse Hypnose mit verwickelten Erscheinungen, während die gewöhnliche künstliche Hypnose einem theilweisen Schlaf ähnlich bleibt. Doch unterscheidet sie sich klinisch von diesem in einigen äusserlichen Zeichen: während sich im Schlaf die Verengerung der Pupillen und eine Herabsetzung der Puls- und Athemfrequenz zeigen, pflegen sich die Pupillen in der Hypnose bei sich öffnenden Augenlidern zu erweitern, Puls- und Athemfrequenz steigen. Vielleicht sind die Uebergänge und Unterschiede von Schlaf und Hypnose sonst bedingt durch die verschiedene Schnelligkeit der Reihenfolge, in der die Sinne einschlummern, zuletzt ermüden Gehör und Muskelsinn; wichtig ist auch der Einfluss der Aufmerksamkeit.

Ein Zustand, der zwar an und für sich keine Störung des Bewusstseins ist, aber sehr häufig mit solcher vorkommt, ist die Katalepsie; zunächst umfasst sie nur die Zeichen der Gefühllosigkeit und Muskelsteifigkeit, zu der eine mehr oder weniger ausgeprägte Biegsamkeit der Glieder sich allmählich hinzu zu gesellen pflegt. Selbstständig tritt sie nicht auf, sondern z. B. in Verbindung mit Hysterie, Melancholie, progressiver Paralyse; einen besonders wichtigen Platz nimmt sie in dem Krankheitsbilde der Katatonie ein. Verwandt sind einige Zustände auf dem Gebiete sonst willkürlicher Bewegungen, die aber nicht wie in der Hypnose eine Abhängigkeit des eigenen Willens von einem fremden zeigen; bei diesen Bewegungen ist die Willenlosigkeit vielmehr als eine Hemmung anzusehen, als eine Störung der psychomotorischen Function des Gehirns. In der Hypnose erscheint der Wille a u t o m a t i s c h unter dem Befehl eines Andern zu stehen, in den kataleptischen resp. katatonischen Zuständen ist die Erkrankung des Gehirns das Entscheidende. Da diese verschiedenartig ist, ist auch die Mischung der verschiedenen Zeichen eine wechselnde, aber es wiederholen sich auch bestimmte Gruppen von Erscheinungen mit grosser Beharrlichkeit: in s t e r e o t y p e r Weise werden bestimmte Stellungen festgehalten, jeder Veränderung wird ein passiver Widerstand entgegengesetzt (N e g a t i v i s m u s); ein solcher Kranker ist völlig stumm, sein Gesichtsausdruck starr gespannt. Oder es wiederholt sich in gleichmässiger Wiederholung eine Reihe von Bewegungen, theilweise lebhaftester Art: mögen diese unsinnig oder unzweckmässig sein, sie wiederholen sich in stereotyper Form stundenlang. Springen und Tanzen, Kriechen und Rollen wechseln, an ein Hindern ist nicht zu denken. Besonders auffällig ist die oft sehr laute Wiederholung derselben Worte und sinnlosen Sätze in ununterbrochener Folge (Verbigeration), die interessanter Weise auch in Schriftstücken wiederzufinden ist. Das Zwangsmässige in allen diesen Dingen tritt meistens deutlich hervor; es ist aber möglich, dass sie die Folge von bestimmten Wahnvorstellungen und dann selbstständig gewollt sind, doch ist ihre Wiederholung dann doch nicht so regelmässig und andauernd. Bei längerer Dauer der Krankheit, beim Uebergang in geistige Schwächezustände und bei Idioten ist das Absichtliche oder Automatische in dem stereotypen Verhalten kaum zu unterscheiden. Ein grosser Theil dieser Erscheinungen, die einzeln in sehr verschiedenen Krankheitsformen vorkommen, findet sich vereint in der Katatonie.

Ist die motorische Hemmung verbunden mit Denkhemmung und Herabsetzung der Aufmerksamkeit, so entsteht die Symptomengruppe des Stupors, welche kataleptische Zustände in sich schliessen und bei den verschiedensten psychischen Krankheitsformen vorkommen kann. Der Stupor ist kein selbstständiges Krankheitsbild, kann aber ein solches beherrschen. Es ist wohl Gebrauch, z. B. bei der Melancholie eine Form vorzugsweise Stupor zu nennen : richtiger ist es aber nur von stuporöser Form der Melancholie zu sprechen. Stupor kommt auch vor bei Dementia paralytica, circulärem und epileptischem Irresein, nach alcoholischen Formen. Es ist ein Sammelname, der die verschiedensten Zustände von Hemmung in sich fasst, die in Lösung übergehen können; oft aber bleiben sie dauernd bestehen, daher z. B. im Bilde des Blödsinns ungelöst bis zum Lebensende. Aber auch der Stupor in Folge von Wahnvorstellungen ist äusserlich kaum davon zu trennen; ein Verrückter steht regungslos wie eine Bildsäule, ferner ein Katatonischer oder halluzinatorisch Verwirrter. In diesen Fällen pflegt nach der Lösung die Erinnerung für die Zeit des Stupors nicht völlig aufgehoben, aber verdunkelt zu sein, sie ist eine summarische wie bei dem Stupor eines Melancholischen oder Epileptischen ; das psychische Geschehen war gehemmt, stand nicht still. Beim tief Blödsinnigen fehlt es; nur die schwersten Fälle der anderen Formen zeigen völlige Vernichtung der Erinnerung, die etwas leichteren berichten aber von zahlreichen, zum Theil schreckensvollen inneren Erlebnissen. Endlich verlaufen auch Erschöpfungszustände nach maniakalischer Erregung und heftigen fieberhaften Erkrankungen unter dem Bilde des Stupors.

Aeusserlich hat noch die Ekstase Aehnlichkeit mit einigen der genannten Zustände; hier ist die Aufmerksamkeit gespannt auf einige Ge-

nung als Glück für den Kranken ansehen, denn wie schon die Thatsache, dass Krankheitsbewusstsein am häufigsten die e n t s t e h e n d e Krankheit begleitet. zeigt, ist der Kampf dann oft von schmerzlichen Gefühlen begleitet: mit schwindendem Krankheitsbewusstsein sind in der Regel, wenn auch nicht immer, die schmerzlichen Gegenvorstellungen verschwunden. Gegenüber dem Krankheitsbewusstsein beim Entstehen geistiger Störungen ist es beim Schwinden oft von angenehmen Gefühlen begleitet. D e r G e n e s e n d e findet d a s f r ü h e r e S e l b s t b e w u s s t s e i n wieder, indem er die klare Einsicht in seine Krankheit gewinnt; daher ist diese K r a n k h e i t s e i n s i c h t eines der wichtigsten Zeichen beginnender oder vollendeter Genesung.

B. Störungen in Verbindung und Verlauf der Vorstellungen.

Aeussere und innere Eindrücke ordnet der Mensch in seinem Bewusstsein mit Hülfe der Aufmerksamkeit, welche er auf sie richtet; je gespannter diese ist, desto leichter ist die Einordnung in einen geregelten Gedankengang. Dazu ist eine gewisse Anstrengung nöthig, die mit einer activen Thätigkeit verbunden ist; es ist hier nicht die körperliche Anstrengung gemeint, welche beim Aufmerken als sinnliches Gefühl in den Augen und Ohren hervortritt oder sich in Spannungsgefühlen der Schädelhaut und- muskeln zeigt, sondern die g e i s t i g e A n s t r e n g u n g, welche in bestimmten Bahnen des Gehirns, in Merksystemen verläuft, die möglicherweise eine lebhaftere Thätigkeit in ihren Endzellen hervorrufen. Jeder Inhalt des Bewusstseins kann so in das Blickfeld der Aufmerksamkeit gezogen werden und diesen Vorgang nennt man die **Apperception**. Sie verknüpft die eindringende Wahrnehmung mit früher erworbenen und bildet aus dem Vergleich der alten Eindrücke mit dem neuen das begreifende Verständnis der Dinge. Diese Anstrengung des Geistes ist: D e n k e n i n B e g r i f f e n: durch deren Zerlegung werden Urtheile und Schlüsse gebildet. Der ganze verfügbare Stoff von Vorstellungen wird aber nicht nur a c t i v hervorgehoben, sondern kann auch ganz p a s s i v bemerkt werden: im Flusse des Gehirnlebens tauchen ja Vorstellungen in grosser Zahl auf: findet eine Art Wettstreit zwischen ihnen statt, wenn sie zur Apperception gelangen, so wird diese innere Thätigkeit als eine active empfunden; ist aber von den gegebenen Vorstellungen eine durch ihre Eigenschaften so bevorzugt, dass die Apperception einer anderen Vorstellung gar nicht in Frage kommen kann, so geschieht ihre Auffassung passiv. Der Stoff, aus dem unsere Aufmerksamkeit einzelne Bestandtheile sammelt, ergibt sich aus der Verbindung, der **Association** der Vorstellungen: fand eine zweifellose Association einzelner Vorstellungen statt, so verhält sich die Aufmerksamkeit passiv, gelangt eine Mehrzahl frei steigender Vorstellungen zur Wahl, so ist sie activ eingestellt und bringt immer nur einzelne nach einander zur Auffassung.

Der Geisteskranke befindet sich sehr oft in der Lage, dass er nur passiv, nicht activ aufmerksam auf die inneren Vorgänge seiner Erfahrung ist und immer willenloser wird gegenüber den nach einander auftauchenden Vorstellungen und ihren Verbindungen. Nicht nur gegenwärtige Vorstellungen sind dabei im Spiel, sondern die ganze bis dahin zurückgelegte Entwicklung des Bewusstseins kommt dazu ; die ungeordnete sich lösende Verbindung führt zur Verworrenheit. Diese ist im Beginn der meisten geistigen Störungen zu finden, in der Regel begleitet von Affecten. In Zuständen der Erregung kommt es zu einem Wirbel von Vorstellungen, aber auch bei geringeren Graden geistiger Schwäche fehlt es an einer Fähigkeit, die den Gedankenlauf activ leitet ; bei höheren Graden des Blödsinns wird die allgemeine Schwäche der Aufmerksamkeit zur Stumpfheit gegenüber äusseren und inneren Reizen. Eine einseitige Richtung nimmt die Aufmerksamkeit in Depressionszuständen an und bei bestimmten Wahnvorstellungen, bei denen beharrlich nur ein bestimmter Inhalt das Bewusstsein beherrscht. Deshalb erscheinen diese Kranken oft nur zerstreut, obwohl ihre Aufmerksamkeit activ oder passiv auf einen Punkt gespannt ist; bei fortschreitender Krankheit beschränkt sich der ganze Gedankenkreis dann auch immer mehr auf das unmittelbar Gegebene, frühere allgemeine Erfahrungen und Anschauungen treten zurück, eine bewusste Auswahl findet schliesslich gar nicht mehr statt. Die Schwierigkeit eine selbstthätige Auswahl unter den sich aufdrängenden Vorstellungen und ihren Verbindungen zu treffen, ist ein Zeichen geistiger Schwäche; es überwiegen ungeordnete Vorstellungsreihen.

Findet ein **beschleunigter Ablauf der Vorstellungen** statt, wie in manchen Erregungszuständen, so kommt es schon allein aus dieser Ueberfüllung dies Bewusstseins zur Verworrenheit. In mässigeren Graden der Erregung erscheint die Verbindung mancher Gedankenreihen erleichtert. Man sieht dann sonst nicht gerade geistreiche Menschen scharfsinniger und witziger werden, namentlich stellt sich zuweilen der gelungene Ausdruck feineren Spottes ein und die Fähigkeit leichter Reimereien. Sie sprechen gern in Versen, deren Inhalt zusammenhanglos ist und nur eine Zusammenknüpfung in der lautlichen Verwandtschaft, namentlich der Endreime erkennen lässt; auch Anknüpfung an ähnlich klingende Worte, die Andere sprechen, wird gewählt. Unter der Gesammtzahl der Vorstellungen überwiegen entschieden die motorischen Sprachvorstellungen über die sinnlichen Erinnerungsbilder bei den meisten Menschen ; daher erklärt sich das Vorherrschen sprachlich eingeübter gewohnheitsmässiger Wortverbindungen nach der Klangähnlichkeit bei der Verknüpfung der Vorstellungen während ihres beschleunigten Ablaufes. Etwas Aehnliches begegnet auch schon dem Müden oder Einschlafenden, der gedankenlos Phrasen wiederholt oder ableiert, ohne dass der Vorstellungsablauf beschleunigt war; auch in bestimmten Stadien der Alkoholwirkung finden wir dies wieder. Die erleichterte Umsetzung der Gedanken in Worte ist gar nicht einmal immer ein Zeichen für beschleunigten Vorstellungsablauf; dies zeigt sich dann in der monotonen gleichmässigen Wiederholung derselben Redensarten, also es liegt eher ein Wort- als ein Gedankenreichthum vor. Aber es gibt sicher auch Fälle, in denen die Vorstellungen so rasch von einander gedrängt werden, dass sie nicht in die dazu gehörigen Verbindungen eingehen können: dann entsteht eine echte Ideenjagd oder Ideenflucht. In ihrem Strome wird Alles in bunter Flucht hingerissen. In den höchsten Graden gelingt es oft nicht einmal mehr durch starke äussere Eindrücke, wie z. B. durch kräftiges Anreden, den überstürzten Ideengang vorübergehend aufzuhalten.

Auch ein **verlangsamter Vorstellungsablauf** kann zu Verworrenheit führen. Der Aengstliche, Befangene wird verwirrt, indem seine Gedanken langsam auftreten. Verwirrtheit kennzeichnet geistige Erschöpfungszustände mit trägem Ablauf der Gedanken. Der Gedankenfaden reisst ab, Lücken zeigen sich. Einzelne Male kann die Verworrenheit nur scheinbar sein, indem Aphasie mit bestimmter anatomischer Erkrankung zu Grunde liegt: die richtige Art des Handelns lässt dann in der Regel bald den Unterschied zwischen der verkehrten Rede und der verwirrten erkennen; die Gedankenverbindung war richtig, aber der Ausdruck verkehrt. Wenn die Gedanken langsam ablaufen, so ist eine weitere Folge die Einförmigkeit im Vorstellen. Der heftige psychische Schmerz füllt das Bewusstsein des Melancholischen völlig aus und lässt nichts Anderes neben sich aufkommen; der Zug der Gedanken scheint mitunter stille zu stehen, nur einzelne Worte und Redensarten werden stundenlang wiederholt.

Der ungenügende Wechsel der Vorstellungen ist nicht immer in der Langsamkeit der Aufeinanderfolge verschiedener Vorstellungen begründet, sondern ist zuweilen abhängig von der längeren Dauer der einzelnen; dabei ist die Verknüpfung einzelner Vorstellungskreise oft für Wiederholungen sehr erleichtert. Diese Störung finden wir in leisen Anklängen bei gesunden Menschen; wir können gewisser Vorstellungen uns gar nicht mehr entschlagen, sie nicht los werden. Bekannt ist dieser letztere Ausdruck besonders für das Festhaften rhythmisch gegliederter Vorstellungsgruppen, für Verse und Melodieen. Indessen verlieren sich diese Erscheinungen doch in der Regel rasch, höchstens bleiben sie einige Tage, während ihr längeres Bleiben dem Befallenen selbst fremd-

artig und krankhaft wird, so dass sich peinliche und widerstrebende Gefühle damit verbinden. Eine klinisch merkwürdige Form dieser Störung
ist als Grübelsucht bekannt; die bei ihr sich aufdrängenden Vorstellungen haben fast immer die Form der Frage, und beziehen sich
meistens auf religiöse oder metaphysische Dinge. Das peinliche Gefühl
des Sich-Aufdrängens, des Zwanges ist der Grübelsucht gemeinsam mit
den Zwangsvorstellungen; es gibt einige Geistesstörungen aus Zwangsvorstellungen in klinisch abgeschlossenen, der Verrücktheit verwandten,
aber von ihr zu trennenden Krankheitsbildern. Wichtig ist das eigene
Gefühl des Krankhaften, weil darin der Unterschied gegenüber Wahnvorstellungen zu finden ist; da diese Zwangsvorstellungen in einem übrigens
gesunden Geiste abspielen, so bleiben sie ohne weitere Folgen für die in
sich geschlossene geistige Persönlichkeit. Vielfach knüpfen diese Zustände
an bestimmte Worte an: es findet sich z. B. ein ängstliches Suchen nach
einem Namen, das schon berührte förmliche Besessensein durch ein Wort
mit dem Zwange es zu wiederholen u. dgl. m. So gibt es zahlreiche
Kranke, die darüber klagen, dass sie gewisse quälende und lästige
Gedanken, deren Ungereimtheit sie völlig einsehen, nicht los werden
können; sie werden dadurch beunruhigt, lassen sich zu Handlungen
verleiten, die sie selbst lächerlich und abscheulich finden. Der Inhalt
der Zwangsvorstellungen ist durchweg ohne Werth für die Interessen
der Person, im Uebrigen ein sehr mannichfaltiger, aber im einzelnen
Falle doch immer auf bestimmte Kreise beschränkt. Weil alle Krankheitsbilder abhängig sind von dem Bewusstseinsinhalte und Erfahrungsschatze des Betroffenen, so ist eine Gleichartigkeit nicht zu
erwarten; trotzdem haben manche Fälle so viel Aehnliches, dass eine
psychologische Erklärung erforderlich ist. Wir verfahren bei unseren
Denkvorgängen am häufigsten vergleichend, versuchen unter entgegengesetzten Vorstellungen eine Auswahl zu treffen. Während das
gesunde Bewusstsein bei diesem Frage- und Antwortspiel unter den
zahlreichen zur Verbindung bereit liegenden Vorstellungen zunächst keine
bevorzugt, sondern erst die einzelnen vergleichend ein Ergebnis zieht,
tritt in krankhafter Weise hier immer nur eine entgegengesetzte Vorstellung mit zwingender Gewalt ins Bewusstsein. Solche Fragen sind:
warum ist der Mond rund und nicht viereckig? warum ist $2 \times 2 = 4$
und nicht $= 6$? warum steht der Ofen nicht mitten in der Stube? oder
die Frage schliesst sich an eine eben vollendete Handlung und lautet:
warum habe ich dies gethan, wäre das Gegentheil nicht richtiger gewesen?
Noch deutlicher wird der Gegensatz in entscheidenden Augenblicken: ein
Ehemann hat vorm Altar sein Jawort ausgesprochen: „warum hast du
nicht nein gesagt", dieser Gedanke verlässt ihn nicht und quält ihn un-

aufhörlich trotz der mannichfachsten Eindrücke, die gleichzeitig auf ihn eindringen. Auch gleichgültigere Dinge führen bei einem solchen Kranken zu Zwangsvorstellungen, die zuweilen lange Zeit bestehen bleiben. Er zweifelt z. B. ob er eine eben verschlossene Thür auch wirklich richtig zugemacht, ob er Briefe nicht in verkehrte Umschläge gesteckt habe, und kann diesen Gedanken auch nicht los werden nach erneuter Untersuchung des Verschlusses. Andere Male blitzt die Vorstellung in Gesellschaft auf, wie wäre es, wenn etwas Unschickliches gesagt würde, oder in der Kirche wenn ein Pfiff oder Geschrei erschallte? Immer das Entgegengesetzteste zu der augenblicklichen Lage zwingt sich in den Gedankengang hinein, auf dem Thurm das Hinabspringen, vor der Locomotive das Sichhinwerfen, auf dem freien Platze die Angst nicht hinüberzukommen; in den letzteren Fällen mögen Schwindelgefühle die Entstehung der Zwangsvorstellung begünstigen. Andere Personen können nicht in geschlossenen Räumen aushalten, da der Gedanke sie nicht verlässt, dass irgend ein Ereignis z. B. plötzliche Feuersgefahr oder Einstürzen der Decke das Hinausgehen unmöglich machen werde.

Doch ist die Zwangsvorstellung für die innere eigene Beobachtung oft durchaus unvermittelt und auch nicht in Form der Frage, des Zweifels da. Zuweilen gelingt es dem Kranken den auftauchenden Gedanken zurückzudrängen, ehe er sich deutlich in das Bewusstsein eindrängt. Ist dies aber nicht mehr möglich und befestigt sich die einzelne selbstständige Vorstellung, so ist der Uebergang da, wo das dem Kranken bisher Fremdartige natürlich erscheint; während er bis dahin versuchte die als krankhaft erkannte Vorstellung durch alle anderen ihm zu Gebote stehenden Ueberlegungen zu berichtigen, wird jetzt umgekehrt die einzelne Vorstellung der feste Punkt, um den sich die anderen Vorstellungskreise lagern müssen; der Kranke kämpft nicht mehr gegen, sondern für die Vorstellung, es bildet sich so eine Art der Wahnvorstellung aus, einer der Wege der Wahnbildung ist beschritten. Diese unmittelbare Umbildung einer Zwangsvorstellung zu einer Wahnvorstellung ist nicht so selten; zuweilen ist letztere aber nur von ersterer verdeckt.

Die eigentlichen **Wahnvorstellungen** sind falsche Urtheile, daher dem Irrthum nahe verwandt durch Entstehung und Inhalt. Einen Uebergang von Wahnvorstellungen zu Irrthümern zeigt der Aberglaube. Gemeinsam ist allen die Grundlage der Urtheilsschwäche, die entweder eine angeborene oder erworbene ist. Letzteres Merkmal, die erworbene Urtheilslosigkeit, kennzeichnet die Wahnvorstellung. Ein Falschmeinen und Irrthümer begegnen jedem Gesunden, aber er ist im Stande sie zu berichtigen je nach dem Grade seiner angeborenen und anerzogenen geistigen Fähigkeiten; der Aberglaube als Erwerb der Erziehung und Ausdruck des gesammten Bildungsstandes der Umgebung des Einzelnen ist schon weit schwerer zu beeinflussen; er unterscheidet sich von einer Wahnvorstellung dadurch, dass er nicht wie diese allen Einwänden gegenüber immer als fester Erwerb des erkrankten Gehirns bestehen bleibt. Eine Erkrankung des Gehirns müssen wir deshalb voraussetzen, weil die Entstehung einer Wahnvorstellung, die Wahnbildung, entweder gebunden ist an eine Sinnestäuschung oder wie diese selbst nur durch einen centralen Reizzustand zu erklären ist. Daher das gefälschte Urtheil und die kritiklose Hinnahme der in den Vordergrund getretenen Vorstellungsverbindungen; ein gewisser Grad geistiger Schwäche ist die Bedingung für die Entstehung von Wahnvorstellungen. Schon das mangelnde Verständnis für das Krankhafte zeigt die Urtheilsschwäche, die bei den Zwangsvorstellungen noch nicht gefunden wird; bei diesen ist die Denkstörung eine formale, bei jenen eine inhaltliche. Je häufiger und stärker Sinnestäuschungen in einem Gehirn auftreten, namentlich wenn mehrere Sinnesgebiete gleichzeitig erkrankt sind, um so leichter wird das Urtheil, die Verbindung der sich daran schliessenden Vorstellungen gestört sein. Aber auch dann, wenn die Sinnestäuschungen nachlassen, ist der Kranke in Folge der zu Grunde liegenden Urtheilsschwäche nicht mehr im Stande, aus dem Mittelpunkte der sich eng umgrenzenden, krankhaft erleichtert ablaufenden Vorstellungen hinauszutreten. Es steht in diesem Mittelpunkt der Antheil an der eigenen Persönlichkeit. Das Schwinden der tieferen Theilnahme für Andere, namentlich die nächsten Angehörigen, ist eines der sichersten Zeichen beginnender geistiger Schwäche, die die Wahnvorstellung begleiten. Wo sich mehrere derselben verbinden, ist die Kritiklosigkeit in der Regel so gross, dass der Kranke ohne Scheu die widersprechendsten Angaben macht, seine frühere Persönlichkeit ihm selbst ganz verändert scheint. Ist die Urtheilskraft noch eine bedeutendere, so sucht der Kranke meistens Fragen über seine Wahnvorstellungen auszuweichen, deren Fremdartigkeit ihm noch auffällt. Zuweilen gibt er eine vergleichende Erklärung, z. B. es sei so als ob diese oder jene Empfindung durch äussere Einflüsse anderer Personen hervorgerufen sei, häufiger aber noch sagen die Kranken einfach aus, dass es sich so verhalte wie sie sagen; sie wüssten nicht warum sie verfolgt würden, warum sie so grosses Vermögen hätten, aber es sei so. Die meistens zu Grunde liegende Sinnestäuschung ist so packend für sie, dass ihrer schwachen Urtheilskraft die Verbindung mit anderen Vorstellungen des früheren Erfahrungsschatzes leicht wird und keiner Erklärung bedarf. Unmittelbar ohne Sinnestäuschungen auftauchende Wahnvorstellungen pflegen leichter zu wechseln und zu schwinden.

Der Inhalt der Wahnvorstellungen ist so mannichfach wie der Vorstellungsinhalt des Menschen überhaupt. Wie dieser knüpft er sich im Wesentlichen an den sprachlichen Ausdruck; daher beruht auch die bei Weitem grösste Zahl der Wahnvorstellungen auf Verbindung mit solchen Gehörsvorstellungen, die durch die Sprache ausgedrückt werden können. Unterschiede treten klinisch hervor, so lange die geistige Störung im Entstehen ist, daher fällt besonders der Unterschied des Inhalts auf, je nachdem die Stimmung des Kranken noch eine gedrückte oder heitere ist: beim Wechsel der Stimmung verbinden sich zuweilen Wahnideen gedrückten und gehobenen Inhalts. Abnorme Vorstellungen bei krankhaften Stimmungen befestigen sich nicht so leicht als wenn der Ablauf der Vorstellungen durch Sinnestäuschungen eine verkehrte Richtung oder Verbindung gefunden hat. Dieser Unterschied zwischen Bildung und Ablauf der Wahnvorstellungen ist prognostisch nicht unwichtig, doch ist die Art der Entstehung nicht immer völlig klar.

Zahlreiche hypochondrische Wahnvorstellungen beziehen sich auf die eigene Persönlichkeit und den eigenen Körper, in der Regel sind sie durch Störungen des Gemeingefühls ausgelöst; entweder ist eine wirkliche periphere Sinnestäuschung die Ursache oder ein Reizzustand des Gehirns. Der Kranke ist überzeugt mit einem schweren Leiden behaftet zu sein; es ist ein Herzfehler oder die Schwindsucht, die als drohendes Gespenst erscheinen; Rückenmarkskrankheiten und solche des Genital-apparates werden empfunden. Zuweilen wechselt die befürchtete Krankheit oder es bilden gar mehrere gleichzeitig den Inhalt der Wahnvorstellungen. Vorübergehend ist wohl fast jeder angehende Arzt einmal überzeugt, dass er an einer der gerade von ihm studirten Krankheiten leide, zu deren Begründung ihm nur harmlose Erscheinungen im eigenen Körper dienten. Wo aber krankhafte Gefühle durch Vorgänge in den Organen entstanden, gewinnt die hypochondrische Wahnvorstellung oft einen sehr wunderlichen, verschrobenen Inhalt. Kopfschmerzen oder unangenehme Empfindungen überhaupt werden von Hypochondern auf Veränderungen im Gehirn zurückgeführt. Sie geben an, dass sie mit Bestimmtheit fühlten, wie ihr Gehirn eingetrocknet, geschwunden oder eine andere absonderliche Ver-änderung damit vorgegangen sei. Noch mannichfaltiger sind die Wahn-vorstellungen, die sich an Zustände und Empfindungen in den Ver-dauungsorganen anschliessen. Mund und After scheinen verschlossen; die Speiseröhre sei so eng, dass das Schlucken unmöglich werde. Der Magen ist zu klein oder angefüllt mit Glas, Holzstücken; der Darm könne nicht verdauen, weil er ausgestopft sei mit Pillen oder Speisebrei. Andere hypochondrische Wahnvorstellungen entwickeln sich aus Reizzuständen des Sexualapparates, namentlich bei jüngeren Leuten, die Masturbation treiben. Die Furcht impotent zu sein, hindert die Ausführung des Coïtus bei völlig ausgebildetem Sexualapparat. Sensationen in der Haut bedingen wiederholte Waschungen, die von der Besorgnis begleitet sind, sich durch irgend einen berührten Gegenstand beschmutzt zu haben. Die Furcht, in den Kleidern spitze und scharfe Gegenstände zu finden, dehnt sich auf andere Sachen aus, es entsteht eine förmliche sogenannte Berührungsfurcht. Da verschiedene Organgefühle bei der Erzeugung hypochondrischer Wahnvorstellungen häufig zusammentreffen, entwickelt sich oft der Gedanke körperlicher Beeinflussung und Verwandlung, und nimmt unter dem Einflusse des Bildungsgrades und besonders der religiösen Anschauungen der Umgebung die Form des Besessenseins, des Behextwerdens an, oder magnetische, elektrische Fernwirkungen und Maschinen werden zur Erklärung herangezogen. In den höchsten Graden erscheint der ganze Körper verändert, es entsteht die Vorstellung in ein Thier verwandelt zu sein.

Der Inhalt der Wahnvorstellungen zeigt sehr oft die Form des **Verfolgungswahnes**, der nach der fast immer vorhandenen, vorschlagenden Betheiligung einzelner Sinne verschieden gefärbt ist. Die Kranken schmecken oder riechen Gift in den Speisen, sie fühlen sich übel; Geberden oder Aeusserungen anderer Personen deuten sie in argwöhnischer, misstrauischer Weise zu feindlichen Beeinflussungen um. Ueberall fühlen sie sich beobachtet, vermuthen in harmlosen Bemerkungen versteckte Verhöhnungen.

Verwandt mit den genannten Zuständen ist der **Versündigungswahn**, der auch in den melancholischen Erkrankungsformen eines der regelmässigsten Vorkommnisse ist. Der Mann meint seine Geschäfte schlecht besorgt zu haben, die Frau, es seien ihre Kinder vernachlässigt. Viele glauben ein grosses Unrecht begangen zu haben, das sie nicht näher bezeichnen können, andere klagen sich der scheusslichsten Verbrechen an. Die meisten halten sich ganz allgemein für verworfen und sündhaft, fürchten oder wünschen gar schreckliche Strafen, um ihre Sünde zu büssen, oder verbrannt, hingerichtet zu werden. Sie sind von Gott verflucht, können nicht begnadigt werden, weil sie eine Sünde gegen den heiligen Geist gethan haben, die nach Worten der Bibel nicht verziehen werde. Die prognostische Bedeutung der Entstehung solcher Vorstellungen aus der Stimmung oder aus der Verbindung und dem Ablauf der Gedanken ist früher besprochen worden.

Waren die bisher berührten Wahnvorstellungen von Gefühlen der Unlust begleitet, die ihnen allgemein auch die Bezeichnung **depressiver** verschaffen, so stehen ihnen andere mit **expansiven** Gefühlen gegenüber. In leichteren Graden treten sie nur hervor als eine gewisse **Selbstüberschätzung** körperlicher und geistiger Fähigkeiten. Der Kranke fühlt sich ausnehmend wohl, zu grossen Kraftleistungen im Stande, selbst wenn irgend eine schwere körperliche Erkrankung seine Kräfte in der That sehr geschwächt hat; bekannt ist das häufige Vorkommen dieser Erscheinung auch bei Schwindsüchtigen. Je mehr die Besonnenheit verloren geht, je schwieriger wird es dem Kranken zur Einsicht des Krankhaften in solchen Vorstellungen zu gelangen. Wenn der Tobsüchtige dabei noch so viel Besonnenheit besitzt, dass er innerhalb möglicher Grenzen zu bleiben pflegt, sich vielleicht für riesenstark, sehr reich, verdienstvoll oder geistig hochbegabt erklärt, so ist der Schwachsinnige und Blödsinnige in der Erregung masslos und grenzenlos in dem Inhalt seiner Vorstellungen. Seine Reichthümer zählen nach Milliarden mal Milliarden, die Zahl der Kinder wächst zu Hunderten und Tausenden, er ist nicht etwa nur König oder Kaiser, sondern Christus, Gott, er spricht alle Sprachen der Welt. Buchstäblich behauptet er die Welt aus ihren Fugen heben zu können, er hat die Quadratur des Zirkels gefunden. Und doch ist ein gut Stück nur Prahlerei und Faselei dabei, ja bei abklingender Erregung Schwachsinniger bedarf es sogar fast immer der Frage, um das lebhafte Spiel der Phantasie zum Hervorbringen expansiver Ideen zu bringen. Dem Kranken fehlt der Maßstab so gänzlich, dass er sich jetzt schon mit hundert Thalern und weniger begnügt, durch anreizende Fragen sich nur zu einer leichten Steigerung um einige Thaler bringen lässt; doch können plötzlich in ganz kritikloser Weise daraus doch wieder Millionen werden.

Zuweilen erscheinen Wahnvorstellungen als Erklärungsversuche des eigenen krankhaften Zustandes. Häufiger aber begegnet man bei Kranken aus den verschiedensten Ständen, an den verschiedensten Orten der Welt immer wieder einigen bestimmten Reihen von Wahnvorstellungen in unerschöpflicher, sich aber im Grunde gleichbleibender Wiederholung; es ist, wie wenn die Kranken es von einander gehört, wie wenn sie es mit einander verabredet hätten, was sie sagen wollten. Bei Vielen behaupten solche Gedankenkenreihen sich sogar durch die ganze Dauer der Krankheit; sie werden als fundamentale oder Primordial-Delirien bezeichnet. Aehnlich wie centrale Sinnestäuschungen und wie Zwangsvorstellungen treten sie entweder gänzlich unvermittelt aus dem erkrankten Gehirn hervor oder werden durch leichte äussere Eindrücke oder auch durch leise Vorgänge im eigenen Körper angeregt. Dies letztere Verhalten erfordert eine besondere Erläuterung; an Empfindungen des Körpers schliessen sich schon im gewöhnlichen Leben, bei Weitem häufiger in krankhaften Zuständen, Mitempfindungen in den gleichen oder fremden Nervengebieten, namentlich bei einer bedeutenden Stärke der Empfindungen. Man denke an das Ausstrahlen neuralgischer Schmerzen, Kitzelgefühle in der Nase bei grellem Licht u. s. w.; hierher

gehören die eigenthümlichen Mitempfindungen in verschiedenen Sinnesgebieten, wenn Schalleindrücke Lichtempfindungen, oder Farben Schall-
empfindungen hervorrufen. Zuweilen fand man helle Lichterscheinungen
durch hohe Töne oder durch scharfbegrenzte Tasteindrücke ausgelöst.
Eine Wechselbeziehung mehrerer Sinne zeigen gelegentlich gesunde Kinder,
bei denen verminderte Sehschärfe von einer grossen Verschärfung des
Gehörs begleitet ist; auf dem Uebergang zur Erkrankung des Nervensystems stehen Schulkinder, bei denen Gehörstäuschungen, wie Namen-
rufen, Glockenläuten, Geschrei u. s. w. neben nervöser Asthenopie vorkommen. Bei solchen Uebertragungen lässt sich zuweilen nachweisen,
dass die Ursprungsstellen der betheiligten Nerven benachbart liegen.
Aehnlich muss man sich das Entstehen gewisser Wahnvorstellungen
an Empfindungen gebunden denken, die in benachbarten Hirntheilen ausgelöst
werden; diese Empfindungen sind also zu unterscheiden von selbstständigen krankhaften, welche auch zu Wahnideen Anlass geben können.
Ebenso wie für jene Mitempfindungen der sprachliche Ausdruck sich
immer wieder nur in eng begrenzten Kreisen bewegt, wird auch der
Gedankeninhalt für die Mitvorstellungen immer wieder nur umgrenzt
durch gewisse Einzelvorstellungen und Worte, über die Niemand hinaus
kann, die deshalb bei gleicher innerer Erregungsweise immer und bei Allen
wiederkehren. Dadurch fällt auf die Gleichartigkeit so vieler Wahnvorstellungen bei verschiedenen Menschen ein eigenes Licht; sie müssen in
bestimmten anatomischen Bahnen (Merksystemen) entstehen und finden nur
in zusammenfassenden, allgemein bekannten Wendungen ihren Ausdruck.

Sehr sorgfältig muss sich der Beobachter hüten dem Kranken den
eigenen Gedankengang unterzulegen. Bei längerem Bestehen der
ursprünglichen Wahnvorstellungen verflechten sich mit ihnen im Laufe
der Zeit durch logische Schlussfolgerungen gewonnene Gedankenreihen,
die wir wirklich als Erklärungsversuche anzusehen haben, die aber bald
auch ein Bestandtheil eines förmlichen Wahnsystems werden. Diese
Form zeigt oft einen sehr gleichartigen Inhalt als sogenannter Quäru-
lantenwahn (vgl. dort.). Bei einem krankhaft entwickelten Selbstgefühl
knüpft sich bei dem Kranken an einen wirklich erlittenen, in der Regel
verschuldeten Nachtheil die Ansicht, dass ihm bitteres Unrecht geschehen
sei, dass es seine Ehre erfordere die Angelegenheit weiter zu verfolgen.
Um sein vermeintliches Recht durchzusetzen, strengt er einen Process
nach dem andern an, opfert Häuslichkeit, Geschäft und Vermögen, nur
beherrscht von dem krankhaften Drange. Die beherrschende Wahnvorstellung, rechtlich benachtheiligt zu sein, kann diese Folgen natürlich nur
nach sich ziehen, wenn ein gewisser Schwachsinn zu Grunde liegt, der
eine vorurtheilslose Abwägung der Verhältnisse unmöglich macht.

Die Wahnvorstellungen von depressivem und expansivem Inhalt verbinden sich nicht selten mit einander; der Verfolgte sieht den Grund der Nachstellungen in vermeintlichen persönlichen Vorzügen, vorenthaltenen ihm gehörigen Reichthümern, der angebliche Besitzer grosser Schätze wähnt diese von Feinden zurückgehalten. In diesen Fällen ist die eine Vorstellung aus der andern häufig hervorgegangen als Versuch der Erklärung; auch in diesem Zusammenhang entwickeln sich oft f i x e W a h n i d e e n bei längerem Bestehen des krankhaften Zustandes. Je häufiger der Wahn vorgebracht wurde, um so leichter verdrängt er entgegenstehende Vorstellungen, er verrückt die ganze Stellung der Persönlichkeit zur Aussenwelt so völlig, dass der Kranke sich selbst ein anderer geworden zu sein scheint. Auffallend ist die logische Art, mit der solche Kranke ihre Wahnvorstellungen gegen Einwände zu vertheidigen vermögen; der Ablauf der Vorstellungen ist an gewisse logische Denkformen gewöhnt, die es dem Beobachter schwer machen, die fehlerhaften Anfangsglieder der Reihen aufzufinden. Durch Uebung in der Vertheidigung der angegriffenen Vorstellungen erreichen solche Kranke oft eine so grosse dialektische Gewandtheit, dass sie die schwachen Seiten verstecken und dadurch namentlich oft auch den Richter täuschen. Ebenso gelangt die Umgebung dieser Kranken leicht zu der Meinung, dass sie wohl diese oder jene fixe Idee hätten, aber sonst gesund seien; eine genauere Untersuchung zeigt aber immer, dass grössere Reihen von Vorstellungen durch Wahnideen ersetzt sind; dadurch, dass sich einzelne vordrängen, wird der Anschein erweckt, als ob keine andern da seien. Die geistigen Störungen sind immer verwickelter Natur und beschränken sich n i c h t auf einzelne Gebiete; die Unmöglichkeit der Berichtigung einer sogenannten einzelnen fixen Idee beweist gerade einen Mangel der Urtheilsfähigkeit, der auf geistiger Schwäche beruht. In vielen Fällen zeigt auch der weitere Verlauf zunehmende Urtheilslosigkeit und geistigen Verfall, wenn die geistige Schwäche nicht etwa ein angeborener Zustand war. Mit dem Sinken der Intelligenz und Kritik steigt die W a n d e l- b a r k e i t und Beweglichkeit der Wahnvorstellungen, so dass das frühere Wahnsystem zerbrochen wird, häufig mit Zerstörung der sprachlichen Ausdrucksformen.

Den **Störungen des Gedächtnisses und der Phantasie** gehe hier noch eine Bemerkung über die wichtige Function des Gedächtnisses voraus. Gedächtnis ist die Eigenschaft der Nerven- und Hirnsubstanz erhaltene Eindrücke an sich haften zu lassen, sie aufzubewahren; geschieht dies bewusst, so handelt es sich um eine willkürliche E r n e u e r u n g der Vorstellungen, ihr späteres unwillkürliches Auftauchen im Bewusstsein ist die einfache E r i n n e r u n g. Letztere ist also nicht beabsichtigt und steht

nicht so hoch wie das andere engere Gedächtnis. Nur die jüngsten Bestandtheile der Reihe von Erlebnissen bleiben vollständig im Gedächtnis, weiter
zurück bleiben immer weniger Erinnerungen als Marksteine des Weges stehen ;
das Gedächtnis wird lückenhaft, auch für die willkürliche Erneuerungs-
fähigkeit. Kranke wissen oft nicht, wie lange sie in der Anstalt sind, wann
sie zuletzt Mittag gegessen haben; aus Wochen werden ihnen Tage, aus
Jahren Monate. Diese zeitliche Zusammenschrumpfung des Erfahrungs-
inhaltes lässt sich durch ein Gesetz ausdrücken, welches sagt, dass zuerst
das Jüngsterlebte verloren geht, darauf Früheres, zuletzt erst die
Erinnerungen der Kindheit; eine Erweiterung in gewissem Sinne liegt
darin, dass das Gedächtnis für Gefühle, Affecte und die Fähigkeit der
thatkräftigen Ausführung von Handlungen erst nach dem Verluste der
Kindheitserinnerungen einzuschrumpfen pflegt; dies Verhalten findet seine
Erklärung in dem Umstande, dass die jüngsten, der Gegenwart am nächsten
liegenden Vorfälle in den nervösen Grundsubstanzen und Zellen am
lockersten haften, während die seit Jahren durch Wiederholung befestigten
und so gewissermassen organisch gewordenen Verbindungen länger bestehen
bleiben. Gefühle sind weit mehr angeboren und Ausdruck der Organi-
sation als die Erwerbungen des Intellects, daher haften sie länger als
diese. Zuletzt verlieren sich die mechanischen Bewegungen für
die täglichen Lebensbedürfnisse aus dem Gedächtnis. Ein Beweis für
die gesetzmässige Reihenfolge des Verlustes einzelner Bestandtheile des
Gedächtnisses, ist die Erscheinung, dass man einige Male nach Gehirnerschütterungen die Beobachtung gemacht hat, wie der in der ausgeführten
Weise rückwärts schreitende Gedächtnisverlust bei eintretender
Genesung sich in umgekehrter Richtung wieder aufbaute, so dass
die Erlebnisse der Jüngstvergangenheit auch erst zuletzt wiederkehrten.

Im täglichen Leben kann man sich oft nicht auf ein Wort besinnen,
das Wort schwebt auf der Zunge, aber man kommt nicht gleich darauf.
Diese Unbesinnlichkeit ist eine Störung der Beziehungen unserer
Vorstellungen auf frühere Erlebnisse; sie ist zu unterscheiden von der
Gedächtnisschwäche, bei welcher die Erneuerung der Vorstellungen
mangelhaft ist oder ganz fehlt. Vergesslichkeit ist ein Ausdruck
für einen geringeren Grad von Gedächtnisschwäche.

Aus der Erinnerungslosigkeit für einen bestimmten Zeitabschnitt, Amnesie, schliesst man auf Bewusstlosigkeit während desselben.
In der als Dämmerzustand beschriebenen Trübung des Bewusstseins
ist die Erinnerung für Ereignisse, die beim Verschwinden der Bewusstlosigkeit stattfanden, oft vorhanden, aber von auffallend kurzer Dauer
und nur eine summarische, die Einzelheiten nicht berücksichtigende.
Bei einzelnen schweren Erkrankungen kommt es vor, dass Kranke nach

Jahrzehnten noch in dem Alter zu stehen glauben, in dem sie erkrankten. Andere Male ist die Wiedererneuerung auf besonders geläufige Vorstellungen beschränkt; Vergesslichkeit kleiner täglicher Vorkommnisse und Handlungen ist ein Zeichen grösserer geistiger Schwäche, besonders wenn der Betreffende sie gar nicht einmal mehr selbst bemerkt.

Bei Gesunden ist das Gedächtnis für Zahlen und Namen, Farben und Töne u. s. w. sehr verschieden, auch bei derselben Person; der Eine behält leicht als Merkmal derselben Vorstellung das Wort, die sprachliche Bezeichnung dafür, während ein Anderer für sie das Wort vergisst, aber ihre sinnenfälligen Eigenschaften deutlich erinnert. Der Verlust einzelner bestimmter Vorstellungsgruppen ist eine Ausfallserscheinung, so die amnestische Aphasie, Störungen von Schriftbildern; noch begrenzter ist der Ausfall, wenn nur eine einzelne fremde Sprache aus dem Gedächtnis verschwindet oder nur das musikalische Verständnis und Gehör (Amusie); weil der Ausgleich dieser Vorgänge zuweilen in einigen Tagen vor sich geht, muss man annehmen, dass Störungen des Blutumlaufes im Hirn oder leichte mechanische Leitungsunterbrechungen, z. B. nach Erschütterungen, vorgelegen haben. Wie eng begrenzt der anatomische Sitz dieser sogenannten Localgedächtnisse etwa sein könnte, ist bisher nur Vermuthung, ein zerstreuter Sitz ist wahrscheinlicher.

Eine grosse Aufnahmefähigkeit für Gedächtnisstoff zeigt regelrecht das kindliche Alter, oft ist gleichzeitig die Wiedererneuerung von Erinnerungen erleichtert. Einseitig ausgebildet ist dies Verhalten bei gewissen Schwachsinnigen, die als Zahlenkünstler und Gedächtnismenschen bekannt sind.

Sehr wesentlich ist für die erleichterte Aufnahme von Gedächtnismaterial die Stimmung; der Melancholiker beachtet meistens nur traurige, düstere Eindrücke und behält sie, während er heitere vernachlässigt. Umgekehrt verarbeitet der Maniakalische vorzugsweise die heiteren Eindrücke, verbindet am liebsten nur die schmeichelnden Bemerkungen mit seinem gesteigerten Selbstgefühl. Ebenso erneuert der Melancholische fast nur trübe Erinnerungsbilder und finstere Vorstellungen, während der Tobsüchtige dazu in der Regel die fröhlichen aussucht.

Erhebliche Störungen zeigen Geisteskranke in der Treue ihrer Erinnerungen; die Stimmung des Augenblicks schafft die Bereitschaft zu bestimmten Vorstellungen, die mit solchen Stimmungsmerkmalen versehenen Eindrücke kehren als verfälschte Erinnerungsbilder wieder. Deshalb erscheint dem Melancholischen sein ganzes früheres Leben als eine Kette trüber Erfahrungen und schlechter Thaten. Andere Male ist die Stimmung nicht so wesentlich als die Verknüpfung des kranken Bewusstseinsinhalts mit zufälligen äussern Eindrücken; die **Erinnerungsfälschung** zeigt sich dann darin, dass der Kranke glaubt, Personen oder Gegenstände seiner Umgebung schon früher einmal geschen zu haben. Solche Vorstellungen sind flüchtig und folgen sich in kurzer Zeit. Beim Beginn ist der Betroffene vom Eindruck überrascht, sucht nach Vervollständigung der ihn peinlich berührenden Unklarheit seiner Erinnerung. Diese Gefühle der Unsicherheit und Spannung hemmen eine willkürliche Verbindung der Vorstellungen und vereiteln die Kritik des ungewöhnlichen Bewusstseinsinhaltes.

Sehr ausgeprägte Erinnerungsfälschungen zeigen Epileptische im Zusammenhange mit den Anfällen. Ein Kranker erklärte bei seiner Aufnahme in die Anstalt, er sei bereits zum zweiten Male hier, man habe ihm dies oder das schon einmal gesagt. So kann es vorkommen, dass die Täuschung sich durch Monate und Jahre erstreckt und in dem Kranken die Vorstellung erzeugt, dass er ein sich wiederholendes Doppelleben führe. Dichterische Ausschmückungen führen auf diesem Wege zur Bestätigung des Glaubens an eine Seelenwanderung. Wenn die Vorstellung des Doppellebens eine anfallsweise hervortretende ist, so bezeichnet man sie als doppeltes Bewusstsein; hier ist die Erneuerung selbst der gewöhnlichsten Vorstellungen für bestimmte Zeitabschnitte, wie Tage und Monate, ganz wie abgeschnitten; kehrt der alte Zustand zurück, so finden sich alle alten Erinnerungen wieder ein, es fehlen jedoch die aus dem neuen fast kindischen Zustände. Eine Kranke erzählte in den nächsten Anfällen immer das, was in den vorhergehenden mit ihr geschehen war, was sie gethan und gehört hatte. Ein Trunkener wusste nur im trunkenen Zustande sich wieder auf Vorgänge zu besinnen, die ihm im nüchternen jedesmal entfallen waren. Auch bei periodischer Tobsucht kommen ähnliche Erscheinungen eines doppelten Bewusstseins vor, wobei der Kranke immer nur die Erinnerung für den gleichartigen Zustand bewahrt. Die Beurtheilung derartiger Zustände vor Gericht erfordert grosse Vorsicht; ein Doppelbewusstsein von Wahn und Lüge könnte doch auch einmal vorgetäuscht sein.

Dem Gedächtnis verwandt ist die **Phantasie.** Ihr wesentlichstes Merkmal ist das Denken in Bildern. Wir überlassen uns dem Spiel unserer Vorstellungen schon als Kinder; auch der Erwachsene überlässt sich seinen Gedanken, lässt der Phantasie die Zügel schiessen; besonders in der Dunkelheit und Stille der Nacht schweift die Phantasie umher. Im Traum wirkt sie mit, wahrscheinlich werden sehr häufig lebhafte Phantasievorstellungen und Träume mit Hallucinationen verwechselt. Das Vorstellen in Bildern gibt auch den verbundenen Vorstellungen einen Körper von Sinnlichkeit, der an die sinnliche Deutlichkeit der Sinnestäuschung hinanstreift. Vermuthlich wird die Lehre der Sinnestäuschungen einen weit geringeren Raum einnehmen, sobald es gelingt Sinnestäuschungen und Phantasievorstellungen scharf zu trennen. Vielfach knüpfen die Phantasievorstellungen an körperliche Gefühle; der Hungrige träumt von Schmausereien, der Durstige von köstlichen Getränken. Beim Hypochonder ist die Phantasie geschäftig, künftige Leiden auszumalen. Der Melancholiker knüpft an peinliche und ängstliche Gefühle Vorstellungen von Hinrichtungen, die mit allen ihren Einzelheiten phantastisch ausgemalt von seinem innern Auge vorbeiziehen. Die geschlechtliche Erregung führt zur Ausmalung schlüpfriger Bilder, Frauen geben während der gerade bestehenden Menstruation an, Kinder in grosser Zahl geboren zu haben. Immer mehr schaffen die Kranken sich eine Phantasiewelt, ohne doch von ihrer Wirklichkeit völlig überzeugt zu sein, wie ja auch der Gesunde nicht selten in phantastischen Bildern zu schwelgen pflegt. Ohne sich um ihre Umgebung zu kümmern, halten die Kranken Reden, wie ein Schauspieler sich ganz der augenblicklichen Situation hingebend. Unter lebhaften Bewegungen schreiten sie in der Zelle auf und ab, halten auf dem Saale oder Gang lebhafte Gespräche, in der Regel scheltend und zankend; man sollte meinen, sie hörten oder sehen eingebildete Personen in der That vor sich. Indessen aufmerksam gemacht durch Fragen des Beobachters, unterbrechen sie sich lachend längere Zeit oder fahren bald wieder ebenso fort; dies lebhafte Phantasiespiel unterhält den Kranken. Es kommt besonders in Erregungszuständen vor; solche Kranke sind nach ihrer Genesung im Stande auseinander zu setzen, dass keine wahren Sinnestäuschungen sie veranlassten, Gespräche zu führen. Ferner sind es Schwachsinnige, die sich in prahlerischen Schilderungen gefallen; indessen wird das Meiste hineingefragt, diesem Gefasel fehlte das Schöpferische der Phantasie. Ueberhaupt zeigt auch diese Störung geistiger Vorgänge wieder einmal wie so viele andere das fortschreitende Ueberwiegen lockerer Vorstellungsverbindungen über die Fähigkeit zu ihrer bewussten Auswahl.

C. Störungen im Gefühlsleben.

Stimmungen und Gefühle beeinflussen die geistigen Vorgänge in verschiedenster Weise. Schon dem Laien gelten Gemüthsbewegungen als geläufige Ursachen und Zeichen der Geisteskrankheit überhaupt. Lebhafte Gefühle heissen **Affecte**; in ihnen vereinigen sich oft niedere sinnliche mit höheren geistigen Gefühlen, deren völlige Trennung schwer durchführbar ist. Die niederen sinnlichen, peripher entstehenden Gefühle sind im Augenblick meistens sehr stark, blassen aber rasch wieder ab. Gefühle sind Kennzeichen subjectiver Persönlichkeit. Die central erregten höheren Gefühle lassen sich unterscheiden von den in centralen Bahnen erregten Empfindungen; diese sind meistens schwächer als periphere Empfindungen, während die höheren Gefühle individuell sehr verschieden auftreten, meistens allerdings auch schwächer wie peripher erregte Gefühle. Wie man sieht, sind in den Affecten Gefühle und Empfindungen verschmolzen, sie entstehen peripher und central. Meistens lösen sich dauernde Gefühle und Stimmungen zu festeren Gruppen aus und bilden den **Charakter** des Menschen; er wächst im Wesentlichen aus den centralen höheren Gefühlen hervor, während die niedern sinnlichen Gefühle im **Temperament** des Einzelnen verdichtet erscheinen. Das Temperament beeinflusst die Stärke der Gemüthsbewegungen und die Schnelligkeit ihres Wechsels. Die zu starken Affecten neigenden Temperamente, das cholerische und das melancholische, geben sich mit Vorliebe Unluststimmungen hin, während das sanguinische und phlegmatische, mit schwächeren Affecten, sich mehr den Genüssen des Lebens zuwenden. Andererseits sind die Temperamente entweder durch raschen oder langsamen Stimmungswechsel ausgezeichnet; die Gedanken richten sich im letzten Fall gern auf die Zukunft: der Melancholiker geht seinen eigenen Gedanken nach, vertieft sich in die Vorstellung einer freudelosen Zukunft; der Phlegmatische hält in zäher Ausdauer an seinen Entwürfen fest. Leicht bestimmt durch äussere Eindrücke, wird dagegen das rasche Temperament des Sanguinikers und Cholerikers durch die Gegenwart gefesselt.

Je schärfer dagegen der Charakter ausgebildet ist, desto eher wird die Stimmung des Augenblicks beherrscht: Kaltblütigkeit und Besonnenheit sind die glücklichen Eigenschaften solcher Menschen, die man als Verstandesmenschen den Gefühlsmenschen gegenüber zu stellen pflegt. Der Unterschied besteht namentlich in dem Grade der Aufmerksamkeit, welchen der Einzelne seinen Gefühlen und Empfindungen zuwendet; die Lebhaftigkeit und Deutlichkeit beider wird durch die Aufmerksamkeit gesteigert: der Besonnene beachtet mehr die Gefühle, der Erregbare steht unter dem Eindruck der Empfindungen. Ist die Fähigkeit der Apperception nicht entwickelt, wie bei Kindern und Idioten, oder gestört, wie bei vielen Geisteskranken, so haben Gefühle freien Lauf. Heftige Gefühle hemmen in der Regel plötzlich den Ablauf der Vorstellungen; dies geschieht sowohl durch starken sinnlichen Schmerz wie durch unerwartete Ueberraschungen. In der Regel tritt erst bei der Lösung des Affectes die Ursache hervor, dann kann Schreck, Erstaunen, heftige Freude oder Zorn sichtbar werden; freudige Affecte lösen sich schneller als traurige, die sogar die Neigung haben in dauernde Stimmungen über-zugehen.

Man unterscheidet Lust- und Unlustgefühle, sowie deren Steigerung oder Herabsetzung. In der Entwicklung vieler Geisteskrankheiten sind namentlich die Unlustgefühle gesteigert, die sich als schmerzliche Gemüthsbewegungen an jede Vorstellung anschliessen und sehr bezeichnend psychischer Schmerz heissen; ihre centrale Entstehung ist deutlich. (Vgl. Seite 5.)

Die Verbindung der Störung körperlicher sinnlicher Gefühle mit einem schmerzlichen Bewusstseinsinhalt drückt immer das Selbstgefühl herab und erzeugt ein lebhaftes Krankheitsgefühl. Eine andere Folge der Hemmung des Gedankenflusses, die aus dem Ueberwiegen der traurigen Vorstellungen entsteht, ist die Beschränkung des Gedankenkreises auf die eigene Persönlichkeit. Das Mitgefühl des Gesunden, der theilnimmt an den Vorstellungen und Gefühlen der Gemeinschaft, der er angehört, ist dem Kranken verloren gegangen. Er erscheint gleichgültig und theilnahmlos, ohne innern Antheil an den Vorgängen in seiner Umgebung, nur beschränkt auf seine eigenen Gefühle. Verliert sich im Verlauf der Krankheit der ursprüngliche traurige Affect, so wird die Theilnahmlosigkeit zum Zeichen geistiger Schwäche und des Verlustes aller höheren geistigen Gefühle. Nicht nur die gesteigerte Empfänglichkeit für die früheren Unlustgefühle ist verschwunden, das Schamgefühl sogar bei den einfachsten Handlungen tritt ganz zurück.

Es ist also eine Herabsetzung der Unlustgefühle eingetreten. Das Gefühl der Scham, der Theilnahme für Andere ist bei gewissen angeborenen geistigen Schwächezuständen überhaupt gar nicht zur Entwicklung gelangt; auch hier begegnen wir einem ausgesprochenen Egoismus. Die Gemüthlosigkeit ist auch eine auffallende Erscheinung vieler erworbener geistiger Störungen; die Empfindlichkeit für Unlustgefühle ist bedeutend herabgesetzt. Ebenfalls in der Entwicklung der Krankheit ist es eines der bedenklichsten Zeichen, wenn der Widerwille und Ekel gegen unsittliche und unästhetische Handlungen und Reden schwindet; das Fehlen der höheren geistigen Gefühle, namentlich der religiösen, ethischen und ästhetischen ist in der Regel, ihr Schwinden wohl immer ein Zeichen der Krankheit. (Vgl. „moralisches" Irresein.)

Die Lustgefühle sind herabgesetzt, wenn der Kranke die Fähigkeit verliert, sich über eigenes oder fremdes Glück zu freuen. Mitfreude kann unmöglich sein wegen Ueberfüllung des Bewusstseins mit traurigen oder auch mit heiteren Vorstellungen, so dass auch ein Aufgeregter zum Egoisten wird. Bei ihm haben die Lustgefühle sogar eine Steigerung erfahren; sein Selbstgefühl ist gehoben. Er fühlt Behagen und Kraft, lobt seine Gesundheit, erklärt sich frisch und fähig zu grossen Leistungen. Verschiedene Ernährungsstörungen des Gehirns können diese Zeichen hervorrufen, die sich bei fieberhaften Zuständen Schwindsüchtiger, chronischen Veränderungen des Gehirns in der Dementia paralytica, bei heftiger Tobsucht mit Blutüberfüllung des Gehirns, in schweren Erschöpfungszuständen finden; Erscheinungen, die von leichter Ausgelassenheit bis zu den Zuständen höchster E k s t a s e reichen.

Aus Wechsel und Mischung gestörter Lust- und Unlustgefühle bildet sich die ausserordentlich häufige Erscheinung des raschen Stimmungswechsels, in dem der Uebergang von Lust zum Schmerz, von Freude zur Traurigkeit oft ohne Vermittlung erfolgt. Reizbar und launenhaft steht der Kranke bald auf gespanntem Fusse mit seiner Umgebung; das Einfallen unklarer Lustgefühle macht aber seine Handlungen unberechenbar. Gefährlich für die Umgebung sind diese Zustände bei Epileptischen und Gewohnheitstrinkern; auch ist es durchaus nicht immer nöthig diese Stimmung aus Sinnestäuschungen und Wahnvorstellungen herzuleiten. Rascher Stimmungswechsel ist sehr oft ein Zeichen beginnender Geisteskrankheit; zuweilen ist er so rasch, dass er scheinbar zu einer gleichzeitigen Mischung der entgegengesetzten Gefühle führt; dieser r ü h r s e l i g e Affect kann auch schon in der früheren Gemüthslage des Einzelnen begründet sein.

Eine Umkehr oder völlige V e r d r e h u n g des Zusammenhangs zwischen Reiz und Empfindung kann perverse Gefühle hervorrufen. Eindrücke, die beim Gesunden Lustgefühle erregen, werden hier nur Unlust, und umgekehrt. Auf dem Gebiet der sinnlichen Gefühle sind hier anzuführen die sogenannten I d i o s y n k r a s i e n hysterischer Personen, von denen zuweilen dem Gesunden angenehme Empfindungen, wie Blumenduft, unangenehm empfunden werden, während andererseits widerliche Gerüche und Gestank zu Lustgefühlen führen; auch das Gelüste nach stark, oft ekelhaft schmeckenden Speisen gehört hierher; angedeutet ist es nicht selten in der Schwangerschaft. Kothschmiererei u. s. w. ist zuweilen in ähnlicher Weise entstehend zu denken. Eine praktisch besonders wichtige Gruppe umgekehrter oder verdrehter Gefühlsempfindungen begegnet uns auf dem Gebiete des G e s c h l e c h t s l e b e n s. Wir finden Unlustempfindungen gegenüber dem anderen, Lustgefühle gegenüber dem eigenen Geschlecht mit entsprechendem Drange zu geschlechtlichem Verkehr. Krankheit und Laster sind hier nicht immer leicht zu unterscheiden. Die an Menschen ausgeübte active Wollust heisst S a d i s m u s, die passive: M a s o c h i s m u s; die mit Sachen oder Körpertheilen verbundene: F e t i s c h i s m u s. (Vgl. Geschlechtstrieb.) Meistens handelt es sich um erblich belastete Personen, oft war schon ihre ganze geistige Entwicklung eine krankhafte. Andererseits ist aber doch zu bedenken, dass diese conträren Sexualempfindungen auch eine Folge der Erziehung sein können und dann prognostisch weit günstiger beurtheilt werden müssen.

Auch die höheren geistigen Gefühle erfahren zuweilen entsprechende Verdrehungen. Man denke an die grausame Lust am Schmerz von Menschen und Thieren, die verbrecherischen Neigungen Schwachsinniger, die Freude am Zerstören; auch diese Eigenschaften pflegen sich schon in früher Jugend einzustellen und beweisen dadurch ihre Entwicklung auf erblicher Grundlage.

Zu den Störungen des Gefühlslebens gehört auch die **Angst**; ihre Verbindung mit bestimmten körperlichen Zeichen ist eine so feste und abgegrenzte, dass wir erst in diesem Zusammenhange das richtige Bild gewinnen. Diese körperlichen Erscheinungen sind nicht die Ursache, sondern sie begleiten den Affect; am deutlichsten ist dies bei den Gefässnerven: noch ehe diese in Thätigkeit treten, ist die Höhe der Gemüthsbewegung gewöhnlich schon erreicht. Dass gelegentlich ein körperliches Leiden oder eine vorübergehende äussere Erscheinung Beängstigung hervorruft, ist ja zweifellos, aber gewöhnlich und namentlich in allen Geisteskrankheiten entsteht die Angst cerebral und psychisch. Die Erklärung, dass der Affectzustand der Angst im Gehirn eigenartige Zersetzungsproducte bilde, welche alle Gewebe vergiften und die körperlichen Zeichen der Angst hervorrufen, ist nur Vermuthung; sicherer ist, dass die Angst wie alle Gemüthsbewegungen Kreislauf und Temperatur des Gehirns viel stärker beeinflusst als intellectuelle Thätigkeit. Weiter wirkt sie stärker als andere Affecte auf die quergestreifte und glatte Muskulatur des Körpers. Aengstliche Bewegungen wie Reiben der Hände, Umherwerfen der Beine, hat man als **Angstschauer** bezeichnet. Jedermann kennt die raschen Athemzüge, die sich in ängstlicher Erregung von anfänglichen oberflächlichen Bewegungen später zu tiefen Seufzern und Luftstössen steigern; die Störungen der Herzthätigkeit, Herzklopfen mit Schwankungen des Pulses und der Absonderungen vereinigen sich für den Ergriffenen zu einem Gefühl beängstigender **Enge**, welches um so heftiger empfunden wird als es in den meisten Fällen plötzlich ohne vorausgegangene Ursache in unsern Krankheitsfällen auftritt; es ist nicht wie beim Gesunden eine äusserlich begründete Angst, sondern unerklärlich wächst sie riesengross aus dem eigenen Innern hervor. Darum entäussern sich diese Angstzustände oft durch tobsüchtige Aufregung und gefährliche Handlungen. Man bezeichnet die Verbindung jener Störungen als **Präcordialangst**. Der Kranke empfindet eben die Beengung, den Druck namentlich in der

Herzgegend oder ihrer nächsten Umgebung; er spricht von einem Krampf des Herzens, hat ein Gefühl, als ob das Herz zusammengedrückt werde, ein Gewicht darauf läge und ihm die Brust zersprengen wolle. Die Störungen im Bereich der Athmungsorgane veranlassen zu der Bezeichnung, dass die Kehle zusammengeschnürt werde. Die Gefühle im Halse und in der Herzgrube gehen einher mit unvollkommener Athmung und mit Beschleunigung oder Herabsetzung der Pulszahl. Diese Erscheinungen zusammen mit der psychischen Entstehung der Angst zwingen zu der Auffassung, dass Störungsvorgänge in der Hirnrinde sich auf das Vagusgebiet ausbreiten; ein Vergleich mit der centralen Entstehungsart des Schmerzes liegt nahe (vgl. S. 5); jedenfalls dürfen wir den umgekehrten Weg der Entstehung der Angst aus etwaigen körperlichen Krankheitszuständen des Herzens oder der Athmungsorgane nur in den bestimmten Fällen berücksichtigen, wo solche Erkrankungen thatsächlich nachzuweisen sind; natürlich können sie ihrerseits bestehende psychische Angstgefühle vermehren, diese sie wieder steigern. Zu den Störungen des Vagusgebietes muss auch das Versagen der Stimme, ihre Unsicherheit im Anlauten gerechnet werden. In stürmischen Angstzuständen ist fast immer vorübergehend eine Unterdrückung, bald nachher immer eine verstärkte Absonderung des Urins und, auch des Schweisses festzustellen. Alle die genannten körperlichen Zeichen kommen als regelmässige Merkmale auch der so zu sagen normalen Angst zu, die uns durch erschreckende, furchterregende und traurige Eindrücke berechtigt erscheint; ebenso erhalten sich bei der durch Sinnestäuschungen und Wahnvorstellungen begründeten Angst Geisteskranker diese nur körperlichen Bestandtheile des Affects länger. Doch ist zu bemerken, dass bei längerer Dauer von Angstzuständen, die durch tiefere, selbst anatomische Veränderungen der Hirnrinde bedingt sind, das psychische Element mehr in den Vordergrund tritt. Die heftigsten Angstzustände überhaupt, wie sie sich bei Epileptischen und Paralytikern zeigen, in denen die Kranken sich sogar in tiefer Störung des Bewusstseins befinden, lassen bei längerem Bestehen Athmung und Herzthätigkeit oft wenig berührt erscheinen. Einzelne klarere Geisteskranke verlegen das Gefühl der Beklemmung auch in den Kopf, ihrer Angst fehlen dann deutlichere Zeichen von Seiten des Körpers. In anderen Fällen haben wir vielleicht nur schwächere Grade der Angst vor uns; so beruht die Kleinmüthigkeit und Verzagtheit mancher Kranken wohl nur auf dem Zustande der Aengstlichkeit, die zu ähnlichen Erscheinungen im Leben des Gesunden hinüberführt. Der Sprachgebrauch geht jedenfalls auch noch in mancher Beziehung weiter hinaus über den oben entwickelten Begriff der Angst; so spricht man bekanntlich von schlotternden Knien, die Beine tragen den Aengstlichen nicht mehr; es gibt eine Anxietas tibiarum als Theilerscheinung allgemeiner Nervosität. Diese Erscheinungen werden oft von Kälte- oder Wärmegefühlen begleitet und weisen daher auf das Gefäßsystem hin. Wir müssen uns das ganze Gefässnervensystem im Mitleidenschaft gezogen denken und dürfen erwarten, dass ähnliche Pulserscheinungen, wie sie peripher zu unserer Beobachtung gelangen, auch in der Hirnrinde ablaufen. So werden wir uns eine völlige Erschlaffung der Gefässwände mit gefülltem weichfluthenden Pulse auch im Gehirn zu denken haben, andererseits einen krampfartigen Verschluss der Gefässrohre, der zu völliger Blutleere durch gänzliches Verschwinden des Gefässlumens führen muss. Da sehr viele geistige Störungen mit Affecten einhergehen, so ist es sehr naheliegend, dass Pulsveränderungen bei ihnen festzustellen sind. Praktisch ist allerdings vorläufig nur die Thatsache zu verwerthen, dass bei chronischen Fällen der Pulsus tardus überwiegt, dessen sphygmographisches Bild erkennbar ist an dem Fehlen der gewöhnlichen in die Höhe schnellenden Spitze und an der ohne Schwankungen absinkenden Welle; er ist ein Ausdruck für eine Gefässlähmung, bei der das Gefässrohr sich langsam ausdehnt und der schwindenden Blutwelle nur langsam und ungenügend folgt, sie auch nicht oder nur wenig selbstthätig weiter drängt. Das Schwinden elastischer Spannungsfähigkeit der Arterienröhre ist ein Vorkommen bei den abgelaufenen geistigen Störungen und auch bei der paralytischen Seelenstörung häufig; sehr selten ist es möglich, Unterschiede in der Pulsform der beiden Körperseiten aufzufinden, die dann wie in der paralytischen Seelenstörung nach halbseitigen Anfällen auftreten und darauf hinweisen, dass der in einer Hälfte des Gehirns abgelaufene Gefäßsturm einen hervorragenden Antheil an dem Krankheitsbilde hat.

D. Störungen des Willens und Handelns.

Unter Trieb versteht man diejenige Thätigkeit, bei welcher Empfindung und Wille noch in ursprünglicher Verbindung wirksam sind. Gewöhnlich beherrschen wir die triebartigen Strebungen, Triebbewegungen, bei heftigeren Gefühlen werden wir von ihnen getrieben. Triebartig tritt schon die körperliche Unruhe auf, welche den Erregten und Tobsüchtigen befällt. Der Kranke sucht und findet Erleichterung für einen innerlich empfundenen Druck und seine überströmenden Gefühle. Angst und schreckhafte Vorstellungen können ihn zu heftigen Gewaltthaten führen. Geringere Grade dieses Bewegungsdranges finden sich bei Aengstlichen und Verlegenen schon im täglichen Leben, wenn sie allerlei kleine unnütze Handlungen vornehmen, an den

Kleidern zupfen, sich räuspern, den Platz wechseln. Bei krankhafter Steigerung der Angst kommt es zum ziellosen, Tage und Nächte andauernden Umherschweifen, fortwährendem Oeffnen und Schliessen der Fenster, Zerraufen der Haare, unablässigem Aus- und Wiederankleiden. In vielen geistigen Schwächezuständen zeigt sich eine grosse Vielbeweglichkeit; rastlose und triebartige, aber zwecklose Geschäftigkeit führt zum Sammeln aller erreichbaren Gegenstände. Bei der Entwicklung frischer Aufregungszustände lässt sich die allmähliche Steigerung des Bewegungsdranges aus kleinen Anfängen verfolgen. Anfänglich äussert er sich vielleicht nur in grosser Geschäftigkeit, dann im Umherreisen, stundenlangen Spaziergängen in Verbindung mit anderen Zeichen der Erregung; auf der Höhe der Krankheit finden wir Schreien, Singen, Laufen und Tanzen, Zerreissen der Kleidungsstücke; der Kranke schmückt sich mit den Fetzen und sonstigen erreichbaren Dingen. Er zerpflückt Stroh und Seegras, dreht sich Stricke und feste Bündel daraus, mit denen er unaufhörlich um sich schlägt, er drischt das Stroh förmlich aus und sammelt die etwa darin vorgefundenen Körner; schmiert mit Koth, bemalt damit die Wände des Zimmers, wäscht es mit seinem Urin. Oder er zerkratzt die Wände, zerstört Thüren und Fenster. In den höchsten Aufregungszuständen findet man die allgemeine Unruhe in einem Maße gesteigert, dass es kaum verständlich ist, wie eine solche Muskelleistung fast ununterbrochen von einem oft schwachen Körper geleistet werden kann. Ein Tobsüchtiger kann Tagelang springen, tanzen und toben, ohne zu ermüden oder Erschöpfung zu zeigen. Er hat kein Ermüdungsgefühl, weil alle diese Bewegungen triebartig verlaufen, ungestört und unbeeinflusst von willkürlicher Thätigkeit. Daher ist Niemand im Stande solche Zustände nachzuahmen. Wahrscheinlich handelt es sich um unmittelbare Reizvorgänge in Rindenfeldern des Vorderhirns. Ein solcher Bewegungsdrang kann ohne gleichzeitige Sinnestäuschungen oder Wahnvorstellungen auftreten.

Abgelöst vom Einfluss des Willens zeigen sich triebartige Bewegungen am Deutlichsten in den **Zwangsbewegungen** blödsinnig gewordener Kranken. Es sind dies einförmige Bewegungen, die regelmässig wiederkehren, sich unendlich oft in bestimmter, sogar rhythmischer Reihenfolge wiederholen. Ursprünglich mögen sie durch Sinnestäuschungen und Wahnvorstellungen hervorgerufen sein, nach abgelaufener Erkrankung des Gehirns sind sie als selbstständige Reste übrig geblieben und werden gewohnheitsmässig fortgesetzt, nachdem ihr früherer Zweck vergessen ist; es fehlt diesen Kranken die Fähigkeit willkürlicher Auffassung und Auswahl bewusster Handlungen fast regelmässig. Einige reiben beständig die Kopfhaut, bis sich kahle Stellen von grosser Ausdehnung eingestellt haben, andere zerzupfen die Haut des Gesichts, zerpflücken oder zerkauen ihre Nägel, wischen und rutschen umher, greifen in regelmässigen Pausen an einzelne Theile des Körpers, Nase und Ohren, in ganz bestimmter Reihenfolge. Versucht man sie zu stören, so wird das Tempo wohl beschleunigt, die Bewegungen werden heftiger, ohne an Regelmässigkeit einzubüssen. Andere Kranke gehen rasch einige Schritte vorwärts, dann einen zurück oder seitwärts und wiederholen solche Rösselsprünge tanzend unzählige Male, oder drehen sich plötzlich einige Male um ihre Achse, tanzen stundenlang bis zur eintretenden Ermüdung, oft ohne ein Wort zu sagen oder sonstige Aeusserungen zu machen.

Durch das Zwischenglied von Zwangsvorstellungen kommt es bei besinnlichen Kranken auch zu Zwangsbewegungen, die häufig in der Form von Zwangshandlungen erscheinen. Die Vorstellung einer Handlung, die sich mit unwiderstehlicher Gewalt in das Bewusstsein eines Kranken gedrängt hat, treibt ihn trotz klarer Einsicht zu den furchtbarsten Thaten. Das Triebartige kennzeichnet sich fast immer durch begleitende Affecte der Angst. Diese qualvollen Zustände drängen zu einer Entscheidung und führen zu Handlungen, die der Kranke im höchsten Grade verabscheut, aber begeht in dem Gefühl, dass nur in ihnen noch Rettung und Beruhigung für ihn zu finden sei. Selbstmord, Mord und Brandstiftung sind solche Handlungen: auch Zerschlagen und Zerstören von Gegenständen. Die Ausführung geschieht meist rasch und heftig; zufällige äussere Umstände rufen sie herbei. Ein gerade daliegendes Messer oder Beil weckt die Vorstellung des Mordes, blitzartig ist die grausige That geschehen. Zuweilen warnt ein unbestimmtes Gefühl eintretender Muskelunruhe den Kranken, er trifft dann selbst Vorsichtsmassregeln, oder er bittet seine Umgebung es zu thun. Ausgebildete Wahnvorstellungen oder Sinnestäuschungen fehlen.

Verwandt sind damit in ihrer äusseren Erscheinung die Gewaltthaten Melancholischer; heftige Präcordialangst verlangt eine Entäusserung. Eine Sinnestäuschung, namentlich kurze befehlende Gehörstäuschungen, steigern hier zuweilen kurz vor der That den ängstlichen Trieb. Nach vollendeter That pflegt nach allen diesen Zwangshandlungen ein Gefühl grosser Erleichterung zu folgen, freilich oft genug nur, um von dem Gefühl bitterster Reue über das Vollbrachte abgelöst zu werden. (Raptus melancholicus.)

Es gibt triebartig auftretende Handlungen ausserdem noch bei angeborenem oder erworbenem Schwachsinn mit Verdunkelung des Bewusstseins. Hysterische, epileptische, erblich belastete Personen vollführen grausame Selbstverstümmelungen, Brandstiftungen, Diebstähle ohne klare Beweggründe oder deutlich bewusste Vorstellungen. Auch nach der That ist Klarheit selten, oder sie wirkt geradezu überraschend und verblüffend

auf den Handelnden selbst. Gedanke und That waren Eins, ohne Ueberlegung. Hierher gehören manche Fälle, die als impulsives Irresein
bezeichnet sind. Beweisend für die triebartige Entstehung ist die Thatsache, dass sie anfallsweise mit vieljährigen Zwischenräumen vorkommen; es wiederholt sich dann eine Selbstbeschädigung, rohe Ver-
stümmelung von Thieren oder eine Brandstiftung unter ganz gleichen Erscheinungen wie das erste Mal; besonders bei epileptischen und rausch-
artigen Aufregungszuständen ist dies beobachtet.

Selbstmord kann bei Geisteskranken triebartig erscheinen; wenn
ein aufgeregter Kranker, von Sinnestäuschungen erschreckt, sich durch ein
Fenster oder in einen Fluss stürzt, so ist dies ein Unglücksfall, kein
eigentlicher Selbstmord, denn der Kranke will eine Gefahr vermeiden,
nicht sich vernichten; wenn ein Kranker in der Absicht Gott zu gefallen
sein Leben in irgend einer qualvollen Weise beendet, so kann man auch
nicht eigentlich von einem triebartigen Selbstmord reden, da gerade das
Werthvollste, das Leben, als Opfer gebracht wird. Hierher gehört auch
nicht der Selbstmord, der wie beim geistig Gesunden, eine wohlüberlegte
Folge ängstlicher und selbstquälerischer Vorstellungen ist. Es gibt aber
Fälle, in denen die Kranken einen unwiderstehlichen Trieb haben sich
zu tödten, gegen den sie mit klarem Bewusstsein ankämpfen, für den sie
keine Beweggründe haben; es gibt Familien, in denen alle Mitglieder
der Reihe nach, in der Regel sogar in gleichem Alter diesem Unglück
unterliegen. Der einzige nachweisbare Grund ist dann wie bei vielen
triebartigen Handlungen eine schwere erbliche Belastung.

In ähnlicher Weise ist die Ausführung eines triebartigen Mordes
durch Geisteskranke zu unterscheiden von überlegten Handlungen, die sich
an Wahnvorstellungen oder Sinnestäuschungen anschliessen; einer rächt
sich an seinen vermeintlichen Verfolgern, ein anderer gehorcht einer be-
fehlenden „Stimme". Ein blinder augenblicklicher Trieb aber ergreift
einen Epileptischen, der sein Opfer grausam niedermetzeln kann, ohne die
That nachher zu erinnern; auch kommt es vor, dass ein Kranker ver-
gebens ankämpft gegen einen unheimlichen Trieb und sich erst durch die
vollführte Gräuelthat von ihm befreit fühlt.

Brandstiftungen werden von Schwachsinnigen aus ihnen selbst
dunklen Motiven, namentlich zur Zeit der Pubertät vollführt; ein Widerstand tritt wohl auf, aber er ist schwach und der Trieb unwiderstehlich.

Neigung zum Stehlen steht in manchen Schwachsinnsformen auf
einer Stufe mit dem schon früher erörterten Sammeltriebe. Es muss aber
davor gewarnt werden, sich mit der Feststellung irgend eines solchen
Triebes zu begnügen, sondern man muss seine Krankhaftigkeit feststellen
durch den Nachweis einer geistigen Störung überhaupt, die sich auch in

andern Eigenschaften der ganzen Persönlichkeit kundgibt. Der einzelne Trieb ist nur das hervorragendste Zeichen und drängt die andern darum leicht in den Hintergrund.

Das Triebleben erscheint im Nahrungstrieb krankhaft gesteigert als mangelndes Sättigungsgefühl, wobei wohl auch ungeniessbare Dinge verschlungen werden. Nahrungsverweigerung ist meistens durch Wahnvorstellungen, besonders der Vergiftung, oder durch Sinnestäuschungen hervorgerufen.

Lüsternheit zu starken Gewürzen, starkem Kaffee oder Thee findet man nicht nur bei Schwangeren und Hysterischen, sondern oft auch bei Geisteskranken. Triebartig tritt aber namentlich noch die Begierde nach alkoholischen Getränken auf, als förmliche Trinksucht. (Vgl. S. 32.) Anfallsweise findet man diese Trinksucht bei Quartalssäufern. Das periodische Auftreten der krankhaften Neigung unterscheidet den Trinksüchtigen von dem gewohnheitsmässigen Säufer, dieser widersteht der Verlockung zum Alkoholmissbrauch niemals, jener wird ohne irgend ersichtliche äussere Veranlassung, allein und nur durch den gebieterisch auftretenden Trieb dazu veranlasst. Der Drang zum Trinken entspringt einem lebhaften Unlustgefühl, eine erheiternde Wirkung des Alkohols wird weder erstrebt noch erreicht wie beim Gesunden. Dieser Trinksüchtige ist nicht wählerisch in den Mitteln zur Beseitigung des genannten Unlustgefühls: leichte Getränke genügen ihm selten, meistens wird schwerer Grog, Wein je nach den Mitteln, oder Branntwein gewählt, einerlei wie schlecht er sei. Unter Umständen greift der Gepeinigte sogar zum Essigkrug oder zur Petroleumflasche; derselbe Grund ist es auch, wenn in einzelnen Fällen oder einzelne Male nur Wasser in gewaltigen Mengen getrunken wird, weil der sonst gewünschte Alkohol nicht zu erreichen war. Gesteigertes Durstgefühl ist es aber nicht allein, was dazu drängt, sondern ein peinliches Unlustgefühl, welches auch durch mechanische Wirkungen grosser Wassermengen etwas beschwichtigt zu werden scheint. Bei Alkoholgenuss geht es so einige Tage, zuweilen selbst Wochen; die chronischen Vergiftungserscheinungen lassen ein Schwanken der triebartigen Anfälle eintreten mit Auf- und Niedergang aller Erscheinungen. Unangenehme Gemeingefühle und Beklemmungen sucht der Kranke durch Berauschung zu beseitigen. Tage und Nächte treibt er sich in Kneipen herum, unbekümmert um Beruf und Familie; er verkauft die Kleider vom Leibe, um seine Gier zu befriedigen. Endlich aber findet der vorliegende Zustand in der Regel in jähem Abfall seine Lösung. Der Kranke wird ruhig, erschöpft, hat kein Bedürfnis mehr nach Getränken, beginnt wieder zu schlafen und erholt sich erst allmählich; zwischen den Anfällen ist er in der Regel entweder nüchtern oder zeigt sogar einen ausgesprochenen

Ekel gegen Alkohol und hat Krankheitsgefühl. Doch gibt es unter diesen Trinksüchtigen auch Gewohnheitstrinker, namentlich bei beginnendem Verfall; dieser führt dann unter Schwinden aller höheren Interessen auch langsam zu geistiger Schwäche. Eine epileptische Grundlage der Trinksucht ist vermuthet, aber kaum nachzuweisen.

Bei vielen Geisteskranken, namentlich weiblichen, erhält die Psychose oft eine besondere Färbung durch Hinzutreten eines krankhaft gesteigerten Geschlechtstriebes (Nymphomanie, Satyriasis). Nicht nur ein verliebter Gesichtsausdruck, ein zärtliches Händedrücken und Andrängen an den Arzt sind Ausdrücke dafür; ewige Heirathsgespräche verrathen den Hintergrund der geistigen Interessen, es wird beständig von Schwangerschaft gesprochen und eine innerliche Untersuchung verlangt; besinnliche und sonst ordentliche Kranke fallen durch übertriebene Reinlichkeit auf, kämmen und lösen sich die Haare fortwährend auf, waschen den Körper auffallend häufig. Die Schranken der Sitte werden durchbrochen durch Befriedigung der Bedürfnisse in Gegenwart des Arztes; der Coitus wird angeboten, im Bett mit den entsprechenden Bewegungen angedeutet. Oft haben sexuell erregte Kranke auch Geruchstäuschungen oder schmieren mit Urin und Koth; zuweilen rufen diese und andere Gerüche schon sexuelle Phantasien hervor. In anderen Fällen zeigt sich dabei Gereiztheit und Rücksichtslosigkeit gegen die weibliche Bedienung, ihre Beschimpfung als Hure und gemeine Person. Verdächtigungen mit Erfindung phantastischer Romane kennzeichnen die zu Grunde liegende geschlechtliche Erregung. Die höchste Steigerung führt zu gewaltsamen Angriffen auf Männer, wobei Schimpfreden mit gemeinem Inhalt den eigentlichen Gefühlsgrund verbergen sollen; ähnliche Angriffe kommen aber auch vor zur Abwehr lästiger Gefühle.

Wichtig ist die häufige Verbindung religiöser Schwärmerei mit geschlechtlichen Reizzuständen. Inbrünstiges Beten bei sexuell erregten Personen, ununterbrochene religiöse Uebungen, wiederholtes Lesen von Heiligengeschichten, in denen es von Versuchungen des Fleisches wimmelt, die gelegentlichen Erfahrungen der scheusslichsten Orgien bei gewissen Methodistenfesten zeigen sowohl ursächlichen Zusammenhang wie klinische Verwandtschaft zwischen religiöser Inbrunst und geschlechtlichem Drang. Auch in den Wahnvorstellungen Kranker kehrt diese Verbindung wieder, namentlich bei Frauen, wenn sie sich für die Braut Christi, die Jungfrau Maria erklären. Bei Männern führt sie auf epileptischer Grundlage zu heftigen Gewaltthaten.

Neben einer durch die Geisteskrankheit bedingten, nicht so seltenen Herabsetzung des Geschlechtstriebes ist auch hier wieder die Umkehrung und Verdrehung (s. o. S. 69) zu untersuchen, welche sich an vorübergehende Aenderungen der Art des Empfindens bei Gesunden anschliesst. So ist z. B. mit der Sucht einzelner Schwangeren oder erregter Männer in menschliche Leiber zu beissen verwandt die schon auf krankhaftem Boden stehende Erscheinung der Lustmorde, wobei sich an die normale Begattung die Zerfleischung eines Körpers schliesst. Krankhaft ist auch der Trieb zur widernatürlichen Geschlechtsbefriedigung, der periodisch bei rohen und namentlich bei überreifen Völkern sogar allgemeinere Verbreitung fand; wenn heutzutage Päderastie von sonst geistig gesunden Personen getrieben wird, so lässt sich doch fast immer nachweisen, dass es sich um erblich belastete Menschen handelt: namentlich sind es Männer. Häufig sind geschlossene Lehranstalten oder Schulen die Brutstätte jenes Lasters, oft abwechselnd mit Masturbation ausgeführt. Merkwürdig ist die zuweilen periodisch auftretende Neigung zur Masturbation und Päderastie bei Paralytischen und Epileptischen.

Conträre Sexualempfindungen (bei Männern und Frauen, vgl. perverse Gefühle) im weiteren Sinne sind nicht nur Vorfälle der Art, dass z. B. Diebstahl von Frauenwäsche, das Hervorholen männlicher (Exhibition) oder die Entblössung weiblicher Geschlechtstheile dem oft schwachsinnigen Kranken schon eine Art geschlechtlicher Befriedigung verschaffen, sondern es ist eine völlige Umkehrung der geschlechtlichen Neigung gemeint; schon mit dem ersten Erwachen des Geschlechtstriebes tritt deutlich die Neigung zu Personen desselben Geschlechts hervor, während das andere Geschlecht dem Kranken in dieser Hinsicht mindestens gleichgültig bleibt, oder sogar Abscheu und Ekel einflösst. (Urninge.) Von Anfang an treten die Gefühle sehr kräftig und heftig auf, für den Befallenen selbst wie ein Räthsel; gewöhnlicher Geschlechtsverkehr wird oft gar nicht versucht oder er missglückt, es kommen schnell schwärmerische und leidenschaftliche Freundschaftsbündnisse mit solchen Personen des gleichen Geschlechts zu Stande, die entweder ähnliche Neigungen verrathen oder doch die Aeusserungen der verkehrten Liebe an sich dulden. Dabei fühlt sich dann der mit dieser krankhaften Empfindungsweise behaftete Mann der Person des eigenen Geschlechts gegenüber als Weib, das weiblichende Weib fühlt sich dem andern gegenüber in der Rolle des Mannes; oder umgekehrt der Mann sieht in dem anderen Mann den weiblichen Theil der Gemeinschaft. Starke sinnliche Gefühle, mächtige Eifersucht sind häufig vorhanden. Oft besteht auch eine Neigung in Gang, Haltung und Kleidung der gefühlten Rolle zu entsprechen; männliche Kranke, die die Rolle des Weibes fühlen, putzen sich, wiegen sich in den Hüften und nehmen weibliche Sitten und Kleidung an; namentlich Verkleidungen sind häufig, wobei der Körperbau sie oft unterstützt. Ein solches Geschöpf vereinigt in sich oft alle Mängel des Weibes, ist launisch, neidisch, feige und aufwallend, und es besitzt keinen der anziehenden Züge des männlichen Charakters. Indessen finden sich auch Personen, die klar fühlen, dass jener Trieb mit ihrer Vernunft im Widerspruch stehe; trotz heftiger Kämpfe bleiben sie Sclaven ihrer Leidenschaft und enden darum zuweilen durch Selbstmord. Die Art der Ausführung der geschlechtlichen Befriedigung ist so mannichfach wie die verschiedenen Arten widernatürlicher Geschlechtsbefriedigung; Masturbation ist dabei sehr verbreitet.

Wenn irgend Etwas geeignet ist, das Krankhafte dieser Triebe zu beweisen, so ist es ihr zuweilen nur periodisches Auftreten: denn es handelt sich dabei um Anfälle, deren Herannahen die Patienten gewöhnlich fühlen und trotz dagegen getroffener Vorsichtsmassregeln nicht unterdrücken können, so dass sie meistens sogar Alles vorbereiten, um den Anfall leicht zu überstehen. In der Zwischenzeit sind es gute Ehemänner und Väter, die Kranken befriedigen ihren Trieb einige Male im Laufe des Jahres, während der übrigen Zeit pflegen sie den ehelichen Verkehr mit ihren Frauen. Abweichungen und Ausartungen des Geschlechtssinns sind auch nicht selten bei Eintritt von Altersblödsinn beobachtet worden. Fast alle verschiedenen Formen gesteigerter Triebe können, ohne gerade die höchsten Grade zu erreichen, in den Erregungszeiten der circulären, im Anfang der paralytischen Seelenstörung auftreten; Vielgeschäftigkeit, Fähigkeit das Verkehrte der Handlungen bis zu einem gewissen Grade zu beurtheilen und die scheinbare Gewandtheit dieser Kranken, viele ihrer oft unsinnigen Handlungen zu erklären und als begründet darzustellen, erschweren die Beurtheilung oft in hohem Grade; um so mehr wenn Sinnestäuschungen und Wahnvorstellungen fehlen. Man hat diesen Zustand als Folie raisonnante bezeichnet, es ist aber zu bedenken, dass diese Erregungszustände entweder nur Theilerscheinungen periodisch wechselnder Erkrankungen oder Vorläufer beginnender und fortschreitender geistiger Schwächezustände sind. Seltener beschränkt sich dieser ohne Wahnvorstellungen und Sinnestäuschungen auftretende Affectzustand auf melancholische Vorstellungen.

Die Willenlosigkeit Geisteskranker hat verschiedene Gründe: eine Hemmung findet statt bei Blödsinn, Stupor, in Erschöpfungszuständen. Solche Kranke sind leicht zu bestimmen; man darf dabei nicht von Charakterlosigkeit sprechen, vielmehr muss man zahlreiche Erscheinungen bei Personen, die Opfer leidenschaftlicher Triebe werden, milder beurtheilen als der pharisäische Stolz der Menschen es gewöhnlich thut.

Eine etwas andere Beurtheilung verlangen die Willensstörungen, die aus Wahnvorstellungen, Sinnestäuschungen und krankhaften Gefühlen entspringen, insofern das Ursprüngliche der Triebe nicht so deutlich ist, da die Empfindungen und Wahrnehmungen erst der Verarbeitung zu besonderen Vorstellungen bedürfen.

Den bisher geschilderten, durchweg aus Trieben entstehenden Bewegungen stehen nahe die als Ausdruck gewisser Bewusstseinszustände dienenden, daher **Ausdrucksbewegungen** genannten. Sie sind oft aus Trieben und willkürlichen Handlungen zusammengesetzt. Durch Einübung und Erlernung werden früher willkürliche Bewegungen später triebartig ausgeführt, wie Gehen, Sprechen, Schreiben und zahlreiche technische Fertigkeiten. Der Anschein des Gewollten bleibt daher oft auch noch bei Störungen des Bewusstseins bestehen; die Stärke der begleitenden Gefühle vermehrt die Schwierigkeit der Unterscheidung von willkürlichem und unwillkürlichem Antrieb. In diesem Wettstreit der Triebe und des zielbewussten Willens bleibt der letztere beim Kranken vielfach zurück; dies zeigt sich dann besonders deutlich für den Beobachter in den allgemeinen Formen der Ausdrucksbewegungen. Sie sind eines der hervorragendsten Mittel zur Beurtheilung von Gemüthsbewegungen und mit ihnen verbundener geistiger Störungen; namentlich die ersten spiegeln sich fortwährend in äusseren Bewegungen. Der Erwachsene und Gesunde beherrscht sie bis zu einem gewissen Grade, aber Kinder und Geisteskranke, namentlich Schwachsinnige und Blödsinnige zeigen durch die verschiedenen Formen der Ausdrucksbewegungen den Zustand des Innern auf das Deutlichste. Der vorhandene Affectausdruck dient dann wohl auch zur Verstärkung des ihn auslösenden Gefühls. Zornige Geberden steigern den Zorn, Herzklopfen vermehrt die Angst des Furchtsamen; zuletzt lösen diese Folgezustände freilich den Affect, der Zorn tobt sich aus, Thränen lindern den Schmerz.

Wenn der Erfahrene auch bei flüchtiger Begegnung schon aus Haltung und Gesichtsausdruck den Kranken erkennt, so fördert eine Zergliederung der Ausdrucksbewegungen in ihre äussern und innern Bestandtheile die Beurtheilung doch sehr. Stellung, Haltung und Mienenspiel, Tonbildung, Sprechweise und Klang der Stimme wirken zusammen. Am Lebhaftesten drückt sich die Mimik bei frischen Erkrankungen, bei Melancholie und Manie, sowie bei allen Affecten aus; wenn wir uns erinnern, dass wir im Centralhirn die Gemüthsbewegungen entstanden denken, so ist auch anatomisch der Zusammenhang mit den mimischen Ausdrucksbewegungen wahrscheinlich in dieser Gegend der engste, da ihr Ort der Thalamus opticus und die Hirnrinde zu sein scheint. Aus diesem verschiedenen anatomischen Anfang der mimischen Bahnen erklärt sich vielleicht die nicht seltene Verschiedenheit und mangelnde Uebereinstimmung, eine Asymmetrie im Ausdruck der obern und untern

Gesichtshälfte; um den Mund gruppiren sich gewohnheitsmässig die an die thierischen Functionen der Nahrungsaufnahme sich anschliessenden niederen mimischen Ausdrucksweisen: das Kauen, Speicheln u. s. w. sind beim Thier von fletschenden und knurrenden, schmatzenden und schnalzenden Ausdrücken begleitet, die oft auch bei blödsinnigen Geisteskranken zu sehen sind. Es verdient Beachtung, dass diese Bewegungen meistens einseitig eingeübt und oft auch ausgeführt werden, während die Stirn- und Augenmimik in viel geringerem Masse einseitig ist. Die Stirn- und Augenäste, die Antlitzzweige des Nervus facialis vertreten vermuthlich die Mimik höherer Centren in der Hirnrinde, in der bekanntlich eine doppelseitige Vertretung beider Körperhälften in jeder Hirnhälfte angenommen wird. Die niederen Centren im Hirnstamm vermitteln wohl durch Verbindungen mit der Kaumusculatur einseitige reflectorische Bewegungen im Trigeminusgebiet, die auch vom Mundfacialis ausgeführt werden. Es scheint nun Thatsache, dass ein grosser körperlicher Schmerz sich mehr in der untern, der tiefe Seelenschmerz stärker in der obern Gesichtshälfte ausprägt; bei Idioten, tiefstehenden Schwachsinnigen und bei Blödsinnigen drücken sich depressive Affecte vorzugsweise um den Mund aus, während die melancholische Angst und quälende Sorge nach erst kurz vorher entstandener Krankheit um Stirn und Augen ihren mimischen Ausdruck finden. Bei fortdauernder Krankheit verliert sich diese vorzugsweise Betheiligung der obern Gesichtshälfte, sehr oft geht sie aber auch über in starre physiognomische Stellung. Andrerseits kann auch die untere Gesichtshälfte eine Auflösung des Gesichtsausdruckes zeigen, Stimmung und Ausdruck harmoniren nicht mehr, gewaltsame Contractionen durchspielen das Gesicht bei irgend welchen unbedeutenden Eindrücken: Blödsinnige verlieren die Herrschaft über ihre Muskeln ganz. Jedenfalls ist eine Veränderung des Gesichtsausdrucks, auch eine Asymmetrie, in der obern Gesichtshälfte in der Regel ein Zeichen frischerer Erkrankung, darum prognostisch günstiger anzuschen, als die Veränderungen in der untern Gesichtshälfte. Manche Asymmetrieen der ganzen Seitenhälften sind auch zu beobachten, aber sie scheinen nicht so wichtig für den Ausdruck geistiger Störungen. Solche Verschiedenheiten sind nicht so selten durch Lähmungen bedingt und sehr auffällig, aber sie sind dann nicht Ausdruck der Stimmung, nicht mimisch, sondern physiognomisch zu deuten. Auch in beiden Gesichtshälften zugleich ist solche dauernd zu einer physiognomischen Stellung gewordene Muskelstellung von der beweglichen Mimik zu unterscheiden. Einen sehr starren Ausdruck findet man, wenn nur die äussern Theile der Stirnmuskeln sich zusammenziehen. Eigenartig ist die glatte Stirn Blindgeborener, bei denen trotz willkürlicher Beweglichkeit sich mimische Starre zeigt, während später Erblindete sich darin wie Sehende verhalten.

Werfen wir einen Blick auf die Mimik in den einzelnen Affect-zuständen, so finden wir als charakteristisch für die Melancholie eine horizontale Faltung der Stirnhaut, oft nur in der Mitte über der Nasenwurzel deutlich, meistens besteht aber völlige Querfurchung. Der Ausdruck von Kummer und Gram wird gesteigert durch kleine senkrechte Falten über der Nasenwurzel, die sich durch Zusammenziehung der Augenbrauenrunzler bilden; da der Stirnmuskel häufig stärker nach Oben wirkt, wird dabei das innere Ende der Augenbrauen zuweilen gehoben. Dann erscheinen auch die oberen Augenlider gewölbt, die sonst matt herabhängen. Dies geschieht auch durch Zusammenziehung des Ringmuskels des Auges, wobei gleichzeitig eine Faltung der Haut am äussern Augenwinkel entsteht. Also eine gleichzeitige Zusammenziehung der genannten Muskelgruppen (Grammuskeln) bewirkt den kummervollen Ausdruck der oberen Gesichtshälfte. Es entstehen rechtwinklige und hufeisenförmige Stirnfurchungen bei dieser gemischten Muskelwirkung, die in Verbindung mit gesenkten aber parallel gerichteten Augenachsen den Ausdruck angestrengten Sorgens und Kummers hervorrufen. Dass sie den eigentlichen Affect oft überdauern, ist schon besprochen. In der untern Gesichtshälfte sind stark ausgeprägte Nasenfalten, Herabziehung der Mundwinkel und eine vorgeschobene Unterlippe Bestandtheile kummervollen Ausdrucks.

Diese betrachtende Auflösung des Ausdrucks in seine Bestandtheile ist bei der Manie nur theilweise möglich; Beweglichkeit und Mannichfaltigkeit sind hier das Kennzeichnende, so dass Einzelheiten sehr schwer festzuhalten sind. Der schmerzvolle melancholische Affect gräbt feste Spuren in die Antlitzhaut, während diese nur flüchtig in der maniakalischen Erregung bewegt wird. Heitere ungebundene Ausdrucksformen führen auch viel überflüssige Bewegungen mit sich. Grimassiren Lachen und Schwatzen werden deshalb beständig von Bewegungen des Kopfes und Körpers unterbrochen oder begleitet. Der eigentlich heitere Gesichtsausdruck entsteht, wenn der Kreismuskel des Auges die Lidspalte verkleinert, wobei seine untere Hälfte manchmal stärker zu wirken scheint; gleichzeitig wird die Oberlippe durch die Wangenbeinmuskel gehoben, sehr oft nur auf einer Seite, während die Oeffnung des Mundes zu breitem Lächeln mit Entblössung der Zähne von den grossen Jochbeinmuskeln geschieht. Es entstehen dadurch auch Falten der untern Augenlider und an den äussern Augenwinkeln, während leichte Querfalten der Nasenwurzel und Stirn nicht so bezeichnend sind; im heitern Affect glättet sich der Stirnmuskel in der Regel. Wesentlich bei heiterer Erregung ist sehr oft der Glanz des Auges, der durch Blutfüllung und Druck benachbarter Muskeln bedingt ist. Der Ausdruck höchster Freude nähert sich bekanntlich dem des Weinens und des Schmerzes.

Der Gesichtsausdruck erscheint wesentlich unterstützt oder verändert, je nachdem Haltung und Bewegung des ganzen Körpers dazu stimmen oder nicht. Die Methode der Untersuchung ist im Vorstehenden angegeben und der aufmerksame Beobachter wird leicht weitere Einzelheiten herausfinden: z. B. dass der Zornige Falten in den obern Augenlidern, der Trotzige oft einseitiges Hochziehen des energisch geschlossenen Mundes zeigt.

Da der mimische Ausdruck bei chronischen Geisteskranken nach Erlöschen jeden Affectes seine dauernden physiognomischen Spuren hinterlässt, so deckt sich bei Verblödeten der Gesichtsausdruck oft nicht mehr mit dem Geisteszustande.

Weil der Aufbau des Knochengerüstes die Form des Gesichtes bedingt, ist der Ausdruck auch dadurch beeinflusst; hier ist aber die Grenze der Ausdrucksbewegungen und kann nur noch die Kenntnis der Physiognomik gewisse Eigenthümlichkeiten der äussern Erscheinung aufklären. Hier ist ein Grenzgebiet, auf dem sich der geborene Verbrecher und der erblich belastete Geisteskranke zuweilen nahe stehen.

Zu den Ausdrucksbewegungen im weitern Sinne gehören noch die Bewegungen, welche die gesammte äussere Haltung und Stellung ausmachen, auch ist das allgemeine Verhalten in Kleidung und Benehmen hier zu betrachten.

Der Aufgeregte hat z. B. eine stolze kühne oder herausfordernde Haltung, seine Augen glänzen, er spricht laut und schnell oder er schwatzt lacht und singt. Seine Bewegungen sind kurz rasch und ungeordnet; er hat keine Ruhe, kommt und geht mit Lebhaftigkeit, tanzt oder springt. In entsprechender Weise ist auch der Zustand seiner Kleidung beeinflusst; sie ist unordentlich beschmutzt zerrissen. Er schmückt sich mit Blumen Federn Papierfetzen oder glänzenden Metallstücken; das Aeussere wird vernachlässigt, die Hände sind schmutzig, die Haare unordentlich, Mund und Nase besudelt mit Schleim Tabak oder Speiseresten.

Der Traurige, Melancholische sitzt mit bekümmerten oder verzerrten Zügen da, vor sich hinstarrend, in dumpfem Schweigen oder zusammengesunken in einem Winkel, den Kopf gesenkt: oder er lässt sich kaum eine Silbe entreissen und verharrt auch bei allen Fragen in hartnäckigem Schweigen. Der ängstlich Erregte geht unruhig umher, die Hände ringend, laut jammernd und weinend. Die Verzerrnug der Gesichtsmuskeln ist eine grosse, es kommt zuweilen vor, dass der weinerliche Ausdruck sich einem lachenden nähert. Es kann bei Kindern und Frauen, bei Hysterischen insbesondere, der eine Affect in den anderen unvermittelt übergehen; der eingeschobene Zustand ist freilich meistens von kurzer Dauer und macht in der Regel dem ursprünglichen bald wieder Platz. In ähnlicher Weise entwickelt sich aus dem ursprünglichen Ausdruck des Geisteskranken nicht selten vorübergehend die entgegengesetzte Stimmung in Verbindung mit dem dazu gehörigen Ausdruck: so schlägt das heftige Lachen eines heiter erregten Kranken, das unter starken Erschütterungen des Zwerchfells auftrat, plötzlich um in krampfhaftes Weinen, gleichzeitig zeigen Blick und Gesichtsausdruck einen ängstlichen Zustand der Spannung und Anstrengung.

Natürlich darf man nicht aus dem Gesichtsausdruck allein die besondere Form der Erkrankung erschliessen. Sonst würde man grobe Irrthümer nicht vermeiden können; eine tiefe Melancholie kann zu ähnlichem starren und gleichgültigen Gesichtsausdruck führen wie ein vorgeschrittener Blödsinn.

Viele Fälle bieten aber für die oberflächliche Beobachtung gar keine Erscheinung, so dass Laien, die eine Anstalt besuchen, häufig ihre Verwunderung darüber aussprechen, dass sie keinen krankhaften Ausdruck bei der Mehrzahl der Kranken aufzufinden vermochten.

Einen besonderen Ausdruck zeigen Kranke bei Sinnestäuschungen. So lauscht der Gehörshallucinant oft in vorgebeugter Haltung, er horcht sorgfältig oder verstopft seine Ohren, oft schimpft er halblaut oder heftig und sucht sich gegen vermeintliche Zurufe zu vertheidigen; ein Kranker mit Gesichtstäuschungen sieht starr ins Leere, verzückt oder ängstlich; Geruchshallucinanten verstopfen sich die Nasenlöcher, schnauben und spucken viel, um so mehr, als sich oft Geschmackstäuschungen bei ihnen gleichzeitig finden. Zu den mannichfachsten Geberden und Ausdrucksbewegungen kommt es bei Gefühlshallucinanten, denen als gemeinsames Kennzeichen vielleicht am richtigsten noch das Bemühen der Abwehr eines feindlichen Einflusses zugeschrieben werden kann.

Endlich haben wir uns hier noch wieder mit den Störungen des sprachlichen Ausdrucks zu beschäftigen; die Sprache ist das wichtigste Mittel des Menschen innere Stimmungen und Vorgänge auszudrücken. Zunächst umfassen wir als Geberdensprache, Lautsprache und Schriftsprache verschiedene Gruppen, von denen die erstere uns schon unter den Ausdrucksbewegungen begegnet ist. Wie wichtig die Lautsprache für die geistige Entwicklung ist, zeigen deutlich die nicht unterrichteten Taubstummen, welche fast immer schwachsinnig bleiben, während Blinde sich auch ohne Unterricht viel höher zu entwickeln pflegen. Der Sprachlaut ist wie die Geberde aus dem Trieb entsprungen, Gefühle und Affecte mit Bewegungen zu begleiten, die zu den gefühlserregenden Eindrücken in unmittelbarer Beziehung stehen. Zwar sind alle Sinne den äusseren Eindrücken geöffnet, aber besonders der G e h ö r s s i n n vermittelt den Ausdruck der Vorstellungen Empfindungen und Gefühle durch Erzeugung von Klanggeberden. Indessen sind sie nur triebartige Ausdrucksbewegungen, die eigentliche Sprache entsteht erst da, wo die Absicht der Mittheilung von Vorstellungen und Gefühlen an Andere vorhanden ist; also erst die willkürliche Verwendung und Ausbreitung der Bewegungen verwandelt die ursprüngliche Triebbewegung zu einer willkürlichen Handlung. Diese ganze Entwicklung der Sprache geschieht aus kurzsilbigen Sprachwurzeln; eine abgekürzte Wiederholung des Vorganges ist in der Kindersprache angedeutet, doch fällt dabei sehr ins Gewicht, dass sie nach Form und Inhalt eben so sehr von der erwachsenen Umgebung als vom Kinde selbst erzeugt wird. In gewissen Formen geistiger Störungen, beim Herabsinken geistiger Fähigkeiten auf eine kindliche Stufe, finden wir auch die N e i g u n g, n e u e W o r t e aus einfachen Wurzeln zu b i l d e n; es ist aber nicht möglich, diesen Vorgang in seine ursprünglichen Bestandtheile aus Trieb- und willkürlichen Ausdrucksbewegungen zu zerlegen, weil dem erwachsenen Kranken immer schon de ganze Sprachschatz seiner eigenen Erziehung zur Verfügung steht, so dass er aus diesem den grössten Theil des nur nen zu verarbeitenden Stoffes nimmt. Trotzdem muss man einen Theil der von Kranken neugebildeten Worte von diesem Gesichtspunkte der ursprünglichen Ausdrucksbewegungen betrachten; häufiger ist die E n t s t e h n n g n e u g e b i l d e t e r W o r t e d u r c h S i n n e s t ä u s c h u n g e n. Die innige Beziehung zwischen Sprache und Gehörssinn weist natürlich ganz besonders auf G e h ö r s t ä u s c h n u g e n hin. Diese Art des Gedankenmachens haben wir bei den centralen Gehörshallucinationen näher erörtert; auch die Entstehung der kranken Vorstellungen aus peripheren Gehörstäuschungen findet ihren unmittelbaren Ausdruck in eigenthümlichen Redewendungen und Worten. Ist die sinnliche Deutlichkeit aller dieser Gehörsfälschungen keine überwältigende, so kommt es zuweilen zu einem chaotischen Gemisch und Gemenge von Worten, bei gebildeten Kranken durch Anklänge einzelner Silben aus fremden Sprachen zu einer förmlichen Selbstsprache. Diese ist dann für den Hörer völlig sinn- und verständnislos, aber der verrückte Sprachbildner bemüht sich seine Ursprache oft mit grösstem Geschick zu begründen. Ganze Briefe und Abhandlungen werden in dieser Weise abgefasst. Eine derartige verrückte gemachte Sprache ist immer ein Zeichen tiefer Störung und vorgeschrittener geistiger Schwäche; nicht immer gehen deutliche Gehörstäuschungen dem ganzen Vorgange voraus, in der grossen Mehrzahl entwickeln sich die verrückten Sprachvorstellungen und Gehörstäuschungen gleichzeitig auf demselben kranken Boden. In einem schon vorhandenen ängstlichen Vorstellungsinhalt entsteht zusammen mit einem verdächtig klingenden Wort oder Geräusch ein Verfolgungswahn, es finden diese Vorgänge sofort ihren sprachlichen Ausdruck.

Bei Blödsinnigen findet man durch triebartiges Nachsprechen eben gehörter Worte eine Sprechweise, die Echosprache genannt ist; es werden vorgesprochene Sätze wiederholt oder immer nur das letzte Wort. Eine eigenthümliche Sprachstörung ohne Hallucinationen und ohne Wahnvorstellungen, von der Ideenflucht Maniakalischer meistens unterschieden durch das Fehlen tieferer Affecte, ist eine bei verschiedenen Psychosen vorkommende endlose Wiederholung derselben Worte und Sätze in Form einer Rede oder Predigt; es sind aber bedeutungslose Worte ohne Zusammenhang, Sätze ohne Sinn, die unzählige Male wiederholt werden. Dieser Zustand wird als Verbigeration bezeichnet; das Krampfartige, Gezwungene in dem Hervorbrechen der Wortreihen lässt auch die Bezeichnung Redekrampf zutreffend finden; es scheinen motorische Hemmungen durch einen mächtigen Reiz überwunden werden zu müssen, zuweilen gewinnt der Ausdruck dabei eine pathetische Färbung. Auch in Briefen lässt sich die Verbigeration finden.

Endlich ist der sprachliche Ausdruck in mehr willkürlicher Weise verändert ohne Gehörstäuschungen durch Wahnvorstellungen allein. Es ist nicht nur zu denken an die gezierte Sprache erregter Kranker, sondern ohne Affect gewöhnen sich Verrückte an eigenthümliche Formen ihrer Redeweise. Einige lieben es nur in Superlativen zu sprechen und verwenden dabei einzelne Lieblingsausdrücke; es werden wahre Wortungeheuer gebildet. Oder es besteht die Neigung, nur Diminutive zu benutzen, die Sprache erhält dadurch manche Aehnlichkeit mit kindlichen Ausdrucksweisen.

Die Aphasie im engeren Sinne des Wortes, soweit sie mit psychischen Störungen verläuft, wird an anderen Stellen erörtert.

Die Schrift bietet wichtige Zeichen geistiger Erkrankung. Im Allgemeinen entsprechen die Eigenthümlichkeiten des schriftlichen Stils denen der Rede; doch kann man daraus kein Gesetz machen, denn es kommt vor, dass Kranke, die starke Sinnestäuschungen in ihren Reden zeigen, bei denen zweifellose Zeichen schwerer geistiger Störung und deutliche Wahnvorstellungen in jedem Gespräch hervortreten, sobald sie die Feder ergreifen, einen tadellosen, anscheinend gesunden Stil schreiben. Die Unabhängigkeit der beiden Ausdrucksarten, der Schrift und der Sprache zeigt sich dabei also sehr deutlich. Man denke auch daran, dass die Schrift immer erst nach der Sprache, bei Taubstummen sogar ohne sie erlernt wird. Es sind viele Kranke im Stande, sich in der Unterhaltung soweit zu beherrschen, dass nichts Krankhaftes hervortritt, während sie keinen Anstand nehmen, ihr Inneres auf dem Papier zu offenbaren; sie lassen sich mehr gehen, weil sie sich unbeobachtet fühlen, verrathen in ihren Schriften Wahnvorstellungen und Gefühle viel leichter als im mündlichen Verkehr.

Kindlicher Satzbau, Unbehülflichkeit und Unklarheit des Ausdrucks zeigen sich bei S c h w a c h s i n n i g e n; der Blödsinnige schreibt gar nicht, bei Schwachsinnigen ist die Schrift ein wichtiges Untersuchungsmittel, weil das Schreiben grössere Klarheit der Gedanken erfordert als das Sprechen. Auch der M e l a n c h o l i s c h e schreibt wenig, seine geistige Unlust hindert ihn, die Eintönigkeit seiner Vorstellungen findet sich in der beständigen Wiederholung derselben Klagen, Befürchtungen und Selbstbeschuldigungen wiedergegeben. Die Schrift ist nicht aus einem Gusse. Es wird bei ihrer Abfassung mehrfach abgesetzt, die Schriftzüge selbst sind klein, spitz, zuweilen zitternd ausgeführt. Grundstriche und Haarstriche sind wenig unterschieden, weil der Druck der Feder ein schwacher, zaghafter war. A u f g e r e g t e Kranke schreiben viel, mit festen Zügen, daher treten die Grundstriche kräftiger hervor. Die Schrift ist rasch hingeworfen ein treues Bild des beschleunigten Vorstellungs- verlaufes. Die flüchtige Abfassung findet ihren weiteren Ausdruck in langen geschwungenen Zügen. Je länger das Schriftstück ist, um so mehr treten diese Eigenschaften hervor; die Hand vermag den Gedanken nicht mehr nachzukommen, es werden Worte ausgelassen, Sätze bleiben un- vollendet. Das Ende erscheint unordentlich und wie überstürzt, schliesslich findet sich ein wirres Durcheinander von Worten und Satzbruchstücken. Häufig wird das Papier doppelt benutzt und quer über den ersten Ent- wurf ein neuer geführt, alle Ecken und Enden werden ausgefüllt. Der V e r r ü c k t e bedient sich gern besonderer Zeichen, macht allerhand Schnörkel und bestimmte, doch häufig wechselnde Züge. Er unterstreicht viel, macht Ausrufungs- und Fragezeichen ohne allen ersichtlichen Grund. Dazwischen malt und kritzelt er. Er wechselt mit den Schriftzeichen, schreibt unter Umständen einzelne Worte mit lateinischen, deutschen, selbst griechischen Buchstaben, oder macht einzelne nur grösser oder kleiner. Dieser absichtlichen Aenderung der Handschrift entspricht vielfach der Inhalt. Bestimmte Schriftzeichen entsprechen besonderen Wahnvorstel- lungen, namentlich durch Anhängung besonderer Endungen. Wie beim Sprechen treten die verdrehtesten Neubildungen von Worten hervor. Zu- weilen wird von den Kranken etwas darin gesucht möglichst kleine, fast mikroskopische Buchstaben auf engstem Raume zu benutzen. Derartige Schriftstücke verrathen ihren krankhaften Ursprung oft schon durch ihr Aeusseres, um so mehr wenn sie, wie es oft der Fall ist, auch noch ver- wickelte, ganz unverständliche Zeichnungen von Maschinen, fabelhaften Wesen oder symbolische Zeichen enthalten. Angehängte Siegel eigenen Fabrikates vermehren den merkwürdigen Eindruck.

Eines der wichtigsten Zeichen bildet die Schrift bei der paralytischen Seelenstörung. In dieser Krankheit kann schon vor dem Auftreten anderer Erscheinungen eine undeutliche unsichere krampfhaft zitterige
Form der Buchstaben, bei denen Haar- und Grundstriche nicht auseinander
gehalten werden, die Befürchtung der sich entwickelnden schweren Störung
begründen. Einzelne Züge sind sehr lang, über das Ziel hinausgehend,
andere klein und verschwommen. Bezeichnend ist bei fortschreitender
Krankheit das Ausfallen einzelner Buchstaben und Worte, oder das Auftreten fehlerhaft geschriebener Worte, ferner die Wiederholung einzelner
Worte und Zeilen. Es wird viel ausgestrichen und der erneute Versuch
fällt womöglich noch schlechter aus als der erste. Dasselbe Schreiben
kann gleichzeitig an mehrere Personen gerichtet sein, in verschiedenen
Sprachen wechseln. Datum oder Unterschrift werden vergessen, aus einem
zufällig daneben liegenden Schriftstück oder Buch fliessen ganze Sätze ein
in das eigene Schreiben. Besonders fällt aber auch hier die äussere Aus-
stattung des Schreibens auf, das Papier ist voller Kleckse, beschmutzt
mit Fettflecken, die von der eigenen Hand stammen oder weil es aus
irgend einem Kehrichthaufen hervorgezogen war, vielleicht nur eine Um-
hüllung des Tabaks gewesen ist. Die gerade Linie wird vielfach verlassen, dafür tritt eine Bogenlinie auf, die Buchstaben stehen in den verschiedensten Entfernungen, bald nah, bald fern. Die geistige Schwäche
tritt besonders oft darin hervor, dass ein in den ersten Zeilen leserliches
und verständliches Schriftstück gegen Ende immer unleserlicher, inhalts-
loser und unsauberer wird, weil die Aufmerksamkeit des Kranken rasch
dabei ermüdet. Der Inhalt ist natürlich ein sehr wechselnder.

Bei neuropathisch belasteten, früh erblindeten oder taubstumm gewordenen Kindern und Idioten findet man, dass Schriftzüge mit der
linken Hand in der Richtung von rechts nach links ausgeführt werden;
diese Spiegelschrift führen erwachsene Geisteskranke nur sehr
selten aus.

E. Körperliche Begleiterscheinungen.

Wir müssen noch eine Reihe körperlicher Störungen betrachten,
die unter den Zeichen der Geisteskrankheit wichtige Begleiterscheinungen sind. Sie sind aber nicht nur solche, sondern Bestandtheile der
Psychosen selbst, oft zeigen sie Angriffspunkte für die Behandlung des
Gesammtleidens. Wir wollen zuerst die Störungen der Sensibilität ins
Auge fassen. Ihre Untersuchung bei Irren ist im Allgemeinen eine
schwierige, weil die Aufmerksamkeit gestört ist, Trübungen des Bewusstseins vorkommen oder Misstrauen gegen den Untersuchenden die Sicher-

heit der Angaben des Kranken zweifelhaft machen muss. Ein völliges
Fehlen der Empfindlichkeit für Schmerzen und Temperatur-
unterschiede zeigen tief blödsinnige Kranke. Solche Kranke kann man
mit einer Nadel stechen, sie können sich schneiden, brennen, ihre Glieder
verstümmeln, ohne irgend einen Laut oder Zeichen des Schmerzes zu
äussern. Oder sie lassen ihren Speichel laufen, ertragen das Umherlaufen
von Fliegen im Gesicht, Insectenstiche, ohne irgend einen Versuch zu
machen, dies zu verhindern. Diese Gleichgültigkeit wird nur verständlich
durch das Fehlen jeglicher Aufmerksamkeit, sie kann nicht
als eine periphere Störung im Bereiche der Hautnerven aufgefasst werden.
Ebenso muss man die oft mit staunenswerther Ausdauer ins Werk gesetzten Selbstverstümmelungen ansehen, z. B. Castrirungen, Herausreissen
der Augäpfel, der Zunge, Selbstkreuzigungen; man hat gesehen, wie
Melancholische sich freiwillig auf einem mit Petroleum getränkten Bett
verbrannten. Namentlich religiöse Wahnvorstellungen liessen Kranke
unglaubliche selbstgeschaffene Martern stumm ertragen. Immer war es
der Mangel an psychischer Sensibilität, der die Ausführung ermöglichte.
Andererseits kommen auch periphere **Anästhesieen** vor, doch sind
sie meistens nur zufällige Begleiterscheinungen, nicht von der Psychose
als solcher abhängig; trotzdem können sie eine grosse Bedeutung dadurch
gewinnen, dass sie als Wahnvorstellungen verarbeitet werden und so
störend in den Bewusstseinsinhalt eintreten. Bei der Untersuchung des
Antheils der Geisteskranken am Hexenwesen lernt man die Bedeutung
gerade dieser Erscheinung verstehen. Oft treffen wir die Neigung, die
Zustände allegorisch zu schildern und phantastisch auszuschmücken. Erst
im weitern Verlauf nimmt die Erklärung dann immer mehr die bestimmte
Form der Behauptung an; es kommt dann zu Angaben, dass die Glieder
aus Glas oder Holz bestehen, trotzdem der Augenschein den Kranken
vom Gegentheil überzeugen müsste. Bei sehr verbreiteter Herabsetzung
der Sensibilität kann das Gefühl der eigenen Persönlichkeit erlöschen, der
Kranke wähnt sich todt; entsprechende Einwände werden leicht überwunden z. B. durch Verallgemeinerungen, der Kranke sagt einfach: alle
Menschen sind todt, das Leben ist nur Schein. Beschränkt sich der
Mangel des Gefühls auf einzelne Eingeweide, z. B. wenn die Nahrungszufuhr ohne Empfindung verläuft, so glaubt der Kranke, keinen Magen zu
haben, und ähnlich bei den verschiedensten innern Organen. Ist die
Entstehung derartiger Anästhesieen durch schwerere fortschreitende organische Erkrankungen des Gehirns begründet, so treten Schwund- und
Nichtigkeitsgefühle besonders stark auf; vielleicht beruhen auf solchen
sich erst bildenden Anästhesieen die Klagen von Leere, Hohlsein, Druck,
reifartiger Einpressung des Kopfes, Vertrocknung des Gehirns, Luft,

Wasser im Gehirn u. s. w. Die Ausdehnung der Erkrankung auf das Rückenmark zieht natürlich auch alle von ihm versorgten Körpertheile in ähnliche Vorgänge hinein. Anästhesieen der Muskeln bringen in diesem Sinne zahlreiche Zeichen hervor. Im Gegensatz zum Herabsinken oder Fehlen der Aufmerksamkeit bei den Anästhesieen, ist deren Steigerung und höchste Spannung grundlegend bei Hyperästhesieen. Eine umschriebene Ueberempfindlichkeit irgend eines bestimmten Hauttheiles oder eines kleineren abgegrenzten Schleimhauttheiles kann die Ursache der Erscheinungsform einer geistigen Störung sein. Dann werden die Hauttheile wund gerieben, die Oberhaut immer wieder abgepflückt; andere ganz ähnliche Erscheinungen hängen ab von Erkrankungen des Rückenmarkes, besonders auch die mit dem Sexualapparat verbundenen. Es ist nicht möglich zu entscheiden, wie weit periphere und centrale Elemente sich bei den Gefühlen peinlicher Muskelunruhe, Herzschmerzen und ähnlichen Zuständen mischen. In ausgedehntester Weise sieht man bei Hypochondern die Mischung peripherer und centraler Hyperästhesie das Krankheitsbild zusammensetzen; die ursprünglich vielleicht rein peripherische Hyperästhesie ruft die psychische hervor. Dieser Ursprung erscheint am Deutlichsten bei neuralgischen Zuständen in Verbindung mit der Menstruation, weil hier die Natur jedesmal so zu sagen ein Experiment in dem Sinne macht, dass durch den erneuten peripheren Anreiz eine Steigerung der auch schon sonst vorhandenen psychischen Reizbarkeit, unter Umständen auch eine periodische Wiederkehr der sich anschliessenden Wahnvorstellungen hervorruft.

Eine allgemeine Schilderung der Störungen motorischer Functionen wird hier nicht gegeben, weil sie wesentlich der einen Gruppe organisch bedingter Geistesstörungen angehören und daher dort abgehandelt werden.

Auch die Störungen im vasomotorischen System, ferner die Menstruation sind anderswo ausgeführt, so dass unter den körperlichen Begleiterscheinungen zunächst noch die Athmung unsere Aufmerksamkeit auf sich zieht. Im Allgemeinen bietet sie nicht sehr viele Absonderheiten, hat daher auch nur eine nebensächliche Bedeutung. Abhängig von der Stimmung und Affectzuständen ist sie unter Umständen natürlich oberflächlich und langsam, oder auch tief und beschleunigt. Bei Schlaganfällen und anderen tieferen Erkrankungen des Centralnervensystems zeigt sich zuweilen das Cheyne-Stockes'sche Phänomen als körperliche Begleiterscheinung einer Psychose.

Dagegen unterliegt die Körpertemperatur zahlreicheren Veränderungen. Jede Erregung pflegt von einer Temperatursteigerung begleitet zu sein, theilweise ist sie bedingt durch die Wärmeerzeugung bei der vermehrten Muskelarbeit in den vielen Bewegungen. Höhere Grade erreicht diese Temperaturhebung in den höchsten Graden der Tobsucht, denen auch der Name Delirium acutum zugelegt ist, in epileptischen Anfällen; jedenfalls ist die Wärmequelle dann auch in Erregung gewisser Wärmecentren zu suchen, wie dies noch deutlicher wird beim Auftreten paralytischer Anfälle; hier ist der cerebrale Reizzustand durch die zu Grunde liegende anatomische Erkrankung zweifellos das Vorwiegende. Andererseits ist die Temperatur bei regungslosen Melancholischen nnd Blödsinnigen gesunken; auch bei Erregungszuständen kann mit eintretender Erschöpfung das Sinken der Temperatur einhergehen. Beiden Zeichen tritt man am Besten entgegen durch anhaltende Bettlage, in der die Kräfte und Eigenwärme bewahrt werden. Den Geisteskranken zuweilen eigenthümlich ist das Fehlen von Temperatursteigerung in Zuständen, die durch alle sonstigen Erscheinungen die Annahme einer fieberhaften, unter Umständen einer Infectionskrankheit bedingen. So kann ein im Uebrigen zweifelloser, gar nicht einmal leichter Typhus abdominalis fast fieberlos verlaufen, ebenso eine Lungenentzündung. Andere Kranke sind wie Kinder sehr geneigt zu fiebern, so dass eine Stuhl- und Harnverhaltung bei nervösen und reizbaren Kranken ganz anders beantwortet wird als bei geistig Gesunden.

Von allen organischen Functionen, die geistige Störungen begleiten, zeigt die Verdauung die bemerkenswerthesten Veränderungen. Namentlich in der Melancholie gibt sich Magenkatarrh durch gelblich dick belegte Zunge und Appetitlosigkeit kund. Der ganze Vorgang der Nahrungszufuhr und Verdauung ist schon in seinen ersten mehr unwillkürlich oder doch in der Regel nur reflectorisch von Statten gehenden Theilen gestört; wenn schon Zerstreuung und Vergesslichkeit das Ergreifen der Nahrung verzögert haben, so wird jetzt der Bissen im Munde oft weder genügend zerkleinert, noch ordentlich eingespeichelt; er kann lange darin verweilen; wenn er nicht wieder ausgestossen wird, gelangt er schliesslich unter ungeschickten Schlingbewegungen, die die Befürchtung des Verschluckens nahelegen, in den Magen. Kommen nun zu jenen physischen Bedingungen der Unaufmerksamkeit noch Lähmungen der Schlingmuskeln, so tritt wirklich Verschlucken ein und in seinem Gefolge Hustenanfälle, Lungenentzündungen und fast augenblickliche Erstickung. Andererseits findet man bei Geisteskranken, wenn auch selten, Schlingkrämpfe, die den Kranken zeitweilig zum Ablehnen von Nahrungszufuhr veranlassen. Aufgeregte Kranke schlucken überhaupt gewaltsam und stossweise ; sie laufen daher Gefahr, beim Schlingen festerer Theile diese einzukeilen; sind Lähmungen vorhanden, so ist schon das Hinabgleiten flüssiger Dinge gefahrvoll, wenigstens wird es wünschenswerth, durch anfängliches Zuführen von Wasser das erste fast regelmässige Verschlucken unschädlich zu machen, weil nachher die Schlundmuskeln gewissermassen eingeübt sind und dadurch weiteren Gefahren vorgebeugt wird. Sind die Speisen in den Magen gelangt, so hängt ihre Verdaulichkeit natürlich wesentlich ab von der Art der Vorbereitung: nicht zerkleinert und durchspeichelt, werden sie den verdauenden Kräften des Magens widerstehen: kommt dieser ohne schweren Kampf, ohne Erbrechen und Katarrh davon, so hat der Darm weitere Beschwerden auszuhalten, die sich in den letzten Fällen häufig in Durchfällen äussern. Im Allgemeinen leiden Geisteskranke mehr an Stuhlverstopfung. Der Aufgeregte verliert seinen Darminhalt, ohne es zu merken; ähnlich der tief Melancholische; wirkliche Lähmung des Darms wird man von dieser Ursache der Unreinlichkeit unterscheiden müssen.

Für die verschiedenen Ursachen der Ernährungsstörungen haben wir ein gemeinsames wichtiges Zeichen in den Schwankungen des **Körpergewichtes**. Diese berechtigen in gewisser Weise zu der Annahme, dass mit der psychischen Erkrankung tiefe Störungen des gesammten Stoffwechsels Hand in Hand gehen, dass in der Mehrzahl die Psychosen sogar als der Ausdruck allgemeiner schwerer Ernährungsstörungen des ganzen Körpers anzusehen sind, an denen das Gehirn theilnimmt; andererseits liegt auch die Möglichkeit vor, dass die Erkrankung des Gehirns den unmittelbaren Anstoss zur Veränderung des Körpergewichts gibt. Eine fortschreitende Körpergewichtsabnahme begleitet in der Regel den Krankheitsverlauf bis zu seiner Höhe. Nachlässe bis dahin führen Gewichtszunahme mit sich, Steigerungen erneute Abnahme; zu einem regelmässigen Wechsel gelangt diese Erscheinung zuweilen in den periodischen und circulären Psychosen; doch ist zu bemerken, dass bei längerem Bestehen dieser wie aller chronischen Geisteskrankheiten der Körper sich gewissermassen an die Krankheitszustände gewöhnt, eher eine gleichmässige Erhaltung, oft auch wieder eine Zunahme des Körpergewichtes in jedem Abschnitt eintritt. Das Körpergewicht steigt fast regelmässig bei rasch eintretender Reconvalescenz, aber auch beim Uebergang in unheilbare Schwächezustände; dies Zeichen hat daher nur dann eine günstige Bedeutung, wenn andere Zeichen geistiger Genesung sich daneben einstellen. Die grössten Gewichtsunterschiede sieht man sich sehr rasch entwickeln nach Puerperalpsychosen; aber auch nach einer langanhaltenden Nahrungsverweigerung kann die Zunahme wochenlang täglich nach Pfunden zählen. Die Entwicklung der Fettleibigkeit Schwachsinniger pflegt jahrelang Zeit zur endgültigen Höhe zu bedürfen, während die Zunahme eines geistig Genesenden, die über die physiologische früher innegehabte Grenze geschritten war, bald durch einen geringen Nachlass sich dieser wieder zu nähern pflegt, namentlich sobald der Patient in die gewohnten Verhältnisse zurückgekehrt ist.

Einige andere Arten von Ernährungsstörungen, die nicht so sehr abhängig sind von dem Zustande peripherer Organe, im Gegentheil aus ursprünglichen Erkrankungen nervöser Centralorgane entstehen, entweder angeboren oder erworben, können als Störungen trophischer Functionen zusammengefasst werden. Zu den angeborenen, fast immer ererbten Bildungen des Körpers gehört eine ganze Reihe anatomischer sogenannter Degenerationszeichen. Schon der Zwergwuchs mancher Idioten, damit zugleich das Zurückbleiben der gesammten sonstigen Körperentwicklung gehört hieher, insofern das kindliche Aeussere, das Ausbleiben der Bart- und Schambaare und andere Erscheinungen abhängig zu denken sind von dem frühen Zurückbleiben der Gehirnentwicklung; ebenso können Störungen der Schädelbildung oft nur unter Einfluss solcher trophischen Störungen hervorgegangen sein, jedenfalls sind mechanische Einflüsse wie sie unter der Geburt vorkommen, dazu allein nicht ausreichend. Von den an Lebenden sichtbaren Schädelverbildungen sind zu nennen: Missverhältnis zwischen Gesichts- und Hirnschädel, ungleiche Entwicklung der Gesichtshälften. Als weitere Degenerationszeichen gelten, wenn ihre Bedeutung als solche auch nicht ganz zweifellos ist: fehlerhafte Stellung sowie auffallende Grösse oder Kleinheit der Ohren, das Fehlen von Ohrläppchen und mangelhafte Ausbildung der Ohrmuscheln, das Spitzohr, das Henkelohr. Einen grösseren Werth pflegt man im Allgemeinen auf Stellung und Entwicklung der Zähne zu legen, namentlich diejenigen, die sich gleichzeitig mit vorstehendem Os incisivum finden, weiter doppelte Zahnreihen; Hasenscharte und Wolfsrachen, ein steiler, schmaler oder zu flacher und zu breiter Gaumen oder ein einseitig abgeflachter Gaumen sind zu nennen. Ferner Schiefstand der Nase, der Augenschlitze; diese sind zuweilen zu klein, nahe am äusseren Hornhautrande mit einander verwachsen (Blepharophimosis). Zeichen der Entartung sind unter Umständen: angeborene Blindheit, fleckige Netzhautentzündung, Spaltbildungen in der Iris, Albinismus; Krampfadern in jugendlichem Alter, regionärer Ausfall des Hautpigments. In ähnlicher Weise lassen sich Degenerationszeichen an den verschiedensten Körpertheilen beobachten; am Genitalapparat werden zahlreiche Missbildungen beobachtet; eigenthümliche Verhältnisse in der Behaarung des Körpers, Bartwuchs bei Frauen, halbseitige Bartentwicklung bei Männern, theilweises Ergrauen einzelner Haarsträhnen in der Kindheit, periodischer Haarausfall u. s. w. Alle diese Zeichen können vereinzelt oder gehäuft neben einander an einer Person gefunden werden; ein einzelnes Zeichen hat natürlich allein eine geringe Bedeutung, wie beispielsweise ein einzelner Riesenfinger; überhaupt ist zu betonen, dass der Werth der genannten Zeichen nur darin liegt, dass sie bei bestehenden Psychosen auf eine erbliche Belastung und Anlage hindeuten.

Die zweite Gruppe trophischer Störungen entwickelt sich erst während der Erkrankung des ausgewachsenen Gehirns. Am Ohr Geisteskranker findet man zuweilen eine Geschwulst, deren Entstehungserklärung lange ein Zankapfel der Beobachter gewesen ist. Diese **Ohrblutgeschwulst** (Othämatom) ist zuerst eine umschriebene kleinere oder grössere Geschwulst der Ohrmuschel, vorwiegend häufig in der schifflförmigen Grube zwischen den beiden Leisten, dem Helix und Antihelix beginnend, durch die eigentliche Ohrmuschel hindurch mehr oder weniger nahe an den Gehörgang tretend, wobei sie aber die Knorpel der beiden Ecken, des Tragus und Antitragus, meistens verschont. Sie schwappt bei Berührung unter unverletzter Haut, erscheint blauroth. Nachdem sie sich in wenigen Tagen entwickelt hat, bleibt sie Wochen und Monate ziemlich unverändert und schwindet dabei nur allmählich mit Zurücklassung einer verkrüppelten Ohrmuschel. Zu Grunde liegt dem Vorgange ein Bluterguss zwischen die Ohrknorpel, die theilweise dabei zersprengt werden. Während der Aufsaugung des Blutes schrumpft die äussere Form zusammen trotz stellenweiser Verdickung des Knorpels. Das Vorkommen der Ohrblutgeschwulst bei geistig Gesunden ist einzelne Male mit Sicherheit festgestellt, auch ohne eine vorausgegangene äussere Gewalt und ohne irgend einen Anhalt, dass erbliche oder persönliche Anlage zu geistiger Störung im Spiel war: diese Fälle sind aber äusserst selten, daher ist die Ohrblutgeschwulst mit grosser Wahrscheinlichkeit in der Regel ein Zeichen abgelaufener oder bevorstehender Geistesstörung. Meistens kommt sie nur bei schweren und vorgeschrittenen Zuständen des Irreseins vor, bei denen auch andere vasomotorisch-trophische Störungen des Nervensystems zu beobachten sind. Trifft bei diesen Kranken irgend eine äussere, oft nur geringfügige Gewalt, ein Schlag, Stoss oder Druck z. B. auf der Bettkante das Ohr, so tritt der Bluterguss auf. Beide Momente sind nöthig: fehlt die Grundlage der trophischen Störung, sind die Gefässe nicht brüchiger als gewöhnlich, so genügt eine äussere Gewalt nicht, wie die tägliche Erfahrung lehrt, dass Ohrfeigen und Faustschläge bei Raufereien unter Gesunden nur sehr selten ein Othämatom hervorrufen, ferner Tobsüchtige und Epileptische davon kaum jemals befallen werden, trotzdem sie sich zahlreiche Stösse gegen ihre Ohrmuscheln erwerben. Andererseits ist die Ausübung irgend einer äussern Gewalt auch bei vorhandener Brüchigkeit der Gefässe nöthig, denn eine einfache innere Blutdrucksteigerung mit folgendem Erguss ist eine ungenügende Erklärung. Schwachsinnige Kranke sind manchen zufälligen Gewalten, leider hier und da auch wohl noch absichtlichen Schlägen ausgesetzt; in gewissem Grade spricht dafür die Thatsache, dass die Ohrblutgeschwulst häufiger am linken als am rechten Ohr vorkommt, entsprechend einem sicher in der Regel mit der rechten Hand ausgeübten Schlage. Indessen so sehr gerade diese einseitige Erklärung für das linke Ohr gelten könnte, die immerhin grosse Zahl rechtsseitiger Othämatome müsste dann eine andere Entstehungsart haben. Sehr selten werden entsprechende Vorgänge auch an den Nasen-knorpeln beobachtet.

Eine andere Ernährungsstörung ist die mit Schwund der Kalksalze einhergehende Brüchigkeit der Knochen, vornehmlich der Rippen und des Brustbeins; zuweilen ist gleichzeitig eine vermehrte Ausscheidung von Kalksalzen durch den Urin beobachtet. Die Zerstörung erstreckt sich bei den Rippen häufig auch auf die Knorpel, die in eine sulzige Masse verwandelt werden. Oft genügen bei so veranlagten Kranken schon geringfügige Einwirkungen, wie ein schwacher Druck auf den Brustkorb, um mehrere Rippen zu zerbrechen; einmal genügte ein leichter Schlag mit einer Haarbürste, um bei einem Paralytiker Bruch des Radius zu machen. Eigenthümlicher Weise heilen diese Zustände oft verhältnismässig rasch im Beginne der zu Grunde liegenden Psychosen; später dagegen gehen sie rasch in Vereiterung über.

Diese Neigung zur Vereiterung bei vasomotorisch-trophischer Störung trifft vor allen Dingen das Unterhautzellgewebe. Der Zusammenhang mit den nervösen Centralorganen ist schon sehr deutlich, wenn der z. B. so häufige Druckbrand des Kreuzbeines in Folge von Herderkrankungen im Gehirn oder Rückenmark halbseitig auftritt. Aber auch das beiderseitige plötzliche Auftreten des Decubitus eines Kranken, der wochenlang, ohne an Druckbrand zu leiden, fast unbeweglich auf dem Rücken lag, verlangt die Annahme einer Gefässlähmung aus centraler Ursache, da sonst die Entwickelung ausgedehnter brandiger Herde in wenigen Stunden oder Tagen nicht erklärlich ist. Es kommt nämlich vor, dass sorgfältig gereinigte und gut gebettete Paralytiker zunächst eine Abhebung der Epidermis durch Blasenbildung zeigen, die ausser am Rücken auch an ungedrückten Körpertheilen, wie den freiliegenden Vorderarmen und Fingern erscheint. Diese Blasen sind unter Umständen eigross, mit heller Flüssigkeit gefüllt; am Rücken, garnicht einmal in der Nähe des von Innen drückenden Kreuzbeines fliessen sie zusammen, jetzt genügt der Druck des eigenen Körpers, um in wenigen Stunden eine flächenhafte Geschwulst im Unterhautzellgewebe zu erzeugen, die der Haut bald eine schmutzige blau-schwarze Farbe gibt und mit reissender Geschwindigkeit mehrere Centimeter tief fortschreitet und vereitert; nach langsam in Wochen eintretender Abstossung der Haut und Gewebsfetzen lässt sich dann erkennen, wie tief die Zerstörung vorgedrungen ist. Eine langsame Verheilung ist unter sorgsamer Behandlung nicht immer ausgeschlossen. In anderen Fällen wird in wenigen Tagen ein phlegmonöser Vorgang aus den geringen Anfängen; Verjauchung und Ausdehnung der Zerstörung des Zellgewebes mit Eitersenkungen zwischen die Muskeln können mehrere Fuss ausgedehnte Erkrankungen hervorrufen, die unter Fiebererscheinungen den raschen Tod herbeiführen. Ein Beweis dafür, dass dieser acute Decubitus wesentlich auf Gefässlähmung und Brüchigkeit beruht und dass äussere Schädlichkeiten nur hinzutretende schädliche Momente sind, ist es, dass er sogar auftritt bei nicht gelähmten Paralytikern, die in tobsüchtiger Erregung rastlos umherliefen, sich höchstens für Augenblicke anlehnten, wie durch immer fortgesetzte Beobachtung festgestellt wurde.

Die Thränenabsonderung ist bei Melancholischen oft sehr gering, ebenso wie eine Reihe anderer Secretionen; der Kranke kann nicht weinen in auffallendem Gegensatz zu seiner trüben Stimmung. Gerade wie bei schweren plötzlichen traurigen Affecten ihre Lösung oft durch einen Thränenstrom geschieht, pflegen sich erst bei beginnender Genesung nach einer tiefen Melancholie wieder Thränen einzustellen, sie üben auch dann eine erlösende Wirkung. Andererseits ist in den leicht erregbaren Affecten Schwachsinniger bei raschem Stimmungswechsel Kommen und Gehen von Thränen nichts Seltenes. Auch Paralytische weinen ohne äussern Anlass.

In allen gedrückten Zuständen scheint die Speichelabsonderung herabgesetzt zu sein und insofern zu der mangelhaften Verdauung mancher Melancholischen beizutragen. Ob eine Steigerung Aufregungszustände regelmässig begleitet, ist nicht sicher; zuweilen ist es der Fall, solche Kranke spucken viel aus. Es ist zu unterscheiden, ob diese Secretion eine Folge vermehrter Bewegungen der Mundmuskeln ist, z. B. bei anhaltendem Sprechen, oder ob der Speichel mehr willkürlich abgesondert wird, um als ein willkommenes Mittel zum Beschmieren der Wände, Festkleben von Papierfetzen, Einsalben des eigenen Körpers u. s. w. zu dienen. Ferner gibt es ganz ruhige blödsinnige Kranke, die in anderer Weise mit ihrem Speichel spielen, ihn kunstvoll umhersprühen; andere unruhige wiederum benutzen ihn, besonders weibliche, als bequemstes Angriffsmittel gegen lästige Annäherung. Verrückte speicheln unter Umständen wirklich massenhaft, besonders wenn Geschmacks- und Geruchstäuschungen sie veranlassen mit dem Speichel gefürchtete giftige Bestandtheile auszustossen und ihren Einfluss vom Körper fernzuhalten. Wenn stuporöse Kranke mit vorgebeugtem Oberkörper zuweilen Speichel in Massen aus den Mundwinkeln laufen lassen, so dass ihre Kleidung beständig durchnässt ist, so ist dieser Ptyalismus noch nicht immer als eine krankhaft vermehrte

Speichelabsonderung anzusehen, denn man vergisst leicht, dass die physiologisch abgesonderte Menge des Speichels überhaupt eine sehr grosse ist. Die Veränderungen in der Absonderung des **Magensaftes** und der **Galle** sowie der **Darmsecrete** sind ohne Frage, wie wir schon bei den Verdauungsstörungen erfuhren, wichtige Begleiterscheinungen psychischer Störungen; ihre genauere Untersuchung und Unterscheidung entzieht sich dem Beobachter in der Praxis, aber auch ihre wissenschaftliche Bedeutung ist noch nicht klar; überhaupt werden wir sie nicht so hoch stellen wie frühere Zeiten, die nach der Beschaffenheit der Galle z. B. der ganzen grossen Krankheitsgruppe der Melancholie den Namen gaben.

Obwohl die Untersuchung des Urins bei Irren schwer ist, da viele aus Misstrauen sich nicht herbeilassen, ihn zur Untersuchung, namentlich regelmässig aufzubewahren, da ferner die Einflüsse der Stimmung und Nahrung schwer auszuschliessen sind, so scheinen doch einzelne Thatsachen ziemlich sicher festgestellt zu sein, die von einer gewissen Bedeutung sind und zeigen, dass Veränderungen der **Urinabsonderung** ziemlich regelmässige Begleiterscheinungen psychischer Störungen sind. Am einfachsten ist die Thatsache, dass in allen gedrückten Zuständen wegen Darniederliegens des gesammten Stoffwechsels die Urinmenge sehr gering ist, und umgekehrt in Erregungszuständen. Erinnert sei auch an die fast völlige Unterdrückung der Urinabsonderung einzelner Hysterischer. Entsprechend ist die Zusammensetzung des Urins; einmal sind namentlich Harnstoff und Chloride vermindert, das andere Mal ist ihre Menge vermehrt. Die Verminderung der festen Theile und des Wassers findet sich bei Melancholischen, aber besonders bei Blödsinnigen. Im Allgemeinen ist die Menge der Phosphate geringer, doch werden Fälle berichtet, in denen sie im Ueberschuss in den Urin übergegangen sind und nach Ausschluss anderer Ursachen, namentlich der etwaigen Zufuhr durch die Nahrung, nur die Annahme übrig zu bleiben scheint, dass eine Beschleunigung des Stoffwechsels in den nervösen Centren vorliegt. Man wird dadurch an den centralen Ursprung des Zuckerharnens erinnert: bei periodisch Tobsüchtigen ist auch Zucker gefunden. Eiweiss ist beobachtet in den verschiedenen Arten von Krampfanfällen bei Geisteskranken, auch einzelne Harncylinder und rothe Blutkörperchen; ähnlich verhält sich die Zusammensetzung des Urins ohne Nierenentzündungen bei einigen Formen des Alkoholismus.

IV.
Verlauf geistiger Störungen.

A. Verlauf, Dauer und Ausgänge.

Wir haben nicht nur die verschiedenen Formen des Verlaufs geistiger Störungen zu untersuchen, sondern auch ihre Dauer, ihre Ausgänge und schliesslich die aus der Kenntnis aller jener Umstände erwachsende allgemeine Prognose; diese Aufgabe, die noch zukünftige Gestaltung einer Erkrankung vorauszusagen, gehört zu der dankenswerthesten des Arztes neben der Behandlung der Krankheit.

Der Verlauf ist theilweise nur zu beurtheilen mit Berücksichtigung der Thatsache, dass die Grenze zwischen Krankheit und Gesundheit überhaupt eine fliessende ist. Wir sind durchaus nicht immer in der Lage zu behaupten, dass schon eine Ueberschreitung der physiologischen Breite vorliege. Das Bild der Gesundheit ist ein Durchschnittstypus und das Ueberschreiten dieser Grenze darf nicht ohne Weiteres zur Voraussetzung eines krankhaften Vorganges führen; es gibt geistige Zustände des gesunden Lebens, die weitgehenden Schwankungen unterliegen und doch nicht die Vorläufer krankhafter Vorgänge sind.

Man unterscheidet krankhafte Zustände und Vorgänge. Die ersteren brauchen nicht immer Ausgangszustände abgelaufener Krankheiten zu sein, sondern können auch angeboren sein; sie haben den krankhaften Vorgängen gegenüber etwas Feststehendes, während diese fortschreitende Bestandtheile zeigen. Verwischt kann dieser Unterschied zuweilen dadurch werden, dass die geistigen Störungen in einem sehr langsamen Tempo verlaufen und schon dann einen krankhaften Zustand vortäuschen, wenn noch ein langsamer Fortschritt der Krankheitserscheinungen stattfindet. Auch bleibt immer zu bedenken, dass jedes, auch das gesunde geistige Leben in einer langsamen Entwicklung verläuft; es kann daher der Vorgang des Lebens selbst den krankhaften Vorgang gleich mit sich bringen; diesen besonderen Vorgang pflegt man als Entartung zu bezeichnen.

Der Beginn der Erkrankung, einerlei ob aus einem schon vorhandenen angeborenen Zustande oder aus voller Gesundheit heraus, ist schwer festzustellen besonders wegen der langsamen Entwicklung der Krankheit. Das Bedürfnis eine Erklärung der Erscheinungen zu finden, drängt gewöhnlich dahin die ersten Zeichen des Irreseins irgend einem schweren Umstande aus dem Leben des Kranken zuzuschieben; oft handelt es sich nur um ein zufälliges Zusammentreffen oder das beschuldigte Ereignis hat den Ausbruch nur beschleunigt. Fast nur bei erblich Belasteten brechen die Erscheinungen zuweilen mit plötzlicher Heftigkeit hervor. Der Beginn einer Geisteskrankheit ist in der Regel ein allmählicher und pflegt sich mit Vorboten zu entwickeln. Es gibt wenige Ursachen, die rasch eine durchgreifende Störung in den Centralorganen der geistigen Thätigkeit hervorzubringen vermögen; man denke an die rasche Wirkung des Alkohols im Rausch, an Schreck, acute fieberhafte Erkrankungen; meistens können nur nach und nach einwirkende Ursachen zu einer stetigen Wirkung gelangen.

Die ersten Veränderungen, denen der Geisteszustand zu unterliegen pflegt, beziehen sich vorzugsweise auf die feineren Regungen des Gefühlslebens, auf Moral und Charakter. Geschmack und Gewohnheiten verändern sich, ebenso Neigungen und Wünsche. Die Erkrankenden sind in erregter oder gedrückter, oft schwankender und reizbarer Stimmung. Sie fühlen sich von einem unbestimmten Krankheitsgefühl ergriffen, das sie nicht zu erklären wissen. Allmählich wächst diese schmerzhafte Grundstimmung, sie werden ängstlich und gewinnen immer deutlicher die traurige Vorahnung des drohenden Scheiterns ihrer Vernunft. Bald kommen dazu plötzliche Anfälle von Verzweiflung, unter Umständen Neigung zum Selbstmord. Der Gesichtsausdruck und das Mienenspiel ändern sich, ein unwiderstehlicher Drang zur Bewegung ergreift sie, rastlos und zwecklos irren sie umher, nirgends finden sie Ruhe oder Wohlsein. Oder es drängt sie zu klagen und ihre Leiden zu übertreiben. Sie sagen, ihre Gedanken seien fort, sie könnten sie nicht mehr ordnen; niemals könnten sie wieder gesund werden, der Tod sei ihnen sicher. Andere klagen über den Verlust des Gedächtnisses, alle Gedanken beschränken sich auf den engen Kreis des Uebels, das sie beherrscht, mehr und mehr ziehen sie sich zurück von den wirklichen Dingen des Lebens und entwickeln in sich einen abgeschlossenen Egoismus. Es können diese Vorläufer als Zerstreutheit, Gleichgültigkeit oder auffallende Geschäftigkeit Wochen, Monate, sogar Jahre lang der eigentlichen Krankheit vorauslaufen. Dies undeutliche Gefühl allgemeinen Unbehagens, geistiger Ermattung und Unlust, durch das der Kranke selbst beunruhigt wird, ist schon früh geeignet die Aufmerksamkeit des

Hausarztes auf die drohende Gefahr hinzulenken. Später gesellen sich körperliche Störungen hinzu. Zu den wichtigsten gehört die des Schlafes; schreckhafte Träume unterbrechen ihn, machen ihn unruhig oder er fehlt gänzlich. Kopfschmerzen und Schwindel sind quälende Erscheinungen. Der Appetit verliert sich, die Verdauung wird erschwert, hartnäckige Verstopfung quält den Kranken heftig, schliesslich ergreift ihn eine schnelle Abmagerung. Die Beachtung dieser Vorboten ist von der grössten Wichtigkeit, da ihre Bekämpfung die Möglichkeit bietet den Ausbruch der Psychosen zu verhüten; der scharf beobachtende Arzt wird immer wieder finden, im Gegensatz zu den Anschauungen der Laien, die die Krankheit als eine plötzlich ausgebrochene hinstellen, dass die ersten Anfänge meistens viel weiter zurückliegen. Das Urtheil ist für die Angehörigen so schwer, weil die sich langsam entwickelnden Formen des Irreseins nicht mit inhaltlichen Störungen des Vorstellungslebens, Wahnvorstellungen und Sinnestäuschungen zu beginnen pflegen, sondern mit Störungen der Stimmung, der Affecte und Triebe. Die allmähliche Umwandlung des früheren Charakters ist dem Laien noch am auffälligsten. Im weiteren Verlauf, ohne dass schon eine völlig entwickelte Krankheit vorzuliegen braucht, treten als deren Vorboten das Gefühl verlangsamten und erschwerten Denkens und Zwangsvorstellungen auf; Störungen im Inhalt des Vorstellens erscheinen als peinliche oder überraschende Gedankenverbindungen frühzeitig in Träumen der Kranken.

Wenn sich die schweren organisch begründeten Formen des Irreseins entwickeln, besonders die paralytische Seelenstörung, haben die Vorboten häufig eine andere Natur. Zeichen geistiger Schwäche treten schon frühzeitig hervor; geistige Arbeit wird rasch unmöglich, geistige Ermüdung ist bald eingetreten, die Gedächtnislücken sind auffallend. Die Auffassung neuer Eindrücke ist verlangsamt und erschwert; deutliche Schwäche des Urtheils pflegt nicht lange allein zu bleiben; Abnahme, auch völliger Verlust der moralischen und ethischen Gefühle und Beurtheilung sittlicher Handlungen, Steigerung zu unüberlegten Thaten kommen dazu. In Folge von Ueberschreitungen der Sitten- und Strafgesetze werden der Umgebung der Kranken die Augen oft schon früher geöffnet, um so mehr wenn äussere Gründe in der Lebenslage die Diebstähle, Verschwendung oder z. B. gemeine sexuelle Angriffe nicht erklären können. Endlich wird die Befürchtung des Arztes dann rasch zur sichern Erkenntnis, wenn motorische Störungen besonders der Sprache und der Innervation der Gesichtsmusculatur hervortreten. Bei zukünftigen Paralytikern beobachtet man zuweilen eine grosse Steigerung geistiger Regsamkeit ohne sonstige Störung oder Schwäche der geistigen Thätigkeiten; sie sind thätig, unternehmend, beweisen Eigenschaften und Fähigkeiten, von denen sie bis dahin nie einen Beweis gegeben hatten, und handeln in früheren Gewohnheiten ganz entgegengesetzter Weise.

Die meisten rasch vorübergehenden Geistesstörungen, wie febrile und postfebrile Psychosen, Rauschzustände, Irresein der Gebärenden und Neuentbundenen zeichnen sich durch **plötzlichen** Beginn aus; plötzlich beginnen Psychosen, die sich an heftige Gemüthsbewegungen, Schädel-verletzungen, Erhängungsversuche, Kohlenoxydvergiftung anschliessen. Sie können auch nach erreichter Höhe der Krankheit rasch verlaufen unter grosser Heftigkeit der Erscheinungen. Ebenso wie der Eintritt ein rascher war, der Anstieg zur Höhe ohne Schwankungen verlief, zeichnet eine plötzliche Lösung des Anfalls mit sofortiger Wiederherstellung des früheren Geisteszustandes diese Psychosen aus. Solche kurz und heftig verlaufende Zustände sind als transitorisches Irresein beschrieben worden. Bezeichnend ist hier die tiefere Störung des Bewusstseins für die ganze Dauer des Anfalls mit späteren bedeutenden Gedächtnislücken. Einzelne Fälle verlaufen sogar in einigen Stunden und gehen dann durch einen tiefen Schlaf in Genesung über; später bildet die Zeit des Anfalls eine förmliche Lücke im Gedächtnis. So gefährlich solche kurze Auf-regungs- und Angstzustände für die Umgebung werden können, sie bieten dem Befallenen verhältnismässig doch gute Aussichten, weil sie sich rasch und ganz wieder zu verlieren pflegen. Dieser günstige Verlauf des einzelnen Anfalls trifft auch pathologische Affectzustände und Alkoholexcesse.

Den sich **schleichend entwickelnden** Geistesstörungen kommt häufig ein langsamer Verlauf zu, besonders mit dem Auftreten von Wahn-vorstellungen und Sinnestäuschungen. Hat eine chronisch entwickelte Psychose sich zur vollen Höhe ausgebildet, so kann sie lange Zeit auf dieser bleiben, d. h. **continuirlich** verlaufen. In der Regel zeigt sich bald ein Nachlass in der Stärke der Erscheinungen, nicht selten ihr völliges Zurücktreten, eine Remission oder Intermission. Nament-lich so lange noch Affecte die Störung begleiten, sind diese Schwankungen sehr auffällig. Eine praktisch sehr wichtige Thatsache ist es, dass fast in der Regel ein Wechsel der Umgebung oder des Ortes solche Remission mit sich führt; man darf sich durch diese Erscheinung nicht täuschen lassen und eine frühzeitige Heilung verkünden, da eine neue Steigerung nach kurzer Zeit auch unter den neuen Verhältnissen wieder zu erwarten ist. Wir müssen uns auch hier wieder erinnern, dass schon unter physio-logischen Verhältnissen Schwankungen der Stimmung nichts Seltenes sind, abhängig von den verschiedenen Tagesstunden, Mahlzeiten oder gewissen sexuellen Leistungen des Körpers; um so mehr treten diese Einflüsse wie z. B. der Einfluss der Menstruation bei manchen geistig Gestörten hervor.

Wenn die Krankheitserscheinungen in den Zwischenzeiten ganz zurück-weichen, so spricht man wohl von einem freien Intervall (lucidum intervallum).

Die Remissionen sind zuweilen so vollständig, dass sie über die Fortdauer der Krankheit täuschen können. Viele chronische Kranke haben in den ruhigen Zeiten soviel Selbstbeherrschung, dass sie ihre Wahnvorstellungen völlig beherrschen können. Es gibt Maniakalische, die für den Augenblick aufhören irre zu reden, so dass man glauben könnte, sie seien auf dem besten Wege zur Genesung, wenn nicht ihre Theilnahmlosigkeit und Gleichgültigkeit gegen fremde Interessen, der Mangel an Schlaf und die Abwesenheit anderer der Genesung günstiger körperlicher Zustände, den Beweis lieferten, dass sie noch weit davon entfernt sind. Melancholiker können ihr Irresein verschliessen und ihren Trieb zum Selbstmord verhehlen bis zu dem Tage, wo sie verfrüht ihre Freiheit erhalten und sich beeilen ihr trauriges Ziel zu erreichen.

Diese Nachlässe können im Laufe des Irreseins entweder nur einige Stunden dauern oder sich über Jahre hinaus verlängern. Es gibt darüber keine bekannte Regel. Immerhin kann man sagen, dass die Remissionen um so länger sind, je mehr die geistige Störung einen chronischen An-strich hat und je weniger Aussichten auf völlige Genesung sie bietet. Die sich entwickelnden freieren oder ganz freien Zwischenräume können von sehr verschiedener Dauer sein; sie können Wochen, Monate und Tage dauern. Bei abfallender Erregung treten sie häufiger, wenn auch nur kurz und flüchtig auf, allmählich länger werdend, wenn sie sich der Zeit der völligen Genesung nähern.

Es gibt eine sehr wichtige Classe von Psychosen, bei denen ein regelmässiger Wechsel krankhafter und verhältnismässig gesunder Zustände typisch und kennzeichnend ist, bei denen der remittirende Ver-lauf immer zu zeitweiligen, fast völligen Intermissionen, zu fast völ-ligem Aufhören krankhafter Erscheinungen führt; es sind dies die perio-dischen Psychosen. Die einzelnen Perioden können Tage, Wochen, Monate, ja selbst eine Reihe von Jahren dauern, ohne dass die Dauer der Zwischenräume eine immer feststehende ist. Trotz einer gewissen Einsicht in das Krankhafte jener Vorgänge können solche Personen aber auch in den Intervallen nicht als geistig gesund gelten. In dieser Classe der Psychosen muss man zwei grosse Gruppen unterscheiden, diejenige der periodischen im engern Sinne und die der cyklischen oder circu-lären. Bei den letzteren sehen wir einen Abschnitt der Depression mit einem solchen der Exaltation nach bestimmten Gesetzen wechseln. Ge-wöhnlich ist dieser Wechsel schon von den Tagen der Kindheit her an-gedeutet; von dieser Form der Psychose sind fast immer nur erblich

Belastete befallen oder Personen, deren geistige Leistungen überhaupt minderwerthige geworden sind durch allgemeine Schädigung ihrer gesammten Constitution. Die vollen Krankheitsbilder sieht man gewöhnlich nur in Anstalten, da die schweren und heftigen Erscheinungen den Aufenthalt in ihnen fordern. Aber man erkennt dann auch am sichersten, dass nicht äussere Schädlichkeiten, die eben in der Anstalt fehlen, sondern im eigenen Körper sich entwickelnde Ursachen den periodischen oder circulären Verlauf bedingen. Hier, wo das einzelne Krankheitsbild nicht durch äussere Einflüsse verwischt wird, sieht man, wie sich die einzelnen Abschnitte völlig gleichen, man hat in etwas übertreibender Weise gesagt, mit photographischer Treue; namentlich scheint diese Aehnlichkeit eine sehr grosse im Beginn von periodischen Erregungszuständen zu sein. Mildere Fälle bietet die Privatpraxis nicht selten; jedenfalls ist die Kenntnis des periodischen oder circulären Verlaufes mancher Psychosen für den praktischen Arzt wichtig, insofern z. B. die Kenntnis eines oder doch mehrerer Cyklen in einem bestimmten Falle die Vorsichtsmassregeln gegenüber den weiter zu erwartenden vorschreiben wird. Denn leider tragen diese Zustände das Zeichen böser Vorbedeutung an der Stirn, insofern sie durch das ganze Leben hindurch zu bleiben pflegen. Ein langes freies Intervall oder ein langer, nur leicht deprimirter Abschnitt täuschen nicht selten Heilung vor, auch sind die Betroffenen während dieser Zeit zuweilen völlig leistungsfähig.

Auf der gleichen Höhe bleibt die einmal entwickelte Krankheit selten. Hieher gehören z. B. die nicht häufigen Formen des sogenannten constitutionell affectiven Irreseins, welches besonders bei weiblichen Personen vorkommt und auch in periodischer Form auftritt. Viel häufiger ist auch sonst bei periodischen Psychosen, besonders aber bei einfachen geistigen Störungen, die nicht in Genesung übergehen, und bei den schweren, auf organischer Grundlage sich entwickelnden Psychosen eine gleichmässigere oder schubweise Zunahme der Erscheinungen, mit Neigung zu geistiger Schwäche. In gewissem Grade trifft eine früher für alle Psychosen von älteren Irrenärzten behauptete Regel sicher auch für unsere jetzige Beobachtung häufig zu, dass nämlich nach anfänglicher gedrückter Stimmung, Aufregung für längere Zeit die Scene beherrscht, schliesslich durch geistige Schwächezustände hindurch sich Blödsinn entwickelt.

Am häufigsten finden sich **Schwankungen** zum Bessern oder Schlimmern in der Zeit des Abklingens heilbarer Psychosen. Zuweilen wird dies Zurückschwanken zum gesunden Zustand beschleunigt durch den Einfluss einer heftigen Fiebererkrankung, wie z. B. durch einen Typhus. In der Regel verlieren sich sonst zuerst die Zeichen der gemüthlichen Erregung. Der Tobsüchtige wird ruhiger, der Melancholische freier, Zeichen der wieder erwachsenden Theilnahme an der Aussenwelt stellen sich ein. Anfangs besteht diese Besserung vielleicht nur für ganz kurze Zeit, Tage oder Stunden, um einem abermaligen Hervortreten der Krankheitserscheinungen bald wieder zu weichen. Wechselnd beobachtet man bessere und schlechtere Tage, bis allmählich die Nachlässe ausgiebiger und länger werden und schliesslich nur noch leichte Verschlimmerungen bei besonderen Anlässen den fortschreitenden Gang zur völligen Genesung unterbrechen. Auch wenn die intellectuellen Störungen sich schon längere Zeit gänzlich ausgeglichen haben, pflegt doch noch längere Zeit das gemüthliche Gleichgewicht ein schwankendes zu bleiben. Immerhin sind schon viel deutlicher Eigenschaften der früheren gesunden Persönlichkeit zu erkennen; wenn Wahnvorstellungen oder Sinnestäuschungen sich noch wieder vordrängen, werden sie bald als solche erkannt und darum nicht mehr Ursachen falscher Handlungen. Besonders aber erinnern Gesichtsausdruck, Sprache und äussere Erscheinung wieder an den normalen Zustand; auch Schlaf und Appetit stellen sich wieder ein, und mit dem Hervortreten des Krankheitsgefühls und der Einsicht in das Krankhafte früherer Handlungen pflegt meistens der Uebergang zur völligen Genesung angedeutet zu werden.

Die **Dauer geistiger Störungen** schwankt in den weitesten Grenzen. Gewisse transitorische Formen dauern nur Stunden oder Tage. Die meisten einfachen Seelenstörungen, die in Genesung übergehen, dauern durchweg mindestens einige Wochen, verlängern sich aber gewöhnlich durch mehrere Monate. Wo die Entstehungsbedingungen der Krankheit im eigenen Körper liegen, da ist die Dauer durch das ganze Leben hindurch häufiger; je mehr sie von äusseren Einflüssen abhängig ist, je rascher und vorübergehender deren Wirkung, desto kürzer ist meistens die Dauer der Psychose. Jahrelange Dauer ist etwas nicht seltenes, ohne dass dadurch die Möglichkeit der Genesung ganz ausgeschlossen ist. Es ist sehr wichtig, sich darüber klar zu sein, dass Psychosen im Allgemeinen eine beträchtlich längere Dauer, als durchschnittlich körperliche Krankheiten haben; es ist dies so wichtig zu wissen, weil man als Arzt sich selbst und die Umgebung sowie unter Umständen den Kranken frühzeitig mit Geduld wappnen soll.

Die **Ausgänge des Irreseins** bedürfen noch einer ergänzenden Darstellung. Der **Uebergang zur Genesung** vollzieht sich zuweilen unter gleichzeitigem Wiedereintreten einiger während der Krankheit abgeschwächter oder verschwundener organischer Functionen. Schweiss, Speichel, Thränen, Menstruation sind in dieser Weise Begleiter der Reconvalescenz.

Selten ist ein günstiger Einfluss örtlicher Entzündungen, wie Abscesse, Beulen, Parotiten, Lungenentzündungen, Infectionskrankheiten ihn mit sich führen können. Eine eigentliche Krisis in dem Sinne, dass mit dem Verschwinden einer die Psychose veranlassenden andern Krankheit, z. B. eines Magenleidens, auch die geistige Störung rasch beseitigt ist, sieht man nicht oft. In den meisten Fällen ist also die Genesung eine allmähliche und kann erst als eine volle angesehen werden, wenn die geistigen Vorgänge überall wieder angeknüpft haben an die gesunde Vergangenheit, wenn die wiedergewonnene frühere psychische Persönlichkeit die Herrschaft über den vor der Krankheit erworbenen Erfahrungsschatz wieder übernommen hat.

Bessert eine Psychose sich nicht, sondern geht in einen chronischen Zustand über, so zeigen sich Verfall geistiger Thätigkeit und Fähigkeiten, Abschwächung heftiger Erscheinungen mit dem Eintritt ruhigen Schlafes, regelmässiger Verdauung und zunehmenden Körpergewichts verbunden. Dabei wird der Kranke gleichgültiger gegen seine Umgebung; dieser Zustand kann noch ein vorübergehender und zur Genesung neigender sein, wenn die Gleichgültigkeit und geistige Schwäche Folgen geistiger Erschöpfung sind; wenn aber äussere Besonnenheit und der Wiedereintritt der Eigenschaften der früheren geistigen Persönlichkeit nicht Schritt halten mit der körperlichen Erholung, so ist die Genesung unwahrscheinlich. Spricht man dann von einer unvollständigen Genesung oder einer Besserung, einer Heilung mit Defect, so darf man nicht vergessen, dass diese Ausdrücke wohl grossen Werth gegenüber den Kranken und ihren Angehörigen haben, dass aber der Arzt und noch mehr der Richter, wenn seine Ansicht in Betracht kommt, diese Kranken nur als nicht genesen ansehen kann.

Den angegebenen Ausgang in unvollständige Genesung oder Besserung bezeichnet man, wenn die Reste der abgelaufenen Krankheit deutlicher sind, als secundären psychischen Schwächezustand oder erworbenen Schwachsinn. Solche Kranke können im Schutze einer Anstalt ruhig fortleben; der Versuch einer Entlassung schlägt aber bei ihnen leider nur zu oft fehl, da die ungewohnt gewordenen Anforderungen im Leben der Aussenwelt das schwankende Gleichgewicht rasch ins Stürzen bringen. Schwierigen Lagen und drängenden Entscheidungen ist der Kranke nicht mehr gewachsen. Im Kreise ganz geläufiger, durch Uebung sehr befestigter Vorstellungen und Gedanken bewegt er sich noch wie früher, aber Neues zu verstehen, zu ersinnen wird ihm schwer, und wo es gelingt, vergisst er die Ergebnisse dieser für ihn mühevollen geistigen Thätigkeit rasch wieder. Aber auch in den scheinbar mildesten Formen des erworbenen Schwachsinns bemerkt man stets eine gewisse Gedächtnis-

schwäche, die sich z. B. in Nachlässigkeiten und Saumseligkeiten jeder
Art zu erkennen giebt. Ferner hat die Beweglichkeit der Gefühle sehr
abgenommen. Unsauberkeit und Unordnung treten in der äussern Erscheinung hervor. Taktlosigkeiten im Benehmen, Reizbarkeit, zügellose
Hingabe an heftige Affecte fallen oft auf.

Unmerkliche Uebergangsstufen von diesen Schwächezuständen führen
in der langen Reihe der verschiedenen Ausgänge des Irreseins zu völligem
psychischen Verfall und zur Verblödung. Der allmählich zunehmende,
der Zeit nach rückwärts schreitende Verlust des Gedächtnisses kennzeichnet
diesen Verlauf. Lange bewahrt der Kranke noch die Erinnerung für ver-
gangene Zeiten, am Längsten für die ehemals erworbenen mechanischen
Fertigkeiten. Er kann musiciren, Handarbeiten machen, sein Handwerk
treiben, Karten, selbst Schach spielen; später verschwindet Alles. Natürlich vollzieht sich dieser Vorgang der Verblödung, je nach der Form
der Geistesstörung, welche er abschliesst, in verschiedener Weise und namentlich in sehr verschiedenen Zeiträumen.

Die einfachen Formen des Irreseins hindern nicht daran, lange zu
leben; es gibt Patienten, die in den Irrenanstalten Jahre lang, bis
50 Jahre und darüber leben und dadurch zuweilen die gewöhnlichen
Grenzen des menschlichen Lebens überschreiten. Doch ist die Sterblichkeit der Irren, auch in den Anstalten, im Ganzen beträchtlich höher
als in der geistig gesunden Bevölkerung; es ist überhaupt auch die Leichtigkeit, einer Reihe von bestimmten körperlichen Erkrankungen zu verfallen, grösser bei ihnen als bei Geistesgesunden auf gleicher Altersstufe.
Dies ist dadurch bedingt, dass die geistige Störung zu Unregelmässig-
keiten der Ernährung, der Lebensweise Anlass gibt, tiefere Ernährungsstörungen und allgemeinen Blutmangel mit sich führt, die Kranken un-
empfindlicher gegen manche äussere Schädlichkeiten macht und sie dadurch veranlasst, sich diesen, namentlich Erkältungen mehr auszusetzen.
Ungenügende Athmung und körperliche Bewegung wirken weiter schädlich.
Werden die Irren nicht in Anstalten verpflegt, so werden sie oft vernachlässigt, namentlich in Armenhäusern; die Ueberfüllung der Irrenanstalten kann dagegen unter Umständen wieder andere schädliche Momente mit sich führen, z. B. beim Auftreten von Epidemieen ist die
Sterblichkeit der ergriffenen Geisteskranken eine grosse. Die Häufigkeit
der Tuberculose muss man auch auf das enge Zusammenleben, oft in
beschränkten Räumen, zurückführen. Andererseits schützt natürlich
die Anstalt vor dem Befallenwerden durch manche Krankheiten, denen
der Gesunde durch Beruf und Verkehr ausgesetzt ist. Im Ganzen aber
ergibt trotzdem die Zusammenstellung aller berührten verschiedenen Er-
krankungs- und Todesarten eine Uebereinstimmung mit der feststehenden

Erfahrung grösserer Sterblichkeit der Irren im Vergleich mit der geistig gesunden Bevölkerung. Von einem gewissen Einfluss ist jedenfalls auch die häufige eigenthümliche S c h w i e r i g k e i t e t w a i g e Erkrankungen r e c h t z e i t i g zu erkennen und zu behandeln. Entweder macht die Bewusstseinsstörung oder die Gleichgültigkeit der Kranken die rechtzeitige Erkennung, selbst schwerer und fieberhafter Erkrankungen vom Zufall abhängig. Insofern auch Schmerzäusserungen häufig fehlen, sind die Schwierigkeiten in der Erkennung von Krankheiten der Brust- und Bauchorgane zuweilen bei Geisteskranken noch grösser als bei Kindern.

Unter den einzelnen Todesursachen kommt zuerst die g e i s t i g e E r k r a n k u n g s e l b s t in Betracht. Am Deutlichsten tritt dieser Zusammenhang zu Tage zwischen der paralytischen Seelenstörung und der ihr zu Grunde liegenden d i f f u s e n, chronischen E r k r a n k u n g d e r H i r n r i n d e. Die fortscheitende Lähmung der nervösen Centralorgane führt hier den tödtlichen Ausgang entweder durch p a r a l y t i s c h e A n - f ä l l e herbei oder durch Vermittlung von W u n d l i e g e n, V e r - s c h l u c k e n, schwere V e r l e t z u n g e n u. dgl. m. Geschwächte Herzthätigkeit und unvollkommene Athmung lassen bei Paralytikern und andern chronischen Irren L u n g e n e n t z ü n d u n g e n auftreten, die ungefähr eine ähnliche Zahl von Opfern erfordern wie die Lungenschwindsucht. Besonders blutarme und durch die ganze Erkrankung ihres Centralnervensystems geschwächte, marastische Kranke, verfallen diesen dann meist mit Hypostasen verbundenen Pneumonieen; die central bedingten Lähmungen des Gefäßystems führen bei solchen Pneumonieen meistens auch rasch zum Tode. Blödsinnige Kranke ziehen sich durch Verschluckung unverdaulicher Sachen, wie Zeugfetzen, Stroh, Holzsplitter, Steine, Scherben, durch Koth u. s. w. D a r m k a t a r r h e zu, die einen schnellen Verfall ihrer Kräfte bedingen können. Unreinlichkeit bei leichten Verletzungen unterstützt die Bildung ausgebreiteter F u r u n c u l o s e, an die sich dann nicht selten E r y s i p e l e und andere Entzündungen anschliessen; alle diese Erkrankungen sind um so gefährlicher, als sie oft zusammentreffen mit allgemeiner Schwäche des Blutkreislaufes. Schliesslich sind noch die zahlreichen chirurgischen Leiden zu erwähnen, denen die Kranken durch S e l b s t b e s c h ä d i g u n g oder V e r l e t z u u g durch Andere ausgesetzt sind, die wegen der Unmöglichkeit einer regelrechten Behandlung bisweilen als Todesursachen bei Geisteskranken hervortreten: bei vielen Kranken, namentlich paralytischen ist eine unterstützende Veranlassung die bedeutende Brüchigkeit ihrer Knochen. Man findet bei ihnen einen starken Schwund der Kalksalze, besonders an den Rippen; geringfügige Stösse genügen dann zur Entstehung von Rippenbrüchen, die bei der Gleichgültigkeit der Kranken auch Rippenfellentzündungen hervorrufen.

Die schwersten Selbstbeschädigungen endlich entstehen durch die Neigung zum Selbstmorde, diese verderblichste Erscheinung des Irreseins, die namentlich ausserhalb der Anstalten zahlreiche Todesfälle bewirkt. Wenn ein Drittel aller Selbstmorde überhaupt durch Geisteskrankheit bedingt ist, so gelingt es in Anstalten zwar durch sorgfältige Ueberwachung den grössten Theil zu verhindern, aber die schlechtere Beaufsichtigung in häuslichen Verhältnissen erfordert immer zahlreiche Opfer. Namentlich wiederholte Selbstmorde in einer Familie lassen diese Gefahr sehr fürchten; hier tritt der Selbstmord triebartig ohne äussere Veranlassung in Erscheinung, nur begründet durch die krankhafte Anlage. Der Selbstmord ist dann meistens eine plötzliche That (Raptus melancholicus), kann aber auch erst nach langer Ueberlegung zur Ausführung kommen. Eine andere Art der Selbstbeschädigung ist hartnäckige Nahrungsverweigerung, die meistens verwickelt mit Magenkatarrh unter äusserster Erschöpfung den Tod herbeiführen kann. Andauernde Unruhe und Schlaflosigkeit allein führen selten dazu.

B. Allgemeine Prognose.

Von weittragender Bedeutung für die Praxis ist es, die Regeln zu untersuchen, nach denen der Arzt eine Prognose über den wahrscheinlichen Verlauf, den Ausgang und die Dauer der Psychose stellen kann. Um die Beantwortung dieser Fragen drehen sich die Befürchtungen und Hoffnungen der Angehörigen, es schliessen sich an sie wichtige finanzielle Bestimmungen und sonstige Anordnungen, wie die Beantwortung der Frage nach der Fortführung des Geschäftes, der Pensionirung; die Behörden verlangen die Ansicht des Arztes über den Ausgang der Krankheit zu wissen wegen der etwa nöthigen Entmündigung von Beamten oder zur Feststellung der Unheilbarkeit in solchen Ländern, wo unheilbares Irresein als Ehescheidungsgrund gilt.

Zweierlei Fragen kommen bei der Prognose der psychischen Krankheiten in Betracht, einmal, ob der vorhandene Krankheitszustand das Leben gefährdet, zweitens, ob und in wie weit bei Fortdauer des Lebens eine Genesung zu hoffen sei.

Die Beantwortung der ersten Frage hängt oft mehr von der Anwesenheit anderweitiger körperlicher Krankheiten als von dem Stande des Gehirnleidens ab. Im Grossen und Ganzen aber setzt das Irresein die mittlere Lebensdauer bedeutend herab, besonders bei fieberhaften Erkrankungen und Ernährungsstörungen des Gehirns, die unter starken Gefässschwankungen verlaufen, und dauernde Gewebsveränderungen nach sich ziehen. Bei einigen geistigen Störungen tritt sofortige Entzündung der Hirnrinde ein, besonders in der paralytischen Seelenstörung, die in der Regel nur eine ein- bis dreijährige, oft sogar noch kürzere Lebensdauer gestattet. Von ungünstiger Prognose sind die Aufregungszustände, denen ausgebreitete und anhaltende Blutüberfüllung des Gehirns zu Grunde liegt. Anhaltende motorische Unruhe und Schlaflosigkeit steigern die Gefahr plötzlichen Zusammenbrechens der Kräfte; ein schnell entstehendes Gehirnödem kann zur Todesursache werden. Je stürmischer der Verlauf und je frischer die Krankheit, um so grösser ist der Procentsatz der Todesfälle. In frischen melancholischen und Angstzuständen gehört eine lang andauernde Nahrungsverweigerung zu den lebensgefährlichen Ereignissen; in ihnen kommen auch Selbstmorde am häufigsten vor. Die Gefahr eines tödtlichen Ausgangs ist viel grösser im Beginn der Krankheit, bei einer frischen Manie oder Melancholie. Ist der Affect erloschen und geistige Schwäche eingetreten, so sinkt die Sterblichkeit beträchtlich; diese abgelaufenen Fälle gestatten an sich nicht nur eine lange Lebensdauer, besonders in der geordneten und regelmässigen Lebensweise einer Irrenanstalt, sondern diese schützt und bewahrt ihre Kräfte geradezu.

Das Urtheil über die zweite prognostische **Frage**, die nach der **Heilbarkeit** des Irreseins, erfordert mehr psychiatrische Kenntnisse und Erfahrungen. Die Prognose der Heilbarkeit ist schwer, eigentlich kann dabei nur von grösserer oder geringerer Wahrscheinlichkeit gesprochen werden, denn es gibt keine untrüglichen Zeichen der Heilbarkeit, wie es andererseits im Anfange der Krankheit auch keine solchen für Unheilbarkeit gibt. Indessen ist die Ansicht ein Vorurtheil, dass die Prognose der Geisteskrankheiten im Allgemeinen nur eine traurige sei, denn die häufig noch ungünstigen Erfolge der Behandlung rühren heutzutage noch ebenso wie früher von der ungenügenden Erkenntnis der Psychosen her; sie gelangen daher meistens nicht rechtzeitig in die geeignete Behandlung. Leichtere Grade geistiger Störungen, namentlich Veränderungen der Stimmung gelangen oft gar nicht zur ärztlichen Feststellung und finden ihren günstigen Ablauf in der Pflege ihrer Familie; darum sind Zahlen über die Heilbarkeit ungenauer begründet, als bei andern Krankheiten, bei denen rechtzeitige und vollständige Kenntnis aller Fälle viel leichter zu gewinnen ist. Nach der Statistik der Irrenanstalten gestatten die frisch ausgebrochenen Geisteskrankheiten eine weit günstigere Prognose als die verschleppten; ungünstig ist fast immer ein Fall zu beurtheilen, dessen Dauer vor dem Eintritt in eine Anstalt schon eine beträchtliche war. Die häufigsten Genesungen (bis zu 60%) werden in den ersten Monaten der Krankheit erzielt, im zweiten Halbjahr nur noch etwa 20%, im zweiten Jahr höchstens 2—5%. Nur in sehr seltenen Fällen tritt Heilung nach vieljähriger Krankheitsdauer ein.

Aus dem Krankheits verlauf gewinnt man wesentliche prognostische Zeichen; periodische Anfälle mit grösseren freien Zwischenräumen sind in Bezug auf die Wahrscheinlichkeit völliger Genesung ungünstig zu beurtheilen, bieten aber andererseits alle Aussichten sich wesentlich zu bessern und freie Zwischenräume mit mehr oder weniger ausreichender Leistungsfähigkeit wieder zu gewinnen. Vielfach werden auch bei diesen Kranken mit der Zeit die freien Zwischenräume kürzer, die wiederholten Anfälle immer länger und schwerer, und die Prognose darum immer ungünstiger. Bei den anhaltenden Fällen lässt eine allmähliche langsame Entwicklung der Krankheit meistens auch einen langsameren Verlauf und schwerere Heilbarkeit erwarten; ein plötzlicher Ausbruch ist für die Heilung günstiger. Umgekehrt sind plötzliche Genesungen bei längerer Dauer der Krankheit verdächtig, die langsam vorschreitenden Genesungen sind gewöhnlich haltbarer. Da die meisten Fälle allmählich entstehen, ist im Allgemeinen allmähliche Besserung mit Wiederkehr der alten Persönlichkeit das gewöhnliche Verhalten. Im Gegensatz zu dem regelmässigeren Wechsel periodischer Störungen gilt ein unregelmässiger Wechsel auch stürmischer Erscheinungen für günstiger als langes Beharren in einer Symptomengruppe; das deutliche Fortschreiten immer schwererer Erscheinungsreihen und das Auftreten systematischer Wahnvorstellungen sind Zeichen von sehr ungünstiger Vorbedeutung. Besonders bedenklich sind in dieser Beziehung anhaltende geschlechtliche Aufregungszustände, die meist in Blödsinn übergehen.

Als ein günstiges Zeichen für die Wendung einer heftigen Tobsucht darf man es ansehen, wenn vorübergehend nicht nur ein Nachlass der Erregung, sondern sogar ein Umschlagen in entgegengesetzte Richtung eintritt, wie Weinen oder doch gedrückte Stimmung; ein solches Schwanken leitet oft rasch in die Gleichgewichtslage zurück, kann aber auch noch nach häufigeren Wiederholungen zum guten Ziel führen. In allen Fällen aber ist es von bester Bedeutung, wenn bei eintretender Beruhigung und Klarheit die früheren Liebhabereien und Neigungen sich wieder einstellen, etwa verloren gegangenes Gefühl für ein gesittetes Benehmen sich wiederfindet, besonders wenn verwandtschaftliche Gefühle, Liebe zu den Angehörigen in alter Weise hervortreten.

Das wichtigste Merkmal wahrer Genesung ist die klare Einsicht in das Krankhafte des abgelaufenen Zustandes; indessen ist die Möglichkeit einer absichtlichen Täuschung zu erwägen (Dissimulation), ferner kann auch Verständnis für die krankhafte Natur der geistigen Störung bei einem Kranken bestehen ohne Heilung: in den freieren Zwischenräumen periodischer Psychosen ist dies der Fall. In der Regel schliesst das Fehlen klarer und voller Einsicht in die Krankheit die völlige Genesung aus, ihr Auftreten bei dem Nachlasse stürmischer Erscheinungen pflegt von sehr günstiger Bedeutung zu sein. Bei geistiger Schwäche entwickelt sich die Krankheitseinsicht zuweilen nachträglich. Dauernder Mangel der Krankheitseinsicht deutet stets auf die Unmöglichkeit einer Berichtigung der während der Krankheit gesammelten Erfahrungen hin; schwierig fällt es den Genesenden in der Regel, die Sinnestäuschungen richtig zu beurtheilen. Zu der Krankheitseinsicht gehört es auch noch, dass der Genesene die gesprächsweise Berührung der Vorfälle während der Krankheit gut erträgt. Der wirklich Genesene spricht von seiner Krankheit mit den ihm näher Stehenden, namentlich mit dem Arzte unbefangen und ohne jede Scheu. Erst jetzt ist er im Stande, der Dankbarkeit über die Genesung Ausdruck zu verleihen und thut es gern.

Bei fortschreitender Genesung, zuweilen den geistigen Erscheinungen kurz vorauseilend, sieht man körperliche Erholung sich einstellen; das Gewicht nimmt zu, Appetit und Schlaf bessern sich, namentlich wenn Aufregungen letzteren gestört hatten; nicht ganz ohne Werth ist auch für eine günstige Prognose der Wiedereintritt früherer, aber während der Krankheit verschwundener körperlicher Beschwerden, wie z. B. nervöser Kopfschmerzen, Neuralgieen, Verdauungsstörungen u. s. w. Tritt aber völliges leibliches Wohlbefinden bei noch länger fortdauernder geistiger Störung ein, so ist die Prognose ungünstig und der Uebergang in geistige Schwäche wahrscheinlich; dabei können ganz gewaltige Zunahmen des Körpergewichts stattfinden, die Patienten unförmlichen Umfang gewinnen. Man muss sich indessen hüten geringe Körpergewichtszunahmen schon als ungünstige Zeichen anzusehen, denn die Erfahrung lehrt, dass fast bei jeder länger dauernden Psychose der Organismus sich gewissermassen an die ihn betreffende Schädigung gewöhnt und sich mit ihr sozusagen verständigt. In diesem Sinne zeigt die Gewichtserhöhung also eigentlich an, dass die Krankheit schon lange besteht, sagt aber weniger aus über die voraussichtliche weitere Dauer.

Wichtige Gesichtspunkte für die Beurtheilung des wahrscheinlichen Verlaufs einer Psychose kann man aus der Kenntnis der Ursache des Irreseins schöpfen. Man begegnet unter Laien oft der Ansicht, dass erbliche Anlage die Prognose in allen Fällen verschlechtere; es ist aber ein Unterschied ob Psychosen auf erblicher Grundlage durch zufällige spätere Veranlassungen zum Ausbruch gelangen, oder die Belastung eine von frühester Kindheit krankhafte Entwicklung des Charakters mit sich führte. Hat der erblich belastete Mensch sich bis zur Erkrankung geistig gesund gezeigt, so ist die Prognose sogar günstiger als bei nicht veranlagten Fällen, wenn man die Heilung des vorliegenden Anfalles berücksichtigt. Leider ist dieser Vorzug aber bei näherer Betrachtung oft kein grosser, denn die betreffenden Kranken sind leichter zu Rückfällen geneigt. Das geistige Gleichgewicht wird eben leicht ins Schwanken gebracht, daher neben leichterer Genesung auch leichtere Erkrankung. Durchaus ungünstig ist die Prognose für erblich Belastete nur dann, wenn die Belastung schon von Anfang an in geistiger Entartung zur Schau trat, so dass die endlich eintretende geistige Störung mit Recht nur als eine Steigerung des pathologischen Charakters angesehen werden kann.

Einen ungünstigen Verlauf nehmen meistens solche erworbene Geistesstörungen, die sich aus Kopfverletzungen, Sonnenstich, Schlaganfällen und Hirnhautentzündungen, besonders auch nach Epilepsie entwickeln.

Wenn Syphilis durch Veränderungen im Gehirn geistige Störung hervorrief, so werden zuweilen durch Schmiercuren zeitweilig grosse Erfolge erzielt; doch sind dies Ausnahmen und muss man sich hüten auch für solche Fälle die Prognose zu günstig zu stellen.

Die Ansprüche, die an geistige Heilung gemacht werden, sind ja sehr verschieden; ein einfacher Bauer kann anscheinend gesund in seine ländlichen Verhältnisse zurückkehren, die Heilung hält den geringen Anforderungen gegenüber auch Stand, die an seine geistigen Leistungen gestellt werden; ganz anders bei einem Kopfarbeiter oder einem Manne, der mit mühseligen Gedankenreihen umgehen oder mit Sorgen kämpfen muss. Es sind bei Stellung der Prognose sehr wesentlich auch die äusseren Umstände und Verhältnisse zu beurtheilen, in denen der Genesende sich befindet oder in die er zurückkehrt.

Günstig, weil im Ganzen einer Behandlung zugänglich, sind grundlegende allgemeine Blutleere, Menstrualstörungen und heilbare Erkrankungen des Geschlechtsapparates, leichtere Entzündungen des Intestinalcanals. Auch Irresein nach fieberhaften Erkrankungen gilt so lange für günstig, als es Ausdruck von Blutleere oder Erschöpfungszuständen des Gehirns ist, während die Verwicklung mit schweren Erkrankungen des Gehirns, auch eine schwere Infection oder Intoxication die Aussichten verschlechtert. Traurig ist die Prognose bei dem Irresein der Säufer, welches frühzeitig den Charakter geistiger Schwäche trägt.

Eine vorübergehende oder heftig wirkende Ursache gestattet eine viel günstigere Vorhersage als langjährig einwirkende allmähliche die Gesundheit untergrabende Einflüsse und Schädlichkeiten. Anhaltende geschlechtliche Aufregungen lassen selten Genesung erwarten, während Masturbanten, die sich entschliessen können, ihr Laster aufzugeben, im Anfang noch ganz wiederhergestellt zu werden pflegen. Durchaus ungünstig dagegen ist es, wenn sich der Wahn naher Vereinigung mit dem Ueberirdischen in schmutziger Weise mit der Neigung zur Masturbation verbunden hat. Einmalige vorübergehende Ursachen, wie Schwangerschaft, Wochenbett und Säugen lassen eine günstige Prognose stellen; dabei wird man berücksichtigen wie viele leichte Anwandlungen von Psychosen in jenen Zuständen in privater Pflege gut verlaufen, so dass die an und für sich schon gut urtheilende Anstaltsstatistik dadurch noch unterstützt wird.

Diese letztere Gruppe von Psychosen ist auch der Grund, weshalb die Prognose der Heilbarkeit im Allgemeinen für das weibliche Geschlecht günstiger ist, während Trunksucht und die im Kampf ums Dasein sich entwickelnden Schäden, die ja besonders in der paralytischen Seelenstörung ihren Ausdruck finden, die Aussichten des männlichen Geschlechts noch weiter verschlechtern.

Die Bedeutung des Lebensalters für die Prognose ist leicht verständlich; das kindliche und jugendliche Alter ist durch die so häufige erbliche Belastung im Ganzen sehr gefährdet: der Ausbruch geistiger Krankheit im jüngeren Alter ist günstiger als im vorgerückten; in diesem ist natürlich ein rüstiges Gehirn wieder besser gestellt. Pubertät und Klimakterium, überhaupt Evolutions- und Involutionsperiode gestatten nur dann eine günstige Vorhersage, wenn keine Belastung vorliegt.

Von prognostischem Werth sind einige Einzelerscheinungen, die bei verschiedenen Krankheitsformen auftreten können. Entwickelt sich eine starke und tiefe Störung des Bewusstseins erst allmählich im Verlaufe der Krankheit, so deutet dies auf einen schlechten Ausgang, während plötzlicher Eintritt günstiger aufgefasst werden darf. Sammeltrieb, Verlust des Schamgefühls, Unreinlichkeit, Neigung zum Schmieren sind während einer heftigen Tobsucht nicht so bedeutungsvoll, als in chronischen Krankheitszuständen mit erloschenen Affecten. Verworrenheit und feste Wahnvorstellungen in der Erregung können verschwinden; ohne Erregung sind sie Zeichen meist schon eingetretener geistiger Schwäche. Dauernde Gedächtnis- und Erinnerungsschwäche, besonders auffallend für die jüngste Vergangenheit, sind von übler Vorbedeutung: ebenso bei theilweisem Ausfall einzelner Erinnerungsgebiete. Wird Verworrenheit von neugebildeten Worten begleitet, so ist die Prognose schlecht.

Unempfindlichkeit gegen Hitze und Kälte, starres Hineinblicken in grelles Sonnenlicht, mangelndes Gefühl der Sättigung, das Verzehren ekelhafter Dinge, besonders von Excrementen findet man fast nur bei schweren, ungünstig verlaufenden Krankheitsformen. Sexuelle Erregungszustände sind namentlich vor und nach dem zeugungsfähigen Alter bedenklich, besonders das Wiedererwachen geschlechtlicher Begierden bei alten Männern.

Gesichtstäuschungen treten meistens in frischeren Erkrankungsfällen auf, Gehörstäuschungen in chronischen, sie sind ebenso wie Geruchstäuschungen bedenkliche Zeichen; noch ungünstiger ist die Verbindung von Täuschungen in mehreren Sinnesgebieten. Wahnbildung mit Sinnestäuschungen ist günstiger als ohne solche.

Handlungen, die scheinbar ganz unvermittelt und unbegründet dastehen, hinterher aber mit Gründen beschönigt werden, sind ein schlechtes Zeichen. Sie deuten, ebenso wie Verkehrtheiten und Verschrobenheiten des Charakters, auf erbliche Belastung und sogenanntes Entartungs-Irresein. Ebenso sind Zwangsvorstellungen, Zwangsbewegungen und triebartige Zwangshandlungen vorwiegend Erscheinungen verwandter Krankheitsgruppen; oder es spielen dabei tiefgehende organische Gewebsstörungen schon eine Rolle, wie bei den rhythmischen und stereotypen Zwangsbewegungen Schwachsinniger.

Unter den rein körperlichen Störungen sind für die Prognose von wichtigster Bedeutung die motorischen. Lähmungen, Krämpfe und Coordinationsstörungen sind an und für sich als Begleiter von Psychosen in der Regel durch schwerere Erkrankungen des Centralnervensystems bedingt, wenn sie nicht hysterische Erscheinungen und dann häufig vorübergehender Natur sind. Die mit Bewusstseinsstörungen verbundene Katalepsie kommt auch bei heilbaren Fällen vor, ebenfalls ist Muskelzittern nicht immer ein bedenkliches Zeichen, z. B. in Begleitung von Alcoholismus, Anämie und nervöser Erregung. Ist es aber verbunden mit andern Lähmungserscheinungen der Extremitäten, der Augenmuskeln, so ist es von bedenklicherer Natur. Pupillendifferenzen, Schielen, wenn es nicht habituell ist, darf man in der Regel nur im Zusammenhang mit andern Erscheinungen verwerthen. Pupillenstarre und -enge erweckt den Verdacht auf allgemeine fortschreitende Paralyse. Störungen beim Sprechen, das sogenannte Silbenstolpern und die entsprechenden Schreibstörungen weisen auf dieselbe ungünstige Krankheitsform, können aber auch bei allgemeiner Neurasthenie vorkommen; andauerndes Zähneknirschen ist ein Zeichen starken Reizzustandes der

Hirnrinde. Auch längerer Speichelfluss ist eine Erscheinung, die fast nur bei höheren Graden geistiger Schwäche vorkommt. Gleichzeitig pflegen auch Aenderungen der mimischen Innervation eingetreten zu sein. So verrathen den ungünstigen Ausgang des Irreseins oft schon früh der blöde, stiere, ausdruckslose Blick und die eigenthümlich durch ungleiche Innervation verzerrten Gesichtszüge. Erschlafften Blick, Miene und Haltung, sinkt das Kinn herab, fliesst der Speichel in Menge aus dem Mundwinkeln, lassen die Kranken Urin und Koth unter sich gehen, so ist der Uebergang in Blödsinn meistens geschehen. Umgekehrt lässt die Miene den Zustand der eintretenden Genesung aber oft auch deutlicher erkennen, wie alle andern Zeichen; sie hellt sich auf, der Blick wird freier und aus dem beschattenden Dunkel der Krankheit entwickelt sich das gesunde Mienenspiel der früheren Persönlichkeit.

Von Störungen auf dem sensiblen Gebiet beanspruchen Neuralgieen keine, dagegen Anästhesieen und Analgesieen eine ungünstige Bedeutung. Auch die schweren trophischen Erscheinungen, wie Ohrblutgeschwulst und Rippenbrüchigkeit, zeigen so gut wie stets ein tiefes, mit Verblödung endigendes Leiden an.

Ein Ausbleiben der Menstruation in frischen Erkrankungen ist nichts Ungewöhnliches und Beunruhigendes; ihre Wiederkehr ist stets ein erwünschtes Zeichen; tritt sie vor Besserung des geistigen Zustandes ein, so ist sie zwar mit Sicherheit nach keiner Seite hin zu verwerthen, aber sie bedeutet eine Besserung in den vegetativen Verhältnissen des erkrankten Organismus und ist zuweilen auch die Vorauskünderin der Genesung; erfolgt diese aber nicht bald, so ist sie wie der Wiedereintritt anderer körperlicher Functionen ohne gleichzeitige geistige Besserung, für diese prognostisch überhaupt ungünstig.

Die Haltbarkeit der Genesung kann durch Rückfälle geschädigt erscheinen; man muss einräumen, dass die Gefahr der Wiedererkrankung wirklich Genesener etwas grösser ist als die einer erstmaligen Erkrankung, weil die Genesenen im Publicum fast immer noch Misstrauen begegnen in Folge der alten eingewurzelten Vorurtheile gegen Geisteskranke; sie kehren also fast immer in ungünstige Verhältnisse zurück und sind dadurch vermehrten Schädlichkeiten ausgesetzt, die zu einer neuen Erkrankung führen können.

V.

Untersuchung zum Erkennen geistiger Störungen und ihrer Grenzzustände.

A. Allgemeine Gesichtspunkte.

Oft kann sogar jeder Laie und augenblicklich entscheiden, ob bei einem Menschen die geistigen Vorgänge krankhaft gestört sind; in vielen andern Fällen ist dies Urtheil aber ungemein schwierig und erfordert lange Beobachtung und gründliche Kenntnisse. Die Schwierigkeit liegt darin, dass Verkehrtheiten in den Gefühlen und Bestrebungen, falsche Vorstellungen und Urtheile, selbst Täuschungen in den Sinnen sich auch aus anderen als aus krankhaften Zuständen ergeben und n e b e n einer als G a n z e s ungestörten psychischen Gesundheit bestehen können; die äusseren Zeichen geistiger Störungen können absichtlich vorgespiegelt oder verborgen werden, endlich gibt es viele unausgebildete, daher mit unvollständig ausgeprägten Merkmalen versehene Fälle. Diese G r e n z z u s t ä n d e des Irreseins wollen wir trennen von den e i g e n t l i c h e n psychischen Störungen.

Die p s y c h i a t r i s c h e D i a g n o s e ist z u n ä c h s t immer eine psychologische. Die verschiedenen Formen der Störungen des Bewusstseins, der Gefühle, Triebe und Handlungen, der Verbindung und des Ablaufs der Vorstellungen sind die psychologischen Grundelemente, aus denen sich die Gesammterscheinungen des einzelnen Falles zusammensetzen. Obwohl die Psychosen Krankheiten sind, die sich ganz vorzugsweise auf psychischem Gebiet abspielen, so kann die alleinige Beobachtung der psychischen Abweichungen doch keine irgendwie erschöpfende Einsicht in den Krankheitszustand verschaffen; es d ü r f e n d i e körperlichen Begleiterscheinungen u n t e r k e i n e n U m s t ä n d e n vernachlässigt werden. Wenn die psychischen Erscheinungen vielfach auch frei zu Tage liegen, so dass die sachverständige E r h e b u n g der Thatsachen erleichtert wird, so liegt die Schwierigkeit der psychiatrischen Diagnose dann noch in

der Deutung der Thatsachen; die Aeusserung des Glaubens an die Einwirkung von Hexen kann auf niedriger Bildungsstufe nicht sofort als
krankhafte Aeusserung aufgefasst werden, während sie bei einem Gebildeten zwingt, den Gründen nachzugehen, die ihn zu diesem, seiner
ganzen Erziehung und dem Inhalt später erworbener Erfahrungskreise
widersprechenden Glauben führen. Jeder Arzt muss bei einer psychiatrischen Diagnose vorsichtig verfahren und sich der grossen Verantwortlichkeit bewusst bleiben, die in seinem Urtheil liegt; auf der einen Seite
hat er z. B. zu erwägen, welche Nachtheile durch die mit der Versetzung
in eine Anstalt verbundene Freiheitsentziehung den Kranken selbst treffen
können, auf der andern Seite aber auch an die Gefahren zu denken,
denen ein Kranker und seine Umgebung ohne Aufsicht ausgesetzt ist.
Er ist Arzt und Beamter der öffentlichen Sicherheit in einer Person.

Dabei trifft er beständig zahlreiche **Schwierigkeiten** anderer Art;
ein Theil der **Familien**, die in beständigem Verkehr mit dem Kranken
leben, hat mehr oder weniger die Gewohnheit, seine Wahnvorstellungen
als wahr anzunehmen. Sie führen die Krankheit gern auf völlig
unwesentliche Ursachen zurück; die Bedeutung falscher Handlungen wissen
sie abzuschwächen oder als berechtigt hinzustellen. Hat ein Hallucinant
einen Vorübergehenden hinterrücks überfallen, so erklären sie, der Kranke
müsse gereizt worden sein. Andererseits setzt der **Kranke** einer Untersuchung ernste Schwierigkeiten entgegen: **Misstrauen gegen den
Arzt** ist das Gewöhnlichste, während doch gerade das Vertrauen sonst
der gewöhnliche Beweggrund ist, der einen körperlich Kranken zum Arzt
führt. Oft veranlasst den Geisteskranken schon ein Gefühl der Unsicherheit seiner geistigen Leistungen zu fürchten, dass der Arzt nur seine
Versetzung in die Anstalt bewerkstelligen werde. Er zögert darum ihm
zu antworten, weigert sich, seine Wahnvorstellungen vorzubringen, schweigt
ganz oder gibt nur einsilbige ungenügende Antworten. Es ist immer eine
Ausnahme, wenn Kranke mit einer gewissen Krankheitseinsicht
ausgerüstet ihr Inneres dem Arzte freiwillig klar auseinanderlegen, doch
gibt es auch manche Kranke, die den Inhalt ihres gestörten Geisteslebens
unverhüllt und leicht darbieten. Zwischen den erwähnten Schwierigkeiten
hindurchzufinden ist natürlich sehr vom persönlichen Geschicke des einzelnen Arztes abhängig, aber gute Kenntnis der psychischen Symptomengruppen kann die richtige Fragestellung auf das Wesentlichste unterstützen.

Entspricht dann das Gesammtbild des Zustandes, entsprechen sämmtliche wesentlichen Einzelheiten dem Bilde einer der Hauptformen des
Irreseins, so ist mit der festen Diagnose einer dieser einzelnen Formen
natürlich auch die Diagnose des Irreseins überhaupt gegeben. Aber es

darf durchaus nicht umgekehrt aus der nicht vollständigen Uebereinstimmung des Falles mit solchen bekanntesten Hauptformen auf die
Abwesenheit einer Psychose geschlossen werden. Bei Aufstellung dieser
Formen hat man in wohlbegründeter Weise die am bestimmtesten ge-
zeichneten Zustände herausgehoben und in Bilder zusammengefasst. Es
gibt aber mancherlei Mittelzustände, Mischformen, unvollständig ausgeprägte Zustände, auf welche diese Bilder nicht gerade ganz genau
passen. Meistens wird es nicht schwer sein, wenigstens das allgemeine
Merkmal der Aufregung, Niedergeschlagenheit oder der geistigen Schwäche
aufzufinden, obwohl in einzelnen Fällen auch nicht einmal dieses Merkmal
offen vorliegt. Selbst in einer Irrenanstalt begegnet man zum anfänglichen grossen Erstaunen fast jedes Laien zahlreichen Kranken, denen in
Worten und Bewegungen nichts Auffallendes anhaftet: die grösste Verwunderung äussern solche Besucher in der Regel darüber, dass so sehr
viele der angesprochenen Kranken durchaus nicht irre redeten.
Eigentliche verkehrte Vorstellungen, falsche Urtheile über sich selbst oder
über andere Verhältnisse hört man nicht von ihnen, nichts was nicht auch
ein Gesunder, der in derselben Stimmung wäre, ungefähr ebenso sagen
könnte. Um so weniger darf man sich bei Kranken ausserhalb der
Anstalten verleiten lassen bei fehlendem Irrereden die Diagnose des
Irreseins zurückzuweisen; namentlich die Handlungen der Kranken
geben in diesen Fällen bessere Auskunft.

Als das Hauptmerkmal zur Feststellung einer Psychose muss es
angesehen werden, dass in der grossen Mehrzahl der Fälle sich mit der
geistigen Erkrankung eine Veränderung, eine von dem früheren Wesen
des Kranken beträchtlich verschiedene, demselben fremde Beschaffenheit
seines geistigen Lebens, seiner Stimmungen, Gefühle, Neigungen, Gewohnheiten, Willensrichtungen und Urtheile einstellt. Er ist nicht mehr
derselbe, er wird sich selbst entfremdet. Die Feststellung der mit dem
Kranken vor sich gegangenen Veränderung erfordert, dass sein früheres
Wesen, sein Charakter u. s. w. dem Arzte wohl bekannt oder durch
Andere geschildert sind. Die Erkennung einer Geistesstörung wird auf
das Wesentlichste unterstützt, wenn es gelingt, den Nachweis zu führen,
dass die verdächtigen Erscheinungen eben nicht von jeher bestanden
haben, sondern etwas Gewordenes sind. Freilich lässt sich in einer
Anzahl von Fällen keine erhebliche Umänderung, sondern eher eine
höhere Entwicklung und Steigerung der vorstechenden Charakterzüge und
Eigenschaften im Irresein erkennen; undeutlich ist die Umänderung ferner
bei angeborenen Zuständen, während die erworbenen bei Verglei-
chung mit dem frühern Wesen des Erkrankten die charakteristischen
Unterschiede in der Regel leichter erkennen lassen.

Ganz besonderer Art ist daher auch die Frage nach der geistigen Störung bei Kindern. Geringere Grade von Schwachsinn sind nicht leicht frühzeitig zu erkennen, aber es ist sehr wichtig die Eltern auf Abweichungen rechtzeitig aufmerksam machen zu können, um sie vor späteren Selbstvorwürfen zu bewahren. Spätes und unzulängliches Erlernen der Sprache fallen jenen meistens schon selbst leicht auf, ebenso rasche Ermüdbarkeit beim Lernen. Besonders wichtig ist es taubgeborene oder frühzeitig taubgewordene, also taubstumme Kinder von schwachsinnigen zu unterscheiden. Diese sind schläfrig und theilnahmlos, sehen unstät umher; taube dagegen, bei denen geistige Schwäche höheren Grades fehlt, sehen mit gespannten aufmerksamen Zügen auf den Ansprechenden. Gehörsprüfungen ergeben dann das Nähere.

Zu einer vollständigen Diagnose gehört die **Ergründung der Ursachen,** da ihre Feststellung in vielen Fällen erst die Möglichkeit einer richtigen Behandlungsweise verschafft. Indem die Beziehung der verschiedenen Ursachen zu der besondern Persönlichkeit des Kranken nicht aus den Augen zu verlieren ist, ist sein **Vorleben** nach allen Richtungen hin zu durchforschen, um die Entwicklung und den Verlauf der Krankheit im einzelnen Falle zu verstehen. Man vermeidet dadurch auch den Fehler aus einer einzelnen Erscheinung eine bestimmte Krankheitsform zu erschliessen; dieser Fehler ist bei Psychosen sehr leicht gemacht, da einige Symptome fast durchweg in mehreren Krankheitsformen auftreten.

B. Psychiatrische Untersuchung.

Diagnose der Erkrankung.

Es empfiehlt sich, den **Gang der Untersuchung** etwa ähnlich zu beginnen, wie bei jeder anderen Krankheit. Durch einige **Fragen** versucht man sich über **Namen, Alter, Beruf** und **Civilstand** zu unterrichten. Dabei lässt sich dann schon in grossen Zügen feststellen ob das **Bewusstsein** getrübt oder klar ist, ob Besonnenheit herrscht, das **Gedächtnis** erhalten ist, ein beschleunigter oder verlangsamter Vorstellungsverlauf stattfindet. Lässt man zunächst noch eine sorgfältige Untersuchung der körperlichen Functionen aus dem Spiel, so bieten doch gleichzeitig die **Körperhaltung,** das **Mienenspiel,** der **Gesichtsausdruck** so viele Anhaltspunkte, dass es schon leichter wird nach einzelnen Richtungen weiter zu forschen und vom unmittelbar Vorliegenden zum Verborgenen weiter fortzuschreiten. Bei erregten Kranken wird der weitere Gang der Untersuchung dann von den Krankheitsäusserungen selbst geleitet, bei besonnenen gelangt man durch Erhebung von Ereignissen aus dem Vorleben am besten zu weiteren Thatsachen und Beobachtungen, während unbesinnliche Kranke uns bald nöthigen den **gegenwärtigen Zustand** ins Auge zu fassen, der dann durch Erkundigungen bei der Umgebung in klareres Licht zu stellen ist. Im Allgemeinen aber empfiehlt es sich, m ö g l i c h s t u n b e f a n g e n den Eindruck des Kranken ganz auf sich wirken zu lassen und namentlich besinnlichen gegenüber durch ein ruhiges und freundliches Eingehen auf ihren augenblicklichen Bewusstseinsinhalt zumeist ihr V e r t r a u e n zu gewinnen. Zu vieles Fragen wirkt anfänglich leicht einschüchternd oder erweckt Misstrauen. Erst allmählich versuche man dann in den von der Wissenschaft gebotenen Richtungen die freiwillig dargebotenen Zeichen zu ergänzen.

Zu diesen gehört fast immer zuerst der Ausdruck der **Stimmung.** In frischen Fällen treten Affecte in der Regel sehr deutlich hervor; die heitere Stimmung gibt sich unverhüllt, es hat kein Bedenken, den Kranken sofort darauf aufmerksam zu machen, dass doch wohl eigentlich kein Grund dafür in seiner augenblicklichen Lage vorhanden sei, dass er als Kranker vor dem Arzte stehe. Entweder wird er diesen Einwand unbeachtet lassen oder nicht selten dadurch veranlasst, in schneller Rede sein Inneres zu enthüllen, wenn die Besonnenheit dazu noch besteht. Ist dies der Fall, so suche man Störungen im Vorstellungsverlaufe festzustellen, die sich in höhern Graden heiterer Erregung leicht zeigen, in geringeren sorgfältigerer Beobachtung bedürfen. Eine gewisse Redseligkeit und das Abspringen vom Gesprächsinhalt auf Entfernteres sind zur D i a g n o s e e i n e s E r r e g u n g s z u s t a n d e s schon wichtige Zeichen. Unterstützt wird diese Untersuchung in hohem Grade durch sorgfältige Beobachtung der **Ausdrucksbewegungen.** Während die heitere Erregung durch gleichzeitiges Reden den Ausdruck vielfach verändert zeigt, kann sich i n g e d r ü c k t e n S t i m m u n g e n unsere beobachtende Aufmerksamkeit länger auf ihre äusseren Zeichen richten. Der Melancholische gibt dadurch bald Veranlassung nach dem Grunde seiner traurigen Stimmung zu fragen; jetzt hüte man sich aber bei etwaiger Kenntnis unbegründeter Verzweiflung den Kranken darauf aufmerksam zu machen, um nicht Misstrauen bei ihm zu erregen. Bei ihm ist ein freundliches theilnehmendes Entgegenkommen nöthig, wenn man überhaupt ein weiteres Urtheil darüber gewinnen will, ob der melancholische Affect durch Wahnvorstellungen und Sinnestäuschungen bedingt ist, oder ob ein einfacher Affectzustand besteht.

Wahnvorstellungen sind sehr bezeichnende Erscheinungen gewisser Psychosen. Es ist nicht immer leicht, die Kranken zu einer offenen Darlegung ihrer Wahnvorstellungen zu bringen; namentlich im B e g i n n e der Erkrankung suchen sie sie i n s t i n c t m ä s s i g g e h e i m z u h a l t e n und jedem Versuche tieferen Eindringens auszuweichen, bis irgend ein

Punkt getroffen wird, der sie in Affect versetzt, oder bis es gelingt, durch allerlei Zwischenfragen eine Anknüpfung zu finden, mit Hülfe deren sich anscheinend absichtslos das ganze zusammenhängende Netz krankhafter Ideen entwickeln lässt. Zuweilen leitet auch das äussere Benehmen des Kranken auf die Spur. Ein scheues und misstrauisches Wesen lässt die Idee geheimer Feinde und Verfolgungen vermuthen; übertriebene Selbstgefälligkeit, die sich oft schon in der Tracht ausspricht, deutet auf Grössenvorstellungen, während häufiges Beten, weinerlich verzagter Gesichtsausdruck das Bestehen von Versündigungswahn mit religiöser Färbung wahrscheinlich machen. Ist die Vermuthung einer geistigen Störung schon aus andern Zeichen erschlossen, so hat man sich zu hüten jede Aeusserung auffallender Art schon als eine Wahnvorstellung anzunehmen, denn auch der Kranke kann wie ein Gesunder Irrthümern unterworfen sein, oder z. B. eine vorgebrachte Eifersuchtsvorstellung kann thatsächlich begründet sein; so unterscheidet sich der Eifersuchtswahn der Alkoholiker inhaltlich durch Nichts von einem möglichen Irrthum.

Trotz aller Mannichfaltigkeit im Einzelnen pflegen die Grundzüge der Wahnsysteme eine so weitgehende Uebereinstimmung miteinander zu zeigen, dass ein erfahrener Beobachter auf Grund seiner aus Aeusserlichkeiten gezogenen Schlüsse dem überraschten Patienten oft sehr rasch das Zugeständniss seiner krankhaften Ideen abzuringen vermag. Immer wieder stösst man auf einige bestimmte Reihen von Wahnvorstellungen in unerschöpflicher Wiederholung; es ist, wie wenn die Kranken es von einander gehört, wie wenn sie es mit einander verabredet hätten, was sie sagen wollten, die gleiche Grundstimmung führt zur Bildung gleicher Wahnvorstellungen. Die Hauptgruppen der Wahnvorstellungen sind dabei als Variationen desselben Themas in den einzelnen Fällen leicht wiederzuerkennen. Es wird keinen grossen Unterschied für unsere ärztliche Diagnose machen, ob eine Mutter sagt, sie selbst werde vergiftet oder ihre Kinder würden vergiftet, die ja auch ein Theil ihres Selbst sind; in diesem Falle ist nur ein anderer Ausdruck für dasselbe Gefühl der Beeinträchtigung gefunden. Wenn ein Kranker in Vorstellungen grosser Reichthümer schwelgt, so ist es für unsere Auffassung seiner Angaben als Wahnvorstellung gleichgültig, ob die Schätze aus Bergen von Gold oder bescheidenen Summen bestehen. Diese Unterschiede haben nur insofern bei der Diagnose einen grössern Werth, als sie Anzeichen sein können von gleichzeitig vorhandener Kritiklosigkeit, somit ein Maßstab werden für den Grad der geistigen Schwäche.

Depressive und expansive Wahnvorstellungen können zusammen vorkommen. Sie können in raschem Wechsel neben oder hinter einander auftauchen, doch auch dann pflegt immer eine Gruppe die vorherrschende zu sein. Ein Maniakalischer kann in einem Athem sagen: ich habe Gift bekommen, ich bin der König; ein Paralytiker kann im blühendsten Grössenwahn äussern, er solle heute geschlachtet werden, umgekehrt kann ein tief Melancholischer flüchtig die Bemerkung hinwerfen, dass er sich in einem Palaste befinde und von Prinzen umgeben sei. Diese kurzen eingeschobenen entgegengesetzten Stimmungsäusserungen sind bei frischen Affectzuständen nichts Seltenes, und zwingen noch nicht zu der Diagnose einer ungünstigen Krankheitsform. Wenn aber jene beiden Hauptarten von Wahnvorstellungen sich langsam neben einander entwickeln, so dass die sich widerstrebenden Vorstellungen von Grössenwahn und Verfolgungswahn z. B. in einer Reihe von Jahren Zeit haben, sich allmählich zusammenzuordnen, zu durchdringen und zu festen Gedankenverbindungen, also zu einem Wahnsystem aufs Engste zusammenzuwachsen, so haben wir ein schwereres Krankheitsbild vor uns, das als Verrücktheit im eigentlichen Sinne des Wortes bekannt ist. Selbst wenn im Laufe der Jahre dieser Zustand allmählich in Verwirrtheit übergegangen ist, gelingt es doch zuweilen noch aus dem verworrenen Gefasel solcher Kranken den ursprünglichen festen Kern jener Primordialdelirien herauszuschälen, um den sich der übrige Vorstellungsinhalt ihres Innern gelagert hat.

Die weitere Untersuchung wird dann dahin gedrängt festzustellen, ob die Wahnvorstellungen von Sinnestäuschungen begleitet sind. Ist dies der Fall, so haben wir zu unterscheiden, ob die Wahnvorstellungen oder die Sinnestäuschungen der Zeit nach vorausgegangen sind; da letztere zum Theil nicht auf demselben Boden entstehen, soweit sie peripheren Ursprungs sind, so ist dieser zuerst zu untersuchen, weil besonders peripher entstandene Sinnestäuschungen zuweilen einer unmittelbaren Behandlung zugänglich sind. Im andern Falle, wenn die Sinnestäuschungen central in der Hirnrinde entstanden, ist die zeitliche Scheidung vom Auftreten der Wahnvorstellungen nicht nur schwer, sondern wahrscheinlich unmöglich; überhaupt ist dann ihre Verwandtschaft und Entstehungsähnlichkeit eine so grosse, dass häufig Sinnestäuschungen nur als mit starker sinnlicher Begleitung ausgestattete Wahnvorstellungen angesehen werden können. Die feste Verbindung zwischen Vorstellung und Wort macht die gewaltige Ueberzeugungskraft der Gehörshallucinationen allein verständlich, die jeglichen kritischen Einwand der Vernunft leicht überwindet. Es ist daran festzuhalten, dass die Grundlage eine cerebrale und nicht nur eine logische ist; darum können Wahnvorstellung wie Sinnestäuschung auch im Gegensatz zu den vorherrschenden Stimmungen und Gefühlen auftreten.

Ebenso wie eine gesetzmässige Verbindung durch bestimmte Nervenbahnen zwischen manchen Empfindungen stattfindet, die als Mitempfindungen die Aufmerksamkeit auf sich ziehen, müssen wir uns
auch das Entstehen mancher Wahnvorstellungen und Sinnestäuschungen
an bestimmte engbegrenzte Bahnen gebunden denken, so dass sie bei gewissen peripheren oder cerebralen Reizen immer sofort und stets in gleicher Weise, zwangsmässig als Mitvorstellungen entstehen. Nur so ist
die enge Begrenzung und die Wiederholung des bestimmten Inhalts der
Primordialdelirien einigermassen verständlich, der im Ganzen unabhängig von Stimmung und besonderer Krankheitsform gefunden wird.

Die erste Untersuchung wird in Fällen vorgeschrittener Psychose,
wenn sie das Bestehen von Sinnestäuschungen festzustellen
sucht, oft sehr erleichtert durch das äussere Benehmen. Hor-
chende Stellungen, Hinstarren auf einen Punkt, plötzliches Auffahren
und Sprechen sind zuweilen sehr bezeichnend; leichter wird die Diagnose, wenn die Kranken von „Stimmen" und „Bildern" sprechen.
Zuweilen ist auch eine einfache Erwähnung von elektrischen, magne-
tischen oder dergleichen Einflüssen geeignet, den verschlossenen Halluci-
nanten zur Aeusserung seiner geheimen Gedanken zu bringen.

Weiter können Absonderlichkeiten in der äusseren Umgebung, wie
z. B. in der Einrichtung des Zimmers, die Diagnose leiten. Wenn man
dann noch durch einige Fragen sich über das Gedächtnis des
Kranken unterrichtet hat, so wird die Untersuchung zu einer psychiatrischen Diagnose sich aus den Angaben des Patienten ein Bild von
seinem Vorleben zu verschaffen wissen, und wo dies nicht möglich ist,
andere Quellen dazu aufsuchen. Die körperliche Untersuchung folgt der
Aufnahme der Anamnese gewöhnlich erst später.

Eine praktisch wichtige Regel ist es, wenn man zuverlässige ins
Einzelne gehende Antworten aus dem Vorleben und über den bisherigen
Verlauf der Krankheit erhalten will, den Kranken und seine Angehörigen gesondert auszufragen, da wichtige Thatsachen sonst
oft verschwiegen werden. Der Reihe nach erkundige man sich nach allen
jenen Schädlichkeiten, die uns als ursächliche Momente des Irreseins
bekannt sind. Man soll sich auch bei negativem Erfolge nicht sofort
abschrecken lassen und bei bestimmter hervortretenden einzelnen Zeichen
immer wieder zurückgreifen auf jene Möglichkeiten. Vor allen Dingen
aber muss man sich hüten die Angaben der Angehörigen kritiklos
hinzunehmen, besonders insofern sie geneigt sind, Zeichen der bereits lange vorhandenen Störung noch als Ursachen anzusehen, z. B. Excesse aller Art.

Zunächst sind die **erblichen Verhältnisse** festzustellen. Man erforsche, am sichersten mit Hülfe einer möglichst vollständigen A h n e n - t a f e l, ob bei Eltern, Grosseltern oder Geschwistern Geisteskrankheit vorgekommen ist. Weiter ist zu ergründen, welcher Form ein solches Leiden gewesen, ob es mit Genesung oder wie sonst geendet und wie lange seine Dauer gewesen, weil auch alle diese näheren Umstände von Werth sein können für die Beurtheilung des vorliegenden Falles, dessen Verlauf ja nicht selten ein ähnlicher wird. Ferner sind Fragen zu stellen nach Nervenkrankheiten aller Art, besonders nach Epilepsie, Hysterie, Schlaganfällen und Rückenmarksleiden. Dann ist es nöthig den Stammbaum der Familie in ethischer Richtung zu bestimmen; besondere Leidenschaften und Neigungen, Affecte und Triebe müssen unsere Aufmerksamkeit in besonderer Weise auf sich ziehen. T r u n k s u c h t und Wollust sind bei den Vorfahren zu bemerken. Endlich ist auf das Genaueste zu erforschen, ob N e i g u n g z u m S e l b s t m o r d bei irgend welchen Familiengliedern vorgekommen ist, da diese Neigung besonders oft vererbt wird und zu den verderblichsten Zeichen der erblichen Psychosen gehört.

Unter Umständen darf man auch nicht vergessen zu fragen, ob die Eltern an S y p h i l i s oder T u b e r c u l o s e litten. Auch die Frage ob die Z e u g u n g des Kranken im Rausch oder epileptischen Zustand geschah, kann nothwendig werden.

An die Feststellung der erblichen Verhältnisse hat sich diejenige der besonderen **Entwicklungs- und Wachsthumsgeschichte** des K r a n k e n zu schliessen. Namentlich wird man sich erkundigen, ob schädliche Einflüsse während der S c h w a n g e r s c h a f t und unter der G e b u r t auf die Frucht einwirkten, ob in der ersten K i n d h e i t die Gehirnentwicklung durch Krankheiten beeinträchtigt wurde, ferner ob später K r ä m p f e auftraten. Darauf sind die Besonderheiten der weiteren körperlichen Entwicklung zu berücksichtigen, besonders die geschlechtliche, ihre etwaigen Ausartungen, wie M a s t u r b a t i o n, der rechtzeitige oder frühzeitige Eintritt der P u b e r t ä t und M e n s t r u a t i o n. Die Fragen über die gleichzeitige geistige Entwicklung erstrecken sich auf den z e i t l i c h e n E i n t r i t t d e s S p r e c h e n s, das Fortkommen in der S c h u l e, gesellige Neigungen und Schwärmereien, überhaupt auf alle etwaigen E i g e n t h ü m - l i c h k e i t e n des C h a r a k t e r s und seiner Entwicklung. Eine gewisse Berücksichtigung erfordert zuweilen die möglicherweise vorliegende g e i - s t i g e U e b e r a n s t r e n g u n g in der Schulzeit oder der Grad der Leistungsfähigkeit gegenüber den gewöhnlichen Anforderungen in der Schule. In einzelnen Gegenden wird schon der Zeitpunkt, an dem die Confirmation stattfinden konnte, einen äussern Maßstab abgeben für den Verlauf der geistigen Entwicklung. Da eine allgemeine Kenntnis der Ursachen geistiger Störungen bei dem Versuch einer psychiatrischen Diagnose vorausgesetzt werden muss, genügt es zu erinnern, dass bei der Erörterung der persönlichen Verhältnisse in späteren Lebensaltern Fragen nach allen den schwächenden Krankheiten gestellt werden müssen, die Blutarmuth mit sich führen und, wie fieberhafte Zustände, das gesammte Centralnervensystem erschüttern. Vielleicht verdienen der Verlauf von Schwangerschaften und Wochenbetten noch vorzugsweise die Aufmerksamkeit.

Die Beantwortung der wohl selbstverständlichen Frage nach dem Beruf kann durch Berücksichtigung besonderer Schädlichkeiten desselben von ausserordentlicher Wichtigkeit für die Beurtheilung und Behandlung werden. Daran schliesst sich die Erkundigung nach dem Civilstand, den ehelichen und socialen Verhältnissen, überhaupt nach der äussern materiellen Lage, dem Erwerb, dem Stande eines Geschäftes u. s. w. Ferner ob der Erkrankende den Anforderungen seines Berufes gewachsen war, darin Befriedigung fand oder ob andere Interessen seine Thätigkeit in Anspruch nahmen.

Eine ganz hervorragende Wichtigkeit hat die Beachtung des Schwindens ethischer Gefühle, der Liebe zu den Angehörigen, weiter mangelndes Schicklichkeitsgefühl, überhaupt der Verlust der ästhetischen Gefühle, dies Alles um so mehr, wenn es früheren Gewohnheiten widerspricht.

Um den Zeitpunkt der beginnenden krankhaften Veränderung festzustellen, sind Fragen darüber nöthig, um überhaupt ein Bild von dem Verlauf der Krankheit zu gewinnen. Man will wissen, ob der Beginn ein plötzlicher oder allmählicher war, ob im Anfang oder später Bewusstseinsstörungen stattfanden, ob der Verlauf schubweise oder in beständiger Weise vor sich ging. Man muss einen Stimmungswechsel beachten.

Es soll hier die dringende Bitte an den praktischen Arzt wiederholt werden, eine möglichst ausführliche Anamnese aufzunehmen, besonders wenn die Kranken forensisch untersucht oder in eine Irrenanstalt übergeführt werden sollen; da die Kranken oft entweder die gewünschte Auskunft nicht geben wollen oder nicht geben können, wird nur durch den Bericht des Hausarztes die richtige Beurtheilung und die zweckmässige Behandlung ermöglicht. Fehlt die Anamnese, so entbehrt der Richter oft jeglichen Maßstab zur Beurtheilung der vorhandenen Erscheinungen, und der Anstaltsarzt ist nicht mehr in der Lage den Verlauf der Krankheit festzustellen.

Nicht nur der Vollständigkeit halber, sondern als vollwerthiges Material der psychiatrischen Diagnose folgt jetzt die eingehende körperliche Untersuchung. Die Beschaffenheit des Schlafes ist die wichtigste Frage, da die Behandlung hier immer mit der besten Aussicht auf Erfolg eingreifen kann. Man achtet auf den allgemeinen Ernährungszustand, die Entwickelung des Fettpolsters, die Stärke der Muskulatur; man suche das Körpergewicht festzustellen, namentlich wenn dasselbe schon aus früheren Zeiten bekannt ist. Man wird versuchen, sich ein Urtheil darüber zu bilden, ob das gesammte Aussehen dem Lebensalter des Kranken entspricht, oder ob ein frühzeitiges Altern daraus hervorgeht.

Die Untersuchung der Temperatur erfordert eine besondere Sorgfalt: wenn eine Steigerung auch nur wenigen Psychosen zukommt, wie z. B. den heftigsten Graden der Tobsucht und einzelnen Abschnitten der paralytischen Seelenstörung, wenn andererseits die häufigen subnormalen Temperaturen bei Melancholischen und Blödsinnigen nur geringe Grade erreichen, so ist doch eine Temperaturmessung als Hülfsmittel der Erkennung begleitender körperlicher Krankheiten regelmässig vorzunehmen, weil vielfach die andern diagnostischen Hülfsmittel ungenügend sind, besonders subjective Empfindungen und Beobachtungen häufig nicht ausgesprochen werden.

Die Theilnahme des vasomotorischen Systems findet ihren Ausdruck in Lähmungen grösserer Gefässgebiete, die in Blutüberfüllung zu Tage treten oder in begrenzteren Gebieten, deren Blutgefässwandungen einen abgeschwächten Widerstand gegen die andrängende Blutsäule ausüben; in beiden Fällen ist der Puls eines der sichersten Hülfsmittel zur Erkennung dieser Zustände; es kann unter Umständen auch die Aufnahme einer sphygmographischen Curve wünschenswerth werden, wenn es sich darum handelt, entweder den augenblicklichen Zustand mit späteren zu vergleichen oder in einem Gutachten anderen Instanzen Gelegenheit zu verschaffen, die Richtigkeit der früheren Beobachtung zu beweisen. Ein etwas geübtes Fingergefühl kann auch ohne andere Hülfsmittel den besonders auffälligen Pulsus tardus vieler Geisteskranken unterscheiden und daneben die Fülle, Schnelligkeit und Häufigkeit der einzelnen Schläge bestimmen.

Eine physikalische Untersuchung der Lungen darf man um so weniger verabsäumen als Lungenkrankheiten bei Geisteskranken zuweilen ohne Temperatursteigerung verlaufen.

Der Zustand der Verdauungsorgane verdient eine genaue Beachtung; namentlich der Magenkatarrh erfordert sie in frischen Fällen von Melancholie, da es sehr wahrscheinlich ist, dass er untrennbar von der Gesammterkrankung aufzufassen ist, zuweilen sogar die erste Veranlassung werden kann, die zu Vorstellungen führt, aus denen sich Nahrungsverweigerung entwickelt. Eine rechtzeitige Behandlung dieses Begleitzustandes kann den Verlauf der Krankheit wesentlich günstiger gestalten.

Nicht so einfach zu beantworten ist die Frage, ob eine gynäkologische Untersuchung vorgenommen werden soll. Der Wunsch der Kranken ist nicht dafür entscheidend, da nicht selten sexuelle Erregungen dazu veranlassen. Auch ist der Wunsch der Angehörigen in dieser Richtung nicht oft zu berücksichtigen, da auf diesem Gebiete Vorurtheile noch viel zu sehr im Publicum Verbreitung finden. Es ist also äusserste Vorsicht anzurathen, lieber zu wenig als zu oft zu untersuchen, da wir aus der Ursachenlehre wissen, dass verhältnismässig selten der Behandlung zugängliche Leiden des Genitalapparates Psychosen veranlassen. Namentlich junge Aerzte werden sich hüten vor unnöthigen Untersuchungen, und thun sicher gut, solche immer nur vor Zeugen vorzunehmen.

Eine Untersuchung des Urins versäume man nicht; in allen Fällen starker Abmagerung ist neben der Prüfung auf Eiweiss auch eine solche auf Zucker zu machen, da z. B. Diabetes keine seltene Begleitung der Erkrankungen des Centralnervensystems ist. Ueberhaupt wird man allen Absonderungen, so auch dem Speichel, seine Aufmerksamkeit zuwenden.

Eine besondere Erwähnung bedarf die Untersuchung des Augenhintergrundes durch den Augenspiegel. Blutüberfüllung des Gehirns und des innern Auges gehen oft Hand in Hand. Die Stauungspapille erlaubt den Schluss auf raumbeschränkende Veränderungen in der Schädelkapsel. Aber auch bei einfachen Psychosen findet man Congestionen zur Netzhaut und Papille. Netzhauterkrankungen, besonders Retinitis pigmentosa, Trübungen der brechenden Medien können die Entstehung etwaiger Gesichtstäuschungen erklären helfen; auch eine wiederholte perimetrische Untersuchung ist erwünscht.

Von gleicher Wichtigkeit ist die Untersuchung des Ohres. Verhältnismässig oft ist es schon gelungen durch Entfernung von verhärteten Ohrpfröpfen Gehörstäuschungen zu beseitigen oder zu lindern. Ausserdem kann eine Verstopfung des Ohres durch Watte oder feste Körper zuweilen den Verdacht auf Gehörstäuschungen leiten, die sonst vielleicht aus dem Wesen und den Reden des Kranken nicht hervorgingen. Furunkel und Katarrhe des Gehörganges sowie der Ohrtrompete und der benachbarten Rachenschleimhaut sind festzustellen und zu behandeln. Mit dem Ohrspiegel kann man Entzündungen des Trommelfells und Mittelohrs erkennen und unter Umständen die Diagnose von eitrigen Hirnhautentzündungen und Sinusthrombosen bestätigen, deren gelegentlicher Zusammenhang mit Psychosen beobachtet ist. Auch die Untersuchung der Nase sollte man mit Rücksicht auf Geruchstäuschungen nicht unterlassen, da z. B. eine Ozaena ein dankbarer Gegenstand der Behandlung sein kann. Die Geschmacksfunction wird im Ganzen wegen ihres unbestimmten Charakters der Untersuchung grosse Schwierigkeiten bieten.

Alle Untersuchungen des Hautsinns, die von Neurologen geübt werden, können verwerthet werden, namentlich die elektrischen Methoden. Da die Elektrodiagnostik aber kein Allgemeingut aller Aerzte ist, kann hier nur aufmerksam darauf gemacht werden, dass alle Prüfungen der Sensibilität wegen des gestörten Bewusstseinsinhaltes mancher Kranken nur sehr vorsichtig zu verwerthen sind. Am Wichtigsten ist die Feststellung etwaiger Rückenmarksleiden und der Beziehung von Gefühlsstörungen zu Sinnestäuschungen. Ebenfalls dient eine elektrische Untersuchung der Muskelreaction ähnlichen Zwecken. Die Untersuchung der Motilität ist von so grosser Wichtigkeit, weil ihre Störungen fast immer der Ausdruck tiefergehender Erkrankungen des Gehirns sind; die Verbindung von Psychosen mit Herderkrankungen des Gehirns und äusseren Verletzungen bringt mannichfache Bilder von Bewegungsstörungen zu Stande. Eine gewisse Vorsicht ist natürlich gegenüber angeborenen oder schon lange vor Entstehen der geistigen Störung erworbenen Störungen der Muskelthätigkeit zu beobachten. Ferner darf ihre Bedeutung nicht zu hoch angeschlagen werden in Fällen schwerer Alkoholvergiftung. Die Beobachtung des weiteren Verlaufs und die sicher festzustellende Anamnese müssen die Verwechslung mit den meistens dauernderen ähnlichen Störungen bei paralytischer Seelenstörung verhindern. Andererseits schliesst das Wechselnde mancher Lähmungen durchaus nicht eine tiefere Erkrankung des Gehirns aus. So beobachtet man im Verlauf der Dementia paralytica, dass Lähmungen ihrem Orte nach wechseln, für einige Zeit auch ganz schwinden. Halbseitige Lähmungen können hier in Stunden oder nach einigen Tagen schwinden, Unterschiede in der Weite der Pupillen von einer auf die andere Seite überspringen. Sehr weite Pupillen kommen bei Hysterischen und Maniakalischen häufig vor mit gut erhaltener Beweglichkeit bei Lichtwechsel und Accommodation, während diese im epileptischen Anfall, bei Hirnhautentzündung, überhaupt bei Hirndruck gleichzeitig fehlt. Die Beweglichkeit bei engen Pupillen ist im Allgemeinen schwer festzustellen; Pupillenverengerung ist an und für sich in ihren höchsten Graden ein wichtiges Zeichen für tiefergehende Erkrankungen des Gehirns, und bei beginnender Dementia paralytica eine häufige Erscheinung.

Von grossem wissenschaftlichen Interesse ist die Untersuchung des **Schädels** und seiner Beziehungen zu geistigen Erkrankungen für die allgemeine Diagnose; im besondern Fall genügen aber für die Diagnose einer Psychose nur die allerhochgradigsten Verengerungen, Erweiterungen und Ungleichheiten des Schädels, weil diese höchsten Grade erfahrungsmässig niemals mit völliger geistiger Unversehrtheit zusammentreffen, während die feineren, erst mit Hülfe genauer Messungen feststellbaren Abweichungen höchstens die allgemeine Vermuthung unterstützen, dass mit ihnen Störungen in der Hirnentwicklung vor sich gegangen sind. Doch ist es namentlich für gerichtliche Untersuchungen vielfach gebräuchlich die Schädelmaße anzuführen, so dass wir auch diese Art der diagnostischen Untersuchung kennen müssen.

Schon der Schädel der Gesunden zeigt zuweilen Abweichungen, die man kennen muss, um sie nicht als krankhafte anzusehen. Dazu gehören die geschlechtlichen Verschiedenheiten. Der weibliche Schädel ist im Ganzen kleiner, seine Höhe ist geringer, aber er ist mehr in die Breite entwickelt. Die Schädelbasis des Weibes ist schmäler und kürzer. Die Umgrenzung der oberen Wölbung geht im Profil ziemlich plötzlich in die senkrechte Stirnlinie, andererseits in die abfallende Linie des Hinterhauptes über, so dass mehr oder weniger winkelige Biegungen entstehen. Beim Männerschädel ist diese Umgrenzung bogenförmig; von Vorn gesehen ist dieser auch noch unterschieden durch ein kräftigeres Hervortreten der Scheitelbeinhöcker, er wird dadurch eckig im Gegensatz zu dem gerundeten weiblichen Schädel.

An der Grenze krankhafter Veränderungen der Schädelform finden sich bei den verschiedensten Völkern zahlreiche Schädelbildungen, die für die Diagnose geistiger Störungen nicht sofort verwerthet werden können, weil sie oft bei Gesunden beobachtet werden; so z. B. grosse gleichmässig entwickelte Schädel, Kephalonen, während die kleinen, Mikrocephalen, allerdings meistens krankhafte Bildung des Hirns verrathen. Für manche dieser Formen hat man auch besondere Namen: Flachköpfe, Thurmköpfe, Sattelköpfe u. s. w.

Eine Beziehung des Schädels zu einzelnen Hirntheilen, wie die alte Phrenologie es wollte, durch Hervortreten entsprechend gelegener Hirnbuckel, kommt nicht vor. Ganz wesentlich kommt dabei die Thatsache in Betracht, dass das fötale Gehirn den Schädel keineswegs völlig ausfüllt, denn zwischen beiden bleibt ein beträchtlicher mit Flüssigkeit gefüllter Raum; bei seinem weiteren Wachsen verändert es seine Lage zum Schädel dadurch, dass seine Halbkugeln ganz vorherrschend von Vorn nach Hinten sich ausdehnen. Obwohl man nicht sicher weiss, wie lange das Gehirn wächst — wahrscheinlich mindestens bis zum 25. Lebensjahr — so hört das Wachsthum des Schädels sicher schon viel früher auf; daraus folgt, dass von dauernder Nebeneinanderlagerung bestimmter Hirntheile und Schädeltheile jedenfalls erst in sehr spätem Lebensalter die Rede sein kann. Von der Geburt bis etwa zum 7. Lebensjahr wächst der Schädel rasch, dann folgt bis zur Pubertät ein fast völliger Stillstand; gerade für diese Zeit wird ein grösseres Wachsthum des Gehirns wieder angenommen, während die Schule ihm massenhaften Lehrstoff zubringt.

Die Zahl der verwerthbaren Schädelmaße ist eine beschränkte. Die am macerirten Schädel zu Grunde gelegte Horizontalebene ist unter Umständen aufzusuchen : sie wird bestimmt durch zwei Gerade, welche beiderseits den tiefsten Punkt des untern Augenhöhlenrandes mit dem senkrecht über der Mitte der Ohröffnung liegenden Punkt des oberen Randes des Gehörganges verbinden. Am Lebenden ist diese Ebene natürlich nur annähernd bestimmbar, da es sich einmal darum handeln sollte den knöchernen Gehörgang aufzusuchen, — doch ist der Fehler nicht so gross, den die Benützung des Ohreinganges am Lebenden mit sich führt — andererseits muss man den lebenden Kopf entgegen dem Zuge an ihm befestigter Muskel so feststellen, dass die aufgesuchte Ebene parallel dem natürlichen Horizont gestellt erscheint ; eine Aufgabe, die am skeletirten Schädel natürlich um Vieles genauer ausführbar ist. Ein umgelegter Kautschukring erleichtert die Sichtbarmachung dieser Ebene. ' Es ist aber nöthig, die Horizontalebenen schon für Aufnahmen des Längenmasses des Schädels zu bestimmen, da bei lang ausgezogenem Hinterhaupte die grösste Länge (sie geht zur Protuberantia occipitalis externa) nicht zusammenfällt mit dem gebräuchlichen Längenmass, der sogenannten geraden Länge, die von der Mitte der Augenbrauenbogen, auf dem Stirn-Nasenwulst zum vorragendsten Punkt des Hinterhauptes, parallel mit der Horizontalebene gemessen wird. Das einzige beim Lebenden messbare Höhenmass des Schädels bedarf zur Bestimmung der Scheitelhöhe wieder der Horizontalebene, indem man von dem obern Rande des Gehörganges bis zum senkrecht darüber stehenden Punkt des Scheitels, aber mit Rücksicht auf die Horizontalebene, mit dem Schiebezirkel misst. Dies Mass heisst die auriculare oder Ohrhöhe. Die grösste Breite wird gemessen, wo sie sich findet, nur mit Ausschluss des Zitzenfortsatzes, es müssen die Messpunkte in einer Horizontalebene liegen, die man am Bequemsten parallel zu der bekannten stellt.

Ein gewisses Verhältnis der Breite zur Länge bedingt die Bezeichnung als Langschädel, Kurzschädel oder die Zugehörigkeit zur dazwischen liegenden Mesocephalie; man hat dafür die Bezeichnung eines sogenannten Schädelindex eingeführt, dessen Werth in Zahlen ausgedrückt ist, wenn man den Breitendurchmesser mit 100 multiplicirt und die Summe durch den Längsdurchmesser theilt. Endlich kann man noch die Neigung der Profillinie zur Horizontalebene benutzen, um den Profilwinkel zu bestimmen; man nennt Personen, bei denen der Winkel beträchtlicher von einem rechten abweicht, Schiefzähner (Prognathen), im Gegensatz zu den mit steilerem Winkel ausgestatteten Gradezähnern (Orthognathen); diese Winkelmessung ist wichtig, weil Prognathie fast immer mit vorzeitigem Abschluss des Knochenwachsthums der Keilbeine und des Siebbeins einhergeht, daher eine sogenannte sphenoidale Kyphose anzeigt, an die sich besonders cretinische Missbildungen anschliessen.

Als mittlere Maße für den Lebenden sind folgende anzugeben, wobei die Dicke der Kopfhaut 2—3 mm beträgt:

		Mann	Weib
Tasterzirkel	Grader Längsdurchmesser...	18·3 cm	17·8 cm
	Grösster Breitendurchmesser.	15 „	14 „
Schiebezirkel	Ohrhöhe..............	11·5 „	10·5 „
Bandmass	Horizontaler Schädelumfang, (bestimmt durch die Endpunkte des grössten Längsdurchmessers)...	55 „	53 „

	Mann:	Weib:
Sagittaler Umfang (von der Nasenwurzel zur Protuberantia occipitalis externa) ..	35 cm	33 cm

Profilwinkel: $\begin{cases} \text{Prognathie} & 82^0 \\ \text{Orthogonathie } 83^0—90^0 \end{cases}$

$$\text{Längen-Breiten-Index} = \frac{100 \times \text{Breite}}{\text{Länge}}:$$

Dolichocephalie (Langschädel) bis 75
Mesocephalie 75—80
Brachycephalie (Kurzschädel) 80—85

Zu einer umfassenden psychiatrischen Untersuchung ist es nöthig, die Einzelheiten der Sprache, zuweilen beim lauten Vorlesen, sowie der Schrift auf das Genaueste zu beachten; Schriftstücke können namentlich in den Fällen von grosser Wichtigkeit werden, wo es nöthig ist, ein Urtheil zu gewinnen, ohne den Kranken gesehen zu haben, z. B. über den Geisteszustand eines verstorbenen Testators zur Zeit der Errichtung seines Testamentes, über den Geisteszustand eines Angeschuldigten zur Zeit der ihm zur Last gelegten That. Ausserdem ist es eine sehr gewöhnliche Thatsache, dass Kranke, die in der Unterhaltung ihren Zustand sehr gut zu verhehlen wissen, in Briefen sich ganz unbefangen mit ihren krankhaften Vorstellungen hervorwagen. Ebenso lassen die

9*

Schriftzüge nicht selten schon eher als die sonstige Beobachtung motorische Störungen hervortreten, die ein sicheres Urtheil anbahnen.

Im Uebrigen ist durchaus daran festzuhalten, dass die **persönliche Untersuchung** unabweisliches Erfordernis für die Abgabe eines ärztlichen Urtheils über einen Geisteszustand ist; niemals sollte sich der Arzt darauf einlassen einen Abwesenden nur nach den Berichten Anderer zu beurtheilen. Für viele Fälle wird dann bei einiger Kenntnis psychischer Störungen eine einmalige Untersuchung genügen, um die im ersten Augenblicke gewöhnlich wichtigste Frage zu entscheiden, ob bei festgestellter Krankheit die Ueberführung in eine A n s t a l t zur Sicherung des Kranken oder seiner Umgebung nöthig sei oder nicht, ob die Behandlung und Genesung auch i n h ä u s l i c h e n V e r h ä l t n i s s e n möglich ist. Jedenfalls darf die Erhebung anamnestischer Angaben die Entscheidung dieser Fragen nicht hinausschieben, da sie auch später nachgeholt werden können. Zu der völligen Erhebung des umfangreichen Thatbestandes, der den Inhalt der psychiatrischen v o l l s t ä n d i g e n Untersuchung ausmacht, genügt aber überhaupt eine e i n m a l i g e Untersuchung n i c h t, namentlich in schwierigeren Fällen muss eine längere Beobachtungszeit gefordert werden. Die Befangenheit bei der ungewöhnlichen Untersuchung kann das Bild völlig verändern, ganz abgesehen von jenen Krankheitsformen, die nur anfallsweise hervortreten. Als Ort für eine wiederholte Beobachtung dient daher in allen z w e i f e l h a f t e n Fällen und namentlich auch bei vielen der bald zu erörternden Grenzzustände des Irreseins, die I r r e n a n s t a l t, weil nur in ihr eine dauernde, sachverständige Ueberwachung gesichert erscheint. Ein geschultes Wartpersonal ergänzt die Beobachtungen der persönlichen Unterhaltungen und Untersuchungen des Arztes. Endlich ist es nur auf dem Wege f o r t g e s e t z t e r Beobachtung möglich, den fortschreitenden oder sich gleich bleibenden Charakter des vorliegenden Leidens, das Vorkommen von Besserungen, Verschlimmerungen, sogenannten Anfällen, das Verhalten des Schlafes, Appetites, der Verdauung und besonders des Körpergewichtes in gesicherter Weise festzustellen.

Die Frage, ob die psychische Störung eine selbstständige oder abhängig sei von einer anderweitigen Gehirnkrankheit, kann ebenfalls sicher nur durch eine sorgfältige und fortgesetzte klinische Beobachtung gelöst werden. In dieser Hinsicht können schwere Missgriffe gemacht werden, die für die Behandlung von üblen Folgen werden; Verwechslungen kommen vor mit Berauschungszuständen, Typhus, acuter Meningitis und Vergiftungen. So leicht in der Regel eine Berauschung zu erkennen ist aus dem Geruche des Athems nach Aldehyd, aus der lallenden Sprache und dem taumelnden Gang, so gibt es doch in vielen Rauschzuständen Erscheinungen, die volle Aehnlichkeit mit geistigen Störungen haben. Der Rausch ist auch eigentlich nichts Anderes als ein künstliches Irresein. Wir können alle Formen des Irreseins im Rausch angedeutet finden; leicht melancholische Zustände, wie sie als das trunkene Elend bekannt sind, und die äussersten Grade der völligen Aufhebung geistiger Thätigkeit, wie sie sich im tiefsten Blödsinn zeigen. Dazwischen treten Zustände von Erregung auf, in denen die körperlichen und geistigen Leistungen gesteigert werden, der Gedankenfluss erleichtert ist. Erhöhtes Selbstgefühl und Bewegungsdrang erinnern an Tobsüchtige, prahlerische Reden mit lallender Zunge können die Unterscheidung von ähnlichen Erscheinungen bei Paralytikern fast unmöglich machen. Die Aehnlichkeit kann noch grösser werden, wenn auf Grund einer besondern Anlage der Rausch sich als rasch vorübergehende Tobsucht abspielt; zuweilen wird eine Berauschung auch die nächste Veranlassung zu einem unmittelbar aus ihr hervorgehenden dauernden Irresein. Unmöglich ist die Unterscheidung natürlich dann, wenn ein Irrer sich berauscht; meistens pflegen die besondern Erscheinungen des Rausches dann sehr heftige zu sein, oder es genügt schon ein sehr sparsamer Genuss von Alkohol den Rausch auszulösen, da die meisten Geisteskranken sehr wenig Alkohol vertragen.

Der **Typhus** erscheint im Beginn zuweilen unter dem Bilde eines maniakalischen Anfalles mit grosser Aufregung, andere Male wohl auch unter den Erscheinungen der Melancholie mit Stumpfsinn. Bei unvorbereitet eintretenden geistigen Störungen behalte man den Verdacht auf Typhus im Auge, besonders bei jüngeren Personen und zur Zeit einer Epidemie; Fieber und die andern Zeichen des Typhus werden nach einigen Tagen die richtige Diagnose erleichtern. Jedoch geschieht es leichter beim Typhus als bei andern acuten fieberhaften Infectionskrankheiten, dass die begleitende Psychose das alleinige Interesse des oberflächlichen Beobachters in Anspruch nimmt; bei andern schweren Organerkrankungen, wie z. B. einer Lungenentzündung, ist das Grundleiden nicht leicht zu übersehen.

Zuweilen kommen Fälle von verschleppter mässiger tuberculöser **Meningitis** unter den Erscheinungen einer Tobsucht in Anstalten; der weitere Verlauf bringt nach Abklingen der Erregung andere Zeichen in den Vordergrund.

Diagnose der Genesung.

Gegenüber der D i a g n o s e der Erkrankung steht diejenige der Genesung. Das Erkennen der Genesung hat oft nicht mit geringeren Schwierigkeiten zu kämpfen, als das der eingetretenen Krankheit; es ist vielfach mindestens von gleicher Wichtigkeit insofern es sich um die Entlassung aus der Irrenanstalt handelt oder um die Wiedereinsetzung eines unter Vormundschaft gestellten Kranken in seine bürgerlichen Rechte. Besonders schwierig wird diese Aufgabe bei Personen, die schon vor Eintritt der eigentlichen Psychose schwachsinnig oder erblich belastet waren.

Die Schwierigkeit besteht vor Allem darin, dass die Krankheit beweisende Erscheinungen zurückgetreten sind, aber bei leichten Anlässen in anderer neuer Umgebung und bei vermehrten Anforderungen an die Leistungsfähigkeit des Betreffenden wieder hervortauchen können. Vielfach wird die vermuthete Genesung erst in der Feuerprobe des früher gewohnten Lebens ihre Beständigkeit zeigen müssen, darum ist das Urtheil der Angehörigen oft massgebender als z. B. das des Aerztes der Irrenanstalt, weil die Wiederherstellung der früheren vollen Persönlichkeit, die zur Genesung verlangt werden muss, von ihnen viel besser erkannt wird. Wichtig ist die Krankheitseinsicht des Reconvalescenten. Kranke können aber auch wesentliche Erscheinungen ihres Leidens verhehlen. Sinnestäuschungen und Wahnvorstellungen, von denen der Kranke weiss, dass der Arzt sie als krankhaft ansieht, sucht er zuweilen zu verheimlichen, um seine Entlassung aus der Anstalt und Behandlung früher zu erreichen oder um von einer lästigen Vormundschaft frei zu werden. Eine solche **Dissimulation** findet man in grosser Gewandtheit ausgeübt von Kranken, bei denen der ursprüngliche Affect sich verloren hat, die es auch gelernt haben, bedenkliche Seiten eines Wahnsystems in geschickter Weise zu verschweigen oder durch Erklärungen harmlos zu machen, denen in einem oberflächlichen Gespräch nichts Unwahrscheinliches anzumerken ist. Entweder gelingt es dann einen Widerspruch zwischen den Reden und den Handlungen aufzufinden, oder die genaue Beobachtung des früheren Verlaufs der Krankheit und der Inhalt des Vorlebens werden etwaige Zweifel an der vorgetäuschten behaupteten Genesung bestätigen. In andern Fällen wird erst die versuchte Entlassung die Dissimulation durch bald hervortretende falsche Handlungen zeigen können. Sehr gefährlich ist die Dissimulation bei selbstmordsüchtigen Melancholischen, die bisweilen mit grösster Geschicklichkeit ihre krankhaften Gefühle und Vorstellungen verbergen, Besserung und heitere Stimmung zeigen, um den stillen Vorsatz des Selbstmordes bei weniger sorgfältiger Ueberwachung doch noch zur Ausführung zu bringen. Namentlich wenn die Neigung zum Selbstmord in einer Familie sich schon mehrfach bethätigt hat, ist diese Gefahr nicht aus dem Auge zu verlieren; nur unausgesetzte Wachsamkeit vermag hier vor bitteren Erfahrungen zu schützen. Sehr wichtig kann es in solchen Fällen werden, die Briefe und Schriftstücke zu beachten, in denen manche Kranke ihre geheimsten Gedanken niederlegen, die sie im Gespräch zu verbergen wussten. Auch können die Schriftzüge unter Umständen einen Versuch der Dissimulation aufdecken.

C. Die Grenzzustände des Irreseins.

Um die Bedeutung und Ausdehnung des grossen Gebietes der angeborenen geistigen Minderwerthigkeiten für die psychiatrische Diagnostik klarzustellen, wollen wir hier in zusammenfassender Weise die Grenzzustände des Irreseins betrachten, die uns schon vielfach vereinzelt auf dem Wege der allgemeinen Ursachen- und Zeichenlehre begegnet sind. Diese zahllosen Störungen des Geistes und des sittlichen Gefühls müssen von einem gemeinsamen Standpunkte aus beurtheilt werden, von dem der Entartung, die in der Mehrzahl der Fälle vererbt oder angeboren, seltener erworben ist.

Als eine der vielen Ausdrucksformen geistiger Belastung haben wir schon früher eine Reihe von Zwangszuständen geschildert, unter denen die Platzangst unsere Aufmerksamkeit zunächst wieder auf sich zieht. Sie ist meistens nicht eine selbstständige Erscheinung, sondern fast immer verbunden mit anderen Angstzuständen, die sich nach geistigen und körperlichen Ueberanstrengungen auf dem Boden einer krankhaften Anlage des Nervensystems entwickeln. Daher ist sie auch oft mit Angst in geschlossenen Räumen, Furcht vor Berührung verbunden. Ebenfalls das eigenthümliche Krankheitsbild der sogenannten Grübelsucht, die sich wieder besonders oft mit Berührungssucht verbindet, ist keine selbstständige Erkrankung, sondern immer auf krankhafter Anlage entstanden. Doch ist es selten möglich solche Krankheitszustände nur als Theilerscheinungen einer ausgesprochenen Psychose, namentlich der Paranoia, auseinanderzusetzen, sondern man muss sich begnügen mit dem Nachweise der krankhaften Anlage, die an der Grenze des Irreseins steht.

Zwangsartig treten die auch dem Gesunden gehörenden Triebe nach Nahrung und besonders nach sexueller Befriedigung, — von den zweifellos pathologischen perversen Zuständen ganz abgesehen — in erhöhtem Grade ausser bei zweifellos Geisteskranken auch in einigen Grenzzuständen auf, deren krankhafte Begründung nachzuweisen eine oft schwierige Aufgabe für den Arzt ist. Auch wird es ihm nur gelingen, wenn er die vorhandene krankhafte erbliche Veranlagung nicht nur behauptet, sondern in der geistigen und körperlichen Entwickelung des Betroffenen nachweist. Es gibt aber noch eine Reihe anderer Erscheinungen, die man wegen ihres triebartigen Auftretens auch wohl als **Triebe zum Selbstmord**, zum **Stehlen**, zum **Trinken** und **Brandstiften** bezeichnet; soll damit ein f ü r s i c h bestehender Trieb verstanden sein, der nicht in Verbindung mit einer andern geistigen Störung steht, so kann der Ausdruck n i c h t als zutreffend gelten. Alle diese Triebe werden nur verständlich durch folgende psychologische Ueberlegung. In jedem gesunden Menschen findet sich ein **Thätigkeitstrieb** in Folge des Lebensvorganges in seinem Innern. Ruhiges Ueberlegen und bewusste Auswahl geben ihm in der Regel seine Richtung; aber wie z. B. ein ruhiger und verständiger Mann bei einem Spaziergange mit dem Stock ins Unkraut schlägt, so zeigen sich diesem unbeschäftigten Thätigkeitstriebe hundert Auswege zu gleichgültigen Handlungen, wenn k e i n G e g e n r e i z stattfindet. Der geistig Gesunde regelt durch die Gegenvorstellungen der Sitte und des Anstandes etwa stark auftretende, aus dem gesunden Lebensvorgang sich entwickelnde Gefühle, wie die der Nahrungs- und Geschlechtsbefriedigung; der geistig Schwache oder Unbesinnliche folgt ihnen ohne Ueberlegung. Wir haben daher in vielen Fällen nicht so sehr einen gesteigerten Trieb vor uns, sondern einen **ungezügelten.** Wenn ein Kranker in der Anstalt seinen Genossen Brot stiehlt, so wird wohl Niemand von Stehltrieb sprechen, da es sich doch sicher nur um eine unbedenkliche Befriedigung seines Gelüstes handelt; wenn ein leidenschaftlich rauchender Kranker Cigarren nimmt, wo er sie findet, so folgt er einem begründeten Antriebe. Das unverhüllte Auftreten von Neigungen, Leidenschaften und Lastern ist dann nicht Krankheitserscheinung, sondern gibt sich nur in Folge der Krankheit kund. Solche Geisteskranke, bei denen alle aus Pflichtgefühl und vernünftiger Ueberlegung entspringenden Widerstände fehlen, können selbst schon durch die geringsten Anreize zur Verübung von Uebelthaten bewogen werden.

Freilich ist es schwer, die normalen von den krankhaften Trieben b e i m K r a n k e n zu unterscheiden, um so mehr als der Geisteskranke noch leichter als der Gesunde durch **Affecte** ergriffen und in seinen Handlungen bestimmt wird. Die Abschätzung, wie weit im einzelnen Falle etwa R a c h s u c h t, F u r c h t, H e i m w e h oder M u t h w i l l e n zu einer Gewaltthat führten, ist gewiss oft sehr schwer. Nur wenn geistige Krankheit zweifellos ausgeschlossen werden kann, wird man jenen Affecten als normalen Beweggründen ihre volle Bedeutung zuweisen aber sie auch dann noch als mildernde Umstände anführen dürfen. Im andern Falle bleibt es die A u f g a b e des Arztes d e n j e n i g e n geistigen k r a n k h a f t e n Z u s t a n d n a c h z u w e i s e n, auf dessen Grund der entweder nur ungezügelte oder krankhaft gesteigerte Trieb zum Ausdruck gelangt ist. Namentlich der sogenannte Brandstiftungstrieb wird mit Unrecht noch immer hier und da als eine selbstständig auftretende Erkrankung angesehen, während das Krankhafte in seinem Auftreten nur dann vorhanden und nachweisbar ist, wenn eine organische Belastung irgend einer Art vorliegt. Erleichtert wird dies sehr oft dadurch, dass die Brandstiftung häufig in der Zeit der Geschlechtsreife geschieht; hier tritt der dunkle Trieb der Geschlechtsentwicklung zu den andern aus den innern Lebensvorgängen stammenden hinzu; seine Entäusserung findet in einer den Betroffenen oft selbst überraschenden und unverständlichen Weise statt. Am Schwierigsten ist der Nachweis in den leichteren Graden des Schwachsinns, dessen Zeichen zuweilen nur in krankhafter Reizbarkeit, Eigensinn, Eigendünkel, Lügenhaftigkeit, Muthwillen und andern Abweichungen hervortreten. Die Beurtheilung solcher jugendlichen Brandstifter erfordert desshalb nicht selten eine längere Beobachtung, die dann auch am Besten in einer Anstalt geschieht. Mädchen sind im Allgemeinen etwas häufiger in dieser Weise erkrankt als Knaben.

Wiederum eine neue Gruppe von krankhaften Zuständen, die an den Grenzen des Irreseins steht, lässt sich unter der Bezeichnung der **Excentrischen** zusammenfassen. Dazu gehören Abenteurer, die ohne Ziel ihren Aufenthalt häufig wechseln, weite Reisen unternehmen; sehr gewöhnlich ist dann die Unmöglichkeit einen festen Beruf zu ergreifen. Mehr oder weniger deutlich ausgesprochen ist häufig der periodische Verlauf der Wandersucht und der begleitenden Erscheinungen; manche der rastlosen Abenteurer enden nach buntesten Lebensschicksalen im Irrenhause; viele bleiben aber auch Zeitlebens unter fortwährend erneuten Zusammenstössen mit der öffentlichen Ordnung in der Oeffentlichkeit, die zu ihrem eigenen und zum allgemeinen Besten besser unter beständiger Aufsicht gehalten würden; gerathen sie in Anstalten, so beruhigen sie sich meistens rasch unter Zunahme des Körpergewichtes. Zu den Excentrischen dieser Art lassen sich manche Verschwender rechnen; immer aber ist im Auge zu behalten, dass der Zustand nur dann als ein krankhafter bezeichnet werden darf, wenn es gelingt, die Entartung in der ganzen Entwicklung zu verfolgen. Zuweilen ist eine Schädelverletzung und Gehirnerschütterung der sicher nachzuweisende Wendepunkt: oder es bleibt nur die erbliche Belastung zum Verständnis übrig.

In einigen Entartungszuständen lassen sich die Grundzüge verwandter Irreseinsformen erkennen, ohne dass die Grenzen des Irreseins dabei immer ganz überschritten werden. Es gibt Personen, die abgesehen von einigen Sonderbarkeiten in ihrem Benehmen, ihrer Umgebung selbst bis zu vorgeschritteneren Lebensjahren kein Zeichen geistiger Störung gaben; irgend eine thatsächlich vorhandene Zurücksetzung wird der Ausgangspunkt für ein fortgesetztes Anbringen von Klagen und Beschwerden über eine Sache, die an und für sich wegen ihrer Geringfügigkeit von der Umgebung nicht weiter beachtet wurde. Aber schon die Hartnäckigkeit der Verfolgung desselben Weges ist bald auffallend, und indem solche Menschen dadurch lästig werden, begegnen sie bald weiteren Schwierigkeiten, die sie zu erneuten Anklagen, Beschwerden und Processen veranlassen. Es fehlen eigentliche Wahnvorstellungen und Sinnestäuschungen, nicht immer entwickelt sich aus solchen Zuständen in sprungweisen periodischen Verschlimmerungen ein eigentliches Wahnsystem, in den seltensten Fällen wird ein fortschreitender Verlauf mit Uebergang in Blödsinn beobachtet. Processsüchtige und Querulanten können zu wahren Geisseln für ihre Umgebung werden; selten findet man Neigung die krankhafte Grundlage anzuerkennen und zu berücksichtigen; erst wenn die wie eine Leidenschaft triebartig sich äussernde Sucht des Streitens und Processirens Wohlstand und Glück zu vernichten droht, und Andere mit ins Elend hineinzieht, gehen den Angehörigen die Augen auf und nun sind sie umgekehrt geneigt, eine geistige Störung anzunehmen, die doch schon in ihrer leichteren Form meistens als Schwachsinn von früh an bestand, ohne die Grenze einer vollen Psychose zu erreichen. (Vgl. Seite 61.)

Wie religiöse Schwärmerei und Fanatismus oft an den Grenzen des Irreseins stehen, zeigt die Geschichte der Psychiatrie (vgl. mein Lehrb. d. Psych. S. 261.) Hier ist nur wieder die Thatsache zu betonen, dass die grösste Zahl der Betheiligten überall da, wo sich ähnliche Regungen zeigen, zu den sogenannten Belasteten gehört.

Einen kurzen Blick müssen wir noch werfen auf die Aehnlichkeit einzelner Traumzustände mit dem Irresein; man hat sogar oft das Irresein und den Traum verwandte, analoge Zustände genannt. Die Unterscheidung ist wohl im Allgemeinen eine leichte, da der Traum an den Schlaf geknüpft ist. Daher ist die Schwierigkeit nur grösser, wo sich Uebergänge vom Schlafen zum Wachsein finden, wie beim Nachtwandeln und bei Dämmerzuständen, die z. B. eine Folge epileptischer Anfälle sind. Auch ist daran zu denken, dass Geisteskranke träumen und ihre Erinnerungen aus den Träumen phantastisch ausgeschmückt berichten können, so dass der Inhalt ihrer Berichte gemischt aus traumhaften Erinnerungen und im wachen Zustande erworbenen Vorstellungen sein kann.

D. Sectionsbefund.

Auf anderen Gebieten der Medicin pflegt zur Bestätigung und Berichtigung der Diagnose als letztes und entscheidendes Mittel der grösste Werth auf den Befund an der Leiche gelegt zu werden. Dies Hülfsmittel hat leider in der Psychiatrie eine geringe Bedeutung. Konnte die Diagnose geistiger Störung nicht aus den Erscheinungen am Lebenden gestellt werden, so vermag bis jetzt der Sectionsbefund nur sehr selten die Entscheidung herbeizuführen, da er meistens nur vieldeutige oder gar keine Abweichungen aufweist. Selbst die deutlicheren Befunde bei einigen Blödsinnsformen würden nur in allgemeinster Weise zur Annahme einer abgelaufenen Psychose berechtigen, höchstens der hochgradige Schwund der Windungen des Stirnhirns auf Dementia paralytica hinweisen, und die grossen Defecte die vorausgegangene Idiotie wahrscheinlich machen, wenn die Forderung gestellt wäre an einer unbekannten Leiche eine bezügliche Diagnose zu stellen. Selbst die mikroskopische Untersuchung ist in einem solchen Falle nicht völlig beweisend. Ganz anders verhält es sich natürlich, wenn die Psychose während des Lebens beobachtet wurde; es werden dann alle in dem Abschnitt über den Sitz geistiger Störungen berührten Erfahrungen werthvoll, besonders die über diffuse Veränderungen der Hirnrinde, während die functionellen Störungen, darunter die mit Blutüberfüllung oder Blutleere verlaufenden, meistens ohne Erscheinungen an der Leiche bleiben.

VI.

Behandlung geistiger Störungen.

A. Psychische Behandlung.

Körperliche und geistige Behandlung müssen immer Hand in Hand gehen, nur durch ihr Zusammenwirken ist ein Erfolg zu erzielen; die Behandlung muss eine persönliche, die leibliche und geistige Natur des Menschen zugleich fassende sein. Im innigsten Zusammenhange mit den geistigen Vorgängen stehen alle Gemüthsbewegungen. Diese können wir unmittelbar beeinflussen; deshalb ist der psychischen Behandlung namentlich frischer geistiger Störungen ein grosses Wirkungsfeld gesichert. Nennen wir geistige Behandlung ein aus dem Willen des Arztes hervorgehendes und auf die Seele des Kranken unmittelbar einwirkendes Verfahren, so ist andererseits jeder Versuch die Wahnvorstellungen eines Kranken durch Gründe der Vernunft zu widerlegen, unwirksam. Es steht erfahrungsgemäss fest, dass es nicht gelingt, einem Kranken etwas auszureden, wenn er nicht selbst, wie zuweilen Reconvalescenten, Zweifel an der Richtigkeit seiner Vorstellungen hat. Noch weniger gelingt es einen unmittelbaren Einfluss auf den Willen des Kranken auszuüben; was man in dieser Hinsicht wohl durch Eingebung bei Hypnotisirten erreicht zu haben glaubt, schliesst ja gerade jede bewusste Auswahl aus. Die Hypnotisirung als psychisches Heilmittel darf hier nicht erörtert werden, da sie nicht Gemeingut aller Aerzte ist und nur in der Hand sehr Erfahrener nützen kann.

Dagegen kann durch Beeinflussung der Gemüthsbewegungen und der Stimmung sehr viel erreicht werden, sowohl bei diesen selbst, wie bei den von ihnen abhängigen höheren geistigen Vorgängen. Freilich zeigt die Erfahrung, dass auch die unmittelbare Beeinflussung der Stimmungen nur eine beschränkte sein darf, dass dabei oft weniger von einem Bekämpfen als von einem Fernhalten neuer Schädlichkeiten die Rede sein darf. Denn unzählig viele Aufregungen, überhaupt Verschlimmerungen können durch Erregung des Gefühls verursacht und darum durch freundliches und gleichmässiges Begegnen vermieden werden. Die kranke Gemüthsverstimmung weicht nicht dem Zuspruch, der Aufmunterung, noch weniger moralisirenden Einwänden. Es ist daher der gewiesene Weg die Ursachen einer krankhaften Gemüthsbewegung aufzusuchen, seien sie nun geistiger oder körperlicher Art; dadurch wird es gelingen, die Krankheitserscheinungen zurückzudrängen, gesunden Gefühlen Platz zu freier Entwickelung zu verschaffen.

Hiebei spielt die **Persönlichkeit** des **Arztes** die Hauptrolle, da er durch wohlwollenden Sinn, Vorurtheilslosigkeit und ruhige Entschiedenheit die Ueberlegenheit vermehren muss, die er bei der richtigen Beurtheilung des Kranken schon gewonnen hat. Die Macht der Persönlichkeit kann sich auf Geisteskranke besonders ausserhalb der Anstalten zeigen, denn was in diesen zuweilen erreicht wird, beruht gewiss oft auf Selbsttäuschung oder Unterschätzung der gewaltigen Hülfsmittel, die der Aufenthalt in einer wohlgeordneten Anstalt mit sich führt. So bedeutend der Einfluss des Arztes auf seinen Kranken gewesen sein mag, er pflegt zu verschwinden, nachdem er ihn verlassen hat, ja gerade die vorübergehende Begegnung ist meistens nur von Erfolg, während ein beständiges Zusammenleben den Arzt mit seinen menschlichen Schwächen bald auf gleiche Stufe mit der sonstigen Umgebung stellt. In der Anstalt bleibt der Eindruck der Begegnung mit dem Arzte trotzdem von nachhaltenderer Wirkung, da alle Bestimmungen und Einrichtungen daran erinnern, dass der Arzt zu befehlen hat. Weiss dieser daneben dem Kranken Vertrauen einzuflössen, so sind ihm die Mittel gegeben, die Stimmung des Kranken in wirksamster Weise zu beeinflussen.

Daher sind sicher unter andern alle Fälle geistiger Störung, die einer Behandlung zunächst widerstreben, am Besten in eine Irrenanstalt zu bringen; zuweilen wird ein Krankenhaus wenigstens vorläufig genügen, weil Ordnung und Einfluss des Arztes daselbst weit mächtiger sind als in häuslichen Verhältnissen. Wir fassen als für unseren Zweck am Wichtigsten hier besonders die **Zeit** ins Auge, wo der Kranke **ausserhalb der Anstalt** lebt; wir wollen also seine Stimmung beeinflussen; darum klären wir seine Angehörigen auf und bringen mit der Erkenntnis der Krankheit bei ihnen den Kranken in die nachsichtige liebevolle Umgebung, die seinem Gemüthszustande wohlthut; ferner müssen wir sein Interesse erregen, es entfernen und ableiten von den Ursachen der Krankheit. Dies ist meistens möglich, wenn man bedenkt, dass die heftigen Affecte die Behandlung in Anstalten verlangen, während die leichteren, überhaupt dieser Art Therapie zugänglichen Fälle den Rath des praktischen Arztes fordern. Der Laie ist geneigt in **Zerstreuungen** die heilende Art der Ableitung zu suchen; nun lässt sich nicht leugnen, dass Unterhaltungen und Gespräche, ja sogar Schauspiele und Concerte zuweilen Beruhigung oder Erheiterung bewirken, aber meistens doch nur vorübergehend, so dass die Umgebung sich der Selbsttäuschung bei vorurtheilsloser Anschauung nicht lange hinzugeben pflegt. Namentlich sobald der Kranke das Absichtliche der Zerstreuung empfindet, schwindet auch ihre vorübergehende gute Wirkung. Jedenfalls ist es gefährlich eine frische Psychose, einerlei ob sie eine heitere oder gedrückte Stimmungslage zur Schau trägt, in beständige körperliche und geistige Unruhe durch gehäufte Vergnügungen und Reisen zu versetzen. Im Gegentheil, es muss auf das Eindringlichste davor gewarnt werden, einen solchen Kranken in Verhältnisse mit neuen Reizen zu bringen. Kann er in der Familie nicht mehr sein, so gehört er in die Anstalt. Nur affectarme ältere Krankheitsformen können durch jene Hülfsmittel der Zerstreuung die gewünschte Ableitung erhalten.

Die beste Zerstreuung für Alle ist eine geregelte massvolle Beschäftigung, und zwar im eigenen Beruf, wenn dieser nicht gerade die Ursache der Erkrankung war. Neigungen und Gewohnheiten sind oft unzertrennlich mit den äussern Beschäftigungen des Berufes verbunden; Frauen empfinden daher die Entfernung aus der häuslichen Umgebung und der Familie noch schwerer; man möge sich hüten mit Reisen und ähnlichen Zerstreuungen die Zeit zu verlieren, die jedenfalls nützlicher in einer Anstalt verbracht sein würde, wenn das weitere Verbleiben in der Familie unmöglich geworden sein sollte. Menschen, die in ihrem Beruf festgewurzelt sind, weniger gebildete Menschen, denen es überhaupt nicht möglich ist, sich geistig zu zerstreuen, lasse man lieber in der Thätigkeit ihres Handwerks oder ihres Berufs.

Ist aber erkannt, dass dies aus andern Gründen nicht mehr möglich ist, so hat der Irrenarzt für die Anstaltsbehandlung in gewisser Weise andere Grundsätze durchzuführen. Denn mit dem Eintritt in dieselbe handelt es sich wenigstens Anfangs oft darum, den Kranken der Einwirkung jener täglichen Reize zu entziehen, wie sie nur allzuoft in seinem Berufsleben, in der Sorge für den Lebensunterhalt, in der verständnislosen Behandlung der Angehörigen, wohl auch in Spott und heftigen Vorwürfen auf ihn ausgeübt wurden; bei frischen Erkrankungen ist es richtiger den Verkehr mit den Angehörigen eine Zeitlang abzubrechen, um jede Gemüthsbewegung fern zu halten. Erst in der Reconvalescenz pflegen Besuche nützlich zu sein. Ganz anders ist es natürlich bei chronischen Krankheitszuständen und ausserhalb der Zeit eines periodisch auftretenden Affectes; dann können Besuche den Kranken ihr eintöniges Leben nur erheitern und erleichtern. Schriftlicher Verkehr fällt unter ähnliche Gesichtspunkte.

Doch ist hier wie überall in der Psychiatrie der einzelne Fall als solcher zu berücksichtigen, so dass allgemeine Regeln keine Gesetze werden dürfen. **Es muss individualisirt werden;** jede **Persönlichkeit** als solche, alle im einzelnen Falle vorliegenden Umstände in Bezug auf die besondere Individualität **des Kranken** müssen berücksichtigt und darnach die Behandlung eingerichtet werden. Darum ist die K e n n t n i s d e s V o r l e b e n s, der V o r g e s c h i c h t e seiner Kranken dem Irrenarzte so wichtig. Es sollen kranke P e r s o n e n, nicht ein krankes Organ behandelt werden.

Die p s y c h i s c h e B e h a n d l u n g Geisteskranker ist n u r i n b e s c h r ä n k t e r Weise eine p o s i t i v e, die V e r m e i d u n g s c h ä d l i c h e r E i n f l ü s s e ist noch wichtiger. Es gibt eine weitverbreitete A n s i c h t, das Richtigste sei es, nicht nur jeden Widerspruch zu vermeiden, sondern sogar a u f B e f ü r c h t u n g e n, Neigungen, besonders auf W a h n v o r s t e l l u n g e n Kranker e i n z u g e h e n. In vielen Fällen wird dadurch mindestens Nichts erreicht, oder geschadet; eine Bestätigung kann Befürchtungen unklarer Natur rasch zu festen Wahnvorstellungen machen und den eigenen Zweifel des Kranken beseitigen. Schonend muss man seine abweichende Meinung aussprechen, keinen Streit hervorrufen, nicht bestätigen, im Allgemeinen m ö g l i c h s t w e n i g v o n d e n k r a n k h a f t e n V o r s t e l l u n g e n s p r e c h e n, jedenfalls nicht mehr als zur Diagnose nothwendig ist. Man sage also dem Kranken offen, dass man ihn als k r a n k betrachtet und behandle ihn mit gleichmässiger, freundlicher Geduld und ruhigem Wohlwollen. **Offenheit** ist auch in anderer Weise der allein richtige Weg; T ä u s c h u n g ist meistens ebenso verwerflich wie Z w a n g. Soll ein Kranker z. B. in eine Anstalt gebracht werden, so sind falsche Vorspiegelungen und L i s t verwerflich, da Misstrauen gegen Angehörige und Arzt die Folge sein werden. Eine ruhige, freundliche, aber feste Erklärung, dass die Krankheit eine solche Massregel erfordere, wird die Anwendung von G e w a l t meistens unnöthig machen. Dass sie unumgänglich sein kann bei Zuständen gewaltiger Erregung und Trübung des Bewusstseins ist selbstverständlich. Natürlich genügt das durch eine machtvolle Persönlichkeit erreichte V e r t r a u e n a l l e i n nicht, um gute Erfolge bei Geisteskranken zu erzielen, wenn sie nicht Hand in Hand geht mit allseitigem ä r z t l i c h e n Wissen und Können. Die Denkweise und Gefühlsrichtung mancher Menschen, die in dauernde Geistesstörung verfallen sind, wird **religiösen Zuspruch** vielfach erlauben, ja zuweilen auch wünschenswerth machen; in allen f r i s c h e n Fällen ist er in der Regel zu vermeiden.

B. Verhütung des Irrewerdens.

Voraussetzung der Kunst das Irrewerden zu verhüten, ist eine genaue Kenntnis der Ursachen des Irreseins. Wenn wir einige der wichtigsten Punkte berühren, die uns die Möglichkeit der Verhütung des Irrewerdens verschaffen, so tritt als der deutlichste, wie in der Ursachenlehre, die Erblichkeit hervor. Es schliesst sich daran die Frage, ob ein Geisteskranker oder Jemand, der durch erbliche Anlage belastet ist, heirathen soll oder nicht. Die Erfahrung, dass Ledige überhaupt im Verhältnis häufiger erkranken, hat zuweilen zur Bejahung der Frage verleitet; ja das Publicum sieht in der Heirath oft ein Heilmittel für beginnende geistige Störungen, die mit Erregungszuständen auf sexuellem Gebiete verlaufen, daher namentlich bei Weibern. Die seltenen Fälle, in denen durch eine Heirath der Ausbruch einer geistigen Störung verhütet worden zu sein scheint, berechtigen nicht allgemein die Heirath unter solchen Umständen zu empfehlen; sicher kann man aber auch nicht immer entschieden abrathen, denn es kann die Unterdrückung einer lange bestehenden herzlichen Zuneigung der in Gefahr schwebenden Person noch grösseren Schaden hervorrufen.

Der Blick des Arztes soll ein weiterer sein, nicht die eine in Betracht kommende Person soll er allein berücksichtigen, sondern die Möglichkeit erwägen, ob die zu schliessende Ehe Gefahren der Vererbung geistiger und verwandter Störungen des Nervensystems in sich birgt. Ist der andere Theil selbst gesund und aus unzweifelhaft gesunder Familie, so wird der Arzt Neigung und andere Umstände entscheiden lassen müssen, wenn noch keine ausgesprochene Geistesstörung auf der einen Seite vorlag. Ist aber auch der andere Theil belastet, so wird man unbedingt widerrathen; am Grössten scheint die Gefahr, wenn Trunksucht mit andern nervösen Störungen zusammentrifft. Auf der Höhe einer geistigen Störung wird die Frage der Heirath wohl kaum jemals zu erledigen sein; häufiger aber nach eingetretener Genesung oder wesentlicher Besserung heftigerer Erscheinungen. Nach einmaliger Erkrankung und jahrelangem Bestehen darauf folgender Gesundheit wird man die Ehe dann erlauben, wenn beide Theile nicht belastet sind; ist die Genesung zweifelhaft und der andere Theil belastet, so ist zu widerrathen; in leichteren Fällen wird die Macht der Neigung und der Umstände hierin kein Hindernis erblicken und solchen Rath überhören. Beim weiblichen Geschlecht ist noch besonders darauf zu dringen, dass eine Verehelichung jedenfalls erst nach erreichter körperlicher Reife stattfinde.

Es ist weiter eine Aufgabe des Arztes, die Entstehung von Krankheitskeimen **während der Kindheit und Jugend** zu verhüten, oder ihre

Entwicklung bei vorhandener erblicher Belastung hintanzuhalten. Dazu dient die Durchführung der allgemein anerkannten Grundsätze der Hygiene und die vorsichtige Leitung der Erziehung. Man wird unter Umständen dringen auf späten Beginn des Schulbesuches, vor geistiger Ueberanstrengung warnen und der körperlichen Pflege und Kräftigung die grösste Aufmerksamkeit schenken. Besondere Vorsicht fordert das Pubertätsalter und die Ueberwachung etwaiger Verirrungen des Geschlechtstriebes. Wird trotzdem im geistigen und körperlichen Leben beim jugendlichen Erwachsenen die ererbte oder erworbene Belastung deutlicher, so ist der Wahl des Lebensberufes noch grössere Sorgfalt als gewöhnlich zuzuwenden; man wird abrathen von jedem Beruf, der grosse Anstrengung mit sich führt oder aufregende Verantwortlichkeit fordert. Minderwerthige sollten bei militärischen Aushebungen womöglich zurückgestellt werden. Eine gleichmässige Thätigkeit, fern von dem Geräusch der Weltstädte, kann das Schwanken des Gleichgewichtes des Bedrohten verhüten. Wenn dann noch an die Gefahr erinnert wird, die im Missbrauch des Alkohols liegt, so sind einige der wichtigsten Punkte zur Vermeidung des Irrewerdens genannt. Eine genaue Kenntniss aller Ursachen des Irreseins muss im einzelnen Fall das ärztliche Handeln weiter regeln.

C. Körperliche Behandlung.

1. Allgemeine Gesichtspunkte und Behandlungsarten.

Bei der Einleitung einer Behandlung der körperlichen Begleiterscheinungen des Irreseins, die allerdings vielfach gleichzeitig als seine Ursachen anzusehen sind, möge man sich vor grossen Eingriffen hüten, im Hinblick darauf, dass das Gesetz der **Ruhe** und **Fernhaltung neuer Schädlichkeiten** auch für die körperliche Behandlung ebenso gilt wie für die geistige. Besonders eine Anwendung specifischer Heilmittel gegen geistige Störungen gibt es nicht; es kann sich nur darum handeln, die Ursachen zu entfernen und fernzuhalten oder die gerade vorliegenden Erscheinungen der Krankheit zu mildern. Es werden etwa noch fortbestehende Krankheitsvorgänge, welche die Entwicklung der Gehirnkrankheit einleiteten, der Gegenstand der körperlichen Behandlung, mit hauptsächlicher Berücksichtigung des Kreislaufes, der Athmung, der Blutbeschaffenheit, Verdauung, der verschiedenen Absonderungen und Functionen einzelner Organe, z. B. des Genitalapparates. Sehr berechtigt ist die Warnung, sich zu hüten vor einer nicht genügend begründeten Annahme solcher Störungen, um nicht Gefahr zu laufen, nur seine eigenen Hypothesen zu bekämpfen. Besondere Aufmerksamkeit verdient die vorsichtige Untersuchung und Behandlung der Störungen des weiblichen Geschlechtsapparates, da hierdurch viel Schaden angerichtet werden kann: jedenfalls sei man nicht voreilig zur örtlichen Untersuchung und Behandlung bereit, wenn nicht unzweifelhafte Zeichen dazu drängen. Man beachte aber auch andererseits, wie bei Geisteskranken die Auffindung körperlicher Störungen oft ausserordentsich erschwert ist, insofern viele Kranke sich wenig oder gar nicht über ihre Empfindungen aussprechen, ja manche sonst gewöhnliche Zeichen von ihnen gar nicht bemerkt werden. Deshalb ist bei diesen Personen die sorgfältigste objective Untersuchung aller Organe eine Voraussetzung der körperlichen Behandlung.

An einem Punkte berührt sich die Anwendung von Arzneimitteln wieder sehr nahe mit psychischer Behandlung. Es ist eine in Irrenanstalten weit verbreitete Sitte, Geisteskranken auch ohne dass in ihrem körperlichen Befinden ein Anlass dazu gegeben ist, Arzneien zu verabreichen, um ihnen zu zeigen, dass man sie wirklich als krank betrachte, um ihre Hoffnung zu erhalten und ihnen stete ärztliche Fürsorge zu beweisen. Für die Praxis wird eine solche Täuschung sich kaum empfehlen, weil der Gebrauch der Arznei hier nicht durch äussere Mittel, sondern nur durch den guten Willen des Kranken unterstützt wird. Fehlt ihm Krankheitsbewusstsein, so wird er die Arznei auch zurückweisen. Aber ebenfalls in der Anstalt wird die Täuschung oft nur zur Beruhigung des Pflichtgefühls des Arztes dienen und der Umgebung des Kranken sowie seinen Angehörigen ein Beweis der guten Behandlung sein, wenn der Kranke die Arznei gutwillig nimmt; widerstrebt er, so ist jede Ueberredung eine Beunruhigung, unter Umständen Grund zu erneutem Misstrauen. Ist der Kranke gleichgültig dagegen, so ist es doch gewiss eine grosse Selbsttäuschung des Arztes, der gut weiss, dass man kranke Vorstellungen durch Einwände nicht beseitigt, wenn er hofft, durch eine Arznei dem Kranken die Einsicht in seinen Zustand zu verschaffen, die er ihm nicht einreden kann, es sei denn auf dem Wege der Suggestion. Auf die Gefühle und Stimmungen soll man wirken, nicht durch Vernunftgründe.

Die Vorliebe früherer Zeiten, Blutentziehungen als Heilmittel zu versuchen, hat die Neuzeit auf ein sehr geringes Mass beschränkt, um so mehr als gerade Blutarmuth eine der häufigsten Begleiterscheinungen geistiger Störungen zu unserer Zeit ist; es kann aber bei heftigem Blutandrang zum Kopf sowohl in frischen wie in andauernden Erregungszuständen eine wirkliche und rasche Beruhigung der Erfolg eines Aderlasses sein. Daher dürfte wohl einmal auf dem Lande oder unter Verhältnissen, die eine sofortige Ueberführung in anderweitige geordnete Behandlung verbieten, eine einmalige Venaesection dann mit Erfolg gemacht werden, wenn eine Ueberfüllung des Gehirns mit Blut als Ursache der Erregung erkannt ist. Andere Anlässe kann man nicht gelten lassen, da bei vorhandener Zeit und Gelegenheit zur gleichzeitigen Anwendung anderer beruhigender Mittel, jedenfalls örtliche Blutentziehungen durch Schröpfköpfe und Blutegel Genügendes leisten; um so mehr als ihre wiederholte Anwendbarkeit die Wirkung nachhaltiger machen kann. Theilweise haben wir uns den Einfluss dieser örtlichen Blutentziehungen in ähnlicher Weise wirkend zu denken, wie die kräftige Ableitung mancher Hautreize; wenn sie in der Nähe von Emissarien geschieht, die in Verbindung mit den Blutleitern im Schädelraum stehen, ist auch eine unmittelbare Entlastung der blutüberfüllten Venen des Schädelinhaltes zu erreichen. Im Allgemeinen aber haben wir allen Grund, möglichst sparsam mit dem Blute Geisteskranker umzugehen. Häufig genug haben wir es bei Irren allerdings mit deutlichen Erscheinungen von Ueberfüllung des Gehirns mit Blut zu thun, aber diese sind in der grossen Mehrzahl der Fälle Folge von Lähmungen im Gebiete der Gefässnerven; wiederholte Blutentziehung führt zur allgemeinen Blutarmuth und Erschwerung ausgleichender Stoffwechselvorgänge.

Sehr wichtig ist für die Erreichung einer genügenden Blutversorgung des Gehirns Anordnung der Bettlage; diese bringt überhaupt so viele Vortheile mit sich, dass man sie mit Recht in allen frischen Erkrankungen fordern sollte. Selbst leichtere Erregungszustände eignen sich dafür, in einer Anstalt auch schwerere. In privater Behandlung ist Bettruhe schon allein zur Beaufsichtigung zu empfehlen, ferner hält sie Wärmeverlust und Kräfteverfall auf: sie hält reizende Sinneseindrücke fern, kann den Kranken mit einem Schlage aus der Unruhe des Berufes und des täglichen Lebens reissen und bei liebevoller Pflege körperliche und geistige Ruhe gleichzeitig darbieten. Namentlich blutarme und schwächliche Kranke, die durch ängstliches Herumlaufen ihre Kräfte zu erschöpfen drohen, zeigen gewöhnlich in der dauernden Ruhelage sehr bald eine beträchtliche Besserung. Die Bettlagerung erfüllt die wesentlichste Bedingung für die Heilung von Psychosen, sie bringt Beruhigung. Dass daneben eine kräftige reizlose Kost zu geben ist, braucht kaum gesagt zu werden. Jedenfalls ist die geregelte Zufuhr auch am Leichtesten im Bett zu bewerkstelligen; den Erregten, der sonst wohl das Essen vergisst, den Aengstlichen kann man hier leicht dazu anhalten, oft freilich nur durch geduldiges wiederholtes Anbieten der Speisen.

Von fast gleich grossem Werthe zur Beruhigung frischer Erkran kungen sind laue Bäder. Ihre wohlthätige Wirkung in frischen Fällen ist eine vielseitige: zuerst ist schon die oft bis dahin vernachlässigte Hautpflege von grosser Wichtigkeit, die natürlich auch für Unreinliche, die oft genug in privater Pflege bleiben, fortgesetzten Werth behält. Im Beginne der Psychosen übt die gleichförmige mässige Erregung aller Hautnerven eine erfrischende Wirkung aus und bewirkt oft ein allgemeines Wohlbehagen. Die Hautathmung steigt nach der Reinigung des Hautorganes, die vorübergehende Erweiterung der Hautgefässe regt den Kreislauf an, Athmung und Herzschlag werden ausgiebiger und der Gesammterfolg ist bei ängstlichen und erregten Kranken fast immer ein beruhigender. An das Bad schliesst sich meistens Steigerung des Nahrungsbedürfnisses und schliesslich eine wohlthuende Ermüdung. Wo der Schlaf fehlt, kann man ihn oft durch Verlängerung lauer Vollbäder erzielen, die dann bei einhalb- bis mehrstündiger Dauer eine Temperatur von 35⁰ Celsius verlangen und eines der besten Schlafmittel sind.

Nur in beschränkter Weise können feuchte Einwicklungen die Wirkung lauer Bäder ersetzen; man nimmt dazu frisches Wasser, hüllt die damit getränkten Laken um den ganzen Körper und darüber wollene Decken. Länger als einige Stunden sollen sie nicht angewandt werden, weil solche Einwicklungen unbequem sind und die Haut erweichen. Sie rufen oft beruhigenden Schlaf hervor; ähnlich wirken nass aufgelegte Wadenbinden. Im Uebrigen zeigt die Erfahrung, dass Kaltwassercuren nur äusserst selten gut auf Psychosen wirken, so vielfach und ausgebildet auch ihre Anwendungsarten sind. Regenbäder erfrischen natürlich ebenso wie bei Gesunden in grosser Hitze im Sommer vorübergehend manchen Geisteskranken; die nachfolgende Ermattung ist aber leicht begleitet von gesteigerter Reizbarkeit. Sturzbäder sind keine Heilmittel, sondern Reste von Zwangsmitteln. Kalte Fluss- und Seebäder sind durchweg zu anstrengend bei frischen vollen Psychosen, während sie eher bei den verwandten Zuständen Neurasthenischer nützlich werden können. Jedenfalls sind ausgesprochene geistige Störungen nicht geeignet für die Behandlung in Kaltwasseranstalten. Sitzbäder können zuweilen bei begleitenden Genitalleiden nützlich sein, besonders wenn sie dazu dienen, Reizzustände zu beseitigen, die sich an äussere Entzündungen der Haut und fürs Wasser erreichbarer Schleimhauttheile anschliessen; ihre Anwendung ist dann oft bequemer als ein Vollbad, hat aber sonst keine Vortheile, dagegen den Nachtheil, dass ihnen vermehrter Blutzufluss zu jenen Gebieten folgt. Will man damit eine medicamentöse Wirkung ausüben, so ist der Zusatz von Arzneien zum Sitzbade einfacher als zu einem Vollbade. Zuweilen wirken Fussbäder günstig durch Ableitung; der Zusatz von Senfmehl, die gleichzeitige Faradisation im warmen Fussbade mit breiten Fussplatten steigern die Ableitung und können beruhigend und schlafmachend wirken. Abkühlung des Kopfes in der einfachsten, überall durchführbaren Form nasser kalter Umschläge ist natürlich vorübergehend bei Blutandrang zum Kopf und Kopfschmerzen ein gutes Linderungsmittel; Eisbeutel auf den Kopf oder die leichtere Eismütze dienen demselben Zwecke.

Den in früheren Zeiten sehr gebräuchlichen Hautreizen, die als Ableitungsmittel dienen, schenkt man jetzt wohl zu geringe Beachtung, scheu gemacht durch die missbräuchliche übertriebene Anwendung, die mit der Brechweinsteinsalbe leider oft geschehen ist. In frischen Fällen, also in der Privatpraxis besonders, hüte man sich vor ihnen, dagegen ist die Anwendung milderer Hautreize zuweilen wünschenswerth. Trockene Schröpfköpfe, Vesicatore, schwach reizende Pflaster dienen dazu, am Besten im Nacken angewandt. Aber alle Hautreize, die zu längerer Eiterung führen, sind zu vermeiden, sie schwächen, sind ekelerregend, ohne mehr zu leisten als ein kürzerer Hautreiz ohne Eiterung. Nur wenn ein örtlich begrenzter heftiger Schmerz am Schädel länger andauert, würde es erlaubt sein, den Versuch zu machen, durch Tartarusemeticus-Salbe nach Autenrieths Methode auf dem rasirten Kopf eine tiefergehende Entzündung zu erzeugen, die leicht zur Abstossung von Knochensplittern führt; ein Erfolg in solchen Fällen ist beobachtet und eine Aufsaugung benachbarter Ausschwitzungen im Schädelraume nicht völlig ausgeschlossen.

Eine ähnliche auflösende Wirkung hat man dem galvanischen Strom zugeschrieben bei Leitung durch den Kopf. Nur in erfahrenen Händen ist diese nicht ganz gefahrlose Benutzung der Elektricität erlaubt. Einfacher ist der Gebrauch des faradischen Stromes und daher auch für die Praxis eher zu empfehlen. Seine Wirkung ist im Allgemeinen eine erregende und erfrischende; namentlich gilt dies von der sogenannten allgemeinen Faradisation, bei der eine Elektrode als feste Fussplatte im Fussbade, die andere beweglich angebracht ist und an der ganzen Oberfläche des Körpers gleitend angewandt wird.

In Fällen mangelhafter Ernährung, wie z. B. bei Hysterischen und Neurasthenischen verbindet man damit zweckmässig eine schulgerechte Massage zur Anregung des Stoffwechsels; unter Umständen wird auch die Mastcur nützlich sein, die eine überreichliche Ernährung, gleichzeitige lebhafte Muskelarbeit ohne selbstthätige, darum erschöpfende Anstrengungen bedeutet. Da Bettruhe und eine geregelte psychische Beeinflussung durch unbedingte Unterordnung unter die ärztliche Anordnung hierbei wesentliche Unterstützung ausüben, ist diese Behandlungsart in solchen Fällen sehr zu empfehlen; doch eignen sich ausgesprochene Psychosen weniger dazu.

Alle genannten Arten der Behandlung lassen sich bei einzelnen Fällen in häuslichen Verhältnissen durchführen: wenn nun der Zustand eine Ueberführung in die Anstalt verlangt, bleiben aber doch oft Tage vorher übrig, wo man geeignete Massnahmen treffen soll, um nicht rohen Zwang anwenden zu müssen. Aufgeregte muss man in einen abgetrennten Wohnraum bringen, welcher nichts als ein Matratzenlager enthält; das Fenster lässt sich durch eingedrehte Bohrer vor plötzlichen Oeffnungsversuchen schützen, andere Massregeln muss man erfinderisch leiten, die Hauptsache ist dann aber noch beständige Aufsicht.

2. Schlafmittel. Narcotica, Bromsalze*) u. s. w.

Geistige und körperliche Beruhigung im besten Sinne bringt der Schlaf mit sich; wir haben schon wiederholt erfahren, dass vielen Psychosen gerade in ihrer Entwickelung Schlafmangel eigen ist, daher muss auf die Bekämpfung der Schlaflosigkeit das Hauptaugenmerk des Arztes gerichtet sein. Dazu dienen ausser den besprochenen Einwirkungen von Bädern u. dgl. besonders die schlaferregenden Arzneimittel. Wieder einmal gilt es dabei zu individualisiren, Ursachen und andere Erscheinungen neben der Schlaflosigkeit im einzelnen Falle zu berücksichtigen. Auch wird man im Anfang gut thun, den Schlaf womöglich nicht durch Arzneien, sondern durch andere Mittel zu erreichen, wie z. B. durch kräftiges Bier, guten alten Wein, die bei Blutarmen und Erschöpften oft schon Genügendes leisten; denn gewöhnlich wird die Anwendung von Arzneien wegen der verhältnismässig langen Dauer der meisten Psychosen immer noch lange genug nöthig werden, so dass man die Gefahr der Gewöhnung an bestimmte Mittel gerade in der Praxis rechtzeitig bedenken muss; jedenfalls ist deshalb auch ein rechtzeitiger Wechsel der verschiedenen Schlafmittel geboten.

Das gebräuchlichste Schlafmittel ist das Chloralhydrat. In Gaben von etwa 2 gr führt es einen mehrstündigen ruhigen Schlaf herbei, ohne besonders unangenehme Nachwirkungen zu hinterlassen, in der Regel nur eine leichte Benommenheit des Kopfes. Zu vermeiden sind aber grössere Gaben und eine längere als einige Tage fortgesetzte Anwendung. Namentlich bei Herz- und Gefässerkrankungen kann es zu Gefässlähmungen und deren Folgezuständen führen. Zweckmässig sind daher kleinere Gaben von 1—2 gr in Verbindung mit 1—2 ctgr. Morphiumlösung, oder mehrmalige Gaben von ½ gr. Wegen seines wider-

*) Vergl. Recepttafel.

lichen ätzenden Geschmackes, der sich am Besten durch Zusatz von Succus Liquiritiae und einige Tropfen Chloroform verdecken lässt, wird es indessen häufig abgelehnt; man kann dieselbe Menge im Klystier einbringen; es wirkt dann aber nicht so vorzüglich, besonders auch langsamer. Bei fehlender motorischer Unruhe wird Chloralamid empfohlen. Wenn Chloralhydrat nicht anwendbar ist, wie z. B. bei Herzkranken, oder um eine längere Darreichung zu vermeiden, so ist Paraldehyd zu wählen. Es hat den Vorzug, längere Zeit als Chloralhydrat ohne schädliche Wirkungen eingenommen werden zu können. Man gibt es in Gaben Anfangs von 3—5 gr; wenn es nach etwas längerem Gebrauch seine Wirkung zu versagen beginnt, so kann man steigen oder durch kurzes Aussetzen die Empfänglichkeit wieder erreichen. Der Eintritt rascher Ermüdung ist beim Gebrauch des Paraldehyds fast noch auffälliger als beim Chloralhydrat. Der Geschmack ist freilich noch widerlicher: er wird etwas verdeckt durch Zusatz von Tinct. Aurantii simpl. Sehr unangenehm ist auch noch der zuweilen 24 Stunden anhaltende Nachgeschmack und höchst unangenehme Geruch, der sehr merkbar für die Umgebung ist, da das Paraldehyd durch die Lungen wieder ausgeschieden wird. Daher ist die Anwendung im Klystier (mit einer Oelemulsion) zuweilen angebracht. Amylenhydrat (2—4 gr) ist von ähnlicher Wirkung.

Als Schlafmittel wird das Sulfonal viel gegeben wegen seiner annähernden Geschmacklosigkeit. Es darf nicht längere Zeit gereicht werden, da es eine cumulirende Wirkung hat; namentlich bei Stuhlverstopfung ist bei alten Frauen nicht mehr als 1 gr am Tage, etwa eine Woche lang zu geben und dann auszusetzen. Männer vertragen 2—3 gr eine Zeit lang ganz gut. Ist die Wirkung keine genügende, so wird sie durch Zusatz von einigen Tropfen Opiumtinctur rasch vermehrt: die sich allmählich anhäufende Wirkung wird auch durch kleinere Gaben von $^1/_2$ gr mehrmals am Tage gut vertheilt und ausgenutzt. Sulfonal löst sich schlecht in Wasser, ist daher besser in warmen Schleimsuppen zu geben. Schwindel und Blutharnen sind gefährliche Erscheinungen, die zum sofortigen Aussetzen zwingen.

Rascher wirksam und nicht so gefährlich ist das Trional, welches das Sulfonal neuerdings etwas verdrängt; dafür fehlt ihm aber die gute Seite der cumulirenden Wirkung, welche in der Hand des sorgsamen Arztes sehr nützlich sein kann. Es wird etwa in denselben Mengen gegeben; entweder in refracta dosi 3—4mal täglich $^1/_2$ gr oder einmal 1—2 gr, ohne Unterschied des Geschlechts.

Beruhigung und Schlaf rufen auch einige Alkaloide hervor, die man vorzugsweise gern als Einspritzungen unter die Haut anwendet. Nicht nur die Gefahr der Gewöhnung an solche Mittel, bei einigen auch eine Reihe unangenehmer Nebenwirkungen mahnen uns, sie sparsam zu gebrauchen. Wo es angeht, wird man die innerliche Anwendung daher zuerst versuchen und erst bei Misserfolgen zur Einspritzung schreiten. So ist das Hyoscin innerlich gegeben als Hyoscinum hydrobromicum oder hydrojodicum $0\cdot001 - 0\cdot002$ im Ganzen ohne unangenehme Nebenwirkungen, während es bei Einspritzungen schon in der geringen Menge von $^1/_2 - 1$ *mgr* ausser rasch eintretendem tiefen Schlaf, noch lange nachher schwankenden Gang und grösste Erweiterung der Pupillen zur Folge hat, also Vergiftungserscheinungen, neben denen auch Trockenheit im Halse und starke Benommenheit vom Kranken selbst empfunden werden. Der Schlaf ist kein erquickender, die Beruhigung dagegen, nachdem zuweilen rasch vorübergehend auch noch kurze heftige Erregung aufgetreten ist, wenigstens für einige Stunden eine so vollkommene, dass es z. B. erlaubt erscheint, einen tobsüchtigen Kranken dadurch so lange widerstandslos zu machen, bis er in eine Anstalt gebracht ist; wenn man es nicht vorzieht anstatt dieses chemischen Zwanges dann doch mechanischen auszuüben. Zuweilen ist Trional ($1\cdot5$ *gr*) in diesem Falle von genügender Wirkung. Bei motorischer Erregung ist auch Duboisinum subcutan anwendbar unter grosser Vorsicht, da es ebenfalls unangenehme Nebenwirkungen zeigt und rasch grössere Dosen verlangt.

Jedenfalls harmloser, obwohl ja immer ein tiefer Eingriff, ist die durch starke Morphiumeinspritzung in solchen Fällen zu erreichende Beruhigung. Dagegen ist das **Morphium** auch als ein Heilmittel im eigentlichen Sinne bei Geisteskranken in mehrfacher Hinsicht zu betrachten. Voran steht seine schmerzlindernde Wirkung; dadurch wird es nach Beseitigung des Schmerzes mittelbar ein Schlafmittel. Einspritzungen sind freilich rascher und deutlicher wirksam, aber bei innerlicher Anwendung entgeht man länger der Gefahr der Gewöhnung, die ja beim Morphium so gross ist. Andrerseits ist die Wirkung bei Einspritzungen natürlich rascher und entschiedener. Morphiumeinspritzungen wirken in den verschiedensten Fällen geistiger Störung im Augenblick beruhigend, sie dürfen aber nur selten methodisch wiederholt länger benutzt werden; die Erfahrung scheint nur für die besondere Form der circulären Geistesstörung die Ansicht zu unterstützen, dass es möglich sei, durch grössere Mengen eine Zeitlang wiederholter Einspritzungen den trostlosen Wechsel von trüber und heiterer Stimmung zu unterbrechen, gewissermassen durch Zersprengen eines Gliedes in der Kette der Erscheinungen den Zusammenhang zu zerreissen. Bei grosser körperlicher Schwäche und bei sehr grosser Aufregung, die von starker Erweiterung der Gefässe des Kopfes begleitet ist, wird von Morphiumeinspritzungen abgerathen; ebenfalls bei Herzfehlern ist Vorsicht nöthig. Die Möglichkeit der Einverleibung des Mittels ohne dazu nöthige Mitwirkung des oft widerstrebenden Kranken ist ein Vorzug, den die Morphiumeinspritzung mit allen Injectionen von Arzneimitteln theilt. Die Anfangs oft unangenehme Nebenwirkung der Uebelkeit und des Erbrechens verliert sich vielfach bald. Bedenklicher sind einige andere Zufälle, die unter stürmischen Erscheinungen zu verlaufen pflegen. Entweder sind es Gefässlähmungen allein, oder in Verbindung mit Athmungslähmung. Bei stärkster Myosis findet sich dann Pulsverlangsamung; eine anfängliche Erregung endet mit tiefem Schlaf. Die gebräuchliche Anfangsgabe von guter Wirkung ist 0·015 ctgr. Eine Steigerung hängt von individuellen Verhältnissen ab. Bei Blutarmuth ist die Verbindung mit Chininum sulfuricum zu empfehlen.

Verwandt der Wirkung des Morphiums ist die des Opiums. Dass es namentlich in melancholischen Angstzuständen weiblicher Kranken noch besser als das Morphium wirke, ist ein vielfach geltendes Dogma, ohne dass eine Erklärung dafür gegeben werden kann. Man gibt es gern bei Blutarmuth und schreibt namentlich dem Opium purum eine trophische Wirkung zu. Die zuerst hartnäckige Verstopfung ist eine unerfreuliche Zugabe, da sie zur Anwendung von Klystieren und Abführmitteln zwingt. Auch der Geschmack ist nicht angenehm; darum wird es auch im Klystier oder als Stuhlzäpfchen gegeben. Die Anwendung in eingespritzter Lösung ist nicht sehr zu empfehlen, da das dazu gebräuchliche Extractum Opii aquosum, wenn nicht ganz frisch bereitet und täglich filtrirt, meistens trübe ist und zu Schmerzen und Abscessen der Haut führt. Man gibt das Opium am Besten als Tinctura Opii simplex, 10 Tropfen 2—3mal täglich, oder in Pulverform als Opium purum, Anfangs bis 0·05 zweimal täglich, und kann rasch steigen bis zu mehreren Decigrammen pro dosi, sinkt aber beim Aufgeben des Mittels lieber langsam. In grossen, Schlaf erzeugenden Gaben ist es verwerflich, wie jeder chemische Zwang von längerer Dauer.

Schwächer als Hyoscin, weniger gefährlich als Morphium, da auch keine Gewöhnung folgt, geschmackloser als Opium ist Codein, doch nicht so zuverlässig. Man gibt es theelöffelweise in Form von Codeinsyrup, auch in Injectionen.

Umfangreich ist die Verwendung der Bromsalze bei geistigen Störungen zur Herabsetzung der Erregbarkeit. Bei weitem am Gebräuchlichsten ist das Bromkalium, während dem Bromnatrium und Bromammonium nur in Verbindung mit jenem gute Erfolge zugeschrieben werden. Unmittelbar auf die Hirnrinde wirkend wird es bei epileptischen und anderen Reizzuständen der motorischen Functionsgebiete benutzt, ferner bei periodischen Erregungszuständen, die ohne

Gefäßschwankungen einhergehen; im Gegensatz zu den Opiaten, deren Wirkung theilweise durch das Gefäßsystem vermittelt wird, ist die der Brompräparate auf chemische Veränderungen der Nervensubstanz zu beziehen. Die Herabsetzung peripherer Reizzustände neuralgischer Art erweitert die Anwendbarkeit des Bromkaliums sehr. Besonders gern wird es gegeben bei Reizzuständen sexueller Organe, aber auch bei nicht peripher zu begründendem Sexualreiz; seine Wirksamkeit beim weiblichen Geschlecht tritt besonders hervor in menstrualen Erregungszuständen. Die Herabsetzung geschlechtlicher Erregung erfordert aber recht grosse Gaben, welche bei längerem Gebrauch zu unangenehmen Nebenwirkungen führen. Die schwindelartigen Zustände und die starke Benommenheit nach grösseren Mengen Bromkalium sind die Ursache, dass es auch als Schlafmittel benützt wird, obwohl der schlafartige Zustand in den schlaffreien Zeiten fortbesteht und dadurch von dem echten Schlaf unterschieden ist. Für die elegante Praxis ist das kohlensaure Bromwasser wegen Verdeckung des salzigen Geschmacks zu empfehlen und wird im oben besprochenen Sinne gern bei sogenannter nervöser Schlaflosigkeit gegeben.

Als Antiaphrodisiacum ist Monobromcampher empfohlen oder Cocaïneinpinselung. Endlich sei hingewiesen auf die sedative und schmerzstillende Wirkung des Antipyrins, Antifebrins, Phenacetins, Salophens und verwandter Mittel in grossen Dosen; bewährter sind Chinin und Tinct. Valerian. Vgl. Recepttafel.

3. Bekämpfung einzelner wichtiger Krankheitserscheinungen.

Die Behandlung der Schlaflosigkeit, Angst und Unruhe entspricht immer nur der Forderung, die auffallendsten Erscheinungen der Krankheit zu besänftigen oder zu beseitigen; die Entfernung der Ursachen ist dadurch nicht zu erreichen. Ueberhaupt ist eine rein ursächliche Behandlung bei geistigen Störungen nur in wenigen Fällen möglich, bei fieberhaften Krankheiten z. B. und Allgemeinerkrankungen wie Syphilis, bei Nierenleiden, Magenerkrankungen u. s. w. Oft sind wir trotz der Kenntnis vorliegender Ursachen nicht im Stande diese zu beseitigen, man denke wieder an das weite Gebiet erblicher Erkrankungen; wir müssen uns begnügen mit der Bekämpfung der wichtigsten Zeichen des Irreseins. Bei einzelnen ist auch dies überhaupt nicht möglich; so können wir gegen Sinnestäuschungen nur dann mit einer gewissen Aussicht auf Erfolg vorgehen, wenn die sorgfältige Untersuchung einen Anhalt für ihre periphere Entstehung gegeben hat. Einseitige Gehörstäuschungen z. B. wecken diesen Verdacht und erfordern die sachgemässe Behandlung etwaiger Ohrenleiden.

Unter den Zuständen, die das Irresein begleiten, erfordert die **Nahrungsverweigerung** eine ausführliche Erörterung. Häufig begegnen wir dieser Erscheinung in der Melancholie und als Folge von Sinnestäuschungen oder Wahnvorstellungen; die zahlreichsten Beweggründe machen die Nahrungsverweigerung zu einer häufigen und hartnäckigen Erscheinung des Irreseins. Allgemein ist nun zu bemerken, dass man sich nicht zu rasch erschrecken lassen darf bei beginnender Nahrungsverweigerung; eine grosse Vielgeschäftigkeit und wiederholte eindringliche Aufforderung zum Essen ist in mancher Beziehung bedenklich, denn Vergiftungsbefürchtungen werden dadurch häufig in der Meinung des Kranken bestätigt, vorgenommene Gelübde durch den Widerspruch in seinen Augen in ihrer Bedeutung erhöht, während die Nichtbeachtung jene Vorstellungen lahm legt. In vielen Fällen ist der beste Bundesgenosse unserer Wünsche der Hunger, der bisweilen nach einigen Tagen sich so stark geltend macht, dass der Kranke dann mit wahrer Gier über die vorgesetzten Speisen herfällt. Es ist daher in vielen Fällen sehr zu empfehlen, sich scheinbar um die Nahrungsverweigerung gar nicht zu kümmern, die Speisen regelmässig hinzusetzen und den Kranken längere Zeit mit ihnen allein zu lassen. Viele essen dann, wenn sie sich unbeobachtet glauben. Dies geschieht am Ersten im Bett, auch ist die Bettlage gerade bei Nahrungsverweigerung zur Erhaltung der Kräfte und Körperwärme die erste Forderung. Dann aber ist die abwartende Behandlung vielfach zu verändern je nach dem einzelnen Falle; bei getrübtem Bewusstsein, bei herabgesetzter Willenskraft genügt es oft den Löffel an den Mund zu führen, oder die Speisen in den Mund zu schieben, worauf die entsprechenden Kau- und Schluckbewegungen reflectorisch ausgeführt werden. Vorübergehend können Wahnvorstellungen oder Sinnestäuschungen durch die bestimmte Versicherung, dass das Essen erlaubt sei, zuweilen durch einen ruhigen Befehl überwunden werden; Vergiftungsfurcht lässt sich zuweilen beseitigen durch Probieren oder das Geniessen der Speise aus derselben Schüssel. Unbedenklich ist manchen Kranken der Genuss von Eiern, andere greifen nach den Speisen der Nachbarn, die ihnen unschädlich scheinen, sie sind daher in Gesellschaft Anderer bei erlaubtem Umtausch der Schüsseln zum Essen zu bewegen. Meistens aber ist der Hunger der mächtigste Antrieb. Wenn die Kranken Wasser geniessen, was vielfach neben sonstiger hartnäckiger Nahrungsverweigerung der Fall ist, kann man ihnen durch unbemerkten Zusatz von Zucker etwas Nahrungsstoff zuführen; überhaupt ist das Wassertrinken ein Grund, die nothwendig scheinende zwangsweise Ernährung noch aufzuschieben.

Vorher muss man auch versuchen Reinhaltung des Mundes durch Ausspülen mit Wasser zu erreichen. Die Behandlung eines begleitenden Magenkatarrhs oder einer Verstopfung ist zuweilen dadurch erleichtert, dass Kranke sich nicht gegen die Darreichung von Arzneien sträuben, deren Herstellung in der Apotheke sie ihnen unverdächtig macht. Wasserklystiere sind zu versuchen, da wie schon berührt die genügende Wasserzufuhr eine längere Nahrungsenthaltung nicht so bedenklich erscheinen lässt. Auch Kochsalzinfusionen sind empfohlen, die Hunger und Durstgefühl erhöhen.

Bei gutem Ernährungszustand und Bettruhe darf man in der Regel ohne Bedenken acht Tage verstreichen lassen, ehe man zu der dann nothwendig werdenden Zwangsfütterung schreitet: ja auch über diese Zeit hinaus bis zu 14 Tagen und länger zu warten, ist unter günstigen Vorbedingungen erlaubt, wie dies die Versuche der Hungerkünstler ebenfalls gelehrt haben. Ist der völligen Nahrungsverweigerung aber schon eine längere Zeit ungenügender Nahrungszufuhr vorausgegangen oder liefen andere entkräftende Ursachen voraus, so wird schon nach wenigen Tagen die künstliche Ernährung stattfinden müssen. Dann halte man sich nicht auf mit Schnabeltassen, Eingiessen flüssiger Nahrung mit zugedrückten Nasenflügeln, wodurch der Kranke zum Schlucken veranlasst werden soll, und ähnlichen Versuchen, die einerseits ungenügend auszufallen pflegen und auch, wenn nicht gefährlich durch Verschlucken, so doch leicht zu Verletzungen der Mundschleimhaut, der Lippen und Zähne führen. Die beste Art ist die Einführung einer Sonde in den Magen, dazu stehen zwei Wege offen, entweder der durch den Mund oder durch die Nase. Da die Eröffnung des Mundes oft nur mit harten Mundsperren unter roher Gewalt möglich ist, bei der eine Verletzung kaum zu vermeiden ist, so ist die Einführung der Sonde durch die Nase fast immer der mildeste Zwang. Grössere Schwierigkeiten entstehen zuweilen durch Erbrechen, das unwillkürlich nach Einführung der Flüssigkeit geschieht. Machtlos pflegen wir zu sein, wo das Erbrechen willkürlich geschieht in Folge von Wahnvorstellungen, denn Nähr-Klystiere pressen diese Kranken auch hinaus, wir müssen sie thatsächlich verhungern lassen. Auch hartnäckiges unwillkürliches Erbrechen kann zu demselben Ende führen, denn das fortgesetzte Erbrechen von Mageninhalt neben der Sonde, zwingt wegen der Gefahr des Erstickens oder Fremdkörperpneumonieen zum Aufgeben der künstlichen Ernährung.

Im Allgemeinen erschweren äussere Umstände die Durchführung der Zwangsfütterung in privaten Verhältnissen; man wird solche Kranke lieber in Krankenhäuser oder Anstalten schicken. Wir nähern uns überhaupt mehr der Behandlung derjenigen Erscheinungen bei Geisteskranken, die nur in Irrenanstalten mit Aussicht auf Erfolg stattfinden können. Dahin gehört vor allen Dingen eine bei den Kranken etwa hervortretende Neigung zum Selbstmorde. Selbstmordsüchtige bedürfen einer besonderen Ueberwachung und dürfen sich selbst nicht einen Augenblick überlassen bleiben. Die Möglichkeit, mehrere dieser Kranken genügend zu beaufsichtigen, bietet in Anstalten ein sogenannter Schlafwachsaal, in dem Tag und Nacht wechselnde Wachen sind; ein solcher Raum muss dabei in der Weise eingerichtet sein, dass jede Gelegenheit zur Ausführung der gefährlichen Neigung möglichst fehlt, Nägel, Haken, Vorsprünge an Wänden und Betten sind thunlichst zu beseitigen, scharfe Instrumente dürfen nicht hineinkommen, daher lieber nur Löffel als Messer und Gabeln zu benutzen sind; Halstücher, Bänder werden von der Kleidung entfernt. Obwohl es natürlich nicht möglich ist, alle zu Selbstmordversuchen geeigneten Mittel zu entfernen, so ist doch die Annäherung an das vorgesteckte Ziel immer zu erstreben, da vielfach erst die Gelegenheit zur That reizt. Es gibt aber immer wieder so erfinderische und energisch ihrem Zweck nachstrebende Kranke, dass Beaufsichtigung und Entfernung der meisten Gelegenheiten zum Selbstmord häufig noch nicht genügen; es bleibt dann zunächst nur die Möglichkeit, wenn Zwang im gewöhnlichen Sinne des Wortes, soweit damit dann eine Beschränkung der freien Bewegung der Gliedmaßen gemeint ist, vermieden werden soll, den Kranken in einen Raum zu bringen, der ausser den kahlen glatten Wänden, Fenster hat, die entweder mit feinen Drahtnetzen vergittert sind oder aus dickem starken Glas bestehen, sowie Thüren ohne Vorsprünge und Griff. Freilich ist es dann auch noch nöthig, dem Kranken die Bettstelle zu nehmen, selbst dann ist man noch nicht sicher, ob er es nicht versucht, sich mit Kleiderfetzen oder Bettlakenstreifen den Hals zuzuschnüren, oder mit dem Kopf gegen die Wand zu rennen; durch letztere Versuche wird es ihm freilich selten gelingen, sich das Leben zu nehmen, obwohl auch z. B. schon Schädelbrüche und Bruch der Halswirbelsäule dabei vorgekommen sind, aber schwere Verletzungen anderer Art können nicht verhindert werden. Es bleibt dann nichts Anderes übrig, als eine Beschränkung des Gebrauchs der Hände bei gleichzeitiger Beaufsichtigung in einem Wachsaale. Ganz selten kann man hierdurch auch noch keinen ausreichenden Schutz verleihen und ist dann in Privatpflege nur noch sichere Befestigung an der Bettstelle oder chemischer Zwang übrig, d. h. Betäubung durch Einspritzungen; denn Festhalten durch die Umgebung ist für längere Dauer unmöglich und artet auch sehr leicht in Rohheiten aus. Es gilt aber als eine wichtige Regel zu verlangen, dass kein mechanisch beschränkter Kranker ohne beständige Aufsicht gelassen werden darf, zur Vermeidung schweren Unglücks.

Die augenblicklich herschende Zeitströmung geht dahin, jeden mechanischen Zwang zu vermeiden, sicher ist er unter Zuhülfenahme starker Arzneien sowie bei reichlichem und gut geschultem Wartpersonal zu entbehren; theilweise ist es daher einfach eine Geldfrage, um die es sich handelt, da gutes Pflegepersonal auch gut besoldet sein will. Man wird in einer gut eingerichteten Irrenanstalt auch ohne Frage das Fehlen des Zwangs als Regel hinzustellen haben; aber keine Ausnahmen gelten zu lassen, wäre Principienreiterei. Es sei erinnert an **schwere Verletzungen** unruhiger Kranken, die überhaupt nur bei **erzwungener** Ruhelage heilen können; wenn **Erschöpfungszustände** eintreten, kann vorübergehend mechanischer Zwang sogar geboten sein, da Arzneimittel das erschöpfte Nervensystem nur weiter lähmen würden. In unheilbaren Krankheitsfällen wird man der Umgebung zu Liebe vielleicht lieber chemischen Zwang anwenden, bei frischen ist die Gefahr chemischer Schädigung des Gehirns bedenklich. Endlich gibt es Grade von **Unreinlichkeit**, Schmieren mit den Excrementen bei Unbesinnlichen, denen man mit Klystieren nicht mehr das Material zum Schmieren entziehen kann. Solche Unreinlichkeit und Neigung zum Zerstören zwingen uns in Anstalten den Kranken zuweilen eine besonders starke Kleidung anzulegen, ebenso das nicht seltene Streben, sich zu entkleiden.

Wir haben schon mehrere Gründe kennen gelernt, die zur Ueberführung des Kranken in eine Irrenanstalt drängen; es waren durchweg Gründe der Zweckmässigkeit bei der Bekämpfung einiger Erscheinungen des Irreseins. Weit wichtiger ist der Grundsatz heilbare Kranke besonders der untern Stände sobald wie möglich in die Anstalt zu bringen, weil für sie die häuslichen Verhältnisse die Durchführung der vorhin gemachten Vorschläge in der Regel verbieten. Bei den höhern Ständen ist das **Vorurtheil** gegen die Irrenanstalten im Allgemeinen noch grösser, und in der That ist der Aufenthalt in ihnen leider immer noch ein Hindernis für das spätere Fortkommen, selbst bei völliger Genesung; daher suchen einige „Nervenanstalten" durch Vermeidung des gefürchteten Namens nicht ohne Erfolg jenen Nachtheil zu vermeiden. Ganz wird das Vorurtheil wohl niemals schwinden können, besonders wird es genährt durch die grosse Zahl nicht völlig genesener, nur beruhigter Kranken, die die Anstalten verlassen und nicht wieder völlig leistungsfähig ins Leben zurückkehren; viel wird aber noch dagegen gethan werden können, wenn man sich entschliesst den Eintritt und Austritt aus den Anstalten durch Beseitigung formeller Bedingungen, wie sie noch meistens bestehen, zu erleichtern. Thatsächlich gehen ihnen erschreckend wenig heilbare Fälle zu; diese gelangen vielfach noch in die bequemer zu erreichenden Krankenhäuser, werden dort aber meistens ungenügend verpflegt und behandelt, so dass sie als verschleppte Zustände endlich doch noch den Irrenanstalten zugewiesen werden müssen. Eine gute Irrenanstalt bietet den heilbaren Kranken einen Vortheil, den sonst selbst gute Krankenhäuser nicht zu besitzen pflegen; es ist dies die Gelegenheit zu einer geregelten Beschäftigung, besonders zu einer solchen in freier frischer Luft. Die für eine beschleunigte Aufnahme so ausserordentlich geeigneten Stadt-Asyle müssen daher ihre Reconvalescenten später noch zur Förderung der Genesung an die meistens ländlich gelegenen Irrenhäuser abgeben. Wohlverstanden, auch die Genesenden sollen diesen Vortheil haben, nicht nur die Pfleglinge, für welche ländliche Irrencolonieen und Familienpflege noch andere Beschäftigungsmittel bieten. Jene bedürfen noch genauerer Aufsicht, darum wird man sie am Liebsten mit Gartenarbeiten beschäftigen. Beschäftigung, namentlich in schlechterer Jahreszeit, bietet die Anstalt in zahlreichen Werkstellen, in allen Einrichtungen des Hauses, die der Reinigung bedürfen: weibliche Kranke haben ausreichende Thätigkeit in der Beschaffung der Kleidungsstücke, des Leinenzeuges und der Wäsche, genug Thätigkeit und Beschäftigung in Fülle. Es würde zu einer eingehenden Schilderung einer Anstalt führen, wollte man alle die Gelegenheiten zur Beschäftigung aufzählen. Es kann jedem Studirenden und Arzte nur gerathen werden eine Irrenanstalt zu besuchen; dadurch werden Vorurtheile und falsche Ansichten über das Leben und Treiben in einer Anstalt bei ihm schwinden; er wird überall den wohlwollenden Geist bemerken, der dort herrscht und in allen Anordnungen des Arztes hervortritt. Dass diesem dabei die Macht zu Gebote steht, die Ausführung seiner Anordnungen zu erreichen, erleichtert die milde Behandlung sehr: denn die Macht des Beispiels und des widerspruchslosen Gehorchens eines grossen Personals und vieler anderer Kranken lässt es meistens bei Neueintretenden gar nicht erst dazu kommen, sich gegen die Disciplin aufzulehnen. Es ist nicht allein die geregelte und gute Pflege des Körpers, sondern das Abnehmen aller Sorgen für die Bedürfnisse des Lebens, die Fernhaltung aller neuen schädlichen Eindrücke, die in überraschender Weise in einer Anstalt rasch die Beruhigung herbeiführen, welche trotz liebevollster Sorgfalt den Angehörigen und trotz zahlreicher Arzneien dem praktischen Arzte nicht gelang. Selbst höhere Grade von Aufregung verschwinden oft bald in der Anstalt, da der Kranke rasch empfindet, dass ein anderer, wenn auch strenger, so doch wohlwollender Geist der Ordnung, nicht sein krankhaft erregter Wille herrscht, unterstützt von äusseren Einrichtungen, gegen die er machtlos ist. In den besten Anstalten ist die Disciplin aber weniger wirksam als die von edler Begeisterung getragene ärztliche Fürsorge, die in möglichst freier Behandlung das Ideal der Psychiatrie zu erreichen sucht.

Der Arzt muss mit dem Kranken nicht lange vor seiner Versetzung in die Anstalt von dieser sprechen, sie ihm nicht gewissermassen als Drohung vorhalten. Erst nach Erledigung aller Vorbereitungen erkläre er zwar rücksichtsvoll, aber fest und bündig die vorliegende Nothwendigkeit. Meistens nimmt der Kranke eine solche Eröffnung viel ruhiger auf als befürchtet wurde. Widerspricht er, so vermeide man es durch lange Vorstellungen und Verhandlungen seine Zustimmung zu erreichen, sondern spreche von der Massregel stets als von einer abgemachten Sache. Die Ueberführung darf dann niemals mit List geschehen; falsche Vorspiegelungen würden eine falsche Rücksichtsnahme sein, die möglicherweise den Angehörigen aufregende Scenen erspart, aber den Kranken sofort mit Misstrauen gegen seine neue Umgebung erfüllt und dauernden Groll gegen die Angehörigen zurücklässt, der auch nach eingetretener Genesung eine Mißstimmung bestehen lässt. Meistens genügt also der Hinweis auf die Nothwendigkeit der Versetzung in eine Anstalt; doch sei man gerüstet, sie nöthigenfalls zu erzwingen, dann darf man sich nicht scheuen, bei thätlichem Widerstande offene Gewalt anzuwenden. Zuweilen empfiehlt es sich dabei die Hülfe der Behörden zu benutzen, weil dadurch manche Kranke nicht nur leichter überzuführen sind, sondern namentlich auch ein gewisses Verständnis dafür gewinnen, dass nicht nur die Angehörigen, sondern auch die öffentlichen Behörden die Nothwendigkeit dazu erkannt haben. Gemeingefährliche und sehr aufgeregte, sowie unbesinnliche Kranke werden selbstverständlich mit möglichster Rücksicht auf die Angehörigen und das Publicum übergeführt, so dass die Anwendung einer mechanischen Beschränkung der öffentlichen Sicherheit und Ordnung wegen erlaubt ist, wenn es nicht gelingt, den Kranken während des Transportes durch Schlafmittel oder etwa eine Einspritzung von Hyoscin, wie oben erörtert ist, oder durch Trional so lange zu beruhigen, dass er ohne weitere Störungen in die Anstalt gebracht werden kann.

Die allgemeine Regel, frische heilbare Erkrankungen möglichst bald in eine Anstalt zu bringen, kann man den Angehörigen meistens dadurch berechtigter erscheinen lassen, dass man sie hinweist auf die Wahrscheinlichkeit einer längeren Dauer der Krankheit. Andererseits aber ist es natürlich, dass der praktische Arzt sich nicht gern der Gefahr aussetzt, schon nach wenigen Tagen einen Kranken genesen zu sehen, auf dessen Ueberführung in die Anstalt er drängte; es gibt einzelne transitorische Psychosen, deren Vorkommen das Abwarten einiger Tage berechtigt erscheinen lassen kann. Dass ein Kranker auf dem Wege ins Irrenhaus gesund wird, ist ein Fehler, den das Publicum dem Arzte nicht vergibt.

Nicht selten begegnet man dem Einwande gegen die Benutzung einer Irrenanstalt, sie trage nur dazu bei, den Rest geistiger Fähigkeiten durch den Verkehr mit anderen Irren zu vernichten. In jeder wohlgeordneteren Anstalt findet aber eine zweckmässige Scheidung der Kranken statt, so dass z. B. der frisch Erkrankte nicht mit Verblödeten oder Unreinen zusammentreffen darf.

D. Behandlung der Reconvalescenten.

Von grösster Wichtigkeit ist es für den praktischen Arzt zu erfahren, wie er mit Kranken verfahren soll, die aus der Anstalt entlassen sind. Namentlich handelt es sich hier um solche, die als Reconvalescenten vor erfolgter völliger Genesung in die Familie zurückgekehrt sind. Denn es gibt sehr häufig Fälle, in denen der langsame Gang der Genesung und ein sehr lebhaftes, allerdings noch krankhaftes Heimweh oder das Drängen der Angehörigen zu einer etwas vorzeitigen Entlassung aus der Anstalt gezwungen haben, um nicht die Gefahr einer Verschlechterung oder gar eines unvermutheten Selbstmordes heraufzubeschwören. Bei vorsichtiger Auswahl der Kranken und unter günstigen häuslichen Verhältnissen pflegt sich dann auch die weitere Heilung meistens ungestört zu vollziehen. Wenn aber diese Verhältnisse neue Noth und Sorgen mit sich bringen, so sind baldige Rückfälle unvermeidlich. Da der Anstaltsarzt selten genügend über diese Dinge unterrichtet sein kann, ist es die Aufgabe des Hausarztes eintretenden Falls darauf aufmerksam zu machen, wenn die Rückkehr in die frühere Lebenslage bedenklichere Uebelstände mit sich führen sollte als ein längerer Aufenthalt in der Anstalt. Jede Ueberanstrengung, also eine zu rasche Uebernahme der früheren Berufslast, ist bedenklich. Daher wird man Wohlhabenderen zweckmässig rathen, zwischen die Genesungszeit und den vollen Eintritt in die früheren Berufspflichten eine Erholungsreise, einen Besuch in befreundeter Familie u. s. w. einzuschieben.

Aber der Arzt möge nicht vergessen, dass die Zeit der eintretenden Genesung eine psychische Behandlung verlangt, die sehr wesentlich dazu beitragen kann, die Heilung zu beschleunigen. Etwa zurückgebliebene Wahnvorstellungen können jetzt erschüttert werden durch freundliche Einwände und zuweilen durch leichten Scherz. Mancher hat das Bedürfnis, sich immer und immer wieder vom Arzte die krankhafte Natur seiner Ideen und Gefühle versichern zu lassen; es gilt diesen schwachen Gemüthern den Kampf zu erleichtern. Geduld, liebevolles Eingehen auf die einzelne Persönlichkeit, Nachgiebigkeit ohne Schwäche auf der einen, gleichmässige Festigkeit ohne Starrheit auf der andern Seite geben hier die leitenden Gesichtspunkte für die ärztliche Thätigkeit ab. Die Krankheit wird als ein Unglück, das Jedem begegnen könne, natürlich erklärt, und der zweifelnde Kranke wird Selbstvertrauen und Vertrauen in die Zukunft wiedergewinnen. Der Genesende folgt wie ein schutzsuchendes Kind dem, der ihn versteht; sucht er Aussprache, so muss der Arzt ihn geduldig anhören, ihm durch geeigneten Zuspruch über Missstimmungen hinweghelfen, überhaupt möglichst unbemerkt seine geistige Führung noch eine Zeitlang übernehmen. Die Aufhebung einer Entmündigung wird jetzt wesentlich beitragen das Selbstvertrauen des Genesenden zu heben, während ein in die Familie zurückkehrender unheilbarer Verrückter entmündigt bleiben soll, überhaupt ausserhalb der Anstalt immer unter Vormundschaft gestellt werden sollte. Dass die Pflege des Körpers nicht vernachlässigt werden darf, ist wohl selbstverständlich; ausser einer zweckmässigen Nahrung wird man durch etwa wünschenswerthe Schlafmittel und gelegentliche laue Bäder zur Beschleunigung der Genesung beizutragen versuchen.

Gleichzeitig ist es die Aufgabe des Arztes das **Misstrauen** zu beseitigen, welches die **Angehörigen** und das **Publicum** überhaupt einem aus der Anstalt Entlassenen entgegenzubringen pflegen. Es ist ja nicht zu leugnen, dass zahlreiche Rückfälle und neue Erkrankungen dazu bis zu einem gewissen Grade berechtigen, aber die Kenntnis, dass ausgesprochenes und bewiesenes Misstrauen eine der wichtigsten Ursachen zu solchen Erkrankungen ist, muss immer wieder dazu treiben, jede Aeusserung desselben zu unterdrücken; Mitleid als edelste Blüthe des Menschthums trägt hier wie sonst immer die schönsten Früchte.

Gelingt es nicht das Misstrauen der Umgebung zu beseitigen, so ist es zuweilen rathsam, den Genesenden nicht sofort dorthin zurückkehren zu lassen, wo er erkrankte; auch Verhältnisse umzugestalten, die beitrugen zur Entstehung der Krankheit. Regeln hierüber gibt es nicht, zweifellos aber wird ein sorgsamer Hausarzt mit richtigem Takt hier segensvoll wirken können.

Einige Regeln für die Begutachtung von Geisteszuständen vor Gericht. *)

Der praktische Arzt kommt oft in die Lage sich mit **gerichtlicher Psychiatrie** abgeben zu müssen. Es gehört dazu die Kenntnis der gesetzlichen Bestimmungen und der Psychiatrie.

---

*) Vgl. Krafft-Ebings gerichtliche Psychopathologie, Schlockow, der preussische Physicus (bearbeitet von Roth und Leppmann), Cramer, gerichtliche Psychiatrie u. s. w.

Der wichtigste Paragraph des Strafrechts ist der § 51: „Eine strafbare Handlung ist nicht vorhanden, wenn der Thäter zur Zeit der Begehung der Handlung sich in einem Zustande von Bewusstlosigkeit oder krankhafter Störung der Geistesthätigkeit befand, durch welchen seine freie Willensbestimmung ausgeschlossen war." Der Schlußsatz über die freie Willensbestimmung enthält eine Folgerung, welche Aufgabe des Richters ist. Der Arzt kann sich eine persönliche Meinung darüber bilden, diese auf Wunsch und ausdrückliches Verlangen des Richters auch aussprechen, ist aber nicht immer unbedingt dazu verpflichtet, denn als Sachverständiger für das Gebiet seiner Wissenschaft kann er keine wissenschaftlich objectiv feststehende Begründung liefern. Man lehne die Zumuthung wenn möglich ab, oder gebe auf Verlangen nur seine persönliche Ansicht. Der Arzt soll dem Richter Material geben für das Urtheil; dazu gehört vor allen Dingen die Entscheidung über das Krankhafte vorliegender Fälle. Dass der Richter nicht gezwungen ist dieser Ansicht des Sachverständigen zu folgen — er kann noch einen andern fragen oder auch dem Gutachten des Arztes entgegen entscheiden — ist ja richtig, doch in den meisten Fällen thut er es; gerade darum ist es auch correcter die Beurtheilung der freien Willensbestimmung ihm zu überlassen und sich in seinem Gutachten auf die rein ärztliche Frage der Krankheit zu beschränken.

Bei Beurtheilung der Frage nach der Gesundheit oder Krankheit scheue man sich nicht in zweifelhaften Fällen einzuräumen, dass man nicht klar sei; man kann dann entweder einen anderen Sachverständigen zum Obergutachten vorschlagen, oder eine Anstalt zur Beobachtung des Geisteszustandes empfehlen, oder endlich dem Gericht es überlassen eine Entscheidung zu treffen. Die Fälle sind ja gar nicht so selten, wo die Entscheidung schwer ist, ja bei vielen Grenzzuständen ist es nach dem jetzigen Stande unserer Psychiatrie wohl nicht möglich zu entscheiden; wenn man daher das geforderte Mass von Verantwortlichkeit persönlich nicht tragen will und kann, so suche man zunächst die Unterstützung durch einen Collegen; ist dieser gleicher Meinung, so liegt die Entscheidung immer noch in den Händen des Gerichts.

Selbstverständlich wird man so nur verfahren, wenn die sorgfältigste Ueberlegung keinen anderen Ausweg zeigte. Es ist die Pflicht des Sachverständigen, entsprechend seinem Eide, das Gutachten nach bestem Wissen und Gewissen abzugeben. In klaren Fällen ist diese Aufgabe nach sorgfältiger Kenntnisnahme nicht zu schwer. In zweifelhaften Grenzzuständen geistiger Gesundheit und Störung sind ärztliches Wissen und Gewissen aber oft im Gedränge; eine ganze Reihe von minderwerthigen, psychopathischen, erblich schwer belasteten Personen sind uns Aerzten als krankhaft bekannt: trotzdem werden wir die einzelne in Frage stehende verbrecherische Handlung ihnen zuzurechnen nicht zweifelhaft sein, möchten aber wegen jener krankhaften Grundlage die Strafe abschwächen lassen, um so mehr da sie gerade solchen Menschen sehr schaden und den Ausbruch voller geistiger Störung hervorrufen kann. Eine Verminderung des Strafmasses ist zwar bei den schwersten Verbrechen nicht möglich, aber doch bei vielen. Nun kennt unser Strafrecht keine verminderte Zurechnungsfähigkeit, deshalb können wir auch in diesen Fällen nur deutlich von Krankheit oder Gesundheit in unserm Gutachten sprechen. Wenn wir Aerzte dann aber hinzufügen, dass in der ganzen Anlage des Beschuldigten jene psychopathischen Motive versteckt liegen, so sind Richter und Geschworene meistens geneigt Milde walten zu lassen, nachdem das Gesetz in seiner Gültigkeit unangetastet steht; so wird es zu einer dankenswerthen Aufgabe des Arztes, für mildernde Umstände mit Gründen einzutreten.

Aehnlich wie bei der Frage über die freie Willensbestimmung wird der Arzt es vor Gericht gerade bei zweifelhaften Fällen vermeiden, die ihm vom Richter zugeschobene Beantwortung der Frage nach der Zurechnungsfähigkeit eines Kranken in objectiver Form zu geben; seine persönliche Ansicht dagegen wird er aussprechen.

Im Allgemeinen ist es eine praktische Regel die Schlußsätze des Gutachtens genau nach dem Wortlaut der Frage des Gerichtes abzufassen; nicht weniger, aber auch nicht mehr zu beantworten. Der Richter muss Kürze und Klarheit verlangen. Deshalb wird man in den meisten Fällen davon absehen dürfen eine besondere Form geistiger Störung zu nennen und zu entwickeln. Die Buntscheckigkeit unserer Classificationen und Nomenclaturen bringt es mit sich, dass zwei Sachverständige oft von einander abweichen würden in der Bezeichnung eines sonst im Allgemeinen durchaus klaren Falles. Jedenfalls ist es daher immer richtig, wenn man sich zu einer speciellen Diagnose veranlasst sieht, schon vor derselben auszusprechen, dass P. P. geisteskrank, respective geistesschwach ist; dann werden derartige Differenzen vermieden. Meistens ist dem Richter übrigens die besondere Krankheitsform etwas Nebensächliches.

Allerdings ist es dem kritischen Urtheil des Richters nicht immer ohne Weiteres klar, dass z. B. ein leichter Grad von Schwachsinn kurzweg mit dem Wort „geistesschwach" oder gar „geisteskrank" zu bezeichnen ist; es muss daher der Schwachsinn im Einzelnen vom Arzt nachgewiesen werden. Jedenfalls ist dies besser als die Benutzung unklarer Krankheitsformen, wie z. B. der des moralischen Irreseins; wenn man die unter diesem Namen bekannten Zustände dem Richter gegenüber als

geistige S c h w ä c h e zustände bezeichnet, entgeht man der Gefahr, sein
Gutachten vom Richter angefochten zu sehen, der unter dem Namen des
moralischen Irreseins in der Regel nur eine falsch angebrachte wissenschaftliche Humanität vermuthet. Ihm steht das gute Recht der menschlichen Gesellschaft, sich gegen widerspenstige und verbrecherische Neigungen
Anderer zu schützen, obenan; die Neigung allein kann ihm nicht krankhaft erscheinen, während der wohl immer mögliche Nachweis geistiger
Schwäche in solchen Zuständen keinen Einwendungen begegnen kann.
Der Nachweis ist freilich nicht immer so leicht, wenn es sich um krankhafte angeborene und dauernde Zustände handelt, während bei fortschreitender Krankheit die Beurtheilung sehr erleichtert ist durch das Verhalten des Kranken vor der eingetretenen Veränderung. Nun fallen gerade die zweifelhaften Geisteszustände vielfach in das grosse Gebiet des
angeborenen Schwachsinns. Hohe Grade von Beschränktheit erfordern
sicher mildernde Umstände für die Beurtheilung ihrer Handlungen, bei
denen Kritiklosigkeit und mangelnde geistige Leistungsfähigkeit in der
Regel schon unverkennbar sind. Die Ungleichmässigkeit der geistigen
Entwicklung tritt oft in auffallender Weise hervor; es sei nur an die
Beispiele einseitiger Begabung bei manchen Schwachsinnigen erinnert.

Zustände von Schwachsinn kommen oft in Betracht bei der Beurtheilung von Verbrechen an Geisteskranken: z. B. Schwängerungen,
Hypnotisirung. Wenn man mit letzterer nicht gerade sorgfältig bekannt
ist, lehne man ein Gutachten lieber ab und überlasse diese schwierige Sache
dem Erfahreneren.

Der **Vollziehung der Strafe** kann eine nach der That oder während
der Untersuchung auftretende geistige Störung entgegenstehen, trotzdem
der Angeschuldigte vorher als zweifellos geistig gesund galt und auch
nachträglich anzusehen ist. Sicher kann die mit Strafthat und Untersuchung verbundene Erregung auch eine nachträgliche Erkrankung bewirken; von ganz hervorragender praktischer Bedeutung ist dann aber
die Untersuchung darüber, ob ein Geisteszustand e c h t oder nachgeahmt
ist. Der Gerichtsarzt kommt verhältnismässig oft in die Lage, ein Gutachten abgeben zu müssen, ob **Simulation** vorliegt oder nicht. Diese
wichtige Aufgabe der gerichtlichen Psychopathologie ist indessen auch
von allgemeinerem Werthe, insofern auch n i c h t gerichtliche Fälle die
Aufdeckung der Simulation verlangen können. Es ist nämlich eine bei
manchen Geisteskranken vorkommende Neigung zu täuschen und zu übertreiben, vorzugsweise bei Schwachsinnigen und Hysterischen. Wenn
es auch in der Regel gelingen wird, die absichtliche Täuschung zu erkennen, so ist es um so schwieriger, die d a n e b e n wirklich bestehende
geistige Störung auszuschliessen. Noch verwickelter wird die Sache

dadurch, dass die Neigung zur Simulation vorzugsweise neben solchen geistigen Störungen vorkommt, die auf erblicher Grundlage entwickelt in der Form der Entartung verlaufen, daher von den gewöhnlichen Krankheitsbildern schon an und für sich manche Abweichungen darbieten. Doch ist hervorzuheben, dass Simulation zweifelsohne am Meisten von Angeschuldigten und Verbrechern ausgeübt wird, auch ohne dass eine krankhafte geistige Grundlage besteht. Furcht vor Schande und Strafe sind die mächtigen Beweggründe, die zum Spielen von Rollen drängen, deren Durchführung aber eine so ungewöhnliche Geschicklichkeit und Ausdauer erfordert, dass es meistens gelingt, den Betrüger zu entlarven. Jedenfalls ist dies in einer Anstalt meistens leicht; es ist daher erstes Erfordernis, zweifelhafte Fälle zur Beobachtung in eine Irrenanstalt zu schicken. Hier ist die Beobachtung ungestörten Schlafes leicht zu machen; daher werden auch Erregungszustände im Ganzen seltener simulirt. Ein anderer Fehler ist die Verbindung mehrerer Krankheitsformen mit einander, die erfahrungsgemäss nicht oft gleichzeitig vorzukommen pflegen. Zuweilen wird scheinbare Unbesinnlichkeit gezeigt, Fragen werden auffallend falsch beantwortet, und doch folgt der Simulant der Unterhaltung und lässt sich veranlassen, ein darin als fehlend hingestelltes Zeichen seiner angeblichen Krankheit bald nachher zu zeigen. Hauptsächlich aber ist es ihm schwer, die körperlichen Begleiterscheinungen einer Psychose nachzuahmen.

Oft wird die Frage vorgelegt, ob ein zweifellos Geisteskranker vor Gericht vernommen werden kann, ob er verhandlungsfähig ist. Der Arzt hat dabei nur zu überlegen, ob eine gerichtliche Vernehmung für den Gesundheitszustand des Kranken schädlich sein würde oder nicht. Diese Angelegenheit wird nach den Ansichten und Gepflogenheiten des einzelnen Gerichts noch sehr verschieden gehandhabt; bei zweifelhaften Geisteszuständen dagegen ist es nöthig die Verhandlung wenn irgend möglich zu empfehlen; denn eine solche liegt im Interesse des Angeschuldigten und der Rechtspflege, besonders bei dem jetzigen Misstrauen des Publicums.

Dieser Gesichtspunkt, dass die Aufgabe des Arztes im Strafrecht sowohl wie im bürgerlichen Recht im Wesentlichen immer nur sein kann, die Gesundheit oder Krankheit ins Auge zu fassen, soll dauernd voranstehen. Ist zu entscheiden, ob Jemand wegen Geistesschwäche die Bedeutung eines Eides kenne oder nicht, ob er zeugnisfähig ist, so wird der Arzt die Entscheidung darüber oft ablehnen und nur ein Gutachten über krank oder gesund abgeben. Derselbe Gedankengang wiederholt sich bei der Frage über die Dispositionsfähigkeit; der Arzt steht dem Kranken gegenüber wie bei der Zurechnungsfähigkeit auf einem ganz andern Standpunkt als der Richter. Wir Aerzte gründen die Behandlung der Kranken oft auf die bei ihnen als vorhanden angenommene Zurechnungsfähigkeit, indem wir ihnen möglichst viel ihre Freiheit verschaffen. Sobald diese aber missbraucht wird, wollen wir dem Kranken den Missbrauch nicht zurechnen. Ganz anders muss der Richter verfahren, der vom Standpunkte der öffentlichen Sicherheit und des Rechtes zu urtheilen hat. Wir Aerzte werden viel weniger Bedenken tragen anzunehmen, dass ein Kranker zeitweilig verfügungsfähig ist oder war (z. B. bei Errichtung von Testamenten), da wir die zahlreichen Uebergänge von Gesundheit und Krankheit kennen; der Richter darf diese Uebergänge aber nicht berücksichtigen, wir sollen ihm sagen — wenn wir es können — ob wir Gesundheit oder Krankheit vor uns haben. Das Bürgerliche Gesetzbuch für das Deutsche Reich kennt die früher angenommenen lucida intervalla nicht und wird dadurch in die angedeutete Frage grössere Einfachheit bringen mit dem Zeitpunkt seiner Gültigkeit vom Jahre 1900.

Am Schwierigsten ist die Entscheidung oft bei periodischen Psychosen, in welchen der Kranke ja zweifellos geschäftsunfähig ist während der deutlichen Anfälle, zwischen denselben aber trotz eigener Krankheitseinsicht krank sein oder trotz fortlaufender Krankheit unter Umständen richtig handeln kann. Allgemein gültige Definitionen über das Wesen der Geisteskrankheit gibt es nicht, so dass man im einzelnen Fall sehr vorsichtig urtheilen muss; der Entwurf des Schweizer Irrengesetzes enthält eine solche Definition, die sich für den Gebrauch in manchen Fällen empfiehlt; sie lautet:

Als geisteskrank oder geistesschwach im Sinne des Gesetzes werden alle Personen betrachtet, welche infolge erheblicher erworbener oder angeborener Geistesstörungen oder Geistesgebrechen (angeborene Geistesschwäche u. dgl.) nicht imstande sind, sich selbst zu leiten oder die Rechte anderer zu achten.

Eine sehr wichtige Regel für die Beurtheilung von Geisteszuständen ist es, niemals ein Gutachten abzugeben, ohne den Angeschuldigten, zu Entmündigenden u. s. w. womöglich mehrere Male gesehen und gesprochen zu haben; ferner muss man ein möglichst genaues Studium der Acten vornehmen und in schwierigen Fällen ihre vorherige Zusendung verlangen. Oft wird es wichtig, dass der Arzt der gerichtlichen Verhandlung beiwohnt und namentlich auch die Zeugen sprechen hört.

Bei der Abfassung des Gutachtens selbst, schriftlich oder mündlich, halte man sich an ein kurzes Schema, welches die verschiedenen gerichtlichen Fragen einzuschliessen im Stande ist.

Schema für Gutachten und Atteste.

Datum   . . .

Aerztliches Gutachten

über den Geisteszustand des P. P. aus . . . .
bei . . . . . er Untersuchung wegen . . . .
zur Stellung einer Pflegschaft [zu . . . . . . er Entmündigung (Ehescheidung)] [zu . . . . . er Aufnahme in eine
Irrenanstalt] erstattet auf Erfordern d . . Königl.. . . . . .
gerichts (Staatsanwaltschaft) zu . . . . . . vom . . . 18 . .
(J. Nr.), [abgegeben im Termin am . . . . 18 . .] von

Dr. . . . .

Genaue Angabe der Quellen, aus denen das Nach-
stehende über das Vorleben und den Verlauf der
Krankheit entnommen sei.

Aufzählung eventueller persönlicher Besuche nach
Zahl und Datum, besonders des letzten.

Personalien und augenblicklicher Aufenthalt.

Anamnese über Erblichkeit und sonstige Ursachen
der Krankheit, Familie und Vorleben im Allgemeinen.

Geschichtserzählung, d. h. Einflechtung des
besondern zu untersuchenden Falles in das Vorleben, resp.
in die Krankheitsgeschichte mit genauer Bezeichnung der
Actenseiten u. s. w.

Aerztliche Begründung der Diagnose.

Der Schlußsatz muss in kürzester Form nach dem
Wortlaut der Frage eine klare Antwort geben und jedenfalls Folgendes enthalten:

Nach Vorstehendem gebe ich (eventuell unter Beru-
fung auf den Diensteid oder einen ein für alle Mal geleisteten Sachverständigeneid) nach bestem Wissen und
Gewissen (eventuell noch unter der weiteren Versicherung,
dass die Mittheilungen des Kranken oder seiner Angehörigen richtig in das Attest, die Bescheinigung aufgenommen
sind, dass die eigenen Wahrnehmungen und Angaben
überall der Wahrheit gemäss seien, oder auf Grund der

eigenen Wahrnehmungen) mein ärztliches Gutachten dahin
ab, dass d. . P. P.

(geistig gesund) ⎤
geistesschwach   ⎬ ist.
geisteskrank   ⎦

Diese Krankheit ist nach Form und Dauer als heil-
bar (unheilbar) anzusehen.

1. Nach meiner Ansicht war durch diesen Zustand
(oder durch diese Krankheit) zur Zeit der Begehung der
That die freie Willensbestimmung ausgeschlossen.

oder eventuell:

2. Nach meiner Ansicht vermag d . . P. P. in
Folge seiner Geistesschwäche (Geisteskrankheit) zur Zeit
(dauernd) nicht seine eigenen Angelegenheiten zu besorgen.
Auch empfiehlt es sich noch eventuell zu bemerken, dass der P. P. mit Rücksicht auf seinen Gesundheitszustand nicht vernehmungsfähig erschien.

oder eventuell:

3. Deshalb ist die Aufnahme in eine Irrenanstalt
nothwendig.

Dr. . . . . .

Für diesen letzten Zweck wird selten sofort ein Gutachten verlangt
(sondern zunächst in der Regel nur eine Krankengeschichte), dem ein
kürzeres Aufnahmeattest hinzugefügt oder selbstständig beigelegt wird :
Auf Grund eigener Untersuchungen (deren letztes Datum anzuführen
ist) bescheinige ich hierdurch, dass P. P. geisteskrank ist und der Aufnahme in eine Irrenanstalt bedarf aus Mangel an geeigneter häuslicher
Pflege, resp. zu seinem eigenen Schutze, resp. wegen Gemeingefährlichkeit :
bei zweifelhaften Grenzzuständen u. dgl. ist auch die Formel gebräuchlich,
„dass die Aufnahme des P. P. in eine Irrenanstalt zweckmässig ist" ;
eventuell zu seiner Behandlung oder Beobachtung, wobei das Wort „geisteskrank" wegfällt.

Da die Aufnahmebedingungen in den einzelnen Bundesstaaten,
provinziell und örtlich in Einzelheiten noch von einander abweichen, ist
es Pflicht jedes Arztes, die Bestimmungen darüber zu kennen; besonders
scharf sind sie bei Aufnahme in Privat-Irrenanstalten zu beachten,
aber auch für die Aufnahme in öffentliche Anstalten ist ihre Kenntnis
durchaus nöthig.

Besonderer Theil.

Eintheilung in Formen geistiger Störungen.

Das Ideal einer Eintheilung wäre ein natürliches System; es müsste alle Kennzeichen der Krankheit einheitlich umgrenzen, die Ordnungen darin dürften nicht auf einzelnen zufällig sich vordrängenden Zeichen beruhen, sondern müssten zweifellos den Zusammenhang aller einzelnen Erscheinungen nachweisen, so dass auch ein sicherer Schluss auf die Ursachen und den weiteren Verlauf gezogen werden könnte. Der Hauptweg, um zu solchem Ziel zu gelangen, wäre der, den das kranke Gehirn selbst in seiner Entwicklung nahm; es würde dies eine genetische Methode der Beobachtung sein, welche die Entwicklungsgeschichte der Krankheit mit der Entwicklungsgeschichte des Gehirns zu einer klinischen Untersuchung verbinden müsste. Diesem Streben kommen die neueren Forschungen entgegen, sowohl klinisch wie anatomisch. Die Möglichkeit einzelne Hirntheile nach besonderen Functionen zu gliedern, ändert auch nichts daran, dass das Gehirn immer nur als Ganzes für die Grundlage der Erkrankung ins Auge gefasst werden darf. Vorläufig ist es noch nicht möglich ein solches natürliches System der Geisteskrankheiten aufzustellen. Welche Schwierigkeiten in individuellen Verschiedenheiten liegen, ist früher berührt. Zu ihnen kommen Rassenunterschiede, welche durch Abweichungen des Temperaments, des Berufs, durch die Einflüsse des Land- oder Stadtlebens, die Grade der Intelligenz u. s. w. verschärft werden; die bessere Ausbildung der Sinne bei Landleuten, die vermehrte Bedeutung der Sprache beim Culturmenschen bedingen und äussern die Formen geistiger Störungen auf verschiedene Weise.

Die Mannichfaltigkeit der klinischen Bilder hat deshalb bisher nur in künstlichen Systemen Platz gefunden; dazu dienen besonders drei Pläne. Die Eintheilung wird entweder auf pathologisch-anatomischer Grundlage entworfen, auf dem Boden der Ursachenlehre oder aus den Zeichen des Irreseins. In sehr vielen Fällen fehlen aber deutlich nachweisbare anatomische Veränderungen; Ursachen wirken gleichzeitig so viele, dass es oft willkürlich sein würde, eine bestimmte im einzelnen Fall als die entscheidende anzusehen; selbst die Zeichen des Irreseins sind zuweilen so mannichfach, dass Zufälliges und Nebensächliches lange das Wesentliche verdecken kann. Der gebräulichste Weg ist es daher geworden die Eintheilung mit Hülfe der verschiedenen künstlichen Systeme zusammen vorzunehmen; wir wollen ihn nicht verlassen, aber versuchen dabei der genetischen Methode auch Zugang zu verschaffen.

Die Verschiedenheit der Eintheilungen ist zur Zeit eine sehr grosse, so dass nur noch in dem Ausbau der allgemeinen Psychiatrie ein den verschiedenen psychiatrischen Lehrsystemen zweifellos gemeinsames Gebiet vorliegt. Darum ist heutzutage für den Lernenden die allgemeine Psychiatrie der ungewöhnlich wichtige Theil der Disciplin. Die Klinik mit ihren lebendigen Krankheitsbildern, die Praxis mit dem vielseitigen Wechsel der Erscheinungsformen werden sich auf der allgemeinen Grundlage leichter verständlich machen als wenn im Lehrbuch sorgfältig skizzirte Schemata einzelner Krankheitsformen dazu benutzt werden und dann oft nicht recht stimmen. Aus diesen Gründen ist meine Darstellung der einzelnen Formen verhältnissmässig knapper gehalten.

Es wird das Verständnis erleichtern, wenn hier auf einige Erscheinungsformen aufmerksam gemacht wird, die allen geistigen Störungen angehören können. Man findet so ein Vorherrschen gedrückter oder erregter Stimmung, die Trennung depressiver von exaltirten Zuständen und Vorgängen, die vorzugsweise aus Störungen des Gefühlslebens entstehen, freilich fast immer begleitet von Störungen in der Verbindung der Vorstellungen. Eine völlige Trennung affectiver von intellectuellen Formen ist nicht durchführbar, denn Störungen der Intelligenz ohne jede Störung des Affects sind ausserordentlich selten, wenn überhaupt zu beobachten. Nur in der allgemeinen Betrachtung lassen sie sich völlig scheiden, in Wirklichkeit bestehen sie fast immer mit und neben einander.

Die Schilderung einzelner Formen verlangt aber die theoretische Abtrennung bestimmter Erscheinungsgruppen, obwohl wir auch hier sehr viele Mischformen finden, aus denen die wichtigsten Bestandtheile schwer auszulösen sind. Ein beständig wiederkehrendes Merkmal sowohl bei Störungen der Affecte wie des Intellects ist ihre Hemmung; sie tritt auf in der Form der gedrückten Stimmung, Erstarrung oder Starrheit (Stupor vgl. S. 50) und ist am Einfachsten als ein Spannungszustand (eine Ab- oder Entspannung) aufzufassen oder als eine molekulare Anstauung, ein Anschwellen, das sich gewöhnlich auf einzelne Hirntheile beschränkt, aber auch das ganze Gehirn ergreifen kann. In entsprechender Weise kann man in gehobener Stimmung, Ideenflucht, Sprechsucht und Bewegungsdrang, oft auch in den Sinnesdelirien eine Reizung, eine Anspannung und ein Ueberfliessen molecularer Vorgänge einzelner Hirntheile erkennen. Diese beiden Spannungszustände gehen aus ihrem plus und minus durch Vor- und Zurückdrängen in den normalen Zustand mittlerer Spannung über; die Lösung dieser Zustände und Vorgänge ist daher der Weg zur Heilung. Dieselben sind auch als einfache functionelle Störungen bezeichnet und denjenigen gegenüber gestellt, die sich in der zweiten Gruppe als Störungen mit nachweisbaren anatomischen Veränderungen des Gehirns bezeichnet finden. Es bleiben dann für die dritte Gruppe solche Störungen übrig, welche bei einigen allgemeinen Erkrankungen des Nervensystems und bei Vergiftungen vorkommen.

Die Spannungszustände erklären das An- und Abschwellen, den periodischen Verlauf in einfacher Weise. Weil hierbei constitutionell belastete, überhaupt psychopathische Naturen die deutlichsten Erscheinungen zeigen, ist man geneigt gewesen ein minderwerthiges invalides Gehirn und Centralnervensystem dem kräftigen als Eintheilungsmittel für die Schilderung geistiger Störungen gegenüberzustellen; thatsächlich ist das aber nicht überall durchzuführen, weil zu viele Uebergänge vom Vollkräftigen zum Invaliden vorhanden sind; auch die sogenannten Degenerationszeichen (vgl. S. 93) gestatten keine solche Scheidung. Es ist daher hier nicht versucht, diese für den allgemeinen Theil unserer Betrachtungen so wichtigen Gesichtspunkte im besondern Theil weiter auszuführen und im Einzelnen überall festzuhalten. Die Einfachheit der Eintheilung galt als wichtigster Grundsatz.

I.

Einfache geistige Störungen, vorzugsweise aus Spannungszuständen einzelner Hirntheile sich entwickelnd.

A. Melancholie (Schwermuth, Angstzustände und Tiefsinn).

Das Hauptkennzeichen ist die traurige Verstimmung. Neben dem peinlichen, schmerzlichen Inhalt des Bewusstseins merkt der Kranke, dass der Verlauf seiner Gedanken langsamer wird und dass sie keinen Platz mehr lassen für andere, als die sich um das eigene Leid drehen. Unter wachsender Gleichgültigkeit gegen die Umgebung geht die frühere Freude an Geselligkeit verloren, das Interesse an geistigen Genüssen höherer Art verschwindet, ebenso die Lust an der gewohnten Arbeit und dem lieb gewordenen Beruf. Anfangs finden noch Stimmungsschwankungen statt und darum fühlt der Kranke, dass immer neue traurige Gedanken sich vordrängen und dass das Auftauchen anderer beruhigender Vorstellungen gehemmt ist. Er hat daher anfänglich oft ein deutliches Krankheitsgefühl. Aber vielfach schwindet auch dieses und das Bild der Schwermuth prägt sich immer deutlicher aus. Der Kranke kann sich über Nichts mehr freuen, alle äusseren Eindrücke peinigen und bekümmern ihn, Misstrauen und Argwohn beginnen ihn zu erfüllen. Das Dunkle und Unklare der unbestimmten Gefühlsbelästigung kann die Empfindung der veränderten eigenen Persönlichkeit erwecken. Sind seine Befürchtungen auch völlig grundlos, er kann sich ihrer nicht erwehren. Ein Verlust des Selbstgefühls wird jetzt von echtem Seelenschmerz begleitet; im eigentlichsten Sinne des Wortes thut seine Seele ihm wehe. Er sucht die Einsamkeit, wird schweigsam; jede freundliche Anrede steigert die traurige Verstimmung und schon kann sich eine dunkle Vorstellung aufdrängen von Beeinträchtigung und Schädigung durch Andere. In dem Gefühl des Unglücks und Elends sucht mancher Kranke

Zuflucht bei der Religion; aber er kann nicht mehr beten und darum steigert sich die Vorstellung der Sündhaftigkeit rasch zu krankhafter Höhe. Alles wird zu Selbstvorwürfen hervorgesucht, namentlich geschlechtliche Verirrungen. Der Kranke fürchtet die ewige Seligkeit und die göttliche Gnade verloren zu haben, verdammt und zu ewiger Höllenpein verurtheilt zu sein. Andere fürchten Kerker und Todesstrafen auch für ihre nächsten Angehörigen. Nicht ohne Sorge wird der Arzt dieser Veränderung zuschauen, da ihm jetzt Zweifel über die Richtigkeit seiner Auffassung der Krankheit kommen können, denn der Verfolgungswahn Verrückter hat viel Aehnlichkeit mit diesen Zuständen. Aber während der Melancholische die vermeintlichen Strafen und Verfolgungen verdient zu haben glaubt, behauptet der Verrückte entrüstet seine völlige Unschuld; auch fehlen ihm fast niemals Ueberschätzungsvorstellungen. Vor der Verwechslung mit der affectvolleren Form des eigentlichen Wahnsinns kann nur die Kenntnis des Verlaufs schützen. Besonders wenn die Melancholie sich mit Sinnestäuschungen verbindet, ist die Aehnlichkeit gross; dies ist aber seltener der Fall, die Sinnestäuschungen treten meistens erst im späteren Verlauf hervor und nicht mit der grossen sinnlichen Lebhaftigkeit wie im hallucinatorischen Wahnsinn. Die Wahnbildung ist nachweisbar sehr oft in dieser Krankheitsform erst die Ursache des Affects, während bei der Melancholie eine Wahnbildung immer nur die Folge der tiefen Verstimmung ist. Sinnestäuschungen steigern gewöhnlich diesen Affect. Stimmen drohen mit Unheil, Tod und Verdammnis, an Schiessen und Glockenklang knüpft sich der Gedanke einer bevorstehenden Hinrichtung. Flammen der Hölle erscheinen, Abgründe thun sich auf. Es riecht nach Leichen, die Speisen schmecken nach Gift.

Noch höher gesteigert ist zuweilen das Gefühl der Gefährdung und Beeinträchtigung zu wahrer Herzensangst. Diese **Angstmelancholie** verbindet sich in der Regel mit einem schweren ängstlichen, echt körperlichen Gefühl der Angst in der Herzgegend, der Prä cordialangst. Bei äusserer ängstlicher Unruhe ist der Schlaf gestört, qualvoll sind Druck und Beklemmung in der Herzgegend; dazu gesellen sich bald andere peinliche Gefühle, als ob der Hals zusammengeschnürt sei, der Kopf wird dumpf; wirre Träume und ängstliche Gedanken häufen sich. Alle anderen Vorstellungen sind gehemmt, nur die Angst äussert sich in Worten und Bewegungen.

Da diese Angstmelancholie verhältnismässig besonders oft in höherem Lebensalter und namentlich bei älteren Frauen im Anschluss an das Klimakterium auftritt, ist die Schädigung der körperlichen Functionen eine schwerere, weil sie jetzt schwerer überwunden wird. In jüngeren Jahren schliesst sie sich zuweilen an Magenverdauungsstörungen, mit deren Beseitigung dann rasch Besserung und Heilung sich einstellen können. Der Puls ist klein bei beschleunigter Herzthätigkeit; Urin und Schweiss werden in stark schwankenden Mengen abgesondert; die Haut ist kühl. Rastlos und ruhelos geht oder läuft der Kranke umher; es liegt ihm wie Centnerlast auf der Brust, das Herz ist ihm wie zusammengepresst. Die Unfähigkeit, dem ängstlichen Affect entgegenzutreten, verursacht das Gefühl des Beherrschtwerdens, das auf abergläubischem Boden zum Gedanken des Besessenseins von bösen Geistern wird. Immer deutlicher prägt sich der ängstliche Affect im Gesichtsausdruck aus; die Stirn ist gerunzelt, die Mundwinkel werden herabgezogen und die Mundspalte erscheint oft in die Breite gezogen, fast viereckig sich öffnend. Der mimische Ausdruck des Seelenschmerzes in der Stirnmusculatur wird oft ein geradezu typischer bei frischen Krankheitsfällen, während chronische melancholische Affecte wie körperliche Schmerzen häufiger von Verziehungen der unteren Gesichtshälfte begleitet sind. Oft ist die horizontale Furchung der Stirn auf die mittleren Bündel des Stirnmuskels beschränkt, die Brauen runzeln sich zu senkrechten Falten und die Augenlider hängen matt herab ; aber auch die Muskeln der Nase und des Mundes betheiligen sich deutlich und oft an dem Ausdruck des Grams.

In den höchsten Graden der Angst greift der Unglückliche zur Selbstverletzung; während er Anfangs unter ängstlichem Jammern und Händeringen sich vielleicht nur gegen den Kopf schlug, sich die Haut im Gesicht und an den Händen blutig riss, beisst er sich jetzt die Finger wund, zerkratzt die Brust, reisst sich das Haar aus. Schon jetzt ist es schwer, oft unmöglich einen solchen Kranken zu baden und zu reinigen, weil er sich auf das Heftigste sträubt. In den schwersten Fällen tobt der Aengstliche förmlich und die Angst entlädt sich in triebartigen Gewaltthaten gegen sich oder Andere ; Ausreissen eines Auges, Abreissen und Abschneiden der Geschlechtstheile, Ausschneiden der Zunge, Durchbohrung des Gaumens sind solche Selbstverstümmelungen. Selbstmord ist jetzt eine grosse Gefahr, freilich nicht minder in andern Formen der Melancholie, denn gegenüber der steigenden Angst pflegt die Umgebung Vorsichtsmassregeln zu treffen, die sie in den anderen Fällen für weniger nöthig hält. Aber auch bei diesen greift der Kranke zu plötzlichen Gewaltthaten; im sogenannten Raptus melancholicus kann ein Kranker beim Anblick eines Messers plötzlich sich oder Andere tödten, Gedanke und That war Eins, ich konnte nicht anders, ist später seine Aussage; das Beil aus der Hand des Arbeitenden gerissen trifft blitzschnell das ahnungslose Opfer. Zuweilen ist nach solcher That die innere Spannung gelöst, der Kranke fühlt sich erleichtert und es kann sich daran die allmähliche Genesung schliessen. Undeutliche Erinnerung bewahrt ihn in einzelnen Fällen vor der Pein der Reue; wenn er sich mit religiösen Trostgründen und allgemeinen Betrachtungen zu helfen sucht, sich wohl als willenloses Werkzeug einer höheren Macht anzusehen versucht, so wird der Arzt ihn darin nicht stören.

Eine besondere Form ist die stuporöse; der Kranke ist starr in sich versunken, regungslos an die Stelle gebannt. Scheinbar einem Blödsinnigen ähnlich, vermuthet man in ihm keinen Ablauf von Gedanken mehr. Das innere Leben ist zu einem Dämmerzustand geworden; man erstaunt aus dem Bericht des Genesenen zu erfahren, welche schrecklichen Vorstellungen ihn beherrschten. Flüchtige mimische Regungen, ein scheuer Blick, ein tiefer Seufzer verrathen dem aufmerksamen Beobachter wohl solche Vorgänge. Die staunende, starre Miene, eine bildsäulenartige Stellung kann man auch bei der Ekstase eines Wahnsinnigen finden; hier muss die Kenntnis des Verlaufes zur Unterscheidung dienen. Ein wichtiges Zeichen auch zur Unterscheidung vom Blödsinn ist die Schlaflosigkeit dieses wie der meisten Melancholischen. Im Volk findet man für diese Form die Bezeichnung Tiefsinn. Uebrigens finden sich oft Uebergänge von einfacher Melancholie, von der Schwermuth zu diesem Tiefsinn. Auch manche andere geistige Störungen beginnen mit einem einleitenden melancholischen Affect; zur Unterscheidung dient dann noch das Fehlen von leichten Lähmungen z. B. in der Sprache, den Augen und Gesichtsmuskeln, sowie auffälliger Pupillenreactionen; auch sind bei der Melancholie als solcher die Sehnenreflexe erhalten.

Dass eine allgemeine Ernährungsstörung in unmittelbarem Zusammenhang mit der vermuthlich im Centralhirn liegenden anatomischen Grundlage der Melancholie zu denken ist, wurde früher erörtert (vgl. Seite 5); das ganze Nervensystem mit allen seinen feinen Ausläufern in Schleimhäuten und Drüsen des Nahrungsrohrs entbehrt der Anregung, weil die centralen Vorgänge gehemmt sind. Daher pflegt die Verdauung des Melancholischen regelmässig gestört zu sein, wenn ein einleitender Magendarmkatarrh sich nicht schon aus einer durch psychische Motive bedingten Nahrungsverweigerung entwickelt hatte. Mit dem Appetit nimmt natürlich das Körpergewicht ab und kann es zum Tod durch Erschöpfung kommen. Auch der beabsichtigte Hungertod in Folge von Nahrungsenthaltung ist möglich.

Gewöhnlich ist der Verlauf der Melancholie ein sehr langsamer, mindestens Monate, zuweilen Jahre hindurch. In der Entwicklung tritt sie sprungweise unter häufigen Schwankungen auf. Bedeutende Nachlässe von längerer Dauer stehen an der Grenze der periodischen Form. Solche Fälle bleiben meistens im Wirkungskreise der praktischen Aerzte: gerade sie erfordern Kenntnis der Melancholie und sorgsame Beaufsichtigung zur Vermeidung von Unglücksfällen. Jede Melancholie kann chronisch werden: ihre Erscheinungen können heftige bleiben oder abblassen, immer gewinnen sie jetzt etwas Stereotypes und Eintöniges. Wachsende Theilnahmlosigkeit an Familie und Umgebung kann jetzt einen höheren Grund geistiger Schwäche vortäuschen als vorhanden ist, so lange der Kranke sich im Schutze der Anstalt befindet. Anderswo zeigen gefährliche Handlungen leider zu oft, dass unter dieser starren Decke ein heftiges Innenleben sich bewegte. Löst sich nach jahrelanger Dauer die starre Gebundenheit noch wieder, so ist ein geistiger Defect aber doch unverkennbar, mehr auf der Seite des Gemüths als des Verstandes. Tritt keine Aenderung bis zum Lebensende mehr ein, so ist die Verwechslung mit einem Blödsinnigen möglich, vielleicht ist dieser Melancholische auch wirklich ein Blödsinniger geworden. Selten ist der Uebergang in Verwirrtheit angedeutet.

Zum Glück ist aber der häufigere Ausgang der in Genesung; diese Fälle verlaufen etwas rascher; obwohl auch nach jahrelanger Dauer Genesung vorkommt, so lassen im Durchschnitt die heftigen Krankheitserscheinungen doch nach 3—6 oder 4—6 Monaten nach; allmählich bessert sich der Schlaf. Die Theilnahme regt sich wieder. Ein plötzlicher Eintritt der Besserung ist nur dann verlässlich, wenn sich gleichzeitig auch das körperliche Befinden bessert: bessert sich dies allein ohne baldige geistige Besserung, so wird die Genesung zweifelhaft. Nach starker ängstlicher Erregung kann sich die Besserung eine Zeitlang unter einem starren Verhalten verbergen, bis erst nach längerer Zeit auch diese Erschöpfung des ganzen Nervensystems völliger Genesung Platz macht. Auch sonst sind Schwankungen vorm Eintritt dauernder Genesung zu erwarten. Nach Ausscheidung der nur äusserlich verwandten Zustände gehen von echter Melancholie etwa 80% in Heilung über. Den einzelnen Fall hat man nach seinen besonderen Ursachen zu beurtheilen. Kindheit, Pubertät und Greisenalter, die Zeit der geschlechtlichen Entwicklung und Rückbildung sind besonders gefährdet; darum trifft die Melancholie häufiger junge Mädchen und ältere Frauen als Männer, bei denen das Geschlechtsleben ja eine geringere Rolle spielt. Dazu kommen die Gefahren des Wochenbetts, der Schwangerschaft sowie des Stillens, um diesen Procentsatz zu erhöhen. Ueber Ursachen, Verlauf und Prognose findet man ausführlichere Auseinandersetzungen im allgemeinen Theil.

Sehr abweichend und wechselnd erscheint die Melancholie, wenn sie ein widerstandsunfähiges, erblich belastetes, minderwerthiges Gehirn trifft. Schon bei einem rüstigen Gehirn fällt während der Entwicklung der Krankheit das Gemisch von Gesundem und Krankem auf; dies Unfertige wird durch die Neigung der hier gemeinten Classe von Kranken, ihr Benehmen durch Gründe als berechtigt hinzustellen, überhaupt aber dialektisch gewandt auseinanderzusetzen, noch vermehrt. Diese Form wird als constitutionelle bezeichnet. Meistens handelt es sich um Frauen; ihre Unzufriedenheit und Reizbarkeit, die beständig in den Zwang schmerzhaften Fühlens gebannt, als stehender Affect erscheint, setzt sie grossen Gefahren aus, verkannt zu werden. Leider ist diese Form prognostisch ungünstiger und vielfach ebenso sehr der Aufsicht bedürftig.

Das erfreulichste Capitel in der Psychiatrie ist das über die Behandlung der Melancholie, um so mehr als im Anfang vielfach eine Behandlung in der Praxis stattfinden kann und muss, nicht nur in der Anstalt.

Der Grundsatz aller psychischen Therapie erfährt hier seine allgemeinste und weiteste Anwendung; die Verschaffung geistiger und körperlicher Ruhe ist die Aufgabe des Arztes. Er muss den falschen Auffassungen der Umgebung eindringlich entgegentreten und vor allen Dingen dieser zur Erkenntnis bringen, dass nicht Laune vorliegt, nicht Bequemlichkeit, Eigensinn oder wie immer das Benehmen des Kranken von ihr bezeichnet werden mag, sondern eine unmöglich von dem Ergriffenen selbst zu unterdrückende oder auch nur zu verringernde krankhafte Verstimmung. Im Anfang der Melancholie erschweren die zu ihrer Entwickelung gehörenden Stimmungsschwankungen auch bei dem bestimmten Hinweis des Arztes auf die krankhafte Grundlage es den Angehörigen besonders, die richtige Einsicht zu gewinnen; in noch höherem Grade wird dies der Fall, wenn die Krankheit auf dem Boden erblicher Belastung aufschiesst, also einen Menschen trifft, der schon von Jugend auf ein eigenthümliches Gebahren gezeigt hat. Ist es nun gelungen, die Verwandten zu der Ueberzeugung zu bringen, dass es sich um Krankheit handle, so gilt es die richtige Art des Umgangs zu bestimmen. Denn eine vielgeschäftige Fürsorge lässt jetzt hunderte kleiner Mittelchen ersinnen, um den Verstimmten anf andere Gedanken zu bringen, ihn abzulenken durch vieles Einreden, durch Zerstreuungen und Reisen; auf das Entschiedenste ist Alles zurückzuweisen, was immer wieder von Neuem in dieser Weise vorgeschlagen und versucht wird. Weil es selten gelingt die Liebe der Angehörigen zu der hier allein richtigen Unthätigkeit zu veranlassen, gehören selbstständige Melancholieen in der Regel so bald wie möglich in die Anstaltsbehandlung, während die nur einleitenden melancholischen Zustände anderer Psychosen nicht so bedingungslos diese Forderung gebieten; bei diesen letzteren würde auch in einer Anstalt der Ausbruch der folgenden Psychose nicht verhindert, auch weniger beeinflusst werden können als eine selbstständig auftretende Melancholie, die bei rechtzeitiger und richtiger Behandlung meistens in

Genesung übergeleitet werden kann. Verbieten die Umstände die Versetzung des wahren Melancholikers in eine Anstalt, so ist die ärztliche Thätigkeit nicht zum geringsten Theil auf die angedeutete Beeinflussung der Umgebung zu richten. Das Einfachste und Natürliche ist auch hier das Richtigste. Man weise die Andern an, möglichst unbefangen und freundlich zu sein, weder viel zu widersprechen noch einzugehen auf die Klagen, sondern den Hauptwerth auf die theilnehmende, nachsichtige Ausführung aller der vielen kleinen Handlungen zu legen, die das häusliche Leben ausfüllen. Ein stiller Händedruck bewirkt mehr wie eine stundenlange Unterhaltung; die allzugrosse Geschäftigkeit beunruhigt den Melancholischen um so mehr, als er die Vergeblichkeit der angewendeten Mühe zu fühlen meint und sich nun in die krankhaften Vorstellungen versenkt, dass alle jene Zärtlichkeit und Aufmerksamkeit verloren und unnütz sei. Je einfacher und natürlicher die Pflege geschieht, desto weniger Absichtliches sieht der Kranke darin. Was weibliche Pflege einer Frau und Mutter, einer Tochter hierin leisten kann, ist ja so schön und gross, die Selbstbeherrschung gegenüber den Kranken zeigt sich in so bewunderswürdigem Grade, dass man glauben möchte, wo die Verhältnisse so günstig liegen, solle man leichte Melancholieen nicht in eine Anstalt schicken. Gefahren des Selbstmords lassen sich unter Umständen durch Benutzung von Parterrezimmern mit Nothverschlüssen an den Fenstern vermindern. Aber leider gewinnt die Sachlage in der Regel bald ein anderes Aussehen; einmal übersteigt es die Kräfte eines Einzelnen monatelang gleichmässig ruhig und theilnehmend zu pflegen, wenn das eigene Herz betheiligt ist, andererseits ist es kaum irgendwo durchführbar, die schädigenden sonstigen Reize der Aussenwelt unter häuslichen Verhältnissen ganz fern zu halten. Wo daher eine einsichtsvolle und aufopferungsfähige Pflegerin einen mässigen Grad der Melancholie auf das Schonendste behandelt hat, werden ihre Erfolge nur leider gar zu oft wieder in Frage gestellt durch andere Personen, die den Kranken quälen mit unausgesetztem und unermüdlichem Zureden, und dadurch seine Verschlossenheit, sein abwehrendes Verhalten, seine trübe und verzweiflungsvolle Stimmung, seine Anklagen und Vorwürfe gegen sich nur vermehren.

Am Einfachsten erreicht man die nöthige Ruhe für den Kranken, wenn es gelingt ihn zu bewegen im Bett zu bleiben; man entfernt ihn dadurch von den schädlichen Einflüssen des Berufes und übertriebener Zärtlichkeitsbeweise, gleichzeitig verschafft man auch dem Körper die nöthige Ruhe. Schwerere Fälle gehören ohne Ausnahme ins Bett. Indessen wollen leichter Erkrankte dies meistens nicht, wollen überhaupt noch nicht für so krank gelten; in diesen besonderen Fällen darf man ausnahmsweise einen Aufenthaltswechsel in Begleitung einer guten Pflegerin gestatten; Wohlhabende werden die Form einer Erholungsreise immer vorziehen; bei Beobachtung der bewährten Regeln muss man zuweilen diesen Wünschen nachgeben.

Im Allgemeinen aber muss man solche Massregeln als Halbheiten ansehen, und je stärker die Krankheit auftritt, je heftigere Angstzufälle hinzukommen und je länger sie sich hinzieht, um so nothwendiger wird die Anstaltsbehandlung. Nicht abzuweisen, im Gegentheil zu verlangen ist sie, sobald irgend ein Grund vorliegt, der Selbstmord, Gewaltthat anderer Art oder Nahrungsverweigerung befürchten lässt. Genau genommen ist jeder Melancholische des gelegentlichen Selbstmordversuches verdächtig; wenn man auch mit dieser Sorge nicht zu weit gehen soll, namentlich die Umgebung nicht zu spionirender Thätigkeit anleiten darf, weil häusliche Verhältnisse einen geplanten Selbstmord niemals verhindern werden, so hat der Arzt diese Gefahr nie aus den Augen zu verlieren und muss rechtzeitig den Schutz der Anstalt in Anspruch nehmen, der allein eine einigermassen genügende Sicherheit ist. Freilich kommen auch hier noch Selbstmorde vor, aber die Grenze der Vorsicht ist doch erreicht und gleichzeitig damit die geregelte Behandlung unter beständiger ärztlicher Aufsicht ermöglicht.

Muss der Kranke in der Familie bleiben, so ist zu beachten, dass eben wie die Angstgefühle auch die Ausführung der Selbstmordversuche vorzugsweise in den frühen Morgenstunden stattfindet. Wenn die nöthige beständige Aufsicht in einem Privathause nicht mehr vor sich gehen kann, sind die Angehörigen gezwungen, mechanische Beschränkung der Hände durch Festbinden u. s. w. vorzunehmen. Niemand wird leugnen, dass solche Zwangsmassregeln nothwendig sein können in einem Augenblicke, wo weder Arzt noch Krankenhaus rasch erreichbar sind, und dies ist sicher oft der Fall auf dem Lande; aber es ist dann auch die Pflicht des Arztes die schleunige Ueberführung in eine Anstalt zu verlangen, um der unwürdigen Lage des Kranken ein Ende zu machen, der roh gefesselt sich in steigender Angst befindet. Allerdings ist es dann auch nöthig, dass nicht durch engherzige Verwaltungsvorschriften die Aufnahme in die Anstalt hingezögert werde; gerade diese Tage oder Wochen unnöthigen Zwanges in der Entwicklung oder Höhe der Melancholie sind für den weiteren Verlauf so unendlich schädlich, dass man es als ein schweres Unrecht bezeichnen muss, wenn solchen Kranken der sofortige Eintritt in eine Anstalt verwehrt wird.

Es würde zu weit führen hier zu entwickeln, wie man Selbstmord in einer guten Irrenanstalt zu verhindern sucht. Nach dem Grundsatze sorgfältiger und beständiger Ueberwachung sind zahlreiche Einrichtungen und Bestimmungen gemacht, deren Beachtung und Durch-

184

führung in der That Manches leistet. Aber nur wenn genügend viele und entsprechend eingerichtete Räume vorhanden sind, um die Jammernden und Aengstlichen von einander zu trennen, ist dies der Fall; die Zusammenlegung vieler solcher Unglücklichen ist den meisten von ihnen zum Nachtheil. Freilich gehört auch viel Wartepersonal dazu und ein aufopferungsfähiges. Hierin ist noch viel zu leisten, vor Allem müssen die Mittel nicht beschränkt werden für die Errichtung der Heilabtheilungen und ihre Besetzung mit guten Pflegern. Diese Forderung muss jeder Selbstmord eines Melancholischen in einer Anstalt vermehren, denn bei guter Einrichtung und Aufsicht darf ein Selbstmord in der Aufnahmeabtheilung eigentlich nicht vorkommen; wir sind freilich noch fern von solchem Ziel, aber ein Ideal ist doch erstrebenswerth und wie hier wahrscheinlich meistens erreichbar. Verlässt ein Melancholischer bei sinkendem Affect jene beaufsichtigte Abtheilung und geniest grössere Freiheiten in der Anstalt, so ist die Sicherheit vor Selbstmord natürlich geringer. Meistens handelt es sich dann aber nicht mehr um heilbare Kranke; die Pflicht, Heilbare vorm Selbstmord zu bewahren, ist sicher die grössere und ihr können die berührten Einrichtungen genügen. Aber sie bieten auch die Möglichkeit, der Selbstmordneigung bei chronischen in sich versunkenen Kranken entgegenzutreten, deren plötzliche Ausbrüche wir kennen gelernt haben.

Wenn durch anhaltende Bettlage der Forderung nach geistiger und körperlicher Ruhe am Besten entsprochen wird, so hat sich daran die Regelung des Schlafes anzuschliessen, als des wirksamsten Mittels zur Besserung der krankhaften Vorgänge im ganzen Centralnervensystem. Gewöhnlich greift der Arzt sofort zum Arzneischatz, es wird ja auch von ihm verlangt, dass er etwas thun und verordnen solle; er möge aber bedenken, dass einmal Furcht vor Vergiftung manchen Kranken zurückhalten wird, seine Arzneien zu nehmen, und dass andererseits bei der meist längeren Dauer der Krankheit die fortgesetzte Anwendung medicamentöser Mittel nicht ohne Schaden vertragen wird. Selbstverständlich ist der Arzt zuweilen gezwungen zur Beruhigung ein Arzneimittel, etwa eine Einspritzung zu geben, wenn es sich darum handelt, augenblickliche Aufregung zu unterdrücken und die Ueberführung in eine Anstalt zu ermöglichen. Er wendet dann eben ein Zwangsmittel, kein Heilmittel an; dass es ein chemisches Zwangsmittel ist, klingt zeitgemässer, ist aber im Grunde doch dasselbe. Es soll auch nicht die Berechtigung, ja sogar Nothwendigkeit eines solchen Mittels gerade für die Praxis in Frage gestellt werden, aber es soll auch eine häufige Selbsttäuschung des Arztes über sein Handeln im richtigen Licht erscheinen. Von einer medicamentösen Behandlung kann erst die Rede sein, wenn man nach einem einheitlichen

Plan in der Darreichung des Arzneimittels verfährt und nicht nur hier und da einzelnen Erscheinungen der Krankheit mit verzettelten Gaben entgegentritt. Die ungenügende Wirksamkeit planlos gereichter Arzneimittel fällt auch dem Kranken selbst bald genug auf; dadurch wird ihm häufig das Vertrauen zum Arzt und zu anderen wirksamen Behandlungsarten geraubt, die vielleicht noch werthvoller als Arzneimittel sind. Vor allen Dingen lasse der Arzt sich nicht herbei, mit irgend einem der unzähligen wohlklingenden und unbekannten neueren Arzneimittel, deren Wirkung meistens noch durchaus ungenügend bekannt ist, Versuche zu machen, bei denen er mindestens Zeit verliert, vielleicht sogar Schaden anrichtet. Der Schatz erprobter Mittel ist freilich gering, aber gibt doch nach zahlreichen Erfahrungen sicherere Anhaltspunkte für ihre Anwendung. Das beste Beruhigungs- und Schlafmittel bei einem Melancholiker ist Morphium oder Opium, wenn wir auch daran zu denken haben, dass dauernder Schlaf hier nur mittelbar durch Beruhigung des gesammten Nervensystems hervorgerufen wird. In welcher Form man das Morphium anwenden soll. wird von äusseren Umständen abhängen. In Lösung lässt es sich auch unbemerkt mit der Nahrung geben; wenn aber in Folge dessen diese dem Kranken verdächtigt wird, ist die Einspritzung zu wählen, die ja auch rascher und deutlicher wirkt. Die Gefahr der Morphiumsucht ist wenigstens in einer Anstalt keine grosse, weil der Arzt hier die verwandte Menge ja ganz in der Hand behält. Die regelmässige tägliche Gabe von 1 bis 2 Centigramm wird genügen, eine Steigerung soll aber nicht gern über 3 Centigramm gehen. In Verbindung mit 2 Gramm Chloralhydrat ist das Morphium so namentlich Abends ein wirksames Schlafmittel, während Chloral allein viel weniger nützt und nicht sehr lange Zeit hindurch gegeben werden kann ohne unangenehme Nebenwirkungen, die besonders in Kopfschmerzen und Benommenheit zu Tage treten und dadurch wieder die Stimmung ungünstig beeinflussen können. Bei weiblichen Kranken wird noch immer dem Opium eine grössere Wirksamkeit als dem Morphium nachgerühmt; es scheint in der That seine methodische Anwendung einige Vorzüge zu besitzen. Länger dauerde ängstliche Unruhe mässigen Grades und allgemeine Blutarmuth bestimmen zur Darreichung des Opiums. Es geschieht dies in Pulverform, man gibt Opium purum in Mengen von 2 bis 5 Centigramm zwei oder drei Mal täglich Anfangs, steigt rasch auf das Doppelte und Dreifache in wenigen Tagen, bis man eine merkliche Beruhigung erreicht. Noch grössere Mengen zu geben, empfiehlt sich nicht, weil sonst der Appetit leidet; die anfänglich verstopfende Wirkung verliert sich bald und die Stühle werden breiig und reichlich. Auch in Klystierform ist das Opium von Nutzen.

Neben diesen Mitteln wird man im einzelnen Fall aus besonderen Gründen auch die Benutzung anderer nicht ganz vergessen; im allgemeinen Theil wird man Genaueres darüber finden. Hier soll indessen noch wieder auf einige andere Wege aufmerksam gemacht werden, die zur Beruhigung und zur Erzielung von Schlaf bei Melancholischen angewandt werden können. Dahin gehört z. B. der Gebrauch leichter alkoholischer Getränke; ein leichtes Bier, ein Glas Wein oder ein Grog können unter Umständen einen längeren erquickenden Schlaf hervorrufen. Vorsichtige Massage des Nackens und Kopfes ist anzuwenden. Sehr zu empfehlen sind verlängerte warme Bäder, hin und wieder zu ersetzen durch feuchte Einwickelungen. Bei stärkeren Erregungen und Präcordialangst findet die zuletzt genannte Methode allerdings nur eine geringe Ausdehnung, man muss sich dann an die rascher wirkenden Mittel, namentlich an das Morphium halten; kühle oder laue Waschungen von 18° C. bis 28° C., letztere, besonders Abends, sind werthvoll.

Je schwerer die Krankheit auftritt, namentlich in den Zuständen tiefen Versunkenseins, wird die unmittelbare Behandlung mit Arzneimitteln von geringeren Erfolgen begleitet, und fällt die Hauptaufgabe der Sorge für gute Ernährung und Durchführung hygienischer Massregeln zu. Die Nothwendigkeit künstlicher Ernährung mit der Sonde ist unter allen Umständen ein entscheidender Grund den Kranken in eine Anstalt zu bringen, da sie überall sonst zu schwer durchzuführen ist, und weil die Angehörigen der scheinbar grausamen Methode oft mit Misstrauen und Widerstreben entgegenstehen. Die Sorge für kräftige Ernährung auch bei ungestörter Nahrungsaufnahme ist wohl selbstverständlich, aber so wichtig, dass sie auch hier wieder betont werden mag. Daran schliesst sich die Regelung der Verdauung; Wassereingiessungen in den Mastdarm können sehr empfohlen werden. Ueberhaupt wird der Arzt alle Organe untersuchen und ihren etwaigen Erkrankungen die grösste Aufmerksamkeit widmen, immer eingedenk des engen Zusammenhangs körperlicher und geistiger Störungen. Je weniger es ihm aber gelingt unzweifelhafte Angaben des Kranken zu gewinnen, desto sorgfältiger sei seine objective Untersuchung. Endlich hat er seine ganze Sorge noch auf die allgemeine Wartung und Körperpflege zu richten, namentlich darauf, dass der unbewegliche Melancholiker viel in frische Luft gelange und umhergeführt werde, während er den ängstlich Erregten im Bett zu halten versucht. Bei Beiden müssen häufige Bäder die Reinlichkeit unterstützen und die Hautthätigkeit sowie den Blutlauf anregen. Genug, alle Aufgaben der Krankenpflege sind auf das Sorgfältigste zu bewachen und durchzuführen; es werden dabei grosse Anforderungen an die Geduld der Pflegenden gestellt, daher ist ein gutgeschultes Personal zu verlangen. Für selbstmordsüchtige, aufgeregte und stumpfe Melancholiker lässt sich keine bessere Pflegerin denken als etwa eine gute Diaconissin. Die Befürchtung, dass sie durch zu eifrigen religiösen Zuspruch wieder Schaden anstiften könne, ist wenig begründet, besonders wenn die Schwester oder Pflegerin aus eigener Erfahrung gelernt hat, dass damit wenig erreicht wird, oder wenn ihr klar gemacht ist, dass der krankhaft gebundene Seelenzustand solche Einwirkung der Religion verbietet. Und wenn es dann der sorgsamen Pflegerin gelungen ist, den Kranken über die zahlreichen Gefahren hinwegzuführen, dann sei es ihr auch unbenommen den Genesenden zu trösten, wenn er dazu ein Bedürfnis zeigt. Denn in der Reconvalescenz, aber auch nur dann, können die Tröstungen der Religion heilen, und wird der Arzt dann den geistlichen Beistand nicht zurückweisen, wenn er geboten wird. Ueberhaupt tritt in der Reconvalescenz die psychische positive Behandlung wieder in ihr volles Recht; ängstliche Wahnvorstellungen dürfen jetzt durch Vernunftgründe erschüttert werden; hilft die Logik dabei auch nicht viel, so ist der Genesende doch empfänglich für die wohlwollenden Bemühungen, er gewinnt in dem noch schwankenden Gemüth rascher den nöthigen Halt, wenn er sich von Anderen unterstützt fühlt.

Eine schwer zu beantwortende Frage ist nun noch die, ob ein genesender Melancholischer möglichst früh oder spät aus der Anstalt entlassen werden soll. Meistens wird der Hausarzt seinen Einfluss dahin zu richten haben, dass er warnt vor zu raschem Verlassen der Anstalt, weil die Gefahr des Selbstmords durch unerwartete Angstanfälle immer noch wieder heraufbeschworen werden kann; erst die volle Genesung gibt volle Sicherheit. Immerhin aber werden in einzelnen Fällen die Verhältnisse so liegen, dass der Hausarzt den Wunsch der Angehörigen nach Entlassung, wenn er mit dem des Reconvalescenten zusammentrifft, befürworten darf, wenn eine Familie dadurch frühzeitiger ihren Ernährer wiedererhält, und dieser in der Befriedigung der Fürsorge für seine Angehörigen eine Beruhigung finden kann, die seine Genesung beschleunigt, überhaupt wenn eine befriedigende Thätigkeit den Reconvalescenten zu Hause erwartet. Auch kann es erwünscht sein, einen Wohlhabenden in bessere klimatische Verhältnisse zu bringen als die heimathliche Anstalt ihm bietet; hat er sich an einem anderen Ort völlig erholt, so ist ihm der Eintritt in den früheren Kreis und Beruf von da aus erleichtert, denn ein Vorurtheil gegen entlassene Kranke besteht nun einmal überall noch; hat aber der Genesene erst eine Art Probe seiner Gesundheit in anderen Verhältnissen abgelegt, so kommt man ihm auch zu Hause mit mehr Vertrauen entgegen. Die Angehörigen ermahne man aber auch jetzt wieder, wohl mit Schonung, aber doch möglichst unbefangen, das wiedergewonnene Mitglied der Familie zu empfangen und mit ihm zu verkehren, als sei es die frühere Person. Darum darf man auch über die überstandene Krankheit sprechen, denn der Genesene thut dies nicht ungern und zeigt für genossene Pflege und liebevolle Behandlung nachträglich noch echte Dankbarkeit. Kehrt ein Melancholischer aber nicht genesen, sondern nur beruhigt heim, so hat man ihn als Kranken anzusehen und in früher besprochener Weise mit ihm umzugehen.

B. Manie (Narrheit und Tobsucht).

Die Manie zeigt eine krankhaft gehobene Gefühlsstimmung; diese ist nicht immer eine heitere oder auch nur exaltirte, sondern sie kann von den verschiedensten Graden leichter Heiterkeit bis zu heftigem Zorn hervortreten. Ihre Stimmung ist ferner eine innerhalb dieser Grade schwankende, ja sie kann sogar hier und da umschlagen in flüchtige weinerliche Affecte. Die maniakalische Exaltation tritt immer in grossem Wortreichthum hervor, oft in der Form der Ideenflucht; es ist nur in den leichteren Graden ein Reichthum von Gedanken damit verbunden, der auch nicht einmal immer einer genaueren Prüfung Stich hält, weil häufige Wiederholungen den doch beschränkteren Ideenkreis zeigen. Der rasche Anstoss zum Sprechen überwiegt die unter Umständen sogar gehemmte Gedankenfolge; Wort folgt auf Wort, Wortanklänge führen weiter zu gleichklingenden Worten, seltener zu begriffsverwandten. So entsteht dann ein äusserlicher lautlicher Zusammenhang meistens ohne tiefere inhaltliche Einheit der Gedankenreihen. Dies Ueberwiegen der äusseren motorischen Elemente über den geistigen Inhalt ist eine Erscheinung, die sich in ähnlicher Weise wie hier in der Sprache bei fast allen anderen Bewegungen des Körpers wiederholt. Eine übertriebene Beweglichkeit, die vielfach schon in leichteren Graden das Zweckmässige, Beabsichtigte vermissen lässt, findet bei stärkerer Erregung ihren Ausdruck in heftigen Bewegungen und Handlungen; es fehlt die massvolle Regelung durch ruhige Ueberlegung, auch hier sind die Gedanken nicht beschleunigt, nur die Bewegungsanstösse. Wenn der Kranke zuweilen seine grössere Leistungsfähigkeit lobt oder mit erleichtertem Ablauf seiner Vorstellungen prahlt, so drückt er damit nur seine krankhaft gehobene Gefühlsstimmung aus; jedenfalls ist in den höheren Graden der Manie keine Steigerung höherer geistiger Functionen zu bemerken. Vermuthlich beschränkt sich der Zustand, welcher die Zeichen der Manie hervorruft,

auf das Centralhirn und lässt die eigentlichen Denkcentren meistens
unbetheiligt, jedenfalls überwiegen die elektrochemischen und molecularen
Spannungszustände im ersteren Gebiet; sie greifen wohl hier und da über
und verändern das typische Bild dann etwas. Es kann auch zu Sinnestäuschungen bei der Manie kommen, meistens beherrschen sie die
Scene aber nur in höheren Graden dsr Krankheit. In der Regel entstehen
die exaltirte Stimmung, die Ungebundenheit im Sprechen, in den Bewegungen und Handlungen, die Hauptzeichen der Manie, auf demselben krankhaften Boden neben einander, seltener in psychologischer Abhängigkeit
von einander. Je hemmungsloser die inneren Vorgänge ablaufen, um so
mehr schlägt die anfänglich nur heitere Stimmung in heftige, ja zornige
Aufregung um, bei der schliesslich sogar eine Trübung des Bewusstseins auftritt.

Mehr Berechtigung zu einer psychologischen Erklärung bieten einige
Vorläufer der leichteren Form maniakalischer Erregung (Narrheit). Es
sind trübe Stimmungen, die man ungezwungen als Ausdruck für das
Gefühl der sich entwickelnden, fremdartigen und peinlichen inneren Reize
ansehen darf. Während dieses Ueberganges heben sich Stimmung und
Aussehen; die froh getäuschte Umgebung, die eine rasche Genesung
zu erkennen glaubt, übersieht dann häufig eine gleichzeitige Abnahme
des Ernährungszustandes. Bald fällt aber die grössere Gesprächig-
keit auf, die vielen Besuche bei Fremden und Bekannten, Reime und
Verse namentlich in fröhlicher Tafelrunde, aber auch bei jeder sonstigen
Gelegenheit. Die rastlose Thätigkeit, das Gefühl grosser Leistungsfähigkeit äussert der Kranke mit Befriedigung. Mancher schreibt flüchtige
Briefe in ungeheurer Zahl und von grossem Umfange; grosse Züge eilen
rasch in kühnen Schwüngen über das Papier, kräftige Striche und Unter-
streichungen häufen sich übermässig; anfangs zügelt die Zucht der langsameren Schreibevorstellung den Inhalt wohl noch, später gehen die
Schriftzeichen mit ihm durch. In leichteren Graden kann die Kühnheit
der Gedanken des Maniakalischen, seine schwungvolle Phantasie, wenn
irgendwo bei Geisteskranken, eine anziehende Erscheinung sein; dem
Erfahrenen entgeht aber doch bald nicht mehr das Ungezügelte und
Absichtslose, das Sprunghafte und darum oft auch jetzt schon Närrische
in dem ganzen Verhalten. Verwechslungen mit Dementia paralytica
wären jetzt möglich, wenn hierbei nicht Lähmungen verschiedenster Art
den Zustand unterscheiden liessen. Wie willenlos ist der Kranke endlich
dem Spiel seiner Vorstellungen überlassen und seine aus Wortanklängen
und begriffsverwandten Worten gemischte Rede wird dann zur Faselei;
den inneren Zusammenhang solcher Ideenflucht zu verfolgen, sind wir
nicht mehr im Stande. Der Kranke selbst empfindet die Ungereimtheit

seiner Rede nicht, sondern sieht wohl wie ein Träumender die Gedanken vor sich vorüberziehen. Die anfänglich zuweilen sogar dadurch erheiterte Stimmung, schlägt bei wilderer Ideenflucht aber oft rasch um; eine grosse Reizbarkeit kommt zum Vorschein. Der Kranke kommt vom Hundertsten ins Tausendste ohne Widerspruch zu dulden. Aber auch ohne äussere Veranlassung schiebt sich unvermittelt in die ausgelassenste Heiterkeit ein Ausbruch zorniger Gereiztheit, jetzt noch von flüchtiger Dauer. Das Mienenspiel ist ein lebhaftes und bewegliches, das Auge glänzend, die Gesichtshaut oft geröthet; anfänglich kann man noch zweifelhaft sein, ob der Kranke im Stande ist, den Gesichtsausdruck zu beherrschen, auf der Höhe der Krankheit wird es immer deutlicher, dass er dies nicht vermag; im Gegentheil laufen Verzerrungen und selbst Zuckungen mit dem Zunehmen der Erregung einher; es wird zweifellos, dass das Mienenspiel ebenso wie die Triebe und Handlungen nicht nur hemmungslos, sondern sogar als unmittelbare Folge von Reizzuständen der Hirnrinde von Statten geht. In der leichten Manie fliessen alle lebhaften Geberden noch aus der allerdings sehr leichten Erregbarkeit, aber das Triebartige kann vielfach noch geregelt und gezügelt werden. Ebenso bewegt sich die äussere Thätigkeit vielfach noch in den gebräuchlichen Bahnen; auffällig ist das viele Umhergehen, doch verbirgt der Kranke die Unruhe gern mit dem Vorgeben, dass Spazierengehen durchaus nöthig und sehr gesund sei, und läuft dann stundenlang im Freien herum. Ein anderer macht grosse Reisen, tollkühne Wasserfahrten, anstrengende Bergbesteigungen und findet bei seinen Unternehmungen und Kraftleistungen Bewunderung. Harmloser äussert sich die motorische Unruhe durch zweckloses Ein- und Auspacken von Bücherschränken, immer erneutes Aufstöbern alter Papiere unter dem Vorwande, man müsse Ordnung schaffen.

Frauen beschäftigen sich auch mit ihrer Toilette, ändern täglich die Anordnung ihrer Haare. Mit diesem Bewegungstriebe mischt sich hier bald eine grosse Gefallsucht; sie putzen und kleiden sich phantastisch, Blumen und Bänder werden hervorgesucht, die Haltung wird immer selbstgefälliger und oft gesellt sich dazu die Neigung mit körperlichen und geistigen Eigenschaften zu glänzen, namentlich vor grösseren Versammlungen durch Gesang und Schauspiel. Dabei drängt sich beim weiblichen Geschlecht schon frühzeitig der Geschlechtstrieb in den Vordergrund. Die angelernte Sitte beherrscht sein unverhülltes Vordrängen noch insofern, als er sich oft noch verbirgt unter anderen Formen; so ist die Verdächtigung anderer Weiber ein solcher Deckmantel, ferner die Neigung, mit dem Arzt bei jeder Gelegenheit über die Menstruation zu reden oder von der Farbe und dem Geruch des Urins. Mit

einer gewissen Vorliebe verbindet sich mit diesem Gesprächsstoff sehr oft
eine übertriebene Beschäftigung mit religiösen Uebungen. Später tritt die
Erregung noch offener zu Tage durch unverhehlte Liebesbezeugungen,
schliesslich durch schamlose Anerbietungen zu geschlechtlichem Verkehr.
Bei Männern wird von der gleichen Erregung wohl nur weniger bemerkt, weil sie ihre Befriedigung ohne Mühe in Bordellen erreichen
können; aber damit nicht genug überträgt sich auch bei ihnen derselbe
Trieb in Haltung und Gespräch, besonders fällt die Neigung zu Zwei-
deutigkeiten und Zoten in der Unterhaltung auf. Mehr im Verborgenen
bleibt der Hang zum Masturbiren bei beiden Geschlechtern; zuweilen
lässt die Scheu vor Entdeckung der gesteigerten Geschlechtstriebe auch
verborgene Ausübung anderer Abweichungen der normalen Befriedigung
zu Stande kommen. In geringeren Erregungsgraden bleibt es bei Putz-
sucht, Lesen schlüpfriger Romane, zärtlichem Anschauen und Versuchen
den Körper von Personen des anderen Geschlechts zu berühren oder nur
ihre Kleider zu streifen. Männer reden wohl fremde anständige Damen
auf der Strasse an oder fallen auf durch ausgesuchte Zuvorkommenheiten
im Verkehr mit Frauen.

Wenn man bei Männern in dieser Zeit oft übertriebenem Genuss
von Spirituosen begegnet und Ausschreitungen dabei etwas Häufiges
sind, so ist man nicht berechtigt, von einem eigentlichen Trieb zum
Trinken zu reden, wie er auf neurasthenischer und anderer Grundlage
thatsächlich vorkommt und dann mit dem Namen Dipsomanie bezeichnet
zu werden pflegt. Meistens ist die Gelegenheit der Grund des Trinkens,
da der Maniakalische Gesellschaft sucht und seiner ganzen Stimmung ihre
Steigerung durch alkoholische Getränke entspricht. Auch bedarf es nur
sehr geringer Mengen, um eine solche Steigerung hervorzurufen, so dass
die Handlungen bei diesen Ausschreitungen selten in einem Verhältnis zu
der Menge des genossenen Alkohols stehen.

Eben so wenig kann man von einem Triebe zum Sammeln sprechen,
wenn man damit eine Thätigkeit bezeichnen will, die unabhängig vom
Willen aus unmittelbaren psychomotorischen Reizen vor sich geht: zwar
sind auch keine Wahnvorstellungen als etwaige Mittelglieder anzusehen,
sondern das Fortnehmen, selbst Stehlen beliebiger Sachen ist ein Ausdruck der Unruhe, die in dem zwecklosen Ergreifen solcher Gegenstände
darum auch keine weitere Befriedigung findet.

Wahnvorstellungen und Sinnestäuschungen sind in den
geringeren Graden der Manie überhaupt selten; Grössenideen werden
wohl nur im Scherz geäussert.

Da bei der Erregung die Nahrungszufuhr leidet, der Schlaf schlecht
ist, so wird man sich nicht wundern dürfen, wenn sich selbst bei diesen

leichteren Graden der Manie die Erschöpfung zuweilen geltend macht, ehe eine beginnende Genesung zum Vorschein kommt, namentlich wenn die Krankheit erst Wochen oder Monate gedauert hat. Auch jetzt kann es noch zu stärkeren maniakalischen Erregungen kommen. Gewöhnlich entwickelt sich aber die schwere Form der Manie, die Tobsucht, nach einer tiefen Depression viel rascher zur völligen Höhe. Alle Erscheinungen sind hier viel deutlicher unmittelbare Aeusserungen des Reizzustandes der Hirnrinde. Die Bewegungen sind ungeordnete psychomotorische: verwirrte Vorstellungen häufen sich ohne Andeutung der Bildung von Wahnvorstellungen, die selbst in Begleitung von Sinnestäuschungen zu fehlen pflegen; die Unterscheidung vom hallucinatorischen Irresein ist dann schwer, wenn man nicht festhält, dass in der Manie die Sinnestäuschungen im Ganzen seltener sind und dass die Entwicklung und der Beginn beider Störungen ein verschiedener ist. Tritt die Manie sehr heftig und sogar unter Fiebererscheinungen auf, so ist es zweifelhaft, ob diese „Delirium acutum" genannte Krankheitsform hierher gehört, da infectiöse Entstehungsursachen nicht ausgeschlossen sind.

Die Bewegungen des Tobsüchtigen stehen unter innerem Zwange, er kann nicht anders; stand der leichter Erregte noch über dem Tumulte und bemerkte wohl ironisch, wenn man seiner Ungebühr entgegentrat, ihm sei Alles erlaubt, er sei ja ein Narr, so wird die motorische Unruhe des Tobsüchtigen zur rücksichtslosen Gewaltsamkeit, zur tobenden Wuth, die keine Beschränkung verträgt. Diese Kranken sind unmöglich im Privathause, sie sind die „Rasenden" des Laien und müssen in die Anstalt oder ins Krankenhaus. Denn es steigert sich in diesen höchsten Graden Springen und Laufen zum Umherwälzen und Rutschen auf dem Boden; der Kranke strampelt mit den Füssen, klatscht mit den Händen, schlägt eine Zeitlang im Takt auf die Erde, schnaubt und bläst heftig. Abgerissene, unverständliche Silben und Töne, Bruchstücke von Sätzen, Schreilaute werden als sprachliche Aeusserungen in zusammenhangsloser Folge an einander gereiht, unarticulirtes Geschrei und Gestöhne wird mit schäumendem Munde ausgestossen, und nur völlige Heiserkeit hindert endlich auch dies. Regellose Zuckungen im Gesicht und an den Gliedern, Zähneknirschen, lallende Sprache und vereinzelte ungeregelte klonische Krämpfe zeigen die schwere Betheiligung der psychomotorischen Centren der Hirnrinde in diesen Fällen.

Die allgemeine Sensibilität erscheint als eine geringere, da die Empfänglichkeit für die Auffassung störender Reize eine verminderte ist. Daher werden Schmerzen wenig beachtet und empfunden. Von den zahlreichen kleinen Verletzungen, die er sich so leicht im Toben und Springen zugezogen, merkt der Kranke Nichts, auch grössere lässt er unbeachtet,

reisst angelegte Verbände von seinen Wunden und unterhält sich damit,
sie mit Kothsalben frisch zu verbinden. Ein Anderer springt nackt im
kalten Zimmer umher oder setzt sich stundenlang dem glühenden Sonnen-
brande aus. Diese Unempfindlichkeit ist oft um so auffallender,
als ja die kleinsten andern Reize genügen, um den Zustand zu beeinflussen; man wird daher auch nicht fehlgehen, wenn man auch hierin nur
Mangel der Aufmerksamkeit erkennt, denn an einer genügenden
Leitung ist nicht zu zweifeln. Um so mehr hat man die Pflicht den
Kranken vor solchen schädlichen Reizen zu schützen, die sicher mit eingehen in den Ablauf seiner Vorstellungen und zur Erhöhung der Krankheit beitragen. In vorübergehenden Nachlässen der Manie erfährt
man denn auch, dass die Kranken Wärme und Kälte sehr wohl unterscheiden und empfänglich sind für alle Abweichungen der Zustände ihres
Körpers; zuweilen klagen sie dann über Kopfschmerzen und haben
für kurze Augenblicke sogar ein deutliches Krankheitsgefühl.

Die drohende Erschöpfung wird zuweilen durch Mangel des Sätti-
gungsgefühles aufgehalten, meistens ist der gewaltige Stoffwechsel aber
auch dann nicht hinreichend zur Ernährung; durch hinzutretende
Katarrhe des Nahrungsschlauches sinkt sie noch, ja Nahrungsverweigerung kann die Scene beschliessen; Mundkrankheiten infolge der zahlreichen kleinen Verletzungen und Abschürfungen führen endlich zum
gänzlichen Zusammenbrechen der Kräfte in solchen Fällen.

Der schwankende Verlauf einer Manie ist schon in der gegebenen
Schilderung hervorgetreten; eine Steigerung erfährt sie fast regelmässig
durch die Menstruation. Es gibt Personen, die nach jahrelanger Gesundheit unter ähnlichen äusseren Anlässen in gleicher Weise wieder erkranken; doch muss man solche Fälle von der unten noch zu schildernden periodischen Manie unterscheiden, die sich aus inneren Gründen
entwickelt und gewöhnlich auch viel kürzere freie Zwischenräume zeigt.

Die Dauer der völlig ausgeprägten selbstständigen Manie beträgt
gewöhnlich einige Monate, meistens mehr. Ein Verlauf in wenigen Tagen
oder Stunden muss überlegen lassen, ob epileptische oder hysterische
Dämmerzustände, Vergiftungen oder Fieberdelirien die Ursache waren. Ist
nach etwa einem halben Jahr noch kein Fortschritt zur Genesung erkennbar, so liegt die Gefahr der Verschleppung in chronische Erregung,
zuweilen mit allmählich fortschreitender Verwirrtheit oder grösserer geistiger Schwäche vor; dieser Zustand kann sich nach jahrelangem Bestehen
kaum noch von Blödsinn unterscheiden.

Der Ausgang in Genesung tritt nicht plötzlich ein, sondern
allmählich und unter Schwankungen. Namentlich der Schlaf wird besser.
In leichteren Fällen zeigt sich eine gewisse Krankheitseinsicht

in dem Bemühen, Entschuldigungen für diese oder jene verkehrte Handlung vorzubringen, oder eine weinerliche Reizbarkeit wechselt mit der heiteren Erregung. Nach schwerer Manie leitet die Genesung sich in einzelnen Fällen durch Erschöpfungspausen ein, die das Bild einer starren Melancholie vortäuschen können. Dauert dieser Zustand länger, z. B. einige Monate, so ist Gewicht für die Prognose auf das Verhalten des Körpergewichts zu legen; nimmt dies nur wenig zu, so ist die Wahrscheinlichkeit, dass der Verlauf doch noch günstig werde, während eine rasche Zunahme die Befürchtung begründen muss, dass es sich um Ausgang in unheilbaren Blödsinn handelt. Ueberhaupt ist das Körpergewicht sorgfältig zu beachten; eine dauernde und völlige Genesung lässt fast regelmässig einen gleichmässigen Fortschritt der geistigen und körperlichen Functionen erkennen, das Körpergewicht folgt den Schwankungen des geistigen Befindens; es ist daher zu befürchten, dass der Krankheitsprocess noch nicht abgelaufen ist, wenn das Gewicht längere Zeit stehen bleibt. Selbstverständlich wird man dabei aber nicht vergessen, zufällige Organerkrankungen zu beachten: natürlich wird bei einer gleichzeitigen Lungenschwindsucht nicht erwartet, dass bei geistiger Genesung die körperliche Ernährung sehr zunimmt.

Bemerkenswerth ist die Thatsache, dass fieberhafte Erkrankungen, wie Typhus, Erysipel einen günstigen Einfluss auf den Verlauf der Manie ausüben können.

Zuweilen wechseln längere melancholische Verstimmungen mit dem Abklingen des Erregungszustandes und erinnern dann an den Beginn und die Entwicklung der Krankheit. Besorgnisse für die Zukunft quälen den Kranken; die geistige Leistungsfähigkeit ist so gering, dass jene Befürchtungen eine berechtigte Grundlage bieten. Sie verlieren sich immer mehr mit dem zunehmenden Kraftgefühl. Jetzt wird aber auch die körperliche Erschöpfung deutlich empfunden; zuweilen stellen sich frühere Neuralgieen, Kopfschmerzen und ähnliche Leiden in alter gewohnter Weise wieder ein.

Ein anderer Durchgangszustand ist eine alberne kindische Geschwätzigkeit mit läppischem Benehmen (Moria), der langsam zur Genesung übergeht; alle jene Durchgänge durch Stumpfheit oder Schwachsinn, die auf die grosse Erschöpfung des Nervensystems deuten, können fehlen; abgesehen von den häufigen Schwankungen kann die Erregung in den Erscheinungen der heitern Manie abklingen, nachdem die stürmischen Wellen sich gelegt haben. Am meisten tragen hiezu einige gut durchschlafene Nächte bei.

Die nun dauernd werdende Krankheitseinsicht verbindet sich nicht immer mit einer deutlichen Erinnerung des während der Krankheit Erlebten.

Es ist schwer über die Häufigkeit des Vorkommens der selbstständigen Manie eine sichere Angabe zu machen, denn sehr viele leichtere Fälle kommen gar nicht in ärztliche Behandlung und entgehen der Statistik. Am häufigsten tritt sie zwischen dem 20. und 25. Lebensjahre auf; Greise erkranken sehr selten an selbstständiger Manie. Früher nannte man manche im Wochenbett auftretende Erregung, die mit zahlreichen Sinnestäuschungen begleitet zu sein pflegt, Puerperalmanie; es ist aber richtiger sie zum hallucinatorischen Irresein zu rechnen.

Auf sogenannter constitutioneller Grundlage (vgl. Melancholie) ist ein geschwätziges raisonnirendes Verhalten, ein Gemisch von Gesundem und Krankem so gross, dass Laien und oft auch Aerzte die krankhafte Grundlage bestreiten; doch eine rasche, wenn auch vorübergehende Steigerung zu zwecklosen tobsüchtigen Handlungen muss sie belehren, oder eine sorgfältige Beobachtung findet zwischen den launischen zu Unfug geneigten Aeusserungen der heiteren Erregung plötzliche kurze Verstimmungen. Wenn solche Zustände sich noch mit einem leichten, darum oft verkannten Schwachsinn verbinden, so können sie zuweilen an das sogenannte moralische Irresein erinnern. Ist jene Neigung, verkehrte und unsinnige Handlungen scheinbar vernünftig zurechtzulegen dauernd, so muss sie bei einer auch sonst nur leichten Manie als ein ungünstiges Zeichen angesehen werden, denn diese auf dem Boden der Minderwerthigkeit entstehenden Psychosen haben wegen eben jener geringeren Widerstandsfähigkeit des Gehirns grössere Neigung zum Verschlepptwerden und zu Wiedererkrankungen; doch pflegen sie selbst bei langer Dauer nicht in völlige geistige Schwäche überzugehen, wenn auch die höheren intellectuellen Gefühle deutlich abnehmen.

Die **Behandlung** der selbstständigen Manie, auch in ihren leichteren Graden, ist mit Aussicht auf Erfolg in der Familie nicht zu empfehlen; wenn es auch möglich ist, dass die leichteren Fälle dort in Genesung übergehen, so ist doch sicher der Verlauf dann ein langsamerer. Sobald die Krankheit daher sicher festgestellt ist, wird der Arzt die Versetzung des Kranken in ein Krankenhaus oder in eine Irrenanstalt verlangen. Zu Hause ist die nothwendige Fernhaltung äusserer Reize nicht möglich, nicht einmal bei selbst nur leichter Erregung der Versuch durchführbar, den Kranken dauernd oder nur stundenweise im Bett zu halten. Dies kann man aber im Hospital oft schon erreichen; ausserdem stehen dort auch verlängerte Bäder und andere Arten der Behandlung zur Verfügung. Bei grösserer motorischer Erregung und Beunruhigung durch Sinnestäuschungen ist nur eine Irrenanstalt als geeigneter Ort für die Behandlung anzusehen. Namentlich ist die Möglichkeit der Absonderung und Isolirung wichtig, denn in massvoller Weise

13*

angewandt, besonders bei rechtzeitigen häufigen Versuchen, den Kranken wieder unter andere Leidensgenossen zu bringen und ihm Gelegenheit zur Beschäftigung zu geben, ihn in der Anstaltsdiseiplin sich selbst beherrschen lernen zu lassen, sind dies mächtige Hülfsmittel gegen die maniakalische Unruhe. Meistens kann man dabei mechanischen Zwang entbehren, oder doch auskommen mit milderen Mitteln, wie z. B. mit der Anlegung von leinenen Handschuhen, um das Zerreissen und Schmieren zu erschweren. Dass dauernder Zwang und die alten grausamen Mittel des Anschnallens ans Bett nur als äusserst schädlicher Missbrauch gelten können, ist schon an anderen Stellen ausgesprochen; nur chirurgische Verletzungen und drohender Zusammenbruch der Kräfte dürfen in einzelnen Fällen dazu greifen lassen, doch ist die sorgfältigste Beaufsichtigung dann nöthiger als je. Noch besser freilich ist es, wenn es gelingt die Erregung durch zweckmässige, genau eingetheilte und dauernd beaufsichtigte Beschäftigung in nützlichere Bahnen zu lenken; wo die dazu nöthigen Einrichtungen und die genügende Aufsicht fehlen, kann man Aehnliches durch Spazierenführen in frischer Luft erzielen; diese Bewegung und die Luft wirken förmlich wie ein Schlafmittel und können nicht genug empfohlen werden; Massage kann als Ersatz dienen.

Ausser den verlängerten Bädern und Einwickelungen zur Beruhigung, dienen häufige Reinigungsbäder der Pflege der Haut, Ausspülungen der Mundpflege, wie denn die hygienischen Bedürfnisse die sorgfältigste Berücksichtigung verlangen. Dazu gehört unter Anderem die gute Erwärmung der Zimmer, das Tragen warmer und fester Kleidung, zuweilen am Rücken durch besondere mechanische Vorrichtungen verschlossen. Endlich wird die Sorge für eine ausreichende Ernährung von der grössten Wichtigkeit; wenn die Aufregung den Kranken zu essen und zu trinken vergessen lässt, wenn Sinnestäuschungen oder Wahnvorstellungen ihn daran hindern, muss man ihn immer wieder und wieder dazu anhalten, sobald die flüchtige Steigerung der Erregung Ruhepausen macht; besonders muss man ihn anhalten zu fleissigem Trinken. Alkohol, Tabak, Kaffee und Thee sind möglichst zu meiden, besser ist Milchdiät.

Sorgfalt und Geduld des Wartepersonals findet hier ein dankbares Feld, so dass bei nöthiger Isolirung sich die Tüchtigkeit der Pfleger zeigen kann; je besser diese sind, desto seltener wird es z. B. vorkommen, dass Kranke dieser Art sich besudeln. Denn die Gefahr jeder Isolirung liegt darin, dass der Isolirte vergessen wird und dann im Schmutz verkommt.

Unter den Schlafmitteln leistet das Chloralhydrat mit Morphiumzusatz viel; Sulfonal nehmen die Kranken zuweilen unbemerkt in heisser Milch oder auf Brot. Paraldehyd schmeckt ihnen oft zu schlecht. Je höher die Erregung ist, um so wichtiger wird die Einspritzung von Morphium unter die Haut; besonders bei beunruhigenden Sinnestäuschungen ist es nützlich, namentlich in methodischer Wiederholung angewandt. Innerlich ist mit Arzneien nicht viel zu machen, sobald die Erregung eine regelmässige Zufuhr verhindert. In den leichten Graden der Manie, bei sexueller Färbung des Krankheitsbildes und den sich verschleppenden Formen kann man durch grössere Mengen von Bromkalium namentlich in Verbindung mit Opium oft Beruhigung erzielen. Blutentziehungen dürfen nur bei Zeichen meningitischer oder corticaler länger andauernder Reizzustände gewagt werden; auch dann ist der Erfolg nur ein vorübergehender, kann aber an einer augenblicklich drohenden Gefahr vorbeiführen, wenn sie mit hohem Fieber und Krämpfen auftritt. Blutarmuth erfordert natürlich den Versuch der Zufuhr geeigneter Arzneien, den Hauptwerth aber muss man auch hier auf die gute Ernährung legen; Leberthran ist sehr zu empfehlen: wo es angeht, regle man die Verdauung, vermeide aber starke Abführmittel; man braucht nicht auf täglichem Stuhlgang zu bestehen, es genügt, ihn jeden zweiten oder dritten Tag zu erreichen. Wassereingiessungen sind zuweilen auch gut, um den Inhalt des Mastdarms rechtzeitig zu entfernen, ehe er zum Herumschmieren dient. Im Klystier lassen sich die Medicamente nur selten häufiger oder regelmässig geben. Oft gelingt es durch methodische Anwendung von Arzneien dauernde Bettlage zu erzielen, doch hüte man sich in frischen Fällen vor zu grossen Gaben; so angenehm die Ruhe für die Umgebung ist, und so schön es sich macht in Anstalten maniakalische Erregungen sofort chemisch bändigen zu können, so bedenklich ist die andauernde Einwirkung der Narcotica, und sieht man Ausgänge in Blödsinn sich daran knüpfen. Daher ist z. B. die Anwendung des sehr nützlichen und wirksamen Hyoscins auf das Sorgfältigste zu beaufsichtigen.

Die Kunst der psychischen Behandlung eines Maniakalischen ist nach allgemeinen Regeln nicht gut festzustellen; mehr als bei andern Geisteskranken gehört dazu ein angeborenes Talent des Umgangs mit Menschen; in der Anstalt hat immer derjenige Arzt geringere Schwierigkeiten, der es versteht Ruhe und Freundlichkeit zur Schau zu tragen. Unzeitiges Befehlen, zur Ruhe verweisen oder gar ärgerliche Heftigkeit über Thorheiten sind gefährlich und schädlich. Ein Scherz zur rechten Zeit kann zuweilen einen Zornausbruch ablenken. Natürlich nützen alle diese Mittelchen wenig bei heftiger Manie; aber im Beginn, in den leichtern Graden und namentlich bei eintretender Genesung können sie von grösserem Nutzen werden.

Im Allgemeinen thut man gut die Entlassung aus einer Anstalt bis zur völligen Genesung hinzuziehen, wenn auch Gefahren wie bei selbstmordsüchtigen Melancholikern nicht zu befürchten sind. Der praktische Arzt wird oft genug die Angehörigen in dieser Hinsicht zurückhalten müssen, die nur zu geneigt sind den Wünschen der noch viel redenden Kranken in der Genesung vorzeitig entgegenzukommen. Jedenfalls sind Reisen und Zerstreuungen auch in der Reconvalescenz schädlich; der Kranke bleibt am Richtigsten so lange in der Anstalt, bis er sich körperlich und geistig völlig erholt hat; kommen solche Reconvalescenten in die Behandlung des praktischen Arztes, so wird er fortfahren, alle äusseren Reize fernzuhalten und unter Umständen versuchen durch Morphium noch zur völligen Beruhigung beizutragen; innerlich ist es dann ein vortreffliches Mittel.

—

C. Periodische Formen.

Das Merkmal periodischer Schwankung kommt eigentlich allen geistigen Störungen bald mehr bald weniger zu; in einigen Formen tritt es aber so stark in den Vordergrund, dass es zum wichtigsten Merkmal wird. Während sonst vielfach die Schwankungen besonders schon in der Entwicklung der Krankheit auftreten, erreicht die Krankheit in den eigentlichen periodischen Formen des Irreseins sehr rasch ihre Höhe; auch ihr Abfall ist ein verhältnismässig schneller. Wahrscheinlich sind jene andern Schwankungen meistens von zufälligen äusseren Schädlichkeiten abhängig, hier und da ja allerdings auch von innern Lebensvorgängen im eigenen Körper des Kranken, so von Störungen der Verdauung und Menstruation; in den eigentlichen periodischen Formen aber lösen in der Regel nur innere Reize den Anfall aus, sobald sich nach dem ersten, auch durch äussere Anstösse eingetretenen Anfall ein regelmässiger Typus erst entwickeln konnte. Jedenfalls genügen diese inneren Anlässe, natürlich können auch Gelegenheitsursachen wirken; dadurch wird der Verlauf verwischt. Da es sich ganz vorwiegend um affective Störungen handelt, so kann ohne Weiteres das bei Melancholie und Manie Gesagte gelten, besonders auch die Annahme, dass es im Wesentlichen Spannungszustände elektrochemischer und molecularer Natur sein müssen, die vermuthlich vom Centralhirn ausgehen.

Fast immer sind es erblich belastete Menschen, die in diesen Formen erkranken; wie immer bei constitutionellen Erkrankungen des Nervensystems ist der krankhafte Zustand ein wandelbarer und gemischt mit

gesunden Bestandtheilen. In der Zwischenzeit zwischen den einzelnen
Anfällen — dies ist ein vorm Richter sehr wichtiger Gesichtspunkt —
sind die Befallenen daher nicht wie Gesunde zu beurtheilen; es ist
möglich, dass einzelne Handlungen durchaus richtig und überlegt stattfinden, aber mehr oder weniger ist der so erkrankte Mensch doch ein
minderwerthiger, dessen Verantwortlichkeit für jede einzelne That jedes
Mal einer besonders sorgfältigen Prüfung bedarf. Allerdings erfordert es
eine eingehende Kenntnis des Wesens dieser Personen, um das richtige
Urtheil zu fällen; sie sind leicht erschöpft, empfindsam und reizbar; dagegen tritt um so auffälliger eine gewisse Theilnahmlosigkeit an höheren
Interessen hervor, oder wo sie geäussert wird, geschieht es mit Betonung
des persönlichen Verhältnisses; nicht die Sache selbst ist das Fesselnde.
Eine grosse Leichtigkeit in der Verbindung der Vorstellungen lässt kühne
Entwürfe und Gedankenreihen zuweilen blendend auftauchen, aber es
fehlt die Möglichkeit, sie in stillem beharrlichem Fleiss auszuarbeiten und
nach allgemeinen Regeln einzuschränken; wird dagegen keine Selbstständigkeit der Entschliessungen verlangt, so kann ein solcher Mensch
seine krankhaften Regungen unter dem Einflusse gewohnter, von Andern
geordneter und geleiteter Thätigkeit lange verbergen. Dafür ist es aber
in der Unterhaltung schon möglich, eigenthümliche unvermittelte Gedankensprünge zu erkennen, wie denn überhaupt auch das ganze Benehmen
ein vom Gewöhnlichen abweichendes und oft aus äussern Gründen nicht
verständlich ist; nur die Minderwerthigkeit der geistigen Thätigkeit, begründet durch die Schädigung der geistigen Constitution, erklärt das
Verhalten.

Berücksichtigen wir also den Umstand, dass es nicht geistig gesunde Menschen sind, die so erkranken, so müssen wir bei ihnen auftretende volle Psychosen als durch s ganze weitere Leben bestehend
ansehen, so dass die periodischen Schwankungen der Erscheinungen auch
bei ihnen wie bei den Psychosen überhaupt innerhalb des Verlaufs der
Krankheit eintreten. Ueber die Länge des Zwischenraumes zwischen zwei
Anfällen lässt sich nichts Bestimmtes sagen; doch wird man nicht von
periodischer Form sprechen, wenn ein Anfall in der Jugend und ein anderer
nach 30—40 Jahren im Greisenalter sich zeigt. Natürlich kann ein Mensch
im Laufe seines Lebens zweimal in ähnlicher Weise erkranken, das ist
aber keine aus inneren Gründen sich entwickelnde periodische Form
sondern eine zufällige Wiederholung. Andrerseits sind die periodischen
Functionen des Körpers allerdings Anlässe zu Schwankungen, man denke
an den Schlaf und die täglichen Mahlzeiten, welche zum Ausdruck kommen
müssen im Verlauf jeder Erkrankung; aber erst aus einer Häufung dadurch entstehender Reize und Spannungen kann der periodische Aus-

bruch entstanden gedacht werden. Bewusstseinsschwankungen von nur secundenlanger Dauer weisen auf epileptische und verwandte Zustände: auch nach Hirnerschütterungen finden sich wohl längere Zeit noch periodische Schwankungen von so kurzer Dauer wie auf anderm Gebiet z. B. das Cheyne-Stokes'sche Phänomen; Sehen und Hören sind secundenlang gestört, die Aufmerksamkeit schwankt, Sensibilität und motorische Kraft sind herabgesetzt. Solche Zustände mögen auf Kreislaufsschwankungen beruhen, während für die längeren periodischen Formen des Irreseins jedenfalls moleculare Spannungszustände anzunehmen sind; vielleicht können dabei Selbstvergiftungen entstehen, die eventuell zur Einschmelzung von Zellkernen beim Stoffwechsel führen.

Die periodische Melancholie.

Nicht oft heftig auftretend, sondern meist milde verlaufend, kommt sie häufiger in der Privatpraxis als in Krankenhäusern vor. Der Anstieg ist ein rascher nach kurzer einleitender Verstimmung. Die ausgesprochene Erkrankung kann Wochen, aber auch Jahre dauern; das Bewusstsein ist meist klar, Sinnestäuschungen fehlen meistens. Verhältnismässig unveränderlich bestehen aber einzelne mit Angstgefühlen verbundene Wahnvorstellungen während der ganzen Dauer. Im Uebrigen kann der Verlauf allen früher geschilderten Formen der Melancholie entsprechen, dagegen pflegen sich alle Erscheinungen oft plötzlich wie mit einem Schlage zu verlieren, wobei der Kranke sich körperlich auffallend rasch erholt. Geistige Schwäche als Folgezustand ist sehr selten; nach dem Anfall bleibt vielfach als leichter sittlicher Defect ein starkes Hervortreten egoistischer Gefühle. Obwohl diese Menschen meistens ihren gewohnten Beruf ausfüllen können, so sind sie doch vielfach unselbstständig und reizbar. Bis zum zweiten Anfall vergehen in der Regel Jahre; trotzdem in ihnen Gelegenheitsursachen genug zu neuen Ausbrüchen vorlagen, kam es nicht dazu. Jetzt aber, unvermittelt und plötzlich kommt der zweite Anfall, der dem früheren in allen Einzelheiten auf das Genaueste gleicht.

Ueber die Behandlung vergleiche den allgemeinen Theil und die selbstständige einfache Melancholie.

Die periodische Manie.

Sie tritt sehr oft, namentlich beim weiblichen Geschlecht auf; häufiger sind leichte als schwere Formen, melancholische Vorläufer sind oft nur angedeutet. Die leichte maniakalische Erregung beginnt dann fast plötzlich. Auf der Höhe der Krankheit ist eine Mischung gesunder und kranker Bestandtheile ganz besonders klar; die Kranken suchen ihre verkehrten Reden und Handlungen immer wieder zu begründen und in gewandter Weise durch vieles Reden als berechtigt hinzustellen. Fehlt die dazu nöthige dialektische Gewandtheit, so wird sie ersetzt durch kurze Bemerkungen, es sei ja ganz natürlich, dass man heftig und aufgeregt werde, wenn man immer wieder von Neuem gereizt werde; Scheingründe sind ja auch leicht zu finden, da eine Beschränkung oder Zurechtweisung oft genug hat stattfinden müssen. Daher machen diese leichtern Fälle oft den Eindruck moralischer Schlechtigkeit, weil der Bewegungsdrang und die innere Unruhe immer wieder zu Entäusserungen treiben, die gegen Sitte und Gesetz verstossen. Das völlig fügsame und geordnete Benehmen nach dem Anfall lässt die krankhafte Grundlage des frühern Zustandes meistens desto deutlicher erkennen. Auch in den ruhigen Zwischenzeiten pflegen die Kranken am Liebsten über die Erregung zu schweigen und ausweichend zu antworten, oder sie greifen zu beschönigenden Erklärungen und schieben angeblichem Reizen der Umgebung die Schuld zu. Die Zwischenzeit dauert selten länger als einige Wochen oder Monate; diese leichten Anfälle wiederholen sich ohne äussere Veranlassungen, obwohl solche den Eintritt beschleunigen können, oft durch das ganze Leben; ihr Ausbleiben nach Jahren kommt vor, ist aber selten. Wenn auch keine grossen Ausfälle der Intelligenz sich entwickeln, so tragen diese Personen doch fast immer deutliche Zeichen der geistigen Minderwerthigkeit an sich, sind in den Zwischenräumen reizbar, oft auch gleichgültig für fremde Interessen. Schwankungen des Körpergewichts sind fast regelmässige Begleiterscheinungen. Nach jahrelangem Wechsel können im Alter die zeitlichen Grenzen der Anfälle sich etwas verwischen und die Erregungen geringer werden. Sehr häufig ist die Beimengung eines zornigen Affectes, oft von auffälliger Besonnenheit begleitet. Durchschnittlich entstehen diese schweren Formen der periodischen Manie schneller und verschwinden auch rascher wie eine einmalige Manie; doch ist die Diagnose trotzdem erst durchaus sicher, wenn die Anfälle sich wiederholen, und zwar mit auffallender Gleichartigkeit unter sich, so dass die Aehnlichkeit eine photographisch treue genannt ist. Im Einzelfall wiederholen sich dann sogar bestimmte körperliche Begleiterscheinungen auf das Genaueste, Gefässlähmung, Kältegefühl, halbseitige Kopfschmerzen, Steigerung der Harn- oder Schweissabsonderung. Besonders aber die äussere Haltung wiederholt sich mit denselben Bewegungen, demselben Gesichtsausdruck, der besonderen gleichen Sprechweise, ja im Ton der Stimme; ein Schauspieler könnte nicht sorgfältiger alle Einzelheiten und Aeusserlichkeiten einer Rolle in verschiedenen Vorstellungen wiederholen;

diese Aehnlichkeit beschränkt sich nicht auf die leichteren Erscheinungen, sondern sogar das Springen und Tanzen, das Schreien und Singen bis zum unarticulirten Brüllen kann sich völlig gleich wieder einstellen. Dieselben Wahnvorstellungen und Sinnestäuschungen mit sehr ähnlichem Inhalt kommen zum Vorschein. In der Anstalt, wo der Ausbruch der neuen Erregung nicht durch äussere Schädlichkeiten verwischt ist, sondern rein aus innern Gründen erfolgt, zeigen leichte Veränderungen in der Kleidung, eine Blume im Haar oder dessen kühnere Anordnung, ein jetzt regelmässig wiederholter Wunsch der Entlassung, den Anfang gewöhnlich sicher an. Auch bei schweren bis ans Ende des Lebens sich wiederholenden Anfällen kommt es nicht zum Blödsinn, öfter wohl zu einer Abflachung der einzelnen Erregungszustände mit verkürzten Zwischenräumen und zunehmender geistiger Schwäche und Theilnahmlosigkeit. Anfälle und Zwischenräume können sehr verschiedene Dauer zeigen, bei derselben Person aber pflegen sie sich auch zu gleichen. Der einzelne Anfall verläuft also mit grosser Wahrscheinlichkeit günstig und geht als solcher nicht in chronische Erregung oder Schwäche über; sonst ist die typische periodische Manie als ganze Verlaufsform so gut wie unheilbar.

Die Behandlung muss sich daher auf die einzelnen Anfälle beschränken; oft hat man versucht sie abzukürzen, zu unterdrücken oder zu mildern. Unterdrücken lassen sie sich meistens nicht, ja zuweilen gewinnt man den Eindruck, als ob bei Anwendung starker Arzneimittel der scheinbare Erfolg nach einiger Zeit durch stärkere Anfälle wieder beseitigt wird; mit elementarer Gewalt macht sich so der innere Vorgang Luft. Am meisten empfohlen werden Morphium und Bromkalium, für die Fälle mittlerer Erregung jedenfalls mit sichtlichem Erfolg. Wenn man z. B. Bromkalium einige Tage vor dem sich meldenden Ausbruch in grossen Mengen gibt, indem man mit 4—6 gr pro die beginnt und täglich um 2 gr steigt, je nach Bedarf bis zu 10 und 12 gr, so kann es bei den melancholischen oder andern Vorläufern bleiben, jedenfalls aber wird die doch eintretende Erregung sehr gemildert, aber auch sehr häufig entschieden verlängert. Die schweren Formen der periodischen Manie befinden sich am Besten im Krankenhause; der gute Einfluss beruhigender lauer Bäder ist bei leichteren Formen allerdings gelegentlich auch schon im Privathause zu erreichen.

Circuläres Irresein.

Es besteht im Wesentlichen in einem Wechsel des maniakalischen und melancholischen Zustandsbildes, die entweder sofort auf einander folgen oder durch ein mehr oder weniger ausgedehntes Intervall von einander getrennt sind. Die scheinbare Ruhe des Uebergangs ist nicht immer leicht von einem echten gesunden Zwischenraum zu unterscheiden; das Abflachen einer maniakalischen Erregung kann langsam und fast unmerklich übergehen in einen melancholischen Zustand, es kann aber auch monatelang oder länger, und auch kürzer, volle Gesundheit bestehen. Dem Richter gegenüber ist so die Beurtheilung jedes einzelnen Falles sehr vorsichtig zu machen; im Allgemeinen kann es aber als sicher gelten, dass diese Menschen nicht völlig gesund sind, oft sogar Zeichen der Minderwerthigkeit tragen und auch erblich schwer belastet zu sein pflegen.

Die leichteren Formen des circulären Irreseins kommen verhältnismässig oft im täglichen Leben vor und gelangen darum viel in Beobachtung und Behandlung der praktischen Aerzte. Oft trifft man in den Familien und in der Gesellschaft Menschen, die man überhaupt nicht als Kranke ansieht, noch weniger als Geisteskranke, deren ganzes Leben aber, unbemerkt von der Mehrzahl der Personen ihrer Umgebung, in einem periodischen Wechsel mässiger Erregung und Verstimmung abläuft. Sie fahren fort in der Oeffentlichkeit oder im Schoß der Familie zu leben, ohne dass man daran denkt, sie als Kranke zu behandeln. In der Periode der Aufregung scheinen sie nur eine leichte Charakterveränderung zu bieten und für Augenblicke einen etwas ungewohnten Thätigkeitstrieb gewonnen zu haben. Sie übernehmen allerlei Geschäfte, machen zahlreiche Besuche, schreiben Briefe an Personen, mit denen sie gewöhnlich nicht verkehren; sie haben ein Bedürfnis nach beständiger Bewegung, schlafen wenig, machen Reisen oder zahlreiche Pläne; mit fieberhafter Thätigkeit erfüllen sie ihre Berufspflichten oder schreiten zu neuen Unternehmungen im Gegensatz zu ihren gewohnten Beschäftigungen; sie tragen bei jeder Gelegenheit eine übertriebene Fröhlichkeit zur Schau, zeigen sich aufgeräumt, gesprächig und selbst geistreich; obwohl ihre Handlungen immer in grosser Unordnung geschehen und ihre Unterhaltung etwas Unzusammenhängendes hat, so können Personen, die sie nicht von früher her kennen und sie nicht zu andern Zeiten beobachtet haben, ihren wirklichen geistigen Zustand nicht beurtheilen, während die krankhafte Natur dem aufmerksamen Beobachter nicht entgehen wird und zuweilen auch richtig von Familienmitgliedern gewürdigt wird oder von andern Personen, die gewöhnlich mit ihnen leben.

Dieser krankhafte Zustand wird in anderer Weise deutlich, wenn man nach kürzerem oder längerem Bestehen der Erregung, die als eine einfache Veränderung des Charakters galt, allmählich oder plötzlich bei den bis dahin übertrieben fröhlichen und thätigen Personen einen ganz entgegengesetzten Zustand eintreten sieht; man möchte glauben, es mit zwei verschiedenen Menschen zu thun zu haben, auch wenn bei Wiederholung des Kreislaufes die Persönlichkeit jedes einzelnen Abschnittes der im entsprechenden früheren gleicht. Anstatt jene überströmende Thatenlust zu bieten, die weder Müdigkeit noch ein Bedürfnis der Ruhe kennt, hören diese Kranken auf auszugehen, Besuche zu machen, sich mit Geschäften zu überladen; sie wechseln völlig den Charakter, werden geneigt zum Stillesitzen, wenig mittheilsam, fast schweigsam; sie fliehen die Welt und suchen die Einsamkeit, sprechen wenig oder antworten kurz auf Fragen, die man an sie richtet; sie klagen über allgemeines Unbehagen, über einen Zustand peinvoller Qual, über Präcordialangst und Mangel an Appetit; sie sind traurig, unglücklich ängstlich ohne Grund, oder doch nach eigentlich nur unbedeutenden Anlässen. Dabei haben sie ein deutliches Gefühl ihres Zustandes und sind sehr niedergeschlagen darüber, aber sie können seine Aenderung nicht erreichen: so kommen sie bis zum Lebensüberdruss oder zur Nahrungsverweigerung, in den äussersten Graden schliessen sie sich mehrere Monate in ihrem Zimmer ein, ohne in merklicher Weise die Aufmerksamkeit der Personen in ihrer Umgebung auf sich zu ziehen, höchstens dass man weiss, sie seien verstimmt, nicht gut bei Laune; man sagt, ach der hat wieder seine schlechten Tage! Andere Menschen aber sehen diese Personen ja nur von Zeit zu Zeit, haben also keine Gelegenheit, sie zu beobachten, wenn sie sich in ihrem Zimmer einschliessen; daher taucht bei ihnen auch kein Bedenken auf wegen des eigenthümlichen Zustandes, in dem jene sich einige Monate hindurch befinden, und wenn sie später wieder zum Vorschein kommen, zur Zeit, wenn die Periode der Aufregung sich wieder erhebt, so scheinen sie wieder dieselben Personen, die man früher kannte. Man spricht dann wohl von einem excentrischen Charakter, einem sprudelnden und geistreichen Wesen, von fieberhafter Thätigkeit, wie man sie ausnahmsweise bei einigen Menschen beobachte; aber man kann nicht auf die Vermuthung eines krankhaften Zustandes kommen, der nur richtig gewürdigt wird durch die genaue Beobachtung des fortschreitenden Wechsels zwischen Aufgeregtheit und Gedrücktheit, den festzustellen wenigstens Niemand ausserhalb der Familie in der Lage ist.

Diese leichten Grade von circulärem Irresein verlaufen also fast unbemerkt, doch sind nur sie im Stande die Eigenthümlichkeiten mancher Menschen zu erklären. Man wird selten gezwungen sie in ihrem Treiben zu hindern oder sie als Geisteskranke zu behandeln; ja man kann manchen Angehörigen den Kummer sparen, dass man ihnen sagt, der Zustand sei eine geistige Störung wie andere, bedingt durch Veränderungen und Vorgänge im Gehirn. Aber der Arzt selbst wird mit jener Erkenntnis dem Kranken gegenüber zu gerechter Beurtheilung, milder und sachgemässer Umgangsweise gelangen. Dies ist um so wichtiger, als bei vielen dieser

Menschen die ersten Andeutungen sich schon in der Kindheit zeigen. Solche Kinder zeigen längere Zeiten unbegründeter Verstimmung und ausschweifender Ausgelassenheit, die man gewöhnlich auf moralische Fehler oder mangelhafte Erziehung zurückführt. Es vergehen Jahrzehnte bis zur deutlichen Ausbildung der Krankheit. Sicherlich verlaufen zahlreiche circuläre Geistesstörungen als einfache Verstimmungen, Launen, berechtigte Eigenthümlichkeiten im gewöhnlichen Leben, ohne erkannt zu werden. Das circuläre Irresein kann von diesem Gesichtspunkte aus als eine Steigerung des Stimmungswechsels angesehen werden, wie er bei erblich belasteten Menschen mit einer Art Regelmässigkeit ohne äussere Anlässe, allein aus dem eigenen innern Lebensvorgang heraus sich abwickelt; dass Steigerungen und Ausbrüche der Krankheit sich vorzugsweise an die Jahre der Entwicklung und des Erlöschens der Geschlechtsthätigkeit anschliessen, steht mit jener Auffassung nicht im Widerspruch. Darum erklärt sich auch der Umstand, dass die überwiegende Zahl der Erkrankten dem weiblichen Geschlecht mit seinem reizbaren, empfindlichen Geschlechtsleben angehört.

Bei einer schweren Form des Verlaufes fällt vor Allem der maskenartige mimische Ausdruck im melancholischen Abschnitt auf: zuweilen tritt zu diesem Ausdruck des seelischen Schmerzes noch ein rein körperlicher Kopfschmerz, doch ist dies seltener; daneben bestehen dann wohl auch Blutüberfüllung, Schweissabsonderung, Ohrensausen, Druck und Benommenheit. Der Appetit ist gering, der Stuhlgang angehalten. Der Schlaf ist bei scheinbarer äusserer Ruhe in der Bettlage schlecht; wüste Träumereien quälen den Kranken, er erwacht mit dem Gefühl der Abgeschlagenheit. Das Körpergewicht sinkt in dieser Zeit meist beträchtlich, doch bei längerer Dauer scheint sich der Körper gewissermassen an den Krankheitszustand zu gewöhnen, man findet wieder eine langsame Zunahme des Gewichts; während der maniakalischen Periode sinkt es meistens rasch. Einerlei ob diese eine leichtere ist oder die schweren Erscheinungen der Tobsucht zeigt, immer ist die Besonnenheit des Kranken verhältnismässig gut erhalten. Grade dieser eigenthümliche Mangel der Uebereinstimmung zwischen der Besonnenheit und dem echt tobsüchtigen Handeln des Kranken macht ihn oft zu einer wahren Plage für seine Umgebung, namentlich wenn nach den ersten aufgeregten Stunden oder Tagen die maniakalische Erregung etwas geringer geworden ist. Die gesteigerte Auffassungs- und Beobachtungsgabe setzt den Kranken in den Stand, seinen Neigungen und Gelüsten mit ausgesuchter Schlauigkeit nachzugehen und jede Gelegenheit, die sich ihm nach dieser Richtung darbietet, in weitestem Umfange auszunutzen. Er ist daher überaus erfinderisch in Mitteln seine Umgebung zu hintergehen und sich der Ueberwachung zu entziehen, sich kleine und grosse Vortheile zu verschaffen, fremdes Eigenthum, oft ganz werthlose Dinge, in seinen Besitz zu bringen, alle möglichen tollen, zwecklosen Streiche zu verüben. In der Anstalt beherrscht er sehr bald seine Mitkranken vollständig, beutet sie aus, bevormundet sie, wo es irgend angeht. Dies ganze Benehmen wird ihm durch eine gewandte, freilich etwas redselige Unterhaltungsgabe erleichtert, und kann ein sehr hoher Grad von Beweglichkeit und Erregung unter dem Vorherrschen besonnener Dialektik etwas verdeckt werden.

Sehr bezeichnend ist auch während der Erregung der mimische Gesichtsausdruck und das ganze Verhalten, die etwas Stereotypes im Laufe der Zeit zu gewinnen pflegen; natürlich ist es hier kein beständig gleicher Ausdruck, sondern ein häufig wechselnder, aber die Wiederholung der ganzen Stufenleiter der Gefühle zeigt sich in jedem neuen Anfall wieder in den gleichen Geberden, in Haltung, Sprache und Miene. Dazu gehört dann auch das gelegentliche vorübergehende Einfallen eines weinerlichen Affectes, seltener einer echten melancholischen Verstimmung von kurzer Dauer.

Sinnestäuschungen sind selten und nur in den schwersten Fällen beobachtet, deren einzelne Phasen rasch zu verlaufen pflegen.

Die Dauer der einzelnen Abschnitte ist bei verschiedenen Kranken eine sehr verschiedene, während sie bei demselben Kranken eine grössere Gleichmässigkeit zeigt. Sehr selten verläuft ein Abschnitt in wenigen Tagen, meistens braucht er einige Wochen, aber er kann auch Monate und Jahre dauern. Ganz im Allgemeinen lässt sich sagen, dass die melancholischen Abschnitte durchschnittlich länger dauern, als die maniakalischen, und dass etwa vorhandene Intervalle kürzer sind als einer jener andern Abschnitte. Am Schwankendsten ist jedenfalls die Dauer der Intervalle, die um so mehr hervortreten, je stärker die Erregung gewesen war, so dass man die volksthümliche Ansicht bestätigt findet, die von einem Austoben spricht; eine befriedigende wissenschaftliche Umschreibung dieses Verhaltens ist nicht gegeben.

Eine grosse Uebereinstimmung herrscht darüber, dass selbst nach langer Dauer der Krankheit der Ausgang in wirklichen Blödsinn nicht beobachtet ist. Noch nach zwanzig- oder dreissigjährigem, ja längerem Bestehen findet man die Intelligenz in allen Abschnitten sich auf gleicher Höhe halten. Wie alle Menschen unterliegen diese Kranken den natürlichen Wirkungen des fortschreitenden Alters, es kann bei ihnen daher die körperliche und geistige Rührigkeit bis zu einem gewissen Grade vermindert sein; aber niemals zeigen sie geistig oder körperlich einen frühzeitigen Verfall. Man findet fast in allen Anstalten einzelne von dieser Krankheit befallene Kranke, die ein Alter von 60 und 70 Jahren erreicht haben und doch noch eine erstaunliche, fast jugendliche geistige Rührigkeit beweisen, die natürlich in der Zeit der Exaltation besonders deutlich hervortreten kann.

Im Allgemeinen schwächt sich die Krankheit im Alter aber doch ab, sowohl die Ausdehnung der Anfälle und Abschnitte wie ihre Stärke. Wenn sich dabei auch die Intervalle verkürzen und die anderen Abschnitte näher zusammengeschoben werden, so kann schliesslich eine unreine Erscheinungsform vorliegen, in der nur häufiger und rascher, aber kurzer Stimmungswechsel Anklänge an den früheren Verlauf bietet. Nach Allem muss die Prognose als eine ungünstige hingestellt werden. Echte Genesungen sind niemals beobachtet. Selbst vorübergehend ist eine Abschwächung der Erscheinungen nicht zu günstig zu beurtheilen, da bald schwerere wieder an ihre Stelle treten können. In sehr seltenen Fällen ist das Klimacterium ein Wendepunkt, von dem an die Milderung der Krankheit beginnt, die nicht von einer Genesung zu weit entfernt ist.

Obwohl nicht wenige dieser Kranken im Alter an Schlaganfällen leiden, an denen sie auch oft zu Grunde gehen, so gelingt es doch nicht sonst eine sichere greifbare anatomische Grundlage für den Krankheitsprocess aufzufinden. Was nun endlich die Behandlung des circulären Irreseins überhaupt betrifft, so ist es nicht möglich Heilungen zu erzielen. Man muss sich beschränken die Anfälle zu mildern. Es ist nicht möglich den Zirkel zu durchbrechen, so nahe es liegt, in dieser Richtung energische Versuche zu wagen. Selbst wenn es einmal gelingt ein einzelnes Glied in der Kette ganz auszulösen, so scheint dadurch eher eine nachträgliche grössere Verwirrung zu folgen als eine dauernde Abschwächung. Die Fernhaltung äusserer Schädlichkeiten ist jedenfalls die Hauptforderung und am besten in einer Anstalt zu erreichen; daher sollte man sich nicht scheuen auch schon geringere Grade aus den Familien zu entfernen, nicht nur bei drohendem Selbstmord oder andern gefährlichen Ereignissen daran denken. Man ist freilich in Anstalten nicht sehr geneigt diese Kranken, namentlich die leichteren Fälle, zu behalten, da sie sehr lästig sind, aber die Angehörigen leiden unter ihnen zu sehr, und die Kranken selbst kommen in einer Anstalt leichter über die Anfälle hinweg. Bei längeren Intervallen aber wird man diese immer wieder zu längeren zeitweiligen Entlassungen benutzen dürfen, wozu die Verhältnisse dann auch immer wieder zwingen.

Arzneimittel sind am wirksamsten zur Unterstützung des Abfalles der Erregung, während man im Anstieg des melancholischen wie maniakalischen Anfalles wenig erreicht. Auch das sonst bei periodischer Manie so wirksame Bromkalium versagt hier, ebenso die Benutzung des Opiums und Morphiums. Die subcutane Anwendung des Atropins (0·1—0·3 *mgr*) kurz vor Eintritt des zu erwartenden Anfalles, bis dreimal täglich ist neuerdings empfohlen von bedeutender Seite; man soll vorsichtig steigen und allmählich sinken. Im Ganzen ist die Behandlung nur nach allgemeinen Grundsätzen der Therapie zu versuchen wie sie schon bei verschiedenen anderen Gelegenheiten besprochen worden sind. Wo es möglich ist, hat man durch dauernde Bettlage zuweilen Erfolge. Mindestens erreicht man dadurch eine deutliche Zusammenhaltung der Körperkräfte, die sich genau am Gewicht nachweisen lässt. .

D. Hallucinatorisches Irresein (Irrsinn).

Sinnestäuschungen und Störungen des Intellects kommen in den verschiedensten Formen geistiger Störung neben einander vor als Zeichen desselben krankhaften Vorganges. Verwirrtheit tritt neben Sinnestäuschungen in der Melancholie auf; in anderer Art begegnen wir diesem Zusammensein wieder in der Paranoiagruppe. Es gibt aber noch eine besondere kleine Gruppe, in der die Sinnestäuschungen so überwiegen, dass man geglaubt hat sie hier immer als das Ursächliche für die sonstige geistige Störung ansehen zu müssen. Sollte dieser Zusammenhang auf einer anatomischen Grundlage beruhen, insofern als vielleicht zuerst und hauptsächlich die Sinnescentren verändert sind, so würde jene Auffassung um so berechtigter werden. Jedenfalls treten aber in dieser Gruppe Sinnestäuschungen klinisch so in den Vordergrund, dass sie die Bezeichnung „hallucinatorisches Irresein" fordern. Vielleicht könnte auch das deutsche Wort „Irrsinn" wegen seiner doppelten Beziehung auf Sinne und Geist diese Krankheitsform treffend bezeichnen, wie mir scheint eher als die sonst gebräuchlichen Namen der „acuten Verwirrtheit" oder Amentia, welche eben das ursprüngliche und wichtigste Moment der Sinnestäuschungen nicht ausdrücken.

Mit Recht ist bemerkt worden, dass grosse Verwirrtheit die Bildung von Wahnvorstellungen auszuschliessen pflegt; in unserer Krankheitsform ist nun die Verwirrtheit in Folge der zahlreichen Sinnestäuschungen eine sehr grosse ; es kommt deshalb auch nicht zu deutlich ausgeprägten festen Wahnvorstellungen.

Der selbstständige Charakter des Irrsinns in diesem engeren Umfange zeigt sich gleich beim Entstehen der Krankheit. Die schädigende

Ursache oder Veranlassung zum Ausbruch ist in der Regel nachweisbar, da die Erkrankung sich meistens unmittelbar daran anschliesst. Dadurch unterscheidet sich das hallucinatorische Irresein von den äusserlich sehr ähnlichen verwirrten Erregungszuständen, die mit oft zahlreichen Sinnestäuschungen verbunden, sich namentlich im epileptischen, hysterischen und periodischen Irresein und auch beim Alkoholismus episodisch eingeschoben finden. Diese Ursache ist eine das ganze Nervensystem erschöpfende, wie sie sich bei schweren körperlichen besonders fieberhaften Erkrankungen, starken Blutverlusten findet. Obenan steht das Wochenbett. Geistige und gemüthliche Ueberanstrengungen erschweren solche Zustände natürlich; wirken sie allein, so pflegen sie nicht so häufig zu den heftigen Erscheinungen des plötzlich auftretenden Irreseins zu führen, sondern in eine chronische nervöse Erschöpfung überzugehen, die bekanntlich als Neurasthenie zu den verbreitetsten Leiden unserer Zeit gehört. Auf diesem Boden kommt die Auslösung des hallucinatorischen Irreseins auch nach einer traumatischen Hirnerschütterung vor.

Zuerst zeigen sich allgemeine Unruhe und Schlaflosigkeit; wechselnde Affecte beherrschen die Stimmung. Die Erregung steigt rasch zu rastlosem Bewegungsdrange und in dem getrübten Bewusstsein treten beängstigende Sinnestäuschungen immer zahlreicher auf. Illusionen führen zu abenteuerlichen Verwechslungen und unheimlichen Vorstellungen, echte Hallucinationen, aus der Mitte des Hirnlebens entspringend, steigern die Verwirrtheit zu den höchsten Graden der Angst und Unruhe, die oft nicht mehr den entsprechenden sprachlichen Ausdruck finden kann, so dass zusammenhangslose Reden die Gedankensprünge zeigen und Flickworte die Lücken der sich überstürzenden Rede ergänzen. Die Aufmerksamkeit auf die Umgebung ist in den heftigen Fällen fast geschwunden, Antworten werden selten ertheilt, die ganze innere Spannung ist nur auf die Vorgänge in den Sinnesgebieten gerichtet; ist die Erregung nicht so heftig, so dient die Beachtung einfacher Vorgänge nur zu falschen Auffassungen und Auslegungen. Die Rathlosigkeit und Verworrenheit finden dadurch immer neue Nahrung. Wie man sieht ist die Schwere der Erscheinungen eine sehr verschiedene; schrittweise kann sie sich von einzelnen Sinnesgebieten ausdehnen auf alle andern, benachbarte motorische ergreifen und nach Lähmung der Aufmerksamkeit und der geistigen Thätigkeiten überhaupt das Bild des Blödsinns vortäuschen. Die Heftigkeit des Verlaufes ist aber sehr oft erleichtert durch die Kürze: bei chronischem Abspielen pflegen alle Erscheinungen sehr viel schwächer zu sein. Selten nach einigen Tagen, in der Regel nach einigen Wochen ist die Krankheit ganz entwickelt. Der weitere Verlauf wandelt sich unter Schwankungen ab, die kurzen Nachlass mit

Krankheitseinsicht mitbringen. Völlige Genesung wird nach einigen Monaten gefunden; bei schleppendem Verlauf ist zwar noch nach Jahr und Tag eine bedeutende Besserung möglich, aber dauernde geistige Schwäche pflegt zu bleiben, auch sind Rückfälle noch nach mehreren Jahren beobachtet. Diese Verlaufsart ist bei erblicher Veranlagung die häufigere, während das rüstigere Nervensystem sich so zu sagen heftiger wehrt, den Feind aber auch rascher abzuschütteln pflegt. In seltenen Fällen tritt das hallucinatorische Irresein in deutlichen periodischen Abständen ein.

Das Auftreten des hallucinatorischen Irreseins ist nicht an ein bestimmtes Lebensalter gebunden, wie ja schon durch die Möglichkeit erschöpfender ursächlicher Vorgänge in jedem Alter klar ist; doch sind jugendliche Personen öfter befallen, wie es scheint besonders junge Männer, die eben aus der Pubertätsentwicklung treten; später finden wir die meisten Fälle im Anschluss an das Wochenbett, in vorgeschrittenem Alter ist die Krankheit selten. Ueberhaupt ist ihr reines Bild nicht gerade sehr häufig, wenn man ihre episodischen Verwandten in andern Krankheitsformen davon unterscheidet.

Die Behandlung des hallucinatorischen Irreseins ist im Privathause meistens unmöglich; jeder heftigere Fall zwingt zur Ueberführung in eine Anstalt. Mit dem ganzen Rüstzeug sachgemässer medicamentöser und psychischer Behandlung kann man hier den schwierigen Kampf gegen die gewaltige Erregung aufnehmen; der Erfolg ist dann aber oft ein sichtlicher. Ausserdem thun verlängerte Bäder und gute kräftige Diät ausserordentlich viel, wenn die erschöpfende Ursache abgelaufen ist und ein kräftiges Nervensystem den Kampf unterstützt.

E. Paranoiagruppe.

Die Gruppe der geistigen Störungen, die hier unter dem Namen der Paranoia zusammengefasst sind, bringt als wichtigstes Merkmal zu den Erscheinungen der Melancholie und Manie, die alle auch bei ihr wiederkehren können, noch die Zusammenfügung oder systematische Verarbeitung von Wahnvorstellungen hinzu; in Melancholie und Manie hatten diese etwas Flüchtiges, die Verbindung der Vorstellungen war nicht nach einem bestimmten Plan geordnet. Dies geschieht nun in der Paranoia. Aber durch die verschiedenartigste Verbindung der andern Zeichen geistiger Störung mit den sogenannten fixen Ideen kommt es zu zahlreichen Krankheitsbildern. Untergruppen mit deutlichen Merkmalen sind der Wahnsinn und die Verrücktheit; eine gesonderte Besprechung werden dann hier noch quärulirende und hypochondrische Formen erhalten, die durch ihre praktische Bedeutung unter den sonstigen zahlreichen Erscheinungsformen der Paranoiagruppe hervorragen.

Im engsten Anschluss an diese Paranoiaformen wird die Verwirrtheit entwickelt; sie kann auch Ausgangszustand von Melancholie und Manie sein, es ist aber in ihrem klinischen Bilde dieser Ursprung nicht zu unterscheiden. Die weitaus grösste Zahl der Verwirrten entwickelt sich aus der Paranoiagruppe; diese Verwirrtheit geht nicht in völlige geistige Schwäche oder Blödsinn über.

1. Wahnsinn.

Wahnsinn ist eine geistige Störung, in der Wahnvorstellungen und Sinnestäuschungen neben einander auftreten und rasch zu einem in sich zusammenhängenden Ganzen verarbeitet werden in inniger Verbindung mit starken Affecten, die sich nach der Wahnbildung rasch steigern; bei der Verrücktheit sind Affecte nur zufällige Bestandtheile des Krankheitsbildes, und schwinden dann immer wieder nach flüchtigem Erscheinen. Während des zur vollen Deutlichkeit ausgebildeten Wahnsinns sind die Affecte beständig da, sobald die Wahnideen auftauchen; der Wahnsinn hat entsprechend den Aus- und Anklängen aller affectvollen Zustände unregelmässige, sehr selten auch periodische Schwankungen in seinem Auftreten, die der Verrücktheit in so hohem Grade fehlen; er ist ein acuterer Theil der Paranoia, der auch im Ganzen rascher verlaufen und günstigere Aussichten des Verlaufs bieten kann.

Beim Wahnsinn mit gedrückten Affecten haben die einleitenden Wahnvorstellungen schon früh einen Inhalt, der sich in bestimmter Weise auf die eigene Person bezieht. Nach wenigen Wochen der Schlaflosigkeit, reizbarer Stimmung, in der die Kranken aus harmlosen Wahrnehmungen überraschende beunruhigende Schlussfolgerungen ziehen, von deren Unrichtigkeit sie sich gar nicht überzeugen lassen wollen, bricht eine allgemeine Unruhe mit erheblicher Störung des Bewusstseins hervor. Aus den wirren Reden ist noch kein Zusammenhang der ängstlichen Vorstellungen zu erkennen; aber nach einigen Tagen tritt wieder eine grössere äussere Ruhe ein. Unbestimmte Sinnestäuschungen treten auf, das Gefühl der Beeinträchtigung, der Verfolgung der eigenen Person durch fremde Widersacher drängt sich rasch in den Vordergrund der Vorstellungen, und nun schiessen wie Flächen um den Mittelpunkt eines Krystalls um diese fixe

14*

Idee viele andere auf, die aber ihren Stoff aus dem vorhandenen Bewusstseinsinhalt nehmen, ihn um und an jene Idee sich lagern lassen, so dass
wieder ein zusammenhängendes Ganzes aus dem Vorstellungsinhalt wird;
die aufgeregte ängstliche Stimmung des Wahnsinnigen lässt keinen
so feinen systematisirten Plan entdecken wie in der Verrücktheit, aber
alle Gedanken laufen doch in jenem Punkt zusammen. Eine lebendige
Persönlichkeit bleibt der Mittelpunkt des krankhaft gestörten
Seelenlebens; die steigende Angst nimmt alle Wahnvorstellungen
gefangen, lässt sie nicht in der ruhig überlegenden Weise des Verrückten in
ein festes Gewebe zur Abwehr der feindlichen Einflüsse zusammenspinnen,
aber hindert doch nicht die Auswahl und Verbindung einzelner Vorstellungen nach einem fortlaufenden Faden, während der Melancholische
ohne solche subjective Richtungsgebung sich den aus seiner Stimmung
erwachsenen ängstlichen Vorstellungen als schuldiges Opfer wehrlos überlässt. Jetzt entwickelt sich beim Wahnsinn der Kampf gegen die vermeinten Angriffe: die starke ängstliche Gefühlsbetonung ist am deutlichsten bei Mädchen; aber auch nach dem Eintritt der Geschlechtsreife
ist die Heftigkeit des Gefühls der Unterdrückung und des Erleidens oft
Anlass zu gewaltthätigem Widerstand.

Schlaf und Appetit sind jetzt meistens gut erhalten trotz lebhafter
Affecte und Unruhe am Tage. Eine ungestörte Erhaltung des Schlafes
ist prognostisch ungünstig, die Lösung der festen Wahnvorstellungen pflegt
immer seltener zu sein, je fester der Schlaf in dieser affectvollen Wahn-
sinnsform ist. Der Kranke erwacht dann am Morgen ohne äussere Anreize mit demselben schmerzlich erregten und widerstrebenden Benehmen,
von gleichen Vorstellungen des Verfolgtseins gepeinigt. Er spricht daher
am Tage meistens viel, hält lange Selbstgespräche, schilt laut vor sich
hin, flucht und droht. Trotzdem ist sein äusseres Benehmen dabei
sonst in anderer Weise völlig geordnet; seine Kleider behandelt er
sorgfältig, ist reinlich und geht mit Speise und Trank durchaus richtig
um; überhaupt sind die Bewegungen niemals maßlose oder unwill-
kürliche, sondern gezügelt und beherrscht, soweit der Affect keinen Widerstand findet. Der Kranke droht wohl gelegentlich mit Selbstmord,
aber die Ausführung ist selten; wohl sind Affecte da, aber sie können
gezügelt werden.

Heftige Affecte mit gehobener Stimmung pflegen namentlich
mit religiösen Wahnvorstellungen verbunden zu sein. Begeisterte Propheten rufen mit lauter mächtiger Stimme ihre göttliche Sendung aus. Der
Sohn Gottes, die Tochter Zions erscheinen siegestrunken und voll Zuver-
sicht in Haltung, Geberde und Ton. Es kommt zu den höchsten Graden
der Ekstase mit starrer Gebundenheit des verzückt Dastehenden. Die

Erinnerung für die visionären Wahrnehmungen pflegt erhalten zu bleiben, aber meist ohne Krankheitseinsicht.

In andern Fällen ist die Versenkung des Gefühls in die Verzückung keine so tiefe und langdauernde; der Kranke sieht sich veranlasst über die Schlechtigkeit der Welt und der Menschen predigend sich selbst als das Heil hinzustellen und zu ermahnen, zu belehren, Alles in tiefster innerer Ergriffenheit und mit gewaltigem Pathos, erfüllt von der grossen ihn beseligenden Aufgabe. Zu grossartiger theatralischer und dramatischer Gewalt gesteigert sieht man diese Zustände des Wahnsinns, wenn mit der vermeinten Sendung vom Himmel sich der Gedanke des Kampfes gegen böse Mächte verbindet; durch Benutzung biblischer Worte gewinnt das Auftreten dieser Kranken dann einen hoheitsvollen Anstrich und kann im Munde einer gewaltigen Persönlichkeit eine packende Wirkung ausüben. Diese Teufelsbeschwörer haben in der Culturgeschichte manche wirksame Rolle gespielt, jetzt vertraut man sie meistens dem Schutze der Anstalt. Ihre leidenschaftliche Erregung klingt freilich auch hier nicht zu rasch aus, aber mit der Zeit lernen sie es, sich etwas zu beherrschen und können sogar für Tage das Gefühl gewinnen, dass sie im „Wahn" handelten.

Dies ist denn auch der Weg einer etwaigen sich langsam einleitenden Genesung; doch darf man bei einem derartigen Nachlass der Erscheinungen nicht zu kühn in seinen Hoffnungen sein, denn der Wahnsinn gehört zu den weniger günstigen Formen geistiger Störungen, da der Uebergang in Verwirrtheit ein ziemlich häufiges Vorkommen ist. Im Allgemeinen nimmt der mit gehobener Stimmung verlaufende Wahnsinn einen raschern Ablauf als der mit gedrückter: doch ist ein Jahr die Durchschnittszeit, wenn es zur Genesung kommt: auch lässt in ungünstigen Fällen die affectvolle Grundlage nicht nach, die Wahnvorstellungen behalten ihren nur locker gegliederten Zusammenhang, der Uebergang in fortschreitende Verwirrtheit ist ein allmählicher mit zahlreichen Schwankungen der Stimmung; endlich tritt eine gewisse reizbare, dabei auch wohl läppische Eigenart in den Vordergrund, kein Blödsinn.

Das Vorkommen des Wahnsinns fällt in mittlere Lebensjahre, bei Frauen auch in frühere Zeit.

Hauptaufgabe der Behandlung ist es zu beruhigen und zu schützen. Das Hervortreten der Affecte verlangt eine aufmerksame Würdigung, weil ihre Bekämpfung die wirksamste Handhabe bietet. Die Ueberführung in eine Anstalt ist wohl regelmässig nöthig.

2. Verrücktheit.

Verrücktheit ist eine geistige Störung, in der Wahnvorstellungen, meistens mit Sinnestäuschungen, zuweilen rasch, in
der Regel langsam zu einem fortschreitenden Wahnsystem
sorgfältig ausgearbeitet werden: die Verbindung mit Affecten ist eine zufällige, allmählich überhaupt schwindende. Die Verrücktheit ist, was das Wort sagt, eine Verrückung der geistigen
Persönlichkeit aus ihrer früheren Lage, sie führt eine dauernde und
tiefgreifende Umwandlung dieser Persönlichkeit mit sich. Die Helligkeit
des Bewusstseins ist wenigstens Anfangs immer ungetrübt, die etwaigen
Affecte sind vergänglich, wenn in den seltenen Fällen mit stürmischerem
Anfang die einleitenden Zustände überwunden sind. In der Regel entwickelt die Krankheit sich sehr langsam, seltener tritt sie scheinbar
plötzlich auf nach kurzer Zeit reizbarer Verstimmung. Meistens befällt
sie Personen, die sich erblich belastet zuweilen von Geburt an imbe-
becill, wenn auch in geringem Grade, oder durch spätere schädliche
Einflüsse geistig minderwerthig zeigen. Eigenthümlichkeiten zeigen
sich bei den später Erkrankenden schon von den Tagen der Kindheit an, in denen sie einen Hang zur Traurigkeit und Einsamkeit be-
wiesen, nicht theilnahmen an den Spielen und Vergnügungen anderer
Kinder und keine Freunde unter ihnen hatten. Um die Pubertätszeit
traten solche Neigungen noch deutlicher zu Tage; sie lebten für sich,
verzehrt von Misstrauen und Verdacht gegen ihre Umgebung.

Der Formenreichthum des Gewandes, in dem die Verrücktheit auftritt, und ihre weite Verbreitung lassen sie als eine der wichtigsten und
häufigsten geistigen Störungen erscheinen.

Im Mittelpunkt der Verrücktheit steht die Wahnvorstellung.
Dabei ist es möglich, dass diese sich aus sogenannten primordialen
Delirien allein entwickelt, häufiger aber in Verbindung mit Sinnestäuschungen. Daraus folgt eine Scheidung der Verrücktheit in einfache oder hallucinatorische, wobei dies Adjectiv nicht nur centrale Hallucinationen, sondern Sinnestäuschungen überhaupt bezeichnen
soll. Eine weitere Scheidung berücksichtigt den Inhalt der Wahnvorstellungen, die entweder eine Beeinträchtigung der Persönlichkeit oder eine Hebung bedeuten; es ist gebräuchlich darnach die
Gruppe des Verfolgungswahns und des Grössenwahns aufzustellen.

Allen Formen gemeinsam ist der Wahn äusserer Beeinflussung, mehr
oder minder ausgeprägt sind Sinnestäuschungen, Hemmung und Zusammen-
hangslosigkeit des Denkens, die in affectreichen Zeiten sich schon früh zu
vorübergehender Verwirrtheit steigern können. In der Regel ist die

logische Gliederung der unter sich zusammenhängenden Wahnvorstellungen
ein hervorstechendes Zeichen des Verrückten, welches dem Laien seine
Beurtheilung so sehr erschwert. Krankhaft ist die Wahnbildung
selbst, die Entwicklung des Wahnsystems kann dann auf normalen Ge-
dankenwegen vor sich gehen; gesund können die Schlüsse sein, krank
sind ihre Grundlagen.

Wir betrachten zuerst wegen der Häufigkeit seines Vorkommes und
der Vollständigkeit aller darin enthaltenen Erscheinungen den hallucinatorischen Verfolgungswahn.

Den Grundzug des hallucinatorischen Verfolgungswahns bildet die
Entstehung systematisirter Beeinträchtigungsideen in Folge
von andauernden, im Ganzen einförmigen Sinnestäuschungen; diese Ideen sind indessen streng genommen keine fixe, sondern bis
zu einem gewissen Grade wandelbare, da der anfängliche Wahn auch
auf den übrigen Inhalt des Bewusstseins verfälschend einwirkt. Es gehört
deshalb ein Fortschreiten der Wahnvorstellungen zu dem Krankheitsbilde, so dass sie zuletzt das ganze geistige Leben erfüllen. Die anfängliche Beschränkung des Wahns auf einzelne Vorstellungskreise hindert die
Welt etwas Krankhaftes zu bemerken. Eine leise Veränderung im Wesen
ist den Angehörigen hier und da wohl aufgefallen, da sie aber Monate
und selbst Jahre bestand, hat man sich daran gewöhnt. Bei dem Kranken
selbst haben die Wahnvorstellungen und Sinnestäuschungen auch noch
nicht die überzeugende Kraft der Wirklichkeit erlangt, aber allmählich
überwinden sie doch die noch ausgeübte Kritik. Wenn man will, ist
diese Kritiklosigkeit schon ein Zeichen geistiger Schwäche, doch ist
die Urtheilsfähigkeit des Kranken in andern Dingen, die nicht seine Person
betreffen, jetzt noch viel zu gross, als dass man diesen Ausdruck für
zutreffend erachten möchte; richtiger sagt man, die Kritik ist jetzt beeinflusst, nicht geschwächt. Die Kritik schafft jetzt recht eigentlich
den Wahn. Aus nichtssagenden Umständen schafft das wachsende
Misstrauen gefährliche Einflüsse; Alles um den Kranken ist verändert.
Wichtige Familienereignisse werden zuerst noch mit dem richtigen Gefühl
verfolgt, aber bald auch in das sich bildende Wahnsystem der Beeinträchtigung eingewebt unter beständiger Abhängigkeit von Stimmung und
Augenblick.

Bei weitaus den meisten Fällen ist eine widrige Gehörstäuschung
jetzt die Veranlassung den unbestimmten Befürchtungen eine bestimmte
Richtung zu geben: einzelne Worte oder kurze Sätze enthalten
meistens Schimpfworte oder Gemeinheiten. Das Verblüffende und Fremdartige dieses Vorganges pflegt die Kritik meistens rasch über den Haufen
zu werfen. Rasch und sprungweise werden diese aus Reizzuständen des

Gehirns hervorbrechenden Vorgänge in einen Zusammenhang des Denkens eingegliedert und verarbeitet. Der nächste Schluss ist gewöhnlich aus der überall lauernden Gefahr eine Vereinigung von Feinden zu folgern. Kritiklos erklärt der Kranke sich durch physikalische Fernwirkungen die Beeinflussung von Personen, die er nicht sieht: er glaubt, dass eine Gesellschaft von Spionen, eine Bande, Corporationen ihn verfolgen; Freimaurer, Jesuiten, Geheimbünde aller Art, auch die Polizei ist im Spiel. Man telegraphirt in die weite Welt, was er verbrochen, was ihm bevorstehe. Deshalb weiss es jetzt auch alle Welt, was vorgeht, und nur misstrauisch beantwortet der Kranke an ihn gerichtete Fragen; denn man meint es ja nicht ehrlich mit ihm, man stellt sich unwissend. Daher schweigt er am liebsten oder erklärt, er habe nicht nöthig zu antworten, man weiss ja schon Alles, man müsse es wissen. Bald wird die Verleumdung, die Drohung nicht allein mehr auf jenen Wegen überall ausgesprochen: flüchtige Wahrnehmungen gedruckter Maueranschläge zeigen ihm Hinweise auf sein Vergehen, eine für ihn ganz gleichgültige Anzeige oder ein Bericht in der Zeitung wird in kritiklosester Weise für das wachsende Wahnsystem verarbeitet. Hier findet er lieblose versteckte Anspielungen, dort unverkennbare Beschuldigungen und Drohungen ; es mischen sich bald auch Wahrheit und Dichtung in der Auffassung des Kranken, denn natürlich findet sein eigenthümliches Gebahren oft genug wirklichen Widerstand und Zurechtweisung. Indessen ist das nur ein zufälliges Hinzukommen, und selbst bei verständnisvollem Begegnen wird Alles vom Kranken falsch verstanden. Aus der harmlosen Unterhaltung der Umgebung greift er Worte auf und bezieht sie auf sich; er hört aus jener geradezu höhnende Bemerkungen heraus. Die Leute deuten auf ihn, spötteln, witzeln; der Geistliche stichelt auf ihn in der Predigt, die Gassenbuben pfeifen anzügliche Lieder.

Es ist schon eine grosse Urtheilsschwäche vorhanden, wenn solche harmlose Dinge unbedenklich in das System gezogen werden; aber diese beständige Beobachtung beunruhigt den Kranken, er wird zunächst völlig rathlos und sucht zu entfliehen. Er wechselt die Wohnung oder macht Reisen: wie jeder Ortswechsel durch die neuen Eindrücke vorübergehend unsere Stimmung und Gefühle ändern, unsere Aufmerksamkeit ablenken kann, so fühlt auch der Kranke sich anfänglich erleichtert; er athmet auf, denn wenigstens in den ersten Tagen scheinen die Verfolger seine Spur verloren zu haben und ihn in Ruhe zu lassen. Allein schon nach kurzer Zeit macht er die niederschmetternde Erfahrung, dass es ihnen doch gelungen ist ihn zu erreichen, da das alte Spiel der Gehörstäuschungen von Neuem beginnt. Abermals wechselt er seine Wohnung oder seinen Aufenthaltsort, aber immer in derselben Weise wiederholt sich der Vorgang, so dass der Kranke endlich verzweifelnd erkennt, dass ein Entrinnen angesichts dieser schrecklichen Verschwörung gegen seine Ruhe, seine Ehre, sein Leben nicht möglich ist.

Jetzt ist der Zeitpunkt gekommen, an dem die Geduld des Verfolgten sich erschöpfen kann; nur Wenige ertragen es geduldig und bleiben noch längere Zeit die ruhigen Opfer der feindlichen Einflüsse. Mindestens tritt der Kranke vorübergehend aus seinem scheuen und verschlossenen Wesen heraus und stellt diese oder jene Person gelegentlich einmal über ihr feindliches Verhalten zur Rede. Zu bestimmtem Handeln oder gar Angriffen kommt es meistens noch nicht, sondern der natürlich vergebliche Versuch zur Abwehr läuft noch wieder in ein im Ganzen passives Verhalten aus. Daher meidet der Verrückte nun weiter die Aussenwelt, verschliesst Fenster und Thüren, verstopft die Schlüssellöcher; seine Nahrung kocht er sich selbst. Doch auch diese Abgeschlossenheit ist nutzlos: denn sogar die Gedanken bleiben den Feinden nicht mehr verborgen; die Briefe, die er schreibt, werden ihm von den unsichtbar Gegenwärtigen sofort laut vorgelesen; kaum aufgetaucht wird ein Gedanke nachgesprochen, ja der dem Gehörsbilde in den Sprechmuskeln zeitlich vorauslaufende Innervationsstrom bringt vorgesprochene Worte, denen der Gedanke folgt; nun vermag er kaum mehr eigene Gedanken zu haben oder niederzuschreiben; er ist ganz in der Gewalt seiner Peiniger, die ihm ihre Gedanken aufzwingen.

Die innere Unruhe und Belästigung sucht einen Ausweg: gewaltsame Handlungen sind es seltener als öffentliche Anklagen. Gewöhnlich wendet der Kranke sich nun zu seinem Schutze an die Behörden und in den meisten Fällen führt dieser Schritt zur baldigen Feststellung der Krankheit.

Sehr häufig werden Täuschungen des Gemeingefühls zu Wahnvorstellungen ausgebildet. Oft ist es schwer von der eigentlichen Gefühlstäuschung ihre phantastische Erklärung und Ausschmückung zu trennen, da die Neigung zur Uebertreibung viele Menschen auch in der Krankheit nicht verlässt. Dem wird das Gehirn ausgerissen, jenem das Rückenmark fortgezogen; diesem klappt man den Hirnschädel auf und zu, jenem ist ein Draht durch den Kopf gezogen, der Kopf kleiner geworden oder zu einer unförmlichen Masse aufgetrieben; ein ander Mal ist an Stelle des Gehirns ein Stein oder ein anderes Organ, z. B. die Leber getreten. Die Brust- und Baucheingeweide sind sehr häufig leidend empfundene Theile; sie werden durcheinander geworfen, ein Räderwerk ersetzt ihre Stelle, das Herz ist leer von Blut gepumpt und strömt nur noch Luft durch die Adern und Glieder. In die Lungen wird festes Metall gegossen. Der Mastdarm wird gezerrt, hinausgerissen oder ein

Mühlstein liegt davor. Das Alles besorgen die Feinde und Verfolger mit ihren geheimen Vorrichtungen; abergläubische Vorstellungen beziehen diese Gefühle dann auf übersinnliche teuflische Ursachen: wenn Gehörstäuschungen in Wechselwirkung damit das Gebahren des Kranken verwirren, so stehen wir vor dem Bilde des Besessenheitswahns, wie er in früheren Zeiten z. B. bei der Ausbreitung des Hexenglaubens im Mittelalter oft künstlich befördert wurde, und jetzt als eine zeitgemässe Umprägung dieser besonderen Formen der Verrücktheit angesehen werden muss. Die Feinde, der Teufel sitzen im eigenen Körper des Kranken: sie sitzen in seinen Ohren und betäuben ihn durch ihr entsetzliches Schreien, sie steigen aus seinem Unterleib in den Kopf, schnüren ihm die Kehle zu; sie rufen ihm Gemeinheiten zu und gotteslästerliche Reden, die er laut hinausschreien soll in alle Welt. Und er thut es; er predigt über die Sündhaftigkeit und Rohheit der Menschen; er verkündet Strafen und das jüngste Gericht; immer fühlt er sich dabei aber als gezwungen und wider seinen Willen zum Schreien, Rufen veranlasst. Der Teufel steckt ja in ihm, treibt und zwingt ihn zu jenen Handlungen. Mit besonderer Vorliebe sucht er den Sexualapparat auf, es werden die merkwürdigsten Beschreibungen und Erklärungen von den Kranken berichtet. Gesichtstäuschungen vervollständigen den Inhalt dieser Gedankenreihen.

Geruchstäuschungen, meistens verbunden mit Geschmackstäuschungen, werden von Vergiftungsfurcht begleitet und rasch in das fortschreitende Wahnsystem gebracht. Seltener sind Gesichtstäuschungen.

Dem Verfolgungswahn gegenüber steht der Grössenwahn; nur in einzelnen Fällen leitet er sich aus jenem ab durch die Ueberlegung, die Verfolgung müsse doch einen besonderen Grund haben. Die Aehnlichkeit mit einer vornehmen Person führt zur Vermuthung, zur Ueberzeugung einer hohen Abstammung. Deshalb sehen ihn jetzt alle Menschen achtungsvoll an, grüssen ihn zuvorkommend. Rein psychologisch kann sich dieser Grössenwahn ohne Sinnestäuschungen gleichzeitig auf demselben Boden neben Verfolgungsideen entwickeln. Indessen die besondere Gestaltung der Grössenideen übernehmen meistens die Sinnestäuschungen: sie sind das Fortbildende und Formgebende. Gefühl magnetischer Durchströmung und die Vorstellung, plötzlich zu neuem Leben erwacht zu sein, kommen in diesem Zusammenhang vor. Daher pflegt die Umwandlung häufig plötzlich stattzufinden. Eines schönen Tages, fast ohne vorhergehende Zeichen, erklärt der Kranke sich für einen grossen Herrn, für reich, einen Fürsten, König, Kaiser, für einen Sohn Gottes, den Messias. Ein unbedeutendes Ereignis, ein zufällig aufgefangenes Wort kann dies bewirken, häufiger aber wie gesagt eine echte Sinnestäuschung, besonders des Gehörs. Es sind göttliche Eingebungen, eine Stimme vom Himmel, die Erscheinung eines Engels, die ihm seine Stellung verkünden. Daher ist die Verrücktheit so häufig auf religiösem Boden. Aus derartigen Offenbarungen gehen Propheten, Apostel, Welterlöser, eine Braut Christi, Jungfrau Maria, eine Gottesgebärerin hervor.

Oft wird der Anspruch auf solche Stellung oder Mission nur in harmloser Weise durch Briefe und Reden geltend gemacht, aber leider oft genug ist er von gefährlicheren Angriffen gegen andere Personen begleitet und ist die Gemeingefährlichkeit dieser Verrückten eine grosse. Auch werden sie lästig durch immer neue Anklagen zur Abwehr ihrer Verfolger bei den Behörden und durch das unermüdliche Geltendmachen ihrer Ansprüche durch Wort und Schrift.

Bezeichnend für die vermuthlich dann nicht so sehr psychologische als cerebrale Entstehungsweise dieser hallucinatorischen Wahnformen ist ein selbständigeres oder mit dem Verfolgungswahn gleichzeitiges Auftreten des Grössenwahns. Nicht logisch vermittelt, sondern unvermittelt tauchen sie neben einander oder allein auf. Sehr bemerkenswerth ist darum die Thatsache, dass bei vielen verschiedenen Kranken ganz dieselben Vorstellungen wiederkehren; überall stösst diese Erscheinung auf, es ist, wie wenn die Kranken es von einander gehört, wie wenn sie es mit einander verabredet hätten, was sie sagen wollten. Diese Regelmässigkeit schliesst einen Zufall aus und ist nur zu erklären aus ursprünglicher organischer Entstehung, ähnlich wie es der Fall ist bei centralen Sinnestäuschungen; daher auch ihre Ueberzeugungskraft.

Verrücktheit ohne Sinnestäuschungen entwickelt sich nur auf Grund einer minderwerthigen geistigen Anlage, von Geburt oder frühester Kindheit an; auch bei den hallucinatorischen Formen ist dies häufig der Fall, so dass man die von frühester Jugend an auftretenden Formen der Verrücktheit auch wohl originäre nennt. Wir halten uns hier an die einfache Form ohne Sinnestäuschungen: der Ursprung der Krankheit reicht bis in die früheste Jugend zurück; die ganze Weltauffassung ist schon früh durch jene Anlage beeinflusst, auf allen Gebieten des Denkens und Fühlens tritt die Eigenart schon beim Kinde hervor. Auch hierbei ist früh der Unterschied zwischen der späteren Hauptrichtung der Gedanken deutlich nach der Seite der Beeinträchtigung oder der Ueberhebung, oder die Vermischung dieser Vorstellungen ist eine frühzeitige.

Wir beginnen wieder mit der ersten Form, in der die **Beeinträchti-gung** der eigenen Person das Wesen des Krankheitsverlaufes bildet. Schon früh fühlt das Kind sich von Eltern und Geschwistern zurückgesetzt, nicht mit der rechten Liebe behandelt, sondern vielfach verkannt, und geräth auf diese Weise allmählich in einen gewissen Gegensatz zu seiner gesammten Umgebung. Nach und nach befestigen sich jene Gedanken; sie beschäftigen es häufiger und beginnen endlich auch seine Wahrneh-mungen zu beeinflussen. Es glaubt hinter andern Kindern zurückgesetzt zu sein und sieht in der Zurückhaltung seiner Altersgenossen feindliches Misstrauen. Aber sein Benehmen berechtigt diese auch nur zu sehr dazu, denn der Knabe oder das Mädchen zieht sich von geselligen Spielen zurück. Sie beschäftigen sich am liebsten nur mit sich selbst und haben oft die Neigung, ohne Auswahl grosse Mengen von Lesestoff zu ver-schlingen, dessen Inhalt vielfach schon weit über ihre Altersstufe hinaus-reicht: sie grübeln und träumen über allerlei entlegene Gedankenkreise. Belächelt von seiner Umgebung wird das heranwachsende Kind empfind-licher, und aus der krankhaften Anlage entwickelt sich langsam im Laufe der weitern geistigen Entwicklung die Krankheit wie bei dem gesund Veranlagten die Gesundheit, bis die voll ausgebildete Psychose eingetreten ist; dann werden nicht nur durch des Kranken eigenes Benehmen be-gründete Andeutungen oder Vorwürfe Anderer für ein zusammenhängen-des System verarbeitet, sondern jeder auch der harmloseste Vorgang muss dazu dienen: eine **fortschreitende psychologische Entwick-lung** ist in der Verrücktheit **ohne Sinnestäuschungen meistens deut-licher** zu erkennen als in der sogenannten hallucinatorischen Form. Dabei werden allmählich alle Wahrnehmungen Gründe der Bestätigung für die sich immer weiter herauskrystallisirenden Beeinträchtigungsideen, die unter Eheleuten vielfach in der Form der **Eifersucht** erscheinen.

Es ist nun von besonderem Interesse, den hier verhältnismässig häufigen **Uebergang** zu **Ueberschätzungsideen** zu verfolgen, während die weitere Gestaltung des Verfolgungswahns in der einfachen Verrücktheit nicht anders als in der hallucinatorischen Form vor sich geht. In der Regel lassen diese Personen schon in früher Kindheit eine Ueberschätzung der eigenen Leistungsfähigkeit durchblicken. Sie schwärmen und träumen von hohen Idealen. Der Ton im elterlichen Hause war ihnen nicht vor-nehm genug, sie fühlten sich zu höheren Gesellschaftsclassen hingezogen. Die Empfindlichkeit und Verletzlichkeit in der Familie ist die gleiche wie in der eben geschilderten Form: ihr schlaffes und sentimentales Be-nehmen wird hier lästig, und da häufig eine **vorschnelle körper-liche Entwicklung** die geistige besondere begleitet, so werden sie vorzeitig unter Erwachsene gebracht, die ihnen dann zunächst ein Interesse und wohlwollende Beachtung entgegenbringen. Freundliche Worte, Schmeicheleien harmloser Art, namentlich von Höhergestellten, machen auf diese Kinder schon tiefen Eindruck. Es entwickeln sich nun bei ihnen Gefühle, zu etwas Höherem bestimmt, besonders begabt zu sein. In ihren Träumen sehen sie sich als Mitglieder vornehmer Gesellschaftskreise, und im wachen Leben werden daran hochfliegende Pläne geknüpft und Luftschlösser gebaut. Gedanken an eine vornehme Abkunft tauchen schon jetzt einmal rasch auf, da ihnen die vermeintlich lieblose Behandlung zu Hause, das wirkliche oder vermeintliche Entgegenkommen der Leute auswärts fortgesetzt Nahrung geben. Die Ahnung, anderer Leute Kind zu sein, drängt sich dem Jüngling oder Mädchen immer mächtiger auf und fordert ihre psychologische Verwerthung; nur zu leicht geschieht dies und unverkennbar nur durch eine nicht geringe Urtheilsschwäche. Denn ein Gesunder würde nicht ohne Weiteres eine vielleicht vorhandene, aber sehr entfernte Aehnlichkeit seines Gesichts mit den Abbildungen regierender Fürsten für die Ansicht verwerthen, dass er von ihnen abstamme. Aber hier der Kranke sieht dahinter ein Geheimnis seiner Herkunft. Er versucht vorsichtig bei seinen bisherigen Eltern darüber Auskunft zu erlangen. Natürlich, diese sind erstaunt, zurückhaltend, vielleicht verlegen; ihr Benehmen dient zur Bestätigung der Vermuthung und stachelt zu weiteren Forschungen und Grübeleien an. Die Gründe früherer Zurücksetzung werden klarer und aus dem Gegensatze der Beeinträchtigung und Ueberschätzung gruppirt sich ganz allmählich die zusammenhängende Reihe von Wahnvorstellungen. Je nachdem nun im Laufe der Zeit die Reihe der Beeinträchtigungsgedanken oder die der Ueberschätzung überwiegt, kann das Krankheitsbild lange mehr dem Verfolgungs- oder dem Grössenwahn ähneln; Erinnerungstäuschungen und phantastische Ausschmückungen bilden oft genug den Wahn in romanhafter Weise aus, ohne dass schon von Verwirrtheit bei dem Kranken die Rede sein könnte.

Durch erotische oder religiöse Beimengungen erscheinen diese Bilder oft besonders gefärbt; aber auch in anderer Richtung sind viele Mannichaltigkeiten zu beobachten. Häufig ist das gemeinsame Auftreten religiöser und erotischer Wahnvorstellungen von früher Jugend an, die dann zur Pubertätszeit an Kraft und Bedeutung gewinnen. Religiöse Begeisterung und Masturbation geben neben einander; aber auch ohne jede sexuelle Verirrung sieht man platonische Gefühle sich breit machen. Anfechtungen vom Teufel wechseln mit Gefühlen der Verklärung; die Auslegung von Stellen der heiligen Schrift erleichtert die Ausbildung eines Wahnsystems; es gefallen sich diese Kranken in der Uebertreibung der Schilderung von inneren Seelenkämpfen, die in ihnen erst der festen Ueberzeugung den Sieg verschafft haben. Es sind selten tief gehende Affecte der Begeisterung oder Zerknirschung, die ihren Glauben oder Zweifel begleiten: sie spielen mit den Gefühlen der Sündhaftigkeit und Busse. Es ist dies ein Unterschied von Verrückten, bei denen Sinnestäuschungen mit voller Macht das Handeln beherrschen; hier kommt es viel eher zur Nahrungsverweigerung, zum völligen Schweigen, zu Selbstverstümmelungen und sogar Kreuzigungen, andererseits auch zu gewaltsamen Handlungen gegen andere Personen.

Eine andere Richtung des Grössenwahns entwickelt sich auf dem Gebiete des Erfindens, der Verbesserung bestehender Verhältnisse. Verschrobene Originale, verkappte Genies der Art gibt es immer viele in der Gesellschaft; bei Aufständen, socialen Erregungen aller Art tauchen sie zahlreicher hervor und übernehmen nicht selten die Führung der Massen. In ruhigen Zeitläufen sind sie eine Qual für ihre Mitmenschen, bis irgend eine thörichte Handlung sie in die Anstalt führt, wo das Gemisch von Ueberschätzung und Misstrauen gegen Andere weiter um sich greift und mit geistiger Schwäche oder Verwirrtheit enden kann.

Die völlig selbständige ursprüngliche Entstehung eines Grössenwahns ist in dieser Form selten, doch gibt es bei Belasteten Verlaufsarten, in denen Beeinträchtigungsideen vorhanden, aber so vom Grössenwahn überwuchert sind, dass sie keine grosse Beachtung finden. Auch scheint es, dass Sinnestäuschungen dann meistens doch vorhanden sind und zwar vorzugsweise Visionen; diese immer heftigeren Formen lassen frühzeitig einen Uebergang in Verwirrtheit erkennen, der Grössenwahn hat dann etwas Zerfahrenes und Fabelhaftes; der innere Zusammenhang geht verloren, wenn er überhaupt da war. Jede Frage ruft phantastische Antworten hervor; der Kranke ist Dichter, Philosoph, Feldherr, Entdecker in einer Person; der Ausdruck des Erstaunens über solche Reden reizt ihn zu weiteren Uebertreibungen; ich bin die Welt, ich bin das Gesetz, Gott selbst; ich weiss Alles. Ein Kaleidoskop von Grössenbegriffen wird entrollt, leicht ist es immer neue verwirrte Prahlereien hervorzulocken.

Sobald wir die allgemeine etwas schematisirte Schilderung verlassen und eine besondere Verlaufsart ins Auge fassen, zeigt sich immer, dass zwischen den verschiedenen Formen der Verrücktheit zahlreiche Uebergänge stattfinden.

Einige besondere Erscheinungsformen verlangen namentlich aus praktischen Gründen noch eine gesonderte Besprechung; dies sind zuerst die quärulirenden Formen der Verrücktheit. Sie haben gelegentliche Berührungspunkte mit allen bisher besprochenen Arten. Obwohl die diesen Formen der Verrücktheit anheimfallenden Menschen meistens belastet und erblich veranlagt sind, so pflegt sich der Ausbruch der Krankheit in der Regel doch erst im späteren Lebensalter einzustellen; eine Reihe von Verschrobenheiten tritt allerdings oft schon früher zu Tage. Es sind dies meistens Charakterfehler, während intellectuelle Anomalien namentlich in früher Zeit fehlen. Immer mehr bringt freilich der Mangel an gesundem Fühlen auch eine gewisse Urtheilsschwäche mit sich. Lebhafte Gefühle drängen zum Handeln, doch ist das Denken durch stehende, zwingende Affecte engbegrenzt in gewisse Bahnen. Im Uebrigen aber ist das Denken geordnet und bleibt es lange; denn das Gehirnleben schwächende und um sich greifende Sinnestäuschungen fehlen meistens ganz, es ist nur ein kleinerer Hirnbezirk in seiner Function behindert.

Die besondere Veranlassung zum Ausbruch der Krankheit ist in weitaus den meisten Fällen irgend ein erlittener Rechtsnachtheil, wobei also gewöhnlich eine wirkliche, freilich in der Regel schon mit Recht erlittene Benachtheiligung den Ausgangspunkt bildet, an den sich das spätere Wahnsystem anknüpft. Die reizbare Grundlage der Stimmung lässt die thatsächlichen Vorkommnisse falsch deuten und ins Ungebührliche vergrössern. Ein Anstrich von Selbstüberschätzung ohne ausgesprochene Grössenwahnvorstellungen lässt von Anfang an, den gemeinten Uebervortheilungen und Benachtheiligungen gegenüber einen gereizten Widerstand hervortreten. Daher verfolgt der Quärulant sein vermeintliches Recht überall, rächt jede Schädigung mit krankhafter Beharrlichkeit, namentlich durch immer neue Processe. Da Sinnestäuschungen selten sind, kommt es meistens nicht zu sehr plötzlichen Handlungen, sondern namentlich im Anfang beherrscht eine gewisse Besonnenheit Reden und Thaten, ja mit grosser Vorsicht werden die Wahnvorstellungen zurückgehalten, in Verbindung mit rechtlichen Kenntnissen und Gewandtheit des Ausdrucks. Es ist die Beurtheilung dann oft nicht leicht. Indessen offenbart sich schon bald ein gewisser Grad von Urtheilsschwäche in den Handlungen, die Rücksichtslosigkeit beim Verfolgen des einen Ziels lässt den Kranken seinen wirklichen Vortheil vergessen, er opfert Vermögen, Gesundheit und das Glück seiner Familie, um die Gerichte in allen Stufen zur Anerkennung seines Rechtes zu bringen. Je mehr der Quärulant mit seinen Klagen abgewiesen werden muss, je mehr glaubt er über die Widerwilligkeit, Parteilichkeit und Bestechlichkeit der Richter klagen zu müssen. Im krankhaften Selbstgefühl auf die eigene Kraft vertrauend eignet er sich nun die Kenntnis der Gesetze und Rechtsmittel selbst an. In zahllosen, umfangreichen, masslosen und immer ungeheuerlicheren Eingaben, oft von Druckschriften begleitet, tritt er vor allerlei Verwaltungsbehörden, vor den Regenten, die gesetzgebenden Körperschaften und vor die Oeffentlichkeit. Dass er damit Nichts erreicht, dass er im Gegentheil wegen der Art seines Vorgehens vielleicht gemassregelt wird, das belehrt ihn in keiner Weise. Das begründetste und schonendste Vorgehen gegen ihn ist nur ein unerhörtes himmelschreiendes Unrecht. Darum verlangt er wohl eine Aenderung der Gesetzgebung zu seinen Gunsten oder widersetzt sich ihrer Vollziehung. Gewinnt er einen Process, so ist er nicht befriedigt, sondern sucht nach neuen Beweggründen zum Kampf. Ein massloser Egoismus sucht die Grenzen des Rechts zu verschieben; die leidenschaftlicher werdende innere Erregung nimmt es auch nicht mehr immer genau mit der Wahrheit, oder die Treue des Gedächtnisses verliert sich dabei. Dabei handelt er aus bester Ueberzeugung, glaubt wenigstens Kämpfer für Recht und Wahrheit zu sein. Er sieht freilich die Dinge nicht wie sie sind, sondern wie er sie wünscht; daher glaubt er in der Wahrnehmung berechtigter Interessen zu handeln. In immer unverschämteren Ansprüchen zeigt sich das Schwinden des Restes von Besonnenheit, und eine nicht mehr verbissene Leidenschaftlichkeit überschreitet rücksichtslos alle Schranken. Freche Beleidigungen zeigen Mangel an jedem Rechtsgefühl, worauf doch so gepocht wird. Er weiss ja auch in seiner Rechthaberei Alles besser, aber er ist der Betrogene. Mehr oder weniger ausgeprägt knüpft sich hieran jetzt ein Wahnsystem.

Die geistige Störung in der Form der Verrücktheit wird dadurch immer deutlicher; der Märtyrer wird zum Vorkämpfer des beleidigten Rechts, zum Beschützer der Unterdrückten. Pläne zur Verbesserung des Rechts, aber auch zu anderen Einrichtungen, ja ganz allgemeine Gedanken zur Weltverbesserung können hervortreten; Ideen der Beeinträchtigung und Ueberschätzung mischen sich. Hiermit ist dann der Uebergang zu einer vollen Form der Verrücktheit geschehen und wie diese leicht zu erkennen. Aber auch in den milderen Fällen fehlt die Fähigkeit die Folgen der Handlungen normal zu überlegen, trotz vernünftigen Redens; sie sind unter den anfänglichen aus reizbarer Gemüthsstimmung hervorgegangenen Erscheinungen häufig freilich schwer zu erkennen. Die Gefahr für den Kranken selbst und seine Gefährlichkeit für die Umgebung, wenigstens die Belästigung der Behörden veranlassen und verlangen seine frühzeitige Ueberführung in eine Anstalt. Wenn hier die reizbare Stimmung zurücktritt, ist man oft genug überrascht über den jetzt harmlos vorgebrachten Grad von Urtheilsschwäche, mit dem aus dem vermeintlich erlittenen Unrecht masslose Ansprüche abgeleitet werden; mit Forderungen von Millionen, zusammengerechnet aus den verjährten und verzinsten Ansprüchen, ist die geistige Leistungsfähigkeit beendet, und womöglich belächelt der Kranke dabei selbst die Masslosigkeit seiner Forderung, den Beweis seiner Urtheilsschwäche. Ueberhaupt zeigt sich jetzt, dass nach Verschwinden der reizbaren Grundlage der Stimmung meistens auch Schlafheit und Gleichgültigkeit gegen fremde Interessen eingetreten sind, Gefühle und Strebungen ohne volle geistige Kraft sind.

Diese quärulirende Form der Verrücktheit ist vorm Gewicht als Quärulantenwahnsinn schon oft verkannt. Man muss sich aber ebenso hüten die Krankheit anzunehmen als sie zu finden; nur wo die geistige Störung einen solchen Grad erreicht hat, dass durch sie die Fähigkeit, normal zu überlegen, wesentlich beeinträchtigt wird, oder wenn durch sie die eigenen Interessen des Kranken oder die Rechte Dritter bedroht werden, ist Freisprechung im Strafprocess, Entmündigung oder dgl. gerechtfertigt; aber man bemühe sich auch wieder nicht zu übersehen, dass Krankheit manche anscheinend scharfsinnig begründete Processkrämereien u. dgl. bedingt.

Von den mannigfachen Formen, in denen die Verrücktheit sich bietet, soll noch eine Gruppe hier hervorgehoben werden, die auch eine grosse praktische Bedeutung hat. Es ist dies die der hypochondrischen Formen. Oft steht man hier auf dem Grenzgebiet von Gesundheit und Krankheit, von Neurasthenie, Hysterie und Verrücktheit. Aber es ist gut sich darüber klar zu sein, dass dieses Uebereinandergreifen, in ihren typischen Bildern klinisch scharf trennbarer Zustände nichts Seltenes ist, wahrscheinlich weil auch die zu Grunde liegenden anatomischen Zustände und Veränderungen oft in einander übergreifen. Jedenfalls soll man eine Form der Verrücktheit, die mit ausgesprochen hypochondrischen Erscheinungen verläuft, darum nicht einfach als Hypochondrie kennzeichen und z. B. vorm Richter deshalb das Merkmal geistiger Störung verleugnen: oder man hüte sich Beschwerden, weil sie als hypochondrische auftreten, nebensächlich anzusehen und zu behandeln. Die Schwierigkeit ist dadurch so gross, weil auf allen den Gebieten des Denkens völlige Klarheit bestehen kann, welche in keiner Beziehung zu den Zuständen des eigenen Körpers oder Geistes des Patienten stehen. Sobald die Aufmerksamkeit auf diese gerichtet ist, geräth sein ganzes Denken in den Bann der hypochondrischen Befürchtungen; manche sogenannte Hypochonder sind nur durch Vorsicht und Uebung dahin gelangt vor Andern das

Weitergreifen dieses Ideenkreises über die persönlichen Gefühle hinaus zu verbergen und kommen sie auch ohne Conflicte durchs Leben; es gibt unter ihnen aber eine grosse Zahl, bei denen nur ein härterer Anlass, eine mehr zufällige Schädlichkeit fehlt, die in andern Fällen die Zugehörigkeit zur Paranoiagruppe beweisen würde. Die Befürchtung bedenklich krank zu werden, in einzelnen Fällen thatsächlich zum Theil begründet, wächst ins Ungemessene und nimmt Denken und Handeln des Kranken immer mehr gefangen; diese Befürchtung oder Wahnvorstellung steht von Anfang an ausser allem Verhältnis zu den Beschwerden des Kranken: schon früh tragen letztere, z. B. Parästhesieen den Charakter von Illusionen und Hallucinationen, das Gefühl des Krankseins ist begleitet von dem des Aufgezwungenen, des Krank gemacht werdens. Die einseitige Beziehung alles Denkens auf den Gesundheitszustand des eigenen Körpers bleibt aber das entscheidende Merkmal; dieser Mittelpunkt ist fest und an alle Organempfindungen knüpfen sich Ueberlegungen, die trotz logischer Verarbeitung immer klarer die wahnhafte Beziehung zu jenem Kern aufweisen.

Bei der Behandlung eines Hypochonders, der auf der Grenze geistiger Störung steht, ist Takt und Rücksicht auf Seiten des Arztes von grösster Bedeutung; man soll den Kranken, nicht den eingebildeten Kranken vor sich sehen!

———

Bei fast allen Verrückten ist der Schlaf in der Regel ruhig, wenn nicht heftigere Wahnvorstellungen und Sinnestäuschungen ihn stören; ebenso ist auch der Stand der Ernährung durchweg ein guter, namentlich im Schutze der Anstalt gedeihen solche Kranke trotz aller Klagen meistens sehr gut.

Verrücktheit kommt bei beiden Geschlechtern gleich häufig vor; am Ende des zweiten und Anfang des dritten Jahrzehnts pflegt sie sich auszubilden, mit zunehmendem Alter wird sie sehr viel seltener. Sie kann in ihrem Verlauf langdauernde und erhebliche Nachlässe zeigen. Mit dem Zurücktreten von Sinnestäuschungen und begleitenden Affecten tritt in vielen Fällen eine gewisse Besserung ein; obwohl noch überzeugt von der Wahrhaftigkeit ihrer Wahnvorstellungen, sind die Kranken doch im Stande, sie so zurückzudrängen, dass sie nicht mehr darüber sprechen und genug Kraft besitzen, um sich von jenen nicht in ihrem Thun und Treiben bestimmen zu lassen. Die erhaltene Besonnenheit kann dann den Schein der Gesundheit erwecken. Allein kleine Eigenthümlichkeiten im Benehmen des Kranken und sein Festhalten an einzelnen, nur scheinbar nebensächlichen Punkten des Wahns, sowie eine gewisse Zurückhaltung weisen auf die Unvollständigkeit der Genesung Auch dissimuliren Verrückte oft mit grossem Geschick. Jedenfalls sind Fälle von Paranoia mit periodischem Verlauf und Genesung sehr skeptisch anzusehen.

Die **Ausgänge** der Verrücktheit sind zweifelhafte Genesung, chronische Verschleppung, Verwirrtheit, Schwachsinn oder Tod. G e n e s u n g ist vielleicht nur scheinbar, indessen ist doch oft eine so grosse Besserung vorhanden, namentlich beim Grössenwahn, dass der Eintritt in Leben und Beruf wieder möglich wird. Mindestens die früher schon vorhandene Urtheilsschwäche und allgemeine Minderwerthigkeit bleibt, meistens begleitet von der Abnahme der geistigen Kraft bei allen Gefühlen und Strebungen. Deutlicher ist der f o r t s c h r e i t e n d e geistige Niedergang, wenn die klar bestehen bleibende Krankheit sich Jahrzehnte, ja ein Leben hindurch v e r s c h l e p p t. Die Uebergänge in V e r w i r r t h e i t und S c h w a c h s i n n sind allmähliche und werden uns theilweise noch später beschäftigen. Die höchsten Grade eigentlichen Blödsinns werden aber nicht beobachtet, weil namentlich das Gedächtnis nicht ganz verloren geht. Der T o d kann durch Selbstmord eintreten: sonst sterben Verrückte an zufälligen andern Krankheiten, während eine etwa zu Grunde liegende gröbere Erkrankung des Gehirns nicht bekannt ist.

Die **Prognose** ist demnach im Allgemeinen eine s e h r u n g ü n s t i g e. Auch wenn man unterscheidet, ob Sinnestäuschungen vorhanden waren oder nicht, ist dies für die Wahrscheinlichkeit eines guten Verlaufs nach keiner Seite hin zu verwerthen. Zu betonen ist als besonders ungünstiger Umstand die Neigung der f o r t s c h r e i t e n d e n Zusammenfügung a l l e r Vorstellungen zum Wahninhalt.

Bei einer im Ganzen als unheilbar anzusehenden Psychose ist die **Behandlung** überhaupt nur gegen einzelne Erscheinungen und Erscheinungsgruppen gerichtet; aber auch diese sind in der Verrücktheit besonders schwer zu packen, denn tiefere organische Erkrankungen des Hirns und seiner Häute sind überhaupt nicht vorhanden, stärkere grundliegende Affecte und Stimmungen fehlen.

---

3. Verwirrtheit.

Unter V e r w i r r t h e i t soll hier im engeren Sinn (vgl. S. 10) verstanden sein eine geistige Störung, die sich a u s W a h n s i n n und V e r r ü c k t h e i t entwickelt. Sie ist nicht nur als Ausgang jener beiden Formen zu schildern. weil sie zuweilen jene Stadien so rasch durchläuft, dass sie dann s e l b s t ä n-

228

dig zu sein scheint. Sie unterscheidet sich von vielfachen andern verwirrten Zuständen, wie sie nach Melancholie, Manie, hallucinatorischem Irresein, bei progressiver Paralyse, Hysterie, Epilepsie vorkommen, dadurch, dass eine mehr oder minder feste Verknüpfung von Wahnvorstellungen vorausgegangen ist, aus deren Auflösung sich das Bild dieser Verwirrtheit ablöst. Freilich hält oft nur ein lockeres Band die Gedankenreihen zusammen; flüchtige Affecte drohen den Rest des Zusammenhanges, ja sogar das Wortgefüge zu zerreissen, während bei ruhigerem Gedankenfluss eine gewisse geistige Schwäche unverkennbar ist, auch kein Versuch mehr gemacht wird, den im Affect nur noch flüchtig auftretenden Wahn logisch zu begründen. Locker zusammengefügte Wahnvorstellungsreihen bleiben noch längere Zeit kenntlich; oft deuten nur noch einzelne Worte oder Sätze auf den Zusammenhang hin: man kann dann aus ihrer öfteren Wiederholung zuweilen den vorangegangenen Zustand nachweisen. Sind noch Sinnestäuschungen vorhanden, so finden sie meistens einen deutlicheren Ausdruck in plötzlichen Bewegungen und einzelnen Handlungen als in den verwirrten Reden. Aber sowohl die Wahnvorstellungen wie die Sinnestäuschungen haben ihre zwingende Gewalt auf das Fühlen und Handeln des Kranken verloren. Flüchtig tauchen sie auf, um ebenso schnell wieder zu verschwinden. Das Spiel der Vorstellungen ist ohne inneren Zusammenhang des Inhaltes und knüpft nur an Zufälligkeiten an. Das Gedächtnis ist auch in höheren Graden nicht völlig verloren, aber es bringt fast nur weiter zurückliegende Ereignisse wieder vor, während neu Erlebtes flüchtig vorbei eilt. Unverändert hält sich am längsten diejenige Verschiebung des Standpunktes der eigenen Persönlichkeit, die in den früheren zusammenhängenden Wahnvorstellungen den Mittelpunkt bildete; daher findet man z. B. oft ein sinnloses Wiederholen grosser Zahlen, ungeheurer und abenteuerlicher Bilder der eigenen Grösse und des eigenen Besitzes; das Reden über Millionen, Diamanten und Schätze ohne Zahl ist aber auch für den Kranken nur noch ein blosses Spiel von Worten geworden, bei denen er sich nichts mehr denken kann. Vorstellungen der Beeinträchtigung verschwinden in den verwirrten Reden leichter und werden nur bei gelegentlichen leichteren Affecten vorgebracht. Obwohl tiefere Gemüthsbewegungen fehlen, so sind doch rasche vorübergehende Aufwallungen etwas sehr Gewöhnliches: dabei kommen plötzliche gewaltthätige Handlungen noch oft genug vor, so dass ein Verwirrter sogar ein sehr gefährlicher Kranker sein kann. Doch ist die Durchführung fester Pläne nicht vorhanden, dazu ist der Wille zu flüchtig und schwankend. Die Gewohnheit vergangener Tage der Thätigkeit führt sie auch nur zur Ausführung kleiner mehr mechanischer Dienstleistungen, und macht Einzelne dadurch noch lange fähig, nützliche Mitglieder im Hauswesen einer Anstalt zu sein. Viele sind im Stande kurze Fragen, namentlich solche, die praktische Zustände des kleinen täglichen Lebens betreffen, richtig zu beantworten, selbst Ereignisse der Vergangenheit zusammenhängend und klar zu berichten, sobald man aber nach dem Befinden, nach dem Grund ihrer Krankheit fragt, überhaupt Beziehungen der psychischen Persönlichkeit berührt, die lebhaftere Vorstellungen hervorrufen, dann werden sie rasch verwirrt und geben unsinnige, unverständliche Antworten. Am deutlichsten wird dies, wenn man sie auffordert zu schreiben. Einige einleitende Sätze können noch einen Sinn und Zusammenhang zeigen, dann aber beginnt das ungeregelte Spiel der Vorstellungen. Dem Sprechenden kann man dann nicht folgen, nur ein Phonograph würde die verwirrte Rede wiedergeben können. Für die Beurtheilung des Zustandes ist es aber als sehr wesentlich hervorzuheben, dass die Verwirrtheit bei einfachen kurzen Fragen ganz fehlen kann; in zweifelhaften Fällen ist dadurch ein wichtiges Unterscheidungsmittel gegeben gegenüber Zuständen von beweglichem Blödsinn, in denen überhaupt keine geordneten Gedankenreihen mehr möglich sind, und niemals eine wenn auch noch so ungeregelte Bewegung der verwirrten Vorstellungen um den Mittelpunkt einer früheren Wahnvorstellung stattfindet. Die geschilderte Verwirrtheit geht nicht in Blödsinn über, die Fähigkeit zu geordneten, wenn auch nur mechanisch ausgeführten Handlungen bleibt erhalten.

Dieser Zustand von Verwirrtheit kann nach Abblassen aller Affecte Jahrzehnte lang dauern bis zum Tode; das körperliche Befinden pflegt ein ausgezeichnetes zu werden, besonders auch der Schlaf ein dauernd guter zu sein.

F. Katatonie (Spannungs-Irresein).

An das Ende der Reihe der im Wesentlichen aus Spannungszuständen einzelner Hirntheile sich entwickelnden geistigen Störungen stelle ich die Katatonie; ihre schwereren Formen reichen freilich auch hinüber unter die mit Hirnschrumpfung verbundenen Verblödungsvorgänge. Weil aber eine grössere Zahl der leichteren Fälle nur geringere Grade geistiger Schwäche bedingt, sogar Genesung vorkommt, und weil eigentliche Verblödung und deutliche Atrophie seltener nachzuweisen sind. stelle ich die Katatonie hierher, aber als Uebergang zu der folgenden grossen Hauptgruppe.

Gemeinsames Merkmal für alle leichteren sowie schwereren Formen sind bestimmte motorische Störungen, die katatonische heissen; daneben finden sich mehr oder weniger deutlich Zustände von Melancholie, Manie, Verrücktheit und Verwirrtheit, die zuweilen in der genannten Reihenfolge, aber auch in anderer neben den katatonischen Zuständen auftreten können. Wahnvorstellungen und Sinnestäuschungen sind wechselnd und von verschiedener Stärke. Gewissermassen der feste Krystallisationspunkt dieses klinischen Krankheitsbildes sind die motorischen Störungen, welche sich durch eine sehr grosse Festigkeit, durch das Stereotype ihrer Erscheinung hervorheben. Der Spannungszustand ist vom Gehirn ausgehend und im ganzen Nervensystem zu denken: es muss hier bemerkt werden, dass der Name „Spannungsirresein" auch schon ursprünglich nicht nur auf eine Abänderung in dem Spannungszustande der Musculatur als vielmehr auch auf eine solche in den betreffenden Nerven bezogen wurde.

Glieder, Kopf und Rumpf sind in ausgeprägten Fällen starr; die Arme pressen sich an den Rumpf, die Finger krallen sich in die Hände, die Beine stehen in starker Beugung oder steif gestreckt, der Kopf wird auf die Brust gedrängt, die Augenlider zusammengekniffen. Der Gesichtsausdruck ist ein starr gespannter, maskenartiger, der das Staunen versteinert zu zeigen scheint, der Mund ist wie eine Schnauze vorgeschoben: aus den Mundwinkeln läuft dünner Speichel. Diese Bewegungs-Stereotypen sind in leichteren Fällen nur angedeutet oder nicht alle gleichzeitig deutlich ausgeprägt, aber immer bleibt das Merkmal die längere Dauer auch der einzelnen starren Stellungen: Schiefhaltung des Kopfes, Verdrehung des Rumpfes, der Glieder in statuenartiger Stellung, die Pose eines Schauspielers, Predigers oder Fechters, Niederhocken eines Büssers, namentlich Verzerrungen des Gesichts finden sich in krampfhafter Dauer. In den leichteren Fällen sind dieselben katatonen Stellungen durch äussere oder innere Reize beeinflussbar, oft rasch gelöst, um z. B. auch schon bei dem Gefühl des Beobachtetwerdens schnell wiederzukehren; in den schwereren Fällen ist dies unmöglich und der stärkere Spannungszustand des Gehirns wird durch keine Einflüsse beseitigt. Gelingt es einem von Aussen herantretenden Motiv die Starre zu durchbrechen, so stürzt der Kranke wohl plötzlich fort und führt irgend eine kurze Handlung aus.

Einen psychischen Factor kann man erkennen wenn bestimmte Haltungen oder Geberden zwangsmässig wechseln: die gewaltsamen Beugungen oder Streckungen, das rhythmische Hervorstossen von Schnalz- und Blaselauten, Wischen an der Wand und dgl. zeigen das theilweise Gewollte dieser Handlungen: es ist eine Mischung halbwegs beab-

sichtigter und aufgezwungener Bewegungen, die zuweilen diesen Ent-
stehungsunterschied sogar gleichzeitig in verschiedenen Muskelgruppen
neben einander aufweist. Deutlicher ist aber der psychische Einfluss,
wenn stereotypes Lächeln oder starre Angst, Ruhe und Bewegung, überhaupt gegensätzliche Bewegungen rasch mit einander wechseln. Die
Mannichfaltigkeit ist hier unerschöpflich, jeder Fall bietet Neues, aber zeitweilig oder theilweise wird jede Stellung das Stereotype, die Bewegung
etwas Uhrwerkartiges zeigen.

Sehr auffällig ist oft ein Unterschied von Widerstreben und von
leichter Beeinflussbarkeit. Versucht man den in starrer Haltung
Dastehenden zu bewegen, so widerstrebt er auf das Heftigste: untersucht
man ihn im Bett und versucht dabei seine Lage zu verändern, so fühlt
man, wie sich die Muskeln dagegen spannen. Fordert man ihn nun auf
zu sprechen, so sieht man den Mund sich krampfhaft schliessen, oder
wohl umgekehrt, wenn er leise vor sich hin murmelte, so fängt er jetzt
lebendig an zu schwatzen. Hier wurde also die Aufforderung der Anlass
zum Widerstreben zu einem negativen Verhalten: gelegentlich kann man
solche Kranke dadurch veranlassen ein Bedürfnis zu verrichten, dass
man es verbietet. Eine erhöhte Beeinflussbarkeit fällt zunächst im Gebiet
der Musculatur unter dem Bilde der Katalepsie auf, aber auch als
Suggestion auf rein psychischem Gebiet. Widerspruch im ganzen
Verhalten des Kranken ist sehr auffällig und bezeichnend für die Katatonie; er erinnert an das Verhältnis von wächserner Biegsamkeit und
Starre im Muskel. In anderer Form kehrt er wieder auf dem Gebiete
der Sprache. Völliges Schweigen und ein Trieb zum Sprechen. eine
wahre Redesucht, eine Worthetze und Wiederholung bedeutungs-
oder zusammenhangsloser Worte in Form einer Rede oder Predigt
(Verbigeration, Redekrampf) wechseln gelegentlich bei einer Person.
Häufiger ist jedes Zeichen selbständig ausgeprägt; die Verbigeration ist
dann von anderem sinnlosen fortwährenden Schwatzen unterschieden durch
stereotype Wiederholungen, welche ebenfalls in Schriftstücken wiederkehren.

Sowohl in den leichten wie in den schweren Formen der Katatonie
gruppiren sich um den Kern der eigentlichen katatonischen mehr oder
minder innig verknüpft noch anders entstehende motorische Erscheinungen.
Diese Verknüpfung ist so zu sagen eine reflectorische bei einigen
Sinnestäuschungen: wenn Jemand die Augen z. B. krampfhaft schliesst,
weil er dadurch einen schmerzhaften Lichtschein abhalten könne, wenn
er zur Abwehr lästiger Hautgefühle andauernde Drehbewegungen der Hand
vornimmt. Diese psychischen ursprünglichen Beweggründe werden freilich
oft vergessen, und jene Handlungen sinken dann herab zu mechanischen

fast automatischen Ausführungen. In anderen Fällen ist die Entstehung der katatonischen Erscheinungen nachweisbar abhängig von Wahnvorstellungen, aber die unmittelbare psychomotorische ist das Gewöhnliche. Freilich ist es nicht immer leicht zu entscheiden, ob in dem regungslosen Kranken geistige Vorgänge abspielen, und es kann die Erzählung von lebhaften inneren Ereignissen uns in freieren Zeiten sehr überraschen. Angedeutet wird solch inneres Erleben hier und da durch einen tieferen Athemzug, ein rothes Ueberlaufen des Gesichts; Kreislauf und Temperatur sind besonders oft im Beginn des Leidens verändert und meist gesteigert. Später finden sich Oedeme, Cyanose, Speichelfluss, Schweissbildung. Diese Dinge werden aber ebensowenig empfunden wie starke äussere Sinnesreize, besonders Hautreize; das Bewusstsein ist getrübt, und darum ist in diesen Fällen die Erinnerung auch nur eine summarische.

Da katatonische Erscheinungen als stereotype Wiederholungen einzelner Muskelstellungen in manchen andern geistigen Störungen gefunden werden, z. B. in der Dementia paralytica, im Verlauf heftiger Tobsucht, im Wahnsinn, im hysterischen und epileptischen Irresein, namentlich auch in der depressiven Periode des circulären Irreseins wie überhaupt in tiefer Melancholie, so ist zu bemerken, dass bei den meisten der genannten Krankheitsformen das Episodische der katatonischen Zeichen leicht zu erkennen sein wird, im Uebrigen aber, z. B. in der Melancholie, dem Wahnsinn und der Hysterie nicht eine motorisch, sondern psychisch bedingte Entstehung des Krankheitsbildes anzunehmen ist. Anatomisch lässt sich der Vorgang vielleicht als ein Uebergreifen auf benachbarte Gebiete des Centralhirns denken, bei der Katatonie der Beginn in der eigentlichen centromotorischen Gegend. Unter diesem Gesichtspunkte ist das Auftreten sogenannter katatonischer „Anfälle" erklärlich; sie haben eine gewisse Aehnlichkeit mit Apoplektiformen, pflegen aber wie leichtere paralytische Anfälle ganz zu verschwinden; sie sind mehr durch ihr Auftreten im Verlauf der Katatonie als etwa durch stereotype Zeichen zu ihrem Namen gekommen.

Die Verschiedenartigkeit der einzelnen Krankheitsbilder erschwert es den Verlauf der Katatonie im Allgemeinen anzugeben. Oft eingeleitet durch eine tiefe Verstimmung kann nach dem eigentlichen katatonischen Stadium der Uebergang zum bleibenden Schwachsinn oder in eine relative Genesung unmittelbar erfolgen; häufiger noch schieben sich Erregungszustände mit pathetischer Ekstase ein, in denen die Stereotypie der Bewegungen sehr absticht von dem ewigen Wechsel derselben beim Tobsüchtigen. Auch in der gezierten Sprechweise und dem meist sinnlosen Gefasel drängen sich Wiederholungen;

verwirrte Grössenwahnvorstellungen treten auf und gehen oft
noch über in spätere Zeiten, wenn schon geistige Schwäche eingetreten
ist. Für kurze Zeit findet ein völliger Nachlass aller Erscheinungen
statt; tritt dann der starre und stumme Zustand wieder ein, so pflegt eine
Verschlimmerung aufzufallen in dem abwehrenden Widerstreben und dem
ganzen negativen Verhalten. Sogar Unreinlichkeit und
Nahrungsverweigerung begegnet man dann, die nur aus jenem
reflectorisch entstehenden Widerstreben zu erklären sind. Häufig täuschen
lange Remissionen eine Heilung nur vor, es gibt aber auch volle Genesungen. Eigenthümlichkeiten, die daran zweifeln lassen könnten, sind
vermuthlich oft schon vor der Erkrankung angedeutet gewesen. Wiedererkrankung nach Jahren kommt vor; ein periodischer Verlauf
findet sich angedeutet. Der häufigste Ausgang ist der in mässigen
Schwachsinn; aber auch völlige Verblödung ist oft das Ende,
entweder in einem Zuge oder nach mehreren Nachschüben im Verlauf
einiger Jahre. Diese Personen können dann noch einige Jahre im Bett
kauernd hinvegetiren, bis sie an Erschöpfung oder Schwindsucht
sterben.

Die Katatonie beginnt in der Regel früh, namentlich bei jungen
Mädchen; auch in Schwangerschaft oder Wochenbett tritt sie auf. Wenn
die eigentlichen katatonischen Zeichen weniger ausgeprägt sind, erinnert
der Zustand an die von einigen Autoren festgehaltene Hebephrenie,
die mit der Katatonie zusammen auch als Dementia praecox bezeichnet ist. (Vergl. unten.) Erbliche Veranlagung ist häufig
vorhanden und beeinflusst den Verlauf dann nach den allgemeinen Regeln
der Erblichkeit.

Die Behandlung ist eine symptomatische, wird aber versuchen
die motorischen Störungen als Kern der Krankheit regelmässig zu mildern.
Die jeweilige Anschauung über das Wesen der Krankheit, wonach z. B.
eine Selbstvergiftung des ganzen Nervensystems oder ein damit verbundener molecularer Spannungszustand einzelner Hirntheile vorliegt, wird
die Behandlung beeinflussen; aber auch die andere Auffassung, welche
stärkere anatomische Veränderungen voraussetzt, wird die Behandlung
der eigentlich katatonischen Erscheinungen immer voranstellen. (Vergl.
das Capitel über allgemeine Behandlung.) Die Anstaltsbehandlung ist
in der Regel sehr bald nöthig, da es sich meistens um ausgeprägte
schwere Erscheinungen und Zustände handelt.

II.

Geistige Störungen verbunden mit nachweisbaren anatomischen Veränderungen des Gehirns.

A. Dementia. (Blödsinn == Verblödung.*)

Dementia (Blödsinn, Verblödung) wird erworben durch Krankheit und setzt dann ein früher gesundes Geistesleben voraus: sie kann den Krankheitsverlauf beginnen, in einigen Fällen noch wieder schwinden, meistens bleibt sie dauernd; oder sie ist der Ausgangszustand anderer geistiger Störungen (z. B. Melancholie, Manie, Katatonie). Die Schilderung dieser secundären Formen möge vorangehen, wobei anzunehmen ist, dass die nachweisbaren anatomischen Veränderungen im Gehirn im Wesentlichen langsam fortschreitende atrophirende Vorgänge sind. Wenn man diese Erkrankungsformen oft auch als secundären Schwachsinn bezeichnet, so ist es wohl richtiger die Bezeichnung Schwachsinn möglichst auf angeborene Zustände zu beschränken oder ein Adjectiv hinzuzufügen. Auch die geringeren Grade des secundären Blödsinns behalten das unterscheidende Merkmal eines langsam fortschreitenden atrophirenden Processes, doch sind die klinischen Grenzen gegen den angeborenen Schwachsinn (Imbecillität) nicht immer scharf; dagegen unterscheiden sich die schwereren Formen sehr deutlich. Man pflegt als secundäre Formen des Blödsinns den agitirten und den apathischen zu beschreiben.

Beim agitirten Blödsinn ist eine mehr oder weniger starke, zerfahrene Erregung vorhanden. Der Kranke bietet ein zusammenhangloses

---

*) Verblödung ist bezeichnender als „Blödsinn", da es sich um den Vorgang des Blödewerdens handelt, der allerdings in den Zustand des Blödeseins übergeht. Gebräuchlicher ist aber die Bezeichnung Blödsinn.

läppisches Gefasel dar, eine Beweglichkeit mit Grimassen und Possen. Ohne lebhafte Affecte findet sich hier ein blödes Mienenspiel, das sich in fadem Lächeln oder weinerlichem Grinsen bewegt, ein kindisches, albernes, plan- und zielloses Gebahren. Die Kranken laufen hin und her, lachen, tanzen, singen und springen; manche sind fortwährend in heiterer Laune, manche wieder zeigen sich weinerlich; andere wechseln rasch damit, wenn man sie in irgend einer Bewegung stört. Bei Vielen findet man einförmige Bewegungen in endloser Häufigkeit wiederholt, oft sehr verwickelter Art, z. B. Greifen der linken Hand nach dem rechten Ohr, gleichzeitig oder abwechselnd damit Berührung der Nase mit den Fingern der rechten Hand, rösselsprungartige Fortbewegung, Wischen und Zupfen an den Kleidern, Ausreissen der Haare, Kratzen der Haut, stundenlanges Spucken. Möglicher Weise sind diese Bewegungen ursprünglich Folgen von Wahnvorstellungen oder Sinnestäuschungen, jetzt aber selbständig.

Klinisch ist der bewegliche Blödsinn vielfach nur ein Durchgang zum apathischen, in den er bei genügend langer Dauer meistens übergeht. Trotz der äusserlichen Lebendigkeit und Redseligkeit haben die beweglich Blödsinnigen kein Verständnis mehr für Fragen, wissen nicht, wann sie geboren sind, sondern lächeln höchstens, wenn eine Antwort erwartet wird. Unreinlichkeit ist die Regel. Zuweilen erstreckt sich die Unruhe auch auf die Nächte, in Folge der beständigen Beweglichkeit leidet die Ernährung, die sich erst beim Uebergang in ruhigen Stumpfsinn bessert. Diese Geschöpfe können der Pflege sehr grosse Schwierigkeiten bereiten, da Zerreissen, Schmieren, selbst Kothfressen zu ihren Liebhabereien gehört. Auch rücksichtslose sexuelle Gemeinheiten sind ihre Beschäftigung.

Endlich findet man den höchsten Grad der Verblödung im apathischen Blödsinn. Es ist der geistige Tod, geistige Stumpfheit und Leere bis zum völligen Aufhören psychischen Geschehens; man könnte glauben enthirnte, hirnlose Geschöpfe vor sich zu haben, wenn nicht der geregelte Fortgang der vegetativen Functionen die Thätigkeit niederer Centren bewiese, und zuweilen noch schwache Aeusserungen von Lust oder Unlust bei grob sinnlichen Reizen, wie beim Anblicke des Essens auftreten. Es fehlt jedes selbständige Handeln; Alles muss durch fremde Hülfe, wie bei kleinen Kindern geschehen. Die Kranken müssen gefüttert werden, wenn sie essen, sie müssen abgehalten werden, wenn sie ihre Nothdurft verrichten sollen, sie müssen gewaschen und gereinigt werden. Mit ausdruckslosen Gesichtszügen, schlaff in sich zusammengesunken sitzen sie den ganzen Tag, jeden Tag des Jahres da auf dem gleichen Fleck, unbeweglich, wohin man sie schiebt. Aus dem Munde fliesst der Speichel, aus der Nase der Schleim, der Urin läuft in die Kleider, der Koth fällt unbemerkt fort; zum Abtritt geführt, geschieht dies sogar oft erst auf dem Rückwege. Unempfindlich gegen Kälte und Hitze suchen sie nirgends Schutz. Das Sprechen hört auf, nur unarticulirtes Schreien kann hier oder da eine flüchtige Erregung begleiten; diese ist nur ein Poltern, kann aber bei grossen Körperkräften durch Schlagen, Beissen und Kratzen gefährlich werden. Die auf Antrieb ausgeführten Bewegungen sind träge, die Musculatur ist schlaff, behält aber lange ihre elektrische Erregbarkeit. Der Schlaf ist gut, die Ernährung lange Zeit ausgezeichnet oft eine wahre Verfettung, wenn nicht übermässige Gefrässigkeit Magen- und Darmkatarrhe zur Folge hat. Dabei kann geschehen in nächster Nähe was will, es kümmert den Kranken nicht. Dieses geistige Todtsein dauert zuweilen noch Jahre lang, bis der erlösende leibliche Tod eintritt. Im Allgemeinen leben aber solche Unglückliche doch nicht mehr sehr lange, da durch Darniederliegen des Blutkreislaufes, der Athmung und Ernährung Lungenentzündungen und erschöpfende Durchfälle den Tod herbeiführen.

Diese Geschöpfe sind nur noch Gegenstand der Pflege, die grosse Geduld und Aufmerksamkeit erfordert und zu den schwierigsten Aufgaben eines guten Wartpersonals gehört; anderswo als in Anstalten verkommen sie rasch und verfallen auch körperlich.

Wir wenden uns jetzt zur primären Verblödung und zwar zunächst zu den **jugendlichen Formen**. Anatomisch schliessen sie sich am nächsten an die Katatonie, da es sich um atrophische Vorgänge handelt, die in beiden Fällen noch rückgängig werden und zur Genesung führen können, doch ist der ungünstigere Verlauf viel häufiger. Auch klinisch ist diese Demenz der Katatonie nahe verwandt; sie ist zu unterscheiden von acuten Erschöpfungszuständen, die im unmittelbaren Anschluss an eine bestimmte erschöpfende Ursache, unter der Form der Erregung oder des Stupors rasch zu verlaufen und meistens in Genesung überzugehen pflegen. Allerdings ist auch bei unserer Demenz wohl immer ein Versagen der Gehirnthätigkeit, ihre Erschöpfung vor Ablauf des sonstigen Lebens, im Spiel, ein vorzeitiger Stillstand, aber nicht im Anschluss an eine bestimmte Schädlichkeit; diese Auffassung gilt im Allgemeinen sowohl für die jugendlichen wie die senilen Formen. In noch weiterem Sinne sind dann die angeborenen Blödsinnsformen, wie die Idiotie u. s. w., und ähnlich auch der angeborene Schwachsinn, die Imbecillität, analog aufzufassen als dem Grade und der Zeit des Eintretens nach zwar von einander abweichende geistige Störungen, aber in der anatomischen Grundlage alle sich in gleicher Weise als vorzeitiger Stillstand in der Entwicklung zeigende Vorgänge; diese Grundlage kann durch einen rasch fortschreitenden Process zu heftigeren klinischen Erscheinungen führen und thut das namentlich in den jugendlichen Formen der Dementia.

Diese pflegen sich zur Pubertätszeit zu entwickeln, bei Männern auch noch im 3. Jahrzehnt, überhaupt aber kommen sie bei Männern viel häufiger vor wie bei Frauen; diese werden mehr von jenen Erschöpfungszuständen befallen, die dann auch unter dem klinischen Bilde des Blödsinns einhergehen. Gedächtnis, Aufmerksamkeit, Thatkraft sind wie mit einem Schlage verschwunden, da nur kurze Vorläufer vorhanden zu sein pflegen. Zuweilen ist im Beginn eine gewisse Unruhe zu erkennen, einzelne zwecklose, selbst gewaltsame Handlungen werden ausgeführt, aber bald ist eine völlige Aufhebung jeder geistigen Thätigkeit eingetreten und das Bild des Blödsinns zu erkennen. Es handelt sich um eine Lähmung aller geistigen Vorgänge, einen fast völligen Ausfall ihres Ablaufes. Die Sinne sind abgestumpft, antworten träge auf die ihnen entsprechenden Reize. Das Vermögen, Eindrücke aufzuspeichern, ist beträchlich vermindert oder ganz aufgehoben. Es ist keine Spur von Willensthätigkeit mehr vorhanden. Der Kranke antwortet garnicht, lässt Alles mit sich machen, muss gefüttert werden und isst nur, wenn man ihm den Bissen in den Mund steckt. Wie träumerisch in Gedanken versunken bleibt er stundenlang auf einem Fleck stehen oder liegt regungslos im Bett. Die Miene ist ausdruckslos, der Blick verglast, ins Leere stierend. Die Pupillen sind weit, bewegen sich träge. Die Sensibilität ist meist ganz erloschen, so dass selbst starke elektrische Reize keinen Eindruck machen. Die Hautreflexe überhaupt sind vermindert, die Sehnenreflexe schwankend. Die Haltung ist schlaff, die Muskeln ohne Spannung, Bewegungen wird kein Widerstand entgegengesetzt, nur selten ist vorübergehend auch Muskelstarre vorhanden. Die Herzthätigkeit ist schwach, die Herztöne dumpf; der Puls in der Regel verlangsamt und klein, Oedeme an den Füssen sind daher häufig, die cyanotischen Glieder fühlen sich kühl an. Der Schlaf ist tief und ruhig. Die Temperatur des Körpers ist gesunken: auch bei genügender Nahrungszufuhr sinkt das Körpergewicht, oft beträchtlich. Die Athmung ist oberflächlich. Bei den höchsten Graden dieses Blödsinns ist die Bewusstseinsstörung so tief, dass die Kranken unrein werden, Koth, Urin und Speichel von sich gehen und laufen lassen.

In der Regel bleibt dieser Zustand sich gleich, doch kommen vorübergehende Aufregungen vor, in denen der Kranke singt, pfeift, zusammenhanglos aber oft in rhythmischer Weise redet, an seinen Kleidern herumzupft. Die Dauer der Krankheit dehnt sich meistens auf einige Monate aus, wenn ein günstiger Ausgang sich einstellt: ebenso oft kommt es zu dauerndem Blödsinn. Die Behandlung besteht in Bettruhe, Bädern und kräftiger Ernährung, eventuell in der Darreichung von Eisenpräparaten und beruhigenden Medicamenten.

Die senilen Formen der Verblödung (Dementia senilis, Altersblödsinn) schliessen sich an die physiologische Involution des Gehirns an und beruhen auf diffuser Hirnatrophie. Es gibt demgemäss zahlreiche Uebergänge vom gewissermassen physiologischen geringen Altersblödsinn zu den höchsten Graden: im Allgemeinen ist die Krankheit eine langsam fortschreitende, doch zeigen heftigere Erregungen raschere Nachschübe der anatomischen Vorgänge. Diese stehen den Veränderungen bei der Dementia paralytica oft sehr nahe. Klinisch fällt die Vergesslichkeit zuerst sehr auf. Bezeichnend ist es, dass das Gedächtnis zunächst immer zahlreichere Lücken für die jüngste Vergangenheit aufweist, während es für die gelobte alte Zeit sich noch länger hält, so dass Erinnerungen aus früher Kindheit sogar mit grösserer Lebhaftigkeit aufzutauchen scheinen. Eine gewisse Geschwätzigkeit und Neigung in weitschweifiger Breite dieselben Erzählungen immer wieder von Neuem vorzubringen, kann diesen Anschein vermehren; aber gerade die ewigen Wiederholungen beweisen gleichzeitig, dass die Erinnerung, Dasselbe erst kürzlich erwähnt zu haben, verschwunden ist. Oder wenn diese Vergesslichkeit dem Betreffenden selbst noch auffällt, so veranlasst sie ihn, gewissermassen zur Erklärung und Entschuldigung seines Verhaltens unwahre Behauptungen, phantastische Uebertreibungen vorzubringen. Er wird gereizt und misstrauisch gegen seine Umgebung; wenn er etwas verlegt hat und vergeblich sucht, behauptet er, man habe es ihm gestohlen oder beschuldigt Andere, es verschleppt zu haben. Dasselbe Misstrauen veranlasst ihn, Gegenstände absichtlich bei Seite zu bringen, um sich vor Diebstahl zu schützen; wenn er dann selbst vergessen hat, wo er damit geblieben ist, kann dies wohl dazu dienen, seine Furcht vor Diebstahl zu bestätigen. Er weiss oft gar nicht mehr was ihm gehört, verwechselt dann Mein und Dein, und eignet sich fremdes Eigenthum an, ohne dass eine besondere Neigung zum Stehlen vorliegt. Dies Gebahren wird noch vermehrt durch eine unruhige Geschäftigkeit. Tag und Nacht stöbert er in alten Papieren und anderen Gegenständen herum, stört dadurch den Schlaf anderer Personen und geht dabei unvorsichtig mit Feuer und Licht um. Am Tage überfällt ihn dann wohl mitten im Gespräch oder bei der Mahlzeit eine kurze Müdigkeit. Nachher läuft er wieder umher, steckt dies oder jenes ein, nutzlosen Plunder, Werthgegenstände, wohl gar Speisereste und Handwerkszeug durcheinander, sammelt Blätter, Cigarrenstummel u. dgl.; will man sie ihm wegnehmen, so leistet er heftigen Widerstand. Seine Unruhe treibt ihn auf die Strasse, dann verläuft er sich oder geht in die Läden, macht unsinnige Einkäufe und kommt erst auf Umwegen mehr durch Zufall wieder aus Haus.

Aber noch weit bedenklichere Handlungen kommen bald zum Vorschein; in seiner Benommenheit verwechselt der Kranke Fenster mit Thüren, stösst sich und verletzt sich schwer. Er handhabt gefährliche Gegenstände ganz urtheilslos über die Gefahr, der er sich und Andere dadurch aussetzt. Viele begehen gröbere Verstösse gegen die Schicklichkeit, verletzen Schamhaftigkeit und Sittlichkeit; einige üben sexnelle Angriffe in roher Art aus, namentlich gegen Kinder. Der Geschlechtstrieb überhaupt ist gesteigert; die Unmöglichkeit der normalen Befriedigung führt dann zu manchen unsittlichen Handlungen.

Manche besondere Züge mischen sich diesem Bilde bei, Eigensinn und Eitelkeit, überhaupt auch hochgradige Selbstsucht; Zweifel an der beanspruchten hohen Leistungsfähigkeit, Widerspruch gegen unausführbare Pläne erregen den flüchtigen Zorn des Kranken. Die Befriedigung seiner persönlichen Bedürfnisse wird ihm zur Hauptsache. Die Verödung des Gemüthslebens zeigt sich in der Theilnahmlosigkeit gegenüber dem Wohl und Wehe der nächsten Angehörigen; wo noch Affecte ausgelöst werden, sind sie oberflächlich. Dabei verkennt der Kranke vielfach sogar seine eigenen Verwandten, vergisst ihre Namen.

In dieser Zeit wird der Schrumpfungs-Vorgang des Gehirns oft deutlich durch leichte Krampfanfälle, vorübergehende Lähmungen einzelner Nerven, Schwindelanfälle. Aphatische Störungen verschiedener Art treten auf; indessen erfährt man erstaunliche Besserungen, wie denn überhaupt das Krankheitsbild zu dieser Zeit noch manchen Schwankungen unterworfen ist. Im Allgemeinen aber schreitet bei zunehmender Abstumpfung jeder geistigen Thätigkeit der Blödsinn vor.

Sinnestäuschungen und Wahnvorstellungen kommen vor. Melancholische oder maniakalische Zustände sind häufige Begleiterscheinungen. Gedanken der Benachtheiligung, das Gefühl der Vereinsamung werden geäussert: Alles sei weggenommen, Nichts mehr da, die Welt untergegangen; auch bestimmtere Beziehungen zur eigenen Person des Kranken finden sich, namentlich die Behauptung, dass er nichts mehr zu essen bekomme, aber eine weitere Verarbeitung solcher Gedankenreihen fehlt. Die Gefahr des Selbstmordes ist nicht zu übersehen!

Häufig sind schwachsinnige Grössenideen: Schwelgen im Reichthum von Gold, das in den mit Koth gefüllten und beschmierten Händen gesucht wird.

Dies traurige Bild ist zuweilen gemildert durch längeres Erhaltenbleiben einzelner liebenswürdiger Züge und Eigenschaften aus dem früheren Leben. Ueberhaupt kann das Kindliche, nicht immer Kindische und Alberne, überwiegen: um so bemitleidenswerther erscheinen diese Ruinen geistigen Verfalls; der Anblick der unglücklichen Menschen, die am Ende eines wirkungsreichen Lebens so verblöden, ist einer der traurigsten. Wenn die Unarten des kindischen Gebahrens, wenn Unreinlichkeit und Gewaltsamkeit überwiegen, kann die Unterbrechung des Krankheitsverlaufes durch Schlaganfälle und folgende Lähmungen zu einer wahren Erlösung für die Umgebung dienen. Jetzt tritt auch der körperliche Verfall mehr in den Vordergrund. Eine förmliche Schlafsucht kann den früheren Schlafmangel ablösen. Nach dem Erwachen beginnt wohl wieder eine leise Erregung, aber endlich fehlen die Wortbilder als Ausdruck irgend welcher Vorstellungen, selbst das vorgesprochene Wort kann nicht mehr wiederholt werden, trotzdem uns der Versuch dazu belehrt, dass eine flüchtige Aufmerksamkeit nicht fehlte. Allmählich prägt sich der Blödsinn immer mehr in Mienen und Haltung aus; es ist auch hier oft noch apathischer Blödsinn das Ende, wenn nicht irgend eine körperliche Erkrankung vorher den Tod herbeiführt; Lungenentzündungen und Darmkatarrhe sind hierzu die häufigste Ursache. Oft ist aber auch nur einfacher Verfall aller Kräfte vorhanden. Da eine ausgebreitete Verkalkung der Arterien den Altersblödsinn begleitet, ist die schon leicht fühlbare Starrheit der Wandungen auch im Pulsbilde als Pulsus tardus kenntlich. Im körperlichen Verhalten ist von Bedeutung noch das häufige Vorkommen von Ungleichheit und Wechsel in der Weite der Pupillen. Auch andere motorische Störungen leichterer Art, Ungleichheit beider Gesichtshälften, Zittern der Glieder und besonders der Sprachmuskeln, sind nicht selten.

Selten kommt die Krankheit vor dem 60. Lebensjahre zum Ausbruch: wenn in einzelnen Fällen das Bild der Dementia senilis schon in dem Alter zwischen 50 und 60 Jahren auftritt, so pflegt der ganze Körper schon ein vorzeitiges Greisenthum zu zeigen. Der Verlauf ist im Allgemeinen ein langsamer und erstreckt sich über mehrere Jahre; ein kürzerer Verlauf, namentlich ein solcher in wenigen Wochen, ist weit seltener. Die Prognose muss demnach als eine durchaus ungünstige bezeichnet werden.

Daher hat auch die Behandlung der Krankheit nur einen engen Spielraum. Möglichst gute Ernährung, zuweilen Anregung des Blutkreislaufes, Sorge für Reinlichkeit und sonstige körperliche Pflege sind die Hauptsache. Die Nothwendigkeit beständiger und sorgfältiger Ueberwachung macht in sehr vielen Fällen die Anstaltsbehandlung nöthig; nur unter besonders günstigen häuslichen Verhältnissen ist eine genügende Beaufsichtigung durchführbar, auch bei fortschreitendem Blödsinn ist die Pflege dort wegen der grossen Unreinlichkeit sehr schwierig. Die nächtliche Unruhe wird durch leichtes Bier und Wein, und durch Schlafmittel bekämpft; Chloralhydrat ist zu meiden, weil seine Anwendung bei dem brüchigen Zustand der Gefässe und den meist bestehenden Altersveränderungen oder der Fettentartung des Herzens nicht ohne Bedenken ist.

B. Dementia paralytica. (Paralytische Seelenstörung.)

Eine geistige Störung, die durch eine zum Blödsinn rasch fortschreitende geistige Schwäche gekennzeichnet ist und die sich regelmässig mit zunehmenden bestimmten Bewegungsstörungen und mit Blutgefässlähmungen verbindet, nennt man paralytische Seelenstörung. Abgesehen von ziemlich gleichen einleitenden Erscheinungen bietet dieses Krankheitsbild zahlreiche Abweichungen, je nachdem überhaupt stärkere Affecte mit Wahnvorstellungen vorkommen oder fehlen, und nach der Art dieser Affecte und Wahnvorstellungen, die entweder gehobenen oder gedrückten Inhalt haben. Häufig ist das deutliche Auftreten einer expansiven Stimmung in einem gewissen Abschnitt des Krankheitsverlaufes, seltener ist eine depressive Stimmung, das affectlose einfach blödsinnige Verhalten dagegen am häufigsten.

Eine bestimmte anatomische Veränderung des Gehirns gibt der paralytischen Seelenstörung ihre besondere Stellung; ausserdem ist sie vorzugsweise eine Erkrankung des vollkräftigen Mannes-, überhaupt des rüstigen Lebensalters. Sie verläuft so gut wie immer ungünstig und zum Tode.

Die paralytische Seelenstörung bricht niemals plötzlich aus, in der Regel entwickelt sie sich sogar sehr schleichend, nachdem zuweilen Jahrelang einzelne krankhafte Zeichen sich gezeigt und auch zeitweise wieder verschwunden waren; so wurden leichte Sprachstörungen schon neun Jahre vorm Ausbruch der Krankheit, oft nur für wenige Minuten andauernd, festgestellt. Zuerst sind die Störungen ganz allgemeiner Natur. Allgemeine Unlust, Verdriesslichkeit, Abgeschlagenheit, sowie

Kopfschmerz gehören dahin. Der Kopfschmerz ist oft ein ringförmiger oder ein solches Druckgefühl, zuweilen findet sich auch eine besondere Empfindlichkeit der Schädelnähte. Entsprechend diesen Vorboten ist die Stimmung eine schlechte, gereizte, oft auch fast melancholische. Sie steht meistens ganz im Widerspruch mit den bestehenden Verhältnissen und der früheren Stimmungslage in gesunden Tagen. Diese Veränderung ist eine fortschreitende Aenderung des Charakters, die schon früh von einzelnen Zeichen geistiger Schwäche begleitet wird. Diese letztere tritt am Deutlichsten hervor in grosser Vergesslichkeit und leichter Ermüdbarkeit nach geistiger Arbeit: oft erscheinen die Kranken völlig rathlos. Nur mit Mühe erledigen sie die vorgeschriebene Arbeit und klagen dabei über immer zunehmende Erschöpfung; es kommen Tage vor, an denen sie sich überhaupt zu keiner Thätigkeit sammeln können. Die Gedächtnissschwäche betrifft besonders die Vorkommnisse der Gegenwart und jüngsten Vergangenheit. Die Fähigkeit neue Eindrücke festzuhalten, ist verloren: ein Besuch, eine Mahlzeit, ein Geschäft werden sofort wieder vergessen: dieselbe Geschichte wird an einem Abend mehrere Male erzählt. Im Vergleich mit dem noch Geleisteten erscheint der Umgebung dann die Ermüdbarkeit unerklärlich, sie wirft dem Erschöpften seinen Mangel an Energie vor: namentlich alle geistige Arbeit, die mit selbständigen Entscheidungen und mit Nachdenken verbunden ist, wird immer mehr unmöglich, während in mechanischer, vorgeschriebener Reihenfolge sich abwickelnde Thätigkeit längere Zeit noch durchgeführt wird. Doch sind dann Nachlässigkeiten, Auslassungen schon früh bemerkbar. Grosse Müdigkeit, selbst Schlafsucht kommt vor. Das Bewusstsein ist in gewisser Weise getrübt und befindet sich in einer Art Umdämmerung. Doch entsprechend der Wandelbarkeit aller vom Gefässsystem ausgehenden Erscheinungen, ist auch jetzt eine bedeutende Besserung durchaus das Gewöhnliche. Vorboten der typischen fortschreitenden Dementia paralytica sind sehr oft leichte Störungen im Gebiete einzelner motorischer Nerven. Eine gelegentliche Ungelenkigkeit der Zunge, vorübergehende Zuckungen im Gesicht oder halbseitige Parese des Facialis, starkes Zittern der Glieder werden jetzt schon beobachtet, so dass alle Zeichen der ausgesprochenen Krankheit angedeutet sein können: die beginnende geistige Schwäche, Gefässschwankungen und motorische Störungen. Von den Veränderungen seines Geisteszustandes merkt der Kranke wenig oder gar nichts, während ein Neurastheniker gerade diese Veränderung zum Mittelpunkt seiner geistigen Interessen zu machen pflegt.

Die Abstumpfung des Gemüths fällt jetzt auf; das Interesse für Alles, was sonst dem Herzen Werth und Wichtigkeit hatte, geht verloren. Die Gleichgültigkeit gegen traurige und freudige Ereignisse im engeren Familienkreise, sowie bei Freunden und Bekannten wird um so auffälliger, wenn der Kranke früher ein zartfühlender Mensch war. Unmerklich, namentlich ihm selbst, vollzieht sich diese Wandelung des Charakters. Ebenso zeigen sich bald entsprechende Ausfallserscheinungen auf ästhetischem Gebiet; ein früher feinfühliger, geistigen Genuss ausschliesslich bevorzugender Mensch verliert völlig das Interesse an Kunst und Wissenschaft und andern höhern geistigen Interessen, bevorzugt dagegen in auffallendster Weise grob sinnliche Genüsse. Die Unfähigkeit zu gespannter Aufmerksamkeit wird grösser; unfähig sich in Zeit und Ort zurecht zu finden, kommt der Kranke zu früh oder zu spät, macht die Nacht zum Tag, verirrt sich in bekannten Strassen. Ist die Besonnenheit noch besser erhalten, so ist der Mangel an Kritik bei Erzählungen und in der Unterhaltung um so auffälliger; auch jetzt kommt es schon vor, dass phantastische Ausschmückungen ergänzen und erklären müssen, wenn der Richtigkeit des Erzählten Widerspruch entgegengesetzt wird, oder es kommt zu heftigen Behauptungen und gewaltsamen Reden als Ausdruck der reizbaren Stimmung des auf Uebertreibungen ertappten Kranken.

Nun tritt auch immer mehr in den Handlungen das Verkehrte hervor. Grobe Verstösse gegen gute Sitte, Gesetz und Sittlichkeit häufen sich. Ganz gegen ihre Gewohnheit beginnen die Kranken viel zu trinken, gehen in Unterhaltungsorte der schlechtesten Art, suchen trotz Gattin und Kinder in schamlosester Weise öffentliche Häuser auf, sprechen auf der Strasse in gemeinster Weise anständige Frauen an; zweideutige Witze, Nachlässigkeit in der Kleidung zeigen das Fehlen jeder Rücksicht auf Andere. In Gesellschaft, auf der Strasse, vor offenem Fenster entblössen sie ihre Geschlechtstheile, ohne das Unschickliche zu bemerken oder gar zu beabsichtigen. Dabei wird Geld in unsinniger Weise ausgegeben, Bekannte und Unbekannte werden in Wirthshäusern in verschwenderischer Weise bewirthet. Auch sonst werden Bestellungen ins Ungemessene gemacht und die unglaublichsten und unnützesten Dinge angeschafft. Ist das Geld ausgegangen, werden Schulden gemacht, deren Zahlung vollständig vergessen wird. Alle diese Vorgänge verlaufen unter einem nicht zu schildernden Gleichmuthe der Kranken, die durch keinen Vorhalt und keine Schwierigkeit in Verlegenheit zu bringen sind. Sehr geringe Mengen alkoholischer Getränke genügen jetzt, um sie in Aufregung zu versetzen.

Ein leichtes Hemmnis, ein Anstossen der Zunge, das bei grösserer Erregtheit immer deutlicher zunimmt, geringe Mitbewegungen der Gesichtsmuskeln beim Sprechen und leichtes Zittern der Hände

16*

244

kommen jetzt fast regelmässig vor. Einzelne Male geschieht dies im Anschluss an Schwindel oder Krampfanfälle; gerade dann erholen sich die Kranken sehr oft wieder etwas. Schwankungen des Verlaufs bleiben auch weiter noch etwas Gewöhnliches, aber sie gehören ganz vorzugsweise in die Zeit der Vorläufer. Am Schluss dieser Zeit ist auch die Stimmung wieder eine ausserordentlich schwankende und fällt unvermittelt von heiterer und rosiger Sorglosigkeit ins trübselig Weinerliche und rücksichtslos Zornmüthige.

Gleichzeitig ist es erstaunlich, wie falsch das Thun und Treiben des Kranken vielfach noch von der Umgebung aufgefasst wird, wie lange der Kranke oft noch zum eigenen und Anderer Schaden in seiner Stellung bleibt. Namentlich Berufsarten, in denen eine geregelte Thätigkeit vorkommt, lassen die Krankheit länger verborgen. Auch die Sprachstörungen entgehen der Umgebung oft oder werden als Nachlässigkeit angesehen. Erst wenn deutliche Wahnvorstellungen und alle jene Erscheinungen sich in stärkerer Weise zeigen, wird die Umgebung beunruhigt, oder wenn eine einzelne verkehrte Handlung den Kranken in Berührung mit dem Strafgesetz brachte, gehen den Angehörigen die Augen auf.

Zu Lehrzwecken fahre ich fort die expansive Form der Paralyse zuerst zu schildern, obwohl die demente Form häufiger vorkommt.

Der Uebergang von den geschilderten Vorboten zu der ausgebildeten Krankheit ist kein plötzlicher, man begegnet anfänglich nur einzelnen Andeutungen von Grössenwahnvorstellungen neben jenen. Der unruhige Kranke wird unternehmungslustig und verbesserungssüchtig. Nun telegraphirt er hier und dahin, sendet unaufhörlich Postkarten und Briefe ab; das zwecklose Ankaufen von Gegenständen bewegt sich in lächerlichen Uebertreibungen; er verprasst in kürzester Zeit die grössten Summen in Wirthshäusern und Gesellschaft. So lange man den Kranken nicht beschränkt, entäussert sich der expansive Vorstellungsgang in solchen Handlungen; die geistige Schwäche zeigt sich aber dann besonders, sobald er in einer Anstalt an der Ausführung verhindert wird. Er wird dadurch wenig in seiner erhobenen Stimmung gestört und anstatt, wie man erwarten könnte, auch hier gewaltsam die früheren Wünsche zu erstreben, begnügt er sich jetzt in dem gesteigerten Fluge seiner Vorstellungen zu schwelgen. Eine merkwürdige Gleichheit des Inhalts besteht dabei: Erziehung, sociale Stellung, Rasse, Nationalität führen natürlich zu kleinen Unterschieden, aber auch Männer und Frauen weichen etwas von einander ab. Die Männer sprechen von Grösse, Reichthum, Macht und Ruhm, die Frauen häufiger von Schmuck und Glück in der Liebe, von Kindersegen. Die Kranken sind grosse Würdenträger: Oberste,

Feldherren, Generalfeldmarschälle, Fürsten, Könige und Kaiser. Sie sind
berufen, die Nation zu leiten, die Welt, das Universum. Dank ihren
Wohlthaten wird die ganze Welt im Glücke schwimmen. Sie besitzen
Schlösser und Paläste, deren Mauern von Gold sind, deren Einrichtungen
aus werthvollen Metallen bestehen. Sie gewinnen und besitzen enorme
Summen, fangen mit Hunderttausenden an und gelangen bald zu Millionen,
Milliarden und unendlichen Vielfachen dieser Zahlen. Nichts begrenzt
ihre Macht und ihren Reichthum, aber auch ihre Freigebigkeit ist
unbeschränkt und sie vertheilen in liberalster Weise Titel, Orden, Aemter
und Schätze an ihre Verwandten, Freunde, Diener und wer sonst gerade
in ihren Wurf gelangt. Eine deutliche Vorstellung der Ungeheuerlichkeit
seiner Behauptungen fehlt dem Kranken oft, viel davon ist auch nur
Prahlerei; dies zeigt sich besonders in der Leichtigkeit, mit der solche
Reden durch Zweifel und Widerspruch sich steigern lassen. Der Kranke
gefällt sich im Renommiren; hat er im Augenblick vielleicht nur den
Wunsch geäussert, Minister oder König zu werden, gleich darauf ist er
es; verschenkte er eben Tausende und wünscht man mehr von ihm, so
gibt er gern auch gleich Millionen mit freundlichem Lächeln. Freilich
vergisst er dies rasch und meint bald wieder, ein Geschenk von einigen
Thalern sei auch schon gross; es kann überraschen, wenn ein solcher
Prahler für sich selbst um einen Groschen bittet oder glücklich ist über
das Geschenk einer Cigarre. Dann erzählt er wohl wieder, er sei Kaiser,
Gott; ihm gehöre die Erde, der Mond und die Sterne dazu. Er versteht
alle Sprachen der Erde und noch einige mehr; aufgefordert, eine davon
mitzutheilen oder in einer ihm wirklich fremden Sprache angeredet, scheut
er sich nicht zu erklären, diese gerade vergessen zu haben, macht irgend
eine leere Ausflucht oder sagt einfach, er wolle jetzt nicht darin sprechen.

Eine Begründung seiner Behauptungen liegt ihm fern, eine
Verarbeitung der Wahnvorstellungen zu einem System versucht er gar nicht, daher ist auf der Höhe dieser Erregung nur eine
lockere Aneinanderreihung von Grössenideen vorhanden; meistens fehlt
jede phantasievolle Ausmalung oder ein poetischer Schwung der Gedanken.
bei häufigerer Unterhaltung tritt doch schon fast immer eine grosse Arm-
seligkeit des Gedankeninhalts zu Tage. In der Regel beweist
das Einerlei der häufig wiederkehrenden blöden Ungeheuerlichkeiten den
Hauch geistiger Schwäche, der alle Vorstellungen durchweht. Die schein-
bere Productivität ist vielfach nur von Aussen hineingetragen durch den
Frager und seine Auffassung. Die Grösse des eingebildeten Besitzes oder
der Stellung übersteigt daher oft den Wortreichthum des Kranken; er
macht dann zur Bezeichnung wahre Wortungeheuer zurecht, oder nennt
sich Oberkaiser, Obergott und dgl. Die Grenzen von Zeit und Raum

schwinden, Naturgesetze und Wahrscheinlichkeit werden ohne Scheu über-schritten: gerade die ungeheuerlichen Reichthümer werden meistens in gedankenlosester Weise übertrieben. Berge und Tonnen voll Gold, Kisten voll Diamanten und Kostbarkeiten gehören ihm in Anzahl von Millionen. Eine Million Schiffe, gefüllt mit Edelsteinen von der hundert-fachen natürlichen Grösse, stehen ihm zu Gebote. Jedes Maß und jedes Urtheil darüber fällt bei ihm weg, kritiklos und gedankenlos spricht er märchenhafte Dinge aus. Dabei sind Widersprüche mit früheren eigenen Behauptungen nicht ungewöhnlich; oder bei aller innern Arm-seligkeit des wahren Gedankeninhalts wechseln wohl auch hier Vorstel-lungen der Grösse und des Reichthums in gewisser Weise, aber grosse Schaffenskraft ist nicht zu erkennen, höchstens eine phantastische Ueber-treibung; es fehlt an einer ins Einzelne gehenden Ausgestaltung der Ideen, die nur ein läppisches Gewand tragen. Sucht er auch eine würdevolle Haltung, einen majestätischen Schritt anzunehmen, mit Bedeutung zu sprechen, so steht damit doch sein Aeusseres oft genug in kläglichem Widerspruch, denn er vernachlässigt es, oder er liebt es, sich mit Flittern und Federn zu schmücken, wenn nicht schon Unsauberkeit und Schmutz den fortschreitenden Blödsinn beweisen.

Die Unmittelbarkeit des Zufliessens der Grössenideen, nur in Folge der krankhaften Vorgänge im eigenen Gehirn, zeigt sich jetzt zuweilen, wenn vorübergehend eine traurige Stimmung eingeschoben ist. Doch bleibt das besondere Kennzeichen der Uebertreibung; er hat jetzt Milliarden durchgebracht, muss tausend Jahre ins Zuchthaus. Häufig verbinden sich solche Stimmungen mit leichten Schwindelanfällen.

Eine andere Gruppe von Grössenvorstellungen bewegt sich noch enger um die eigene Person des Kranken und schliesst sich an seine eigenen körperlichen Gefühle. Alles ist ihm rosig und golden, er fühlt sich so urgesund, ist jung und schön, besitzt eine ausge-zeichnete Stimme, eine Leibeskraft, die ihn befähigt, Tausende von Centnern, Schaaren der stärksten Männer spielend zu bewältigen. Er hat eine eiserne Brust, geht in einer Minute tausend Meilen weit, kann fliegen, über mehr-stöckige Häuser und Kirchthürme springen. Er bewundert seine kräftigen Muskeln, steht stolz vorm Spiegel. Während man seine Pupillen unter-sucht, behauptet er schlankweg, sie seien drei Meter weit. Er prahlt mit seinem Appetit und seiner Verdauungskraft, isst Walfisch-Coteletten und gefüllte Elephanten, kann tausend Flaschen Champagner austrinken. Seine Excremente sind Gold, das Feinste an Wohlgeschmack und Heilsamkeit, sein Urin ist Rheinwein. Grossartig sind seine Leistungen auf sexuellem Gebiet: darin ist er überhaupt nicht zu befriedigen und bedarf stetig un-gezählter Mengen von Frauen. Weibliche Kranke haben die schönsten

Kinder geboren, lauter Zwillinge und mehr zur Zeit, ja bataillonsweise kommen sie alle Tage zum Vorschein. Sie haben drei oder mehr Bräutigame; doch bewegt sich der Ausdruck solcher Grössenideen bei Frauen wenigstens nach Zahlen im Allgemeinen in etwas bescheideneren Grenzen; auch ihr Besitz beschränkt sich einfach auf viele schöne seidene Kleider; sie haben wohl eine goldene Kutsche, die mit veilchenblauer Seide ausgeschlagen ist, aber doch nur von einem Schimmel gezogen wird.

Das gehobene Selbstgefühl zeigt sich andererseits in den maßlosen Uebertreibungen der eigenen geistigen Leistungsfähigkeit. Der Kranke ist Dichter und Musiker ersten Ranges, er ist es, der eigentlich der Homer und Shakespeare gewesen: er schreibt alle Gesetzbücher der Welt; was er wünscht, kann er leisten, was er denkt, ist gut und gross. Und mit seinen Gedanken im Wachen mischt er noch die Phantasien seiner Träume; so schwelgt er in fabelhaften Gegenden, geniesst die Freuden des Paradieses auf Erden. Reich an Körper und Geist, Besitz und Macht, ist er glücklich wie sonst Keiner.

Wenn man im Auge behält, dass die Wiederholung derselben Grössenideen innerhalb gewisser Grenzen das Gewöhnliche ist, also eine grosse Eintönigkeit vorliegt, so kann man andererseits doch auch innerhalb dieser engeren Begrenzung eine grosse Wandelbarkeit der Vorstellungen erkennen, die von Secunde zu Secunde wechseln, jede Minute andre sind, freilich nur um bald wieder in den trostlosen Anfang des Kreises zurückzukehren. Wenn sie nun auch im Laufe mehrerer Monate, oft sogar während der ganzen Dauer der Krankheit sich gleichen, so gibt es Fälle genug, in denen ein Kranker, der sich Anfangs für einen reichen Herrscher hielt, sich später als einen grossen Künstler bezeichnete. Eigentliche feste Wahnvorstellungen sind nicht vorhanden, wohl aber einzelne vorherrschende, um die sich dann flüchtigere, zufällige drängen, aufspriessen und verschwinden. Sie bieten sich ihm leicht, in der Unterhaltung an Worte oder Fragen sich anknüpfend: es sind bewegliche Bilder, die sein Bewusstsein durchwandeln, ohne Eindruck zu hinterlassen. Sie geben dem paralytischen Grössenwahn Anfangs noch eine Art Schmuck, was aber noch einmal gesagt sei, sie täuschen den Beobachter, der in ihrem zahlreichen Auftreten poetischen Schwung und geistreiche Gedanken vermuthet, wo doch nur eine lahme Phantasie und oft genug auch Phrase und Lüge dahintersteckt. Aber nur eine wiederholte und längere Beobachtung kann solche Täuschungen verhindern. Schon die Genugthuung, die der Kranke zeigt, wenn der Zuhörer seinen Erzählungen staunend zuhört, zeigt die Urtheilslosigkeit: die in ursprünglichster Art aus seinem Gehirnleben auftauchenden Gedankenreihen setzen ihn selbst aber nicht in Verwunderung, er hält das Alles leicht für die volle

Wahrheit. Es bedarf dazu keiner Bestätigung: auch sind die Wahnvorstellungen des Paralytikers meistens selbständig, nicht unterstützt durch Sinnestäuschungen oder zu ihrer Erklärung herbeigezogen.

Obwohl Sinnestäuschungen in der paralytischen Seelenstörung völlig fehlen können, so kommen sie doch zuweilen in den verschiedensten Abschnitten und Verlaufsarten der Krankheit vor. In der expansiven Form, und zwar besonders in dieser Zeit der grossen Aufregung, kommen vorzugsweise Gesichtstäuschungen vor, Engel, glänzende Erscheinungen: Gehörstäuschungen sind hier selten.

Die zunehmende Gedächtnisschwäche macht die Schätzung jedes Zeitmaßes unmöglich: es ist dem Kranken ganz unklar, ob seit seinem Eintritt in die Anstalt Wochen oder Tage verflossen sind; er weiss weder Wochentag noch Datum, ja oft nicht einmal die Jahreszahl, oder er lässt sich doch in seinen Angaben ausserordentlich leicht irre machen. Er vergisst Eigennamen, gibt seinen Geburtstag falsch an, verwechselt die Namen seiner Kinder.

Gleichzeitig, sehr oft früher, auch später als die geschilderten psychischen Erscheinungen, treten zahlreiche **körperliche Störungen** auf, von denen die wichtigsten die motorischen sind.

Am Frühesten pflegen **Sprache** und **Stimme** zu leiden. Die Störungen der Sprache in der paralytischen Seelenstörung sind so wichtig und bezeichnend, dass wir sie zuerst eingehend berücksichtigen müssen. Das Aussprechen der Worte ist gestört durch Zittern und unregelmässige, krampfhafte Zusammenziehung der Muskeln des Gesichts, der Lippen, der Zunge und des Kehlkopfes. Meistens beginnt das Zittern und Beben in der Nähe der Nasen-Lippenfalte, in der Oberlippe und ums Kinn; um die zuerst nur fibrillären kleineren Zuckungen zu erkennen, bedarf es genauer Aufmerksamkeit, wenn der Kranke sich ruhig verhält, während sie viel leichter zu erkennen sind, sobald er von irgend einer gemüthlichen Erregung ergriffen ist oder sich zum Sprechen anschickt. Hat er erst einige Worte gesprochen, so pflegt diese Erscheinung oft wieder für einige Minuten zu verschwinden, wie sie denn Anfangs überhaupt etwas Flüchtiges hat und nur von Zeit zu Zeit wie Wetterleuchten auftritt. Es ist aber sehr wichtig dies krampfhafte Spiel um die Mundwinkel frühzeitig zu beachten, da es in Verbindung mit sonstigen Zeichen, die den Verdacht auf paralytische Seelenstörung erregen müssen, zur Feststellung der Diagnose schon sehr früh dienen kann; denn bei anderen Psychosen ist es selten, zuweilen bei Melancholieen, häufiger bei Neurasthenie, auch kann es ein Vorbote von Bulbärparalyse sein.

Schon auffälliger und auch frühzeitig kann man beträchtliche Unterschiede in der Innervation beider Facialnerven überhaupt finden. Die Gesichtshälften werden dadurch ungleich, eine mangelhafte Ausprägung gerade der Furchen ist ersichtlich, in deren Nähe Zuckungen der Muskeln, das Beben der Fasern stattfindet. Die Stirnfurchen sind auf einer Seite weniger ausgeprägt oder es ziehen sich die Muskeln einer Stirnhälfte nicht so ausgiebig und rasch zusammen wie die der andern. Eine Nasenlippenfalte ist seichter oder ganz verstrichen, der Mundwinkel hängt, es zeigt diese Gesichtsseite weniger mimisches Leben, weniger Ausdruck und ist maskenähnlich schlaff, die Zusammenziehung ist eine schleichende; doch ist von einer eigentlichen Lähmung dabei noch nicht die Rede.

Die Bewegungen entsprechen in der Gruppirung der Muskeln nicht genau dem Bewegungszwecke, sie sind unsicher und ungeordnet. Desshalb lassen sich diese motorischen Störungen am Leichtesten da feststellen, wo feinere, verwickeltere Bewegungen ausgeführt werden sollen, wo es auf genaues Bemessen der Innervation und auf feine und bewusste Unterscheidung verschiedener Bewegungsformen ankommt. So ist, lange bevor von Lähmungen der Lippen, Zungen- oder Gaumenmuskulatur die Rede sein kann, eine Störung der Sprache bemerkbar — eine Störung, welche auch gar nicht so sehr in einem wirklichen motorischen Ausfall begründet ist, als vielmehr in dem Unvermögen, die zur Articulation nothwendige Raschheit und Genauigkeit in dem Zusammenspiel der verschiedenen Muskelgruppen aufzubringen. Was die Sprachstörung der Dementia paralytica kennzeichnet, ist eben das Unvermögen, die Buchstaben zu Silben, die Silben zu Worten zusammenzufügen — sie ist oft wesentlich eine articulatorische Störung, aber gleichzeitig immer auch eine coordinatorische: es werden die eine Silbe bildenden Buchstaben noch einzeln richtig ausgesprochen, aber unrichtig oder schwerfällig zusammengefügt, so dass die Buchstaben versetzt erscheinen. Ebenso verhält es sich mit dem Zusammenfügen der Silben zu ganzen Worten: einzelne Silben werden ausgelassen, andere wiederholt, noch andere an die unrichtige Stelle gesetzt, so dass man diese Art der Sprachstörung sehr zutreffend als Silbenstolpern bezeichnet. Im weitern Verlauf erst treten diese Störungen als wirkliche Ausfallserscheinungen hervor; während ihrer Entwicklung ist es dann immer noch eines der wichtigsten Kennzeichen, dass die Ermüdbarkeit der Muskeln bei wiederholter Ausführung der Bewegung die Störung deutlicher erkennen lässt. Die Zunge wird in kleinen Stössen vorgeschoben, da einerseits die nöthige Kraft fehlt, oder der Kranke über das anzuwendende Maß der Kraft und über das Ergebnis der Bewegung im Unklaren ist; daher bleibt sie auch bei der Aufforderung zum Ausstrecken an der Unterlippe gleichsam hängen: die Kranken machen dann oft die wunderbarsten Versuche sie vorzubringen, benutzen die Finger dazu, gleichzeitig treten andere Mitbewegungen ein, die nichts nützen, wie Stirnrunzeln und Aufreissen der Augen. Beim Sprechen leiden besonders die Endsilben der Worte, die gewissermaassen verschluckt werden. Das undeutliche Aussprechen der Silben kann krampfhaft erscheinen wie beim Stottern als Wiederholung, oder als verlangsamtes zauderndes Nachziehen einer Silbe, ähnlich wie beim Scandiren. Einzelne Lippen- und -Zischlaute leiden besonders, dabei wird der Mund möglichst wenig geöffnet; bei übermässiger Zusammenpressung der Lippen versagt die Sprache dann vorübergehend sogar gänzlich. Zuweilen hört man ein stossweises unrichtiges Betonen einzelner Silben oder Worte.

In der gegebenen Schilderung findet man mehrere Störungen der Sprache neben einander, die sonst auch wohl als Silbenstolpern, Stammeln, Scandiren, Meckern, Lallen, Kleben, Zaudern oder Häsitiren und Zittern getrennt beschrieben werden: es ist überhaupt schwer diese Unterschiede auseinanderzuhalten, bei der paralytischen Seelenstörung um so schwerer, weil hier anatomische Veränderungen in allen Gebieten vorkommen können, auf die jene Sprachstörungen bezogen werden müssen. Diese Gebiete sind Anfang und Ende der cortico-bulbären Sprachbahn; in der Hirnrinde, wahrscheinlich in der Nähe der motorischen Centren der Centralwindungen müssen wir den Ort für die Zusammenordnung der sprachlichen Ausdrücke suchen, im verlängerten Marke den Ort für die Lautbildung. Fraglich scheint es dann z. B., ob die als fette, schmierende Sprache beschriebene Störung auf die Rinde oder den Bulbus zu beziehen ist, da bei ihr sowohl ein schleifendes Hinübergleiten der mangelhaft articulirten Lautverbindungen zu einander stattfindet, als ein Durcheinanderschieben der Silben und Worte.

Einige gebräuchliche Wortzusammenstellungen, die besonders geeignet sind, die berührten Sprachstörungen zur Erscheinung zu bringen, mögen hier angeführt werden: dritte reitende Artilleriebrigade oder gar Gardeartilleriebrigade, Postkutschkasten sind für das Aussprechen Aufgaben, die auch einem Gesunden Schwierigkeiten machen können, jeden Kranken aber zum Stolpern bringen; ferner dreiunddreissigste Reiterschwadron; Flanelllappen, Frohnleichnamsprocession, Elektricität, Initiative können auch genügen. Aber auch ganz leicht aussprechbare Worte in einfacher Unterhaltung geben die Möglichkeit, die Sprachstörung zu erkennen. Verwickelt wird die Sache wieder mehr, wenn sich dazu noch phonetische Störungen gesellen.

Ein wichtiger Beweis für die aus Fehlern in der Zusammenordnung und Bildung der Silben und Laute erwachsende Sprachstörung der

Paralytiker ist bei ihrem Auftreten während des Lesens zu finden. Diese Lesestörung wird gleichzeitig zu einem wichtigen Erkennungszeichen der Dementia paralytica, weil gerade beim lauten Lesen die geschilderten Erscheinungen oft ganz besonders deutlich werden. Nahe verwandt sind auch die Störungen der Schrift (vergl. Seite 86). Es kommen auch vorübergehend Anfälle von echter Aphasie vor, bald mit aufgehobenem, bald nur mehr oder weniger getrübtem Bewusstsein. Endlich haben wir als letzte Ursache der Sprachstörung noch die fortschreitende Dementia zu nennen; je weiter die Verblödung fortschreitet, um so mehr beherrscht sie auch auf dem Gebiet der Sprache das ganze Krankheitsbild. Zum Unterschiede von Kranken mit einfacher Aphasie, die durch irgend welche anzügliche Aeusserungen sich sogar besonders leicht verletzt zeigen, fehlt dem blödsinnigen Paralytiker dafür jedes Verständnis; für die grundlegende Bedeutung der Sprache als Ausdruck aller geistigen Vorgänge ist es bezeichnend, dass auch bei den meisten Fällen herdförmiger Aphasie allmählich die Anfangs voll erhaltene Intelligenz leidet, um so mehr als um den Herd diffuse Veränderungen eintreten und die unendlich vielen Verbindungen zu andern Hirngebieten dadurch in Mitleidenschaft gezogen werden. Weil die echte Dementia paralytica progressiva nun ganz wesentlich eine diffuse Erkrankung der Hirnrinde ist, wird es klar, dass bei ihr die in der Rinde entstehenden sprachlichen Störungen von vornherein so eng verbunden mit dem fortschreitenden Blödsinn auftreten. Hirnsprache, wenn man nach dem Ursprungsort diesen Theil der Sprache so nennen darf, und geistige Leitungsfähigkeit gehen zusammen.

Zu erwähnen sind einige sprachinhaltliche Störungen, die der Paralyse angehören. Die Kranken gefallen sich in umschreibenden Ausdrücken, gebrauchen wunderliche, selbst geschaffene Wörter und Wendungen, fallen in Satzbau und Grammatik auf die Stufe der Kindheit zurück, unterbrechen die Satzfolge, weil ihnen der Gedankenfaden abreisst. Es kommen auch hier und da einige Wunderlichkeiten vor, die man wenigstens beim ersten Entgegentreten geneigt sein könnte auf Vorlegenheit zu schieben, als deren Ausdruck sie sonst bekannt sind; es ist dies z. B. das mit Gaxen bezeichnete Anhalten der Rede und die Unterbrechung des Satzes durch gedehnte Vocale oder Nasenlaute. Plötzliche Unterbrechung eines Satzes kann auf der Unfähigkeit, den begonnenen Gedankenkreis abzuschliessen oder auf Zerstreuung beruhen.

Wir wenden uns jetzt den Störungen im Bereich einiger anderer motorischer Hirnnerven zu; von grösster Wichtigkeit für das Erkennen der Krankheit sind dies die an den Augen bemerklichen, ganz vorzugsweise die der **Pupillen**. Diese Zeichen haben natürlich nur dann

einen Werth, wenn erwiesen ist, dass sie erst in der Krankheit entstanden
sind und eine andere Ursache innerhalb des Auges ausgeschlossen werden
kann. Daher haben Unterschiede in der Weite beider Pupillen
oft nicht eine so grosse Bedeutung, weil die Zeit der Entstehung und
andere Ursachen im Auge bei den Kranken vielfach nicht genau festgestellt werden können; überhaupt lege man nicht zu grossen Werth auf
Unterschiede in der Weite der Pupillen bei paralytischen Geisteskranken,
die auch bei andern geistigen Störungen und bei geistig Gesunden nicht
so selten vorkommen. Wichtiger und auch seltener bei andern Psychosen
ist das häufige Wechseln in der Weite beider, besonders bei psychischen Erregungen, sowie das Ueberspringen der überwiegenden
Weite von einer Seite auf die andere, die springende Mydriasis, als
Zeichen der schwankenden Innervation der Irismuskeln. Dauernd erweitern
sich die Pupillen erst gegen Ende der Paralyse. Auch Unregelmässig-
keiten der Form der einzelnen Pupille sind von Bedeutung, die Um-
randung ist oval oder nicht scharf fortlaufend umrissen. Wichtiger ist
eine auffällige und gleichmässige andauernde Enge beider Pupillen;
dies Zeichen ist so bedeutsam, dass es bei einer sonst schon nach-
gewiesenen geistigen Störung fast zu dem Schlusse zwingt, sie werde sich
zu einer Dementia paralytica fortentwickeln. Freilich dürfen nur die
höchsten Grade der Myosis darauf hinleiten, sie sind aber dann auch
meistens unverkennbar, da die Verengerung gewöhnlich bis zu der geringen Grösse eines Stecknadelkopfes gelangt. Die Sehschärfe pflegt
unter diesen Verhältnissen unverändert zu sein. Es verdient auch Beachtung, dass diese starke Myosis ohne Rückenmarkserkrankung
beobachtet wird, da sie bekanntlich eine wichtige Erscheinung der Tabes
ist. Es ist nun bei dieser Myosis eines der wichtigsten Zeichen für die
frühe Erkennung der Paralyse, dass die sogenannte Lichtstarre eines
der frühesten aller Symptome ist. Beschattung oder Belenchtung führt
keine Veränderung der Pupillenweite herbei, aber bei Accommodation in
nächste Nähe verengern sich die Pupillen, bei der in die Ferne erweitern
sie sich. Es ist also die reflectorische Pupillenstarre begleitet
von accommodativer Beweglichkeit. Sie kommt ebenso bei
weiten und mittelweiten Pupillen und auch einseitig vor, dann ist die
erhaltene Accommodationsfähigkeit natürlich viel leichter festzustellen.
Die Prüfung auf Lichtstarre ist nur einwandfrei, wenn die accommodative
Mitbewegung ausgeschlossen ist; man muss also verhindern, dass der
Untersuchte Lichtquelle, Hand oder Verdunklungsmittel wechselnd fixirt:
am besten ist eine Untersuchung im Dunkelzimmer, weil hier auch eine
dauernde Fixation der Pupille durch den Untersuchenden möglich ist,
während Beschattung und Belichtung des Auges wechseln. Ein sehr

frühes Zeichen ist auch das Fehlen der consensuellen Licht-reaction, d. h. das Ausbleiben der Verengerung einer Pupille bei Beleuchtung der andern. Aus dieser Reaction hat man auf mehrfachen Verlauf und theilweiso Kreuzung der Pupillenfasern geschlossen; ihr Centrum muss man jedenfalls im Gehirn selbst suchen, welches den Reflex zwischen Opticus und Oculomotorius nicht vermittelt oder hervorruft, weil es erkrankt ist.

Leichte Lähmungen einzelner Augenmuskelnerven, besonders des Abducens oder eines Astes des Oculomotorius gehen häufig jahrelang der ausgesprochenen Dementia paralytica voraus: das dabei entstehende Doppeltsehen verschwindet aber in der Regel nach mehrmonatlichem Bestehen. Ebenfalls vorübergehend wird zuweilen Nystagmus und Krampf, aber häufiger Ptosis eines oder beider Augenlider gefunden.

Anhaltendes heftiges Zähneknirschen, ein Krampf, der vom Trigeminus versorgten Kaumuskeln, der sich namentlich am Ende der paralytischen Seelenstörungen sehr häufig zeigt, ist auf die Erkrankung der Hirnrinde in ihren motorischen Theilen zu beziehen.

Störungen im Bereiche der Schlingbewegungen vermitteln der Hypoglossus für die Zunge, der Facialis und Trigeminus für das Gaumensegel, der Trigeminus für die Kaumuskeln, der Glosso-pharyngeus für Zunge und Rachen, endlich der Vagus für Speiseröhre und den Schluss des Kehlkopfes. Ausser der schlechten Vorbereitung der Speisen für die Verdauung bringt ihre Functionsstörung in der paralytischen Seelen-störung die grosse Gefahr des Verschluckens mit sich; dadurch ent-steht zu Ende der Krankheit oft die Gefahr der Erstickung. Wieder handelt es sich mehr um eine Ungeschicklichkeit bei den sonst geläufigen Bewegungen für den Schlingact, als um eine eigentliche Lähmung der Muskeln. Ob eine Unempfindlichkeit des Kehlkopfeinganges dazu kommt, ist wegen der Dementia dieser Kranken nicht gut festzustellen: im Allgemeinen aber ist die Sensibilität überhaupt seltener gestört, wenn nicht gleichzeitig Tabes im Spiel ist. Jedenfalls erfordert die Erstickungsgefahr beim Verschlucken die grösste Vorsicht; man sollte diese Blödsinnigen nur langsam füttern, da sie selbst gewöhnlich geneigt sind die Speisen gierig zu verschlingen.

Die Bewegungen der Arme und Hände sind schon früh-zeitig ungeschickt, wohlbemerkt ohne gleichzeitige Gefühlsstörung wie beim Tabetiker. Der Paralytiker ist daher bald nicht mehr im Stande Beschäftigungen zu üben, die eine besondere Handfertigkeit erfordern, wie z. B. Clavierspielen, Einfädeln von Nähnadeln, Zuknöpfen der Kleidung. Wichtig ist, dass diese Ungeschicklichkeit und eine damit verbundene Ermüdbarkeit zuweilen auf einer Seite stärker ist: im Allgemeinen pflegt die grobe Kraft dabei lange erhalten zu bleiben. Doch kommt eine gewisse Steifigkeit der Muskulatur als ein neues Hindernis für die Ausführung der geplanten Bewegungen fast regelmässig hinzu; auch Zittern in diesen Augenblicken muss als Innervationsstörung angeführt werden. Die unrichtige Schätzung der Widerstände und des Maßes der aufzuwendenden Muskelkraft sind die Ursache ungeordneter stossweiser Bewegungen.

Am deutlichsten zeigt sich dies in der Schrift (vgl. S. 88). Dass der Inhalt des Geschriebenen genau wie die Sprache den Geisteszustand offenbart, ist ohne Weiteres klar. Ebenfalls werden beim Schreiben Buchstaben und Silben ausgelassen und versetzt oder wiederholt. Aber die Form der Schriftzüge ist ein schlagender Beweis für das ungenügende und unrichtige Zusammenwirken der betheiligten Muskelgruppen: sie sind unsicher, zitternd, die Striche fahren über die Grenzen hinaus, verlaufen in Bogenlinien. Ausserdem erhalten die Schriftstücke durch Ungeschicklichkeit des Schreibenden ein wunderliches Aussehen: Klexe gehören wohl regelmässig dazu, das Papier sieht sehr unsauber aus. Es kommen Fälle von Dementia paralytica ohne Schriftstörung vor, auch besteht keine gesetzmässige Gleichheit in der Ausprägung von Schrift- und Sprachstörung; eine kann der andern vorausgehen.

Die Unbeholfenheit des **Ganges** lässt sich entsprechend den vielen verschiedenen Gangweisen bei Paralyse verschieden bezeichnen. Ist der Gang Anfangs noch ziemlich rasch, so fällt doch eine gewisse Schwäche der einzelnen Bewegungen auf, die Schritte sind klein, die Beine werden in Knie und Hüfte nicht gehörig gehoben, daher strauchelu sie bei Unebenheiten des Bodens oder an einer Treppe. Wesentlicher für den eigenthümlichen Gang wird aber der Mangel der richtigen Zusammenordnung der Muskeln, die Ataxie. Unsichere und ungeregelte, breitspurige Bewegungen bringen einen schwankenden, watschelnden, schlenkernden und schlürfenden Gang hervor: ein Fuss wird nachgeschleppt, das Knie sinkt ein, der Kranke muss sich an der Mauer halten, sonst stolpert er jeden Augenblick und fällt manchmal zu Boden. Im Bette liegend kann er die Beine lange Zeit noch ziemlich frei bewegen, aber es geschieht doch langsamer und starrer, dabei zitternd und stossweise, bis zuletzt eine gewisse Steifigkeit und Spannung der Muskulatur das einzige Zeichen ist, dass ein Innervationsstrom noch stattfindet, so ungeschickt und ungenügend der Erfolg sein mag. Dabei kann man sehr häufig beobachten, dass jeder Versuch den Beinen, und dasselbe gilt dann auch für die Arme, eine neue Lage im Bett zu geben, steigendem Widerstand begegnet: man muss dann zu unterscheiden versuchen, ob

dieser Widerstand auch psychisch bedingt ist durch Vorstellungen der
Furcht und Angst. Da diese Spannung einer vorübergehenden Lösung
fähig ist, hat man sie zu unterscheiden von Spasmen in Folge
Erkrankung der Seitenstränge des Rückenmarks, welche sich sehr oft
mit derjenigen der Hinterstränge verbindet; sie kommen, wenn auch
nicht so oft, beide aber auch für sich vor. Am schwersten scheint der
Verlauf zu sein, wenn ausschliesslich die Seitenstränge betheiligt sind. Die
Mischung von Schwäche, Ataxie und Spasmus macht den eigentlichen
paralytischen Gang aus. Da in einigen sehr rasch verlaufenden
Fällen wohl klinisch deutliche Gehstörungen zu finden sind, aber nach
der Obduction keine Veränderungen im Rückenmark, so wird der Wechsel
der Erscheinungen theilweise durch Kreislaufschwankungen in der Hirnrinde zu erklären sein oder durch andere cerebrale Reize, die wahrscheinlich — vielleicht auf trophischen Bahnen — zur späteren Erkrankung des Rückenmarks führen. In andern Fällen hat man zuerst Tabes
und dann Paralyse beobachtet und diese Verbindung dann aufsteigende
Paralyse genannt im Gegensatz zu der gewöhnlichen absteigenden:
sie kommt ja vor, aber oft ist es auch nur eine Tabes complicirt mit
Paranoia oder einer anderen Psychose.

Die Haltung des Rumpfes ist zuweilen eine schiefe, der
Körper hängt nach einer Seite, nach vorn oder hinten; dies fällt besonders
zuweilen auf nach den sogenannten paralytischen Anfällen.

Die paralytischen Anfälle sind häufig, dabei nach Stärke und
Dauer aber sehr verschieden: auch muss man noch unterscheiden zwischen
schlagartigen und epileptiformen. Schon unter den Vorboten
der Paralyse zeigen sie sich, die schlagartigen zuweilen schon Jahre lang
vorher; man wird nicht fehlgehen, wenn man von der Umgebung be-
richtete Ohnmachten der Kranken so auffasst. Später werden sie
deutlicher als Schlaganfälle: die Kranken sinken um, stürzen hin,
die sich anschliessende Bewusstlosigkeit dauert länger. Selten führen sie
unmittelbar den Tod herbei, häufig genug aber durch ihre Folgezustände.
Von echten Schlaganfällen nach Blutaustritten im Gehirn unterscheiden
sie sich dadurch, dass schwerere Lähmungen dauernd fehlen. Oft bleibt
eine halbseitige Erschwerung der Beweglichkeit bestimmter Muskelgruppen
zurück, unter denen sich auch sehr häufig die Sprachmuskulatur befindet.
Dieser rasche Verlauf und das Fehlen von Blutaustritten in den Leichen,
lassen nur die Annahme zu, dass plötzliche, auf bestimmte Bezirke des
Gehirns beschränkte Schwankungen der Blutgefässwandungen diese Vorgänge
vermitteln, vielleicht mit daran sich anschliessendem Oedem der Stellen.

Die epileptiformen paralytischen Anfälle müssen wie die
sogenannte Rindenepilepsie überhaupt als Folgen unmittelbarer Reiz-

zustände in der Hirnrinde angesehen werden; sie dienen dadurch als wichtige Unterstützung der Auffassung, die für die meisten motorischen Störungen in der Dementia paralytica neben spinalen und bulbären Veränderungen den diffusen Erkrankungsvorgang in der Hirnrinde verantwortlich macht; dieser beruht zuweilen möglicher Weise auf infantilen Erkrankungen, wenn nicht andere Ursachen vorliegen (vgl. S. 27). Grössere Unbesinnlichkeit und Schwerfälligkeit in den Bewegungen pflegen diesen Anfällen vorauszugehen, zuweilen grössere psychische Reizbarkeit und Schwindelgefühle. Plötzlich sinkt der Kranke aber zu Boden und nun treten Krämpfe auf, die entweder sofort allgemeine oder doch halbseitige sind, oder im einzelnen Fall mit einer gewissen Gesetzmässigkeit der Reihe nach Kopf, Glieder und Rumpf ergreifen. Leise Zuckungen im Gesicht, Verdrehungen der Augen leiten ein, werden stärker, gehen auf den Hals, Hand, Arm und Bein über, schliesslich auch auf Brust und Bauchmuskeln. Die Halbseitigkeit macht oft bald einer allgemeinen Ausbreitung der Krämpfe Platz, so dass der Anfall durchaus einem echten epileptischen gleicht; es wechseln klonische und tonische Krämpfe.

Die Ausbreitung ist übrigens eine sehr verschiedene; so kommen Beschränkungen auf einseitige Facialiskrämpfe oder ihre Verbindung mit fortwährendem Umherwälzen der Zunge vor. Der Anfall endet oft nur theilweise und bleiben dann noch stunden- selbst tagelang Zuckungen einzelner Muskeln im Gesicht oder den Armen zurück, zuweilen sind diese rhythmisch, dem Puls synchron, auch tetanische Zustände kommen vor. Nach dem gänzlichen Aufhören sind die Kranken längere Zeit sehr verwirrt und benommen. Fast regelmässig bemerkt man eine erhebliche Zunahme der geistigen Schwäche, oft tritt der Blödsinn dann wie mit einem Schlage zu Tage. Sprachstörungen und halbseitige Lähmungen kommen dazu, verlieren sich aber doch meistens bedeutend wieder. Solche Anfälle wiederholen sich nun in unregelmässigen Zwischenräumen von Tagen, Wochen und Monaten: ganz pflegen sie überhaupt nur sehr selten zu fehlen. Zuweilen treten sie in ganzen Reihen auf und kommt der Kranke bis zum Tode nicht wieder zur Besinnung: Hemiopieen, Abweichungen des Blicks, Migräne, halbseitige Kriebelgefühle kommen dabei vor. Andere Male sah man tobsuchtähnliche Aufregung sich daran schliessen, oder als psychisches Aequivalent an ihre Stellen treten. Nicht regelmässig, aber doch meistens steigt die Temperatur während der Anfälle, zuweilen über 41° C, auch wohl einseitig.

Wenn Störungen in der Thätigkeit von Blase und Mastdarm vorkommen ohne deutliche Erkrankung des Rückenmarks, so beruhen sie wohl immer auf ungenügender Aufmerksamkeit für das eintretende Bedürfnis, und sind ein Beweis für den Grad des Blödsinns.

Noch zahlreiche verschiedene psychomotorische Störungen sind
Reizerscheinungen, die im Laufe der Paralyse vorkommen können.
So z. B. leichte Andeutungen kataleptischer Zustände; ferner eigenthümliche Lagerungen der Glieder. Auch sieht man allerlei im Augenblick
zwecklose Bewegungen, die zwangsartig auftreten, aber in den Formen
geordneter Bewegungen ausgeführt werden; Klatschen in die Hände,
Greifen, Zupfen und Reiben.

Haut- und Sehnenreflexe sind je nach den zu Grunde
liegenden anatomischen Vorgängen (s. o.) sehr verschieden. Auch die
Vermischung mit ängstlichen Affecten und Furcht vor der Ausführung
schmerzhafter oder doch unbequemer Bewegungen spielt hier eine Rolle.
Im Allgemeinen lässt sich sagen, dass die zuweilen anfänglich erhöhte
Reflexerregbarkeit ziemlich regelmässig gegen Schluss der Krankheit
abnimmt. Frühe und andauernde Steigerung der **Patellarreflexe** zeigt
Seitenstrangerkrankungen an, die rascher und heftiger zu verlaufen pflegen
als die Fälle, in denen aus völligem Fehlen des Kniephänomens eine
Erkrankung der Hinterstränge hervorgeht. Je näher dem Gehirn der
Reflexbogen unterbrochen ist, desto schwerer sind in der Paralyse die
Erscheinungen. Zuweilen, namentlich bei Männern und nach paralytischen
Anfällen fehlt der sogenannte Ulnarisreflex.

Selten sind periphere Lähmungen im Laufe der Paralyse, die
sich an Neuritiden anschliessen und dann auch mit schmerzhaften Sensationen verlaufen (vgl. Alkoholparalyse).

Neuralgieen kommen übrigens nicht nur unter den Vorboten der
Krankheit häufig vor, sondern auch während derselben. Es fehlen sichere
Anhaltspunkte für einen Zusammenhang der neuralgischen Schmerzen mit
der Erkrankung der Hirnrinde; doch kommen sie ohne Rückenmarks-
erkrankung oder solche peripherer Nerven vor. Migräne und halbseitige
Parästhesieen sind hier auch wieder zu erwähnen, daneben gelegentlich
Pruritus.

Gefühllosigkeit und Herabsetzung der Schmerzempfindlichkeit ist sonst meistens nur halbseitig, bei Herden in
einer innern Kapsel, völlige Anästhesie des ganzen Körpers, wenigstens
beider Seiten des Rumpfes und der Glieder wird nur bei Rückenmarks-
erkrankungen gefunden. Es gibt aber auch Anästhesieen nach Rindenherden; da die Ausbreitung sensibler Fasern in der Rinde eine aus-
strahlende ist im Vergleich zu ihrem bündelförmigen Zusammenlauf in
der innern Kapsel, sind bei Rindenherden, entsprechend ihrer verhältnismässig kleineren Ausdehnung, die Anästhesieen beschränkt auf kleinere
Theile des Körpers. Da sich aber alle Anästhesieen, cortical und
spinal bedingte, in der Paralyse gewöhnlich erst in späterer Zeit ihres

Verlaufs einstellen, so ist dann auch der Blödsinn schon zu weit vorgeschritten, um genauere Erhebungen über den Sitz anzustellen. Immerhin aber sind Gefühlsstörungen sehr wichtig, da sie die Ursache zahlreicher schwerer Verletzungen und Verstümmelungen werden können, die schwer zu behandeln sind. Verbrennungen mit Cigarren, am Ofen, Durchbohrung der Backe mit den Fingern, Bisse in die Zunge gehören dahin: aus der Gefühlsstörung erwachsende Wahnvorstellungen verschlimmern die Gefahr. Schon die einfache Gefühllosigkeit eines Gliedes kann einen Kranken veranlassen, etwas Fremdes, gar nicht zu ihm Gehöriges darin zu sehen und dies rücksichtslos zu verletzen.

Auf diffuser Ausbreitung der Krankheit über das Hinterhirn beruhen gelegentliche Ausfallserscheinungen in einzelnen Sinnen; namentlich im Gesichtssinn sind sie genauer bekannt, sie müssen aber abgegrenzt werden von mehr zufälligen, durch Verbindung z. B. mit einem Schwund des Sehnerven bei Tabes. Auszuschliessen sind ferner alle Herabsetzungen der Sehschärfe durch Erkrankungen des Auges, besonders Netzhautentzündungen. Es handelt sich um Sehstörungen, die bei gesunden Augen schon durch ihr häufig einseitiges Auftreten auf das Gehirn und besonders seine Rinde hinweisen. Der Farbensinn kann allein oder gleichzeitig mit der Tiefenanschauung leiden; ferner die Unterscheidung von Hell und Dunkel. Die aus Herderkrankungen festgestellten verschiedenen Arten von Einengung des Gesichtsfeldes und seiner theilweisen Beschränkung können vorübergehend in der Paralyse, namentlich bei den paralytischen Anfällen vorkommen. Erinnert sei auch an den Zusammenhang von Sprachstörung und Gesichtssinn, an die sogenannte optische Aphasie.

Endlich ist es sehr wahrscheinlich, dass die bei Paralytikern hier und da beobachteten subjectiven Lichterscheinungen und Gesichtstäuschungen Folge von Reizzuständen derselben Hirntheile sind, in denen die eben berührten Sehstörungen entstehen, die als Ausfallserscheinungen angesehen wurden. Sinnestäuschungen sind aber selten.

Von Wichtigkeit für die Auffassung der paralytischen Seelenstörung sind die vasomotorischen Störungen in Zusammenhang mit Veränderungen des Pulses und mit trophischen Störungen in verschiedenen Organen. Besonders das Schwankende vieler der geschilderten geistigen und körperlichen Zeichen der Paralyse scheint zu beweisen, dass das Gefäßsystem am frühesten in Mitleidenschaft gezogen ist; aber auch im spätern Verlauf bei zweifellosen anatomischen Veränderungen im Gehirn zeigt es sich deutlich und in vieler Weise gestört. Schon am Pulse ist das Kennzeichen abgeschwächte Kraft, nur im paralytischen Anfall gesteigerte Dicrotie; die Welle ist sonst kraftlos im Austieg und Gipfel, die Gefässwand wird nur allmählich ausgedehnt. Eine fortschreitende Lähmung des gesammten Gefäßsystems führt zu vorübergehenden völligen Lähmungen in einzelnen Theilen; dahin gehören Schwindelgefühle, Schlaganfälle, halbseitiges Schwitzen, Blutandrang zum Gesicht und Kopfe, örtliche Röthung der Haut, die alle schnell kommen und verschwinden. Gefässkrampf wechselt damit rasch, ebenfalls Blässe der Haut und Kältegefühl. Dauernde Gefässlähmung tritt gegen Ende der Krankheit fast regelmässig zu Tage in Oedemen und Cyanose, die blaurothe Färbung der Haut gibt sich dann besonders an Händen und Füssen kund. Punktförmige Blutaustritte in die Haut werden beobachtet, aber auch Blutungen aus innern Organen, besonders dem Darm, ohne sonstige tiefere Erkrankung. Ausserdem mögen Verletzungen sie zuweilen hervorrufen. Die innige Verbindung psychischer Vorgänge mit solchen des Gefäßsystems ist aber im Auge zu behalten. In der Paralyse darf man aus reichlich abfliessendem Speichel allein noch nicht auf seine Vermehrung schliessen, da hier lediglich der Mangel des Hinunterschluckens in Folge gelähmter Mundmuskeln eine Vermehrung vortäuschen, oder eine Stomatitis die Ursache sein kann.

In naher Beziehung zu den Gefässveränderungen stehen die trophischen Störungen. Hier ist eine besondere Vorsicht erforderlich, um solche Erscheinungen auszuscheiden, die Folge von äusseren Verletzungen sind. Es sind dies besonders die Ohrblutgeschwulst, Knochenbrüche und der Druckbrand (vgl. S. 94 ff.) Es ist zu weit gegangen, wenn man allein in äusseren mechanischen Einwirkungen durch Stoss, Schlag oder Druck ihre Ursache sucht, denn ohne die vasomotorisch-trophische Grundlage im Körper des Kranken würden die oft nur geringfügigen Schädlichkeiten nicht so stark wirken. Aber gerade die Erkenntnis, dass schon sehr geringe Verletzungen genügen, so heftige Erscheinungen hervorzurufen, stellt an die Behandlung die strengsten Forderungen nach Schonung und Vorsicht. Häufiges Umlegen gelähmter unreinlicher Paralytiker kann manchen Druckbrand fern halten, weiche Lagerung des Kopfes kann schützen gegen Druck des Ohres auf einer harten Bettkante; natürlich ist rohes Wartpersonal sofort zu entfernen.

Die Athmung ist gewöhnlich ungestört. Lungenentzündungen entstehen oft durch Verschlucken, äusserste Vorsicht beim Füttern ist nöthig!

Im Allgemeinen verläuft die Paralyse ohne Fieber; durch entzündliche körperliche Erkrankungen wird nicht einmal regelmässig die Temperatur gesteigert. Andererseits genügen schon Ueberfüllung von Blase und Darm zu kurzen starken Erhöhungen der Eigenwärme.

Bemerkenswerth ist, dass die namentlich in der erregten Stimmung Anfangs gesteigerte Geschlechtslust auch bei grösserer Dementia zuweilen lange bleibt, und dass sich die Geschlechtskraft oft lange erhält; paralytische Kranke haben mehrfach Kinder gezeugt.

Wir wenden uns jetzt zu der depressiven Form der Paralyse. Unter denselben Vorboten wie bei der geschilderten expansiven Form entwickelt sich auch dieses Krankheitsbild. Angst und Wahnvorstellungen, die in der ausgeprägten Krankheit sich vielfach, ja vielleicht regelmässig mit Zuständen und Gefühlen im eigenen Körper verbinden, haben etwas Ungeheuerliches und Maßloses. Kreischendes Schreien mit allen Zeichen innerer Unruhe, plötzlicher Selbstmord sind nicht selten, selbst bei verhältnismässig schon entwickeltem Blödsinn. Ist der Affect erloschen, sind die geistigen Fähigkeiten überhaupt noch so weit erhalten, so findet man in ihrem Inhalt einfache melancholische Selbstanschuldigungen vermischt mit Beeinträchtigungsgefühlen des eigenen Körpers. Unter einem äusserlich starren Verhalten kann sich ein solcher Bewusstseinsinhalt lange Zeit verbergen, ehe er sich in Klagen äussert. Diese können durch ihren eigenthümlichen ungeheuerlichen Inhalt die Unterscheidung von einfacher Melancholie ermöglichen; ein Kranker quält sich mit dem Gedanken, dass er Hunderttausende oder Millionen von Schulden gemacht habe, dass er selbst ein Zwerg geworden, oder in ein gläsernes Pferd verwandelt sei, vielleicht auch nur sein Kopf oder sein Gehirn zusammenschrumpfe und austrockne. Auch die Umgebung scheint ihm zu schrumpfen, Personen und Gegenstände, bis Ausdrücke einkehren, die allem Lebenden das Dasein abstreiten, und die Vorstellung, dass Alles Nichts sei. Andere Male tritt die verneinende Stimmung mehr in den Handlungen als den Reden hervor. Die Kranken widersetzen sich Allem, was man mit ihnen vornehmen will, spucken das Essen wieder aus, das man ihnen in den Mund bringt, zerreissen ihre Kleider.

Fehlen Wahnvorstellungen und wesentliche Abweichungen der Stimmung, so beherrscht die Dementia den gesammten Verlauf neben allen übrigen Zeichen der Paralyse. Gedächtnisschwäche und Unfähigkeit zu geistigen Leistungen jeder Art entwickeln sich schleichend, bis der Blödsinn dieselben Grade erreicht wie in den andern Formen, begleitet von allen körperlichen Störungen der Paralyse überhaupt. Daher ähneln sich am Schluss der Krankheit alle verschiedenen Verlaufsarten vollständig. Verhältnismässig häufig findet man diese letzte sogenannte demente Form auch bei Frauen; überhaupt häufen sich die Angaben über diese Verlaufsart der Paralyse; wegen ihrer körperlichen Beschwerden kommen sie zum Arzte oder in die Krankenhäuser, ihre Aufnahme in Irrenanstalten wird seltener nöthig, da die geistigen Zeichen der Krank-

heit milder sind und seltener zu Zusammenstössen mit der öffentlichen
Ruhe und Sicherheit führen. Viele von diesen Kranken werden lange
Zeit mit Neurasthenikern verwechselt, manche von diesen Fällen treten
verhältnismässig früh, einzelne schon vor dem 20. Jahr auf.

Ueber den Verlauf der paralytischen Seelenstörung im Allgemeinen
und über ihren Ausgang ist zu bemerken, dass der Verlauf manchen
Schwankungen unterliegt, ja es können sämmtliche Zeichen
der Krankheit so völlig zurücktreten, dass man versucht wird
an eine echte Heilung zu glauben. Leider geht dieser Nachlass nach
kürzerer oder längerer Zeit, einzelne Male nach ein oder zwei Jahren und
sogar noch später, wieder in schwerere Krankheitserscheinungen über und
bestätigt die hervorragend progressive Entwicklung der Paralyse. In
der Regel ist die Zunahme des Blödsinns eine stetige, ebenso wie
die motorischen Schwächezeichen dann stetig wachsen. Die Gesammt-
dauer des Verlaufes ist eine sehr verschiedene, durchschnittlich auf zwei
bis drei Jahre anzugeben. Bei älteren Leuten und Frauen ist sie länger:
wenn geistig nur Blödsinn, keine Wahnvorstellungen und Affecte vorherrschen, erstreckt sich der Verlauf auch durchschnittlich über längere
Zeiträume; es wird sogar behauptet über 20 Jahre. Einzelne Ausnahms-
fälle wickeln sich in Monaten oder gar nur Wochen völlig ab unter heftigen Erscheinungen; diese galoppirenden Fälle scheinen vielfach
verkannt zu sein, und mögen zum Theil dem Krankheitsbilde des sogenannten Delirium acutum zu Grunde liegen.

Es bleibt uns noch die Betrachtung des allen Verlaufsarten gemeinsamen Schlusses übrig, wenn nicht durch schwere paralytische Anfälle
oder Organerkrankungen schon früher der Verlauf unterbrochen wird und
dann schon der Tod eintritt. Sonst verblöden die Kranken immer
mehr, die geistige Thätigkeit erlischt und es bleibt ein vegetirender
Körper. Aber auch dieser wird immer unbrauchbarer, das Gehen wird
unmöglich, die Hände sind unfähig zu selbstständigen Bewegungen. So
liegt der hülflose Kranke beständig im Bett, lässt Urin und Koth unter
sich gehen, langsamer Druckbrand beschleunigt oft das Ende, oder auch
irgend ein anderer Zwischenfall, wie eine Lungenentzündung, Erstickung
an schlecht geschluckten Speisen, eine Nierenentzündung oder Aehnliches.
Entgeht der Kranke aber diesen Zufällen, so magert er ab, es erlischt
nach dem geistigen auch langsam das andere Leben.

Viele Paralytiker haben im Beginn des ruhigen Blödsinns nach Erlöschen der Affecte vorübergehend eine grosse Körperfülle gewonnen, die um so länger bleibt, je langsamer der Verlauf ist. Zwischen-
durch erlebt man auch gegen Ende der Krankheit noch kurze Aufregung,
einzelne Reizerscheinungen, wie Zähneknirschen drängen sich vor

Der Ausgang der paralytischen Seelenstörung ist der Tod, da vollgültige Genesungen und die sehr langsam ablaufenden Formen so außerordentlich selten sind, dass sie kaum in Betracht kommen für die Stellung der Prognose, die als ungünstig für das Leben im höchsten Grade bezeichnet werden muss. Wenn nicht Selbstmord, Erstickung, Verletzungen, paralytische Anfälle, Druckbrand, innere Erkrankungen, unter denen auch noch Lungenschwindsucht anzuführen ist, den tödtlichen Ausgang bedingen, gehen die Paralytiker an allgemeiner Erschöpfung zu Grunde. Die Hoffnung ist aber nicht auszuschliessen, dass bei rechtzeitiger Schonung im Anfang Besserungen oder Verlangsamung des Verlaufs in einem Grade erreicht werden, dass die Kranken noch längere Zeit leistungsfähig bleiben; je mehr psychiatrische Kenntnisse unter den Aerzten sich verbreiten, namentlich auch je besser die Vorboten der paralytischen Seelenstörung erkannt werden, um so häufiger wird man der Genesung nahe kommende Fälle auftreten sehen.

Um alle Momente zu sammeln, die zur Erkenntnis der Paralyse beitragen können, ist es nöthig, einige der Ursachen dieser Krankheit zu berühren. Begünstigend auf ihre Entstehung wirken die schweren Schädigungen in dem aufreibenden Leben der Neuzeit, namentlich wenn damit Noth, Sorgen und körperliche Ausschreitungen verbunden sind: daher kommt sie vorzugsweise bei Männern in der Blüthe des Lebens vor. Die Altersgrenze ihres Vorkommens liegt zwar zwischen dem 10. und 60. Lebensjahr, aber weitaus am häufigsten findet man sie zwischen dem 35. und 45., so dass früher und später nur mit Vorsicht und nach Ausschluss aller anderen Möglichkeiten die Diagnose gestellt werden darf; dies Bedenken muss um so grösser sein, je weiter das Alter sich von jener mittleren Grenze entfernt; doch wird hier und da auch von Dementia paralytica bei Kindern, bis zum 10. Lebensjahre herab berichtet. Bei Frauen wird durch den Einfluss des Klimacteriums die Altersgrenze etwas mehr auf die späteren Jahre verschoben. Das weibliche Geschlecht ist weit seltener befallen, man zählt auf etwa vier männliche Erkrankungen eine weibliche. Beachtenswerth für den Einfluss geistiger und körperlicher Ueberanstrengungen ist der Umstand, dass Frauen höherer Stände sehr selten an Paralyse erkranken, während Witwen ärmerer Classen, Prostituirte sehr gefährdet sind. Aus ähnlichen Gründen ist die Landbevölkerung ungleich sicherer vor Paralyse. Auffallend häufig erkranken Officiere in dieser Form geistiger Störung, ferner Kaufleute, Feuerarbeiter, Eisenbahn- und Telegraphenbeamte; verhältnismässig oft auch Juristen und Aerzte, sehr selten Geistliche. Ueber die Bedeutung erblicher Anlage gehen die Ansichten weit auseinander; ihre Rolle scheint hier jedenfalls nicht so gross zu sein wie bei andern Psychosen; die Krankheit wird bei weitem häufiger erworben durch Ueberanstrengung des Gehirns. Ueberhaupt ist es schwer eine einzelne Ursache bestimmt verantwortlich zu machen, so dass bei der Wahl verschiedener grosse Meinungsverschiedenheiten entstehen. Darum ist es kaum möglich die Bedeutung der Syphilis festzustellen, obwohl viele Wahrscheinlichkeitsgründe für ihren bedenklichen Einfluss sprechen, z. B. die eben erwähnte Seltenheit der Paralyse bei Geistlichen, bei Frauen der besseren Stände, ihre Häufigkeit bei Prostituirten. Andererseits ist es auffallend, dass die allerdings häufig in Krankengeschichten angeführten syphilitischen Erkrankungen meistens nur leichtere und weit zurückliegende Fälle betreffen, dass man bei Obductionen fast niemals luetische Veränderungen in andern Organen findet, vielleicht ja nicht mehr findet; bei schwereren noch bestehenden Zeichen von Lues nimmt das Krankheitsbild soviel Abweichendes an, dass es sich nicht mit der typischen Paralyse deckt, wie wir im folgenden Abschnitt genauer erfahren werden. Sicher sind manche Fälle von Paralyse im jugendlichen Alter Folgen hereditärer congenitaler Syphilis, manche aber auf frühe Erkrankungen des Gehirns im Kindesalter zurückzuführen, auf leichte encephalitische Processe z. B. nach Scharlach, Masern u. s. w., die latent blieben. Alkoholmissbrauch führt als alleinige Ursache ebenfalls zu besondern Erscheinungen, die ein abweichendes Bild geben; doch sind Trunk und geschlechtliche Ausschweifungen auch sehr häufige Veranlassungen einer typischen Paralyse, dürfen aber nicht mit Zeichen schon beginnender Erkrankung verwechselt werden. Ferner hat man Dementia paralytica nach Kopfverletzungen entstehen sehen.

Die unmittelbarste Ursache des klinischen Bildes der paralytischen Seelenstörung sind die anatomischen Veränderungen des Gehirns. Die Verschiedenartigkeit der Ursachen ist klinisch wahrscheinlich noch deutlicher als anatomisch festzustellen: unsere anatomischen Kenntnisse über die Paralyse sind noch sehr im Werden. Mikroskopisch nachweisbar sind Veränderungen namentlich an den Ganglienzellen, Nervenfasern sowie an den Blut- und Lymphgefässen; ausserdem ist die Grund- und Stützsubstanz des Gehirns verändert: ihre Körner sind stark vermehrt, was durch Schrumpfung des Gewebes noch mehr hervortritt; entwicklungsgeschichtlich stammen mehrere Kernarten aus verschiedenen Zeiten, ihre Weiterentwicklung ist in frühen infantilen Krankheiten gehemmt, dadurch kann der spätere Charakter des anatomischen Vorganges mit bedingt sein. Viele lymphoide Wanderzellen und Bindegewebszellen (Spinnen und Pinselzellen) treten auf, welche mit ihren zahlreichen Fortsätzen andere Gewebselemente zu umklammern und zu erdrücken scheinen, besonders Blutgefässe und Ganglienzellen. Es ist wahrscheinlich, dass die a t r o p h i r e n d e D e g e n e r a t i o n zuerst in der functionstragenden Rindensubstanz auftritt, erst dann die anderen Elemente ergreift: der umgekehrte Weg, der als Erkrankungsursache eine Vergiftung (Selbstintoxication) annimmt, durch die zuerst die G a n g l i e n - z e l l e n schwellen und beim späteren Schrumpfen die anderen Elemente atrophiren lassen, wäre auch denkbar, doch haben die bisherigen ana- tomischen Untersuchungen häufiger bei früh gestorbenen Paralytikern Nervenfaser- und Gliaschwund als Veränderungen an den Ganglienzellen nachgewiesen. Diese bestehen aus Schwellung der Zell-leiber und -Kerne mit folgender Schrumpfung und Zerfall, oder aus langsamerer Sklerosirung mit Höhlenbildung, Pigmentenartung, Verkalkung u. s. w., dabei sind die Dendriten stärker als der Axencylinderfortsatz betheiligt, wahrscheinlich weil sie die trophischen Functionen vermitteln, während dieser durch Verbindung mit den N e r v e n f a s e r n ja die Nerveneinheit, das Neuron herstellt. Zu den frühesten Veränderungen gehören also die an den feinsten markhaltigen und auch an den marklosen Nervenendausbreitungen; je feiner ihr Kaliber, desto früher ist der Schwund der Markfasern: er pflegt am stärksten in den äussersten Rindenschichten unter der Hirn- oberfläche zu sein. Fast gleichzeitig sieht man die Erkrankung der feineren B l u t g e f ä s s e, die oft durch die L y m p h g e f ä s s e vermittelt zu sein scheinen: Erweiterungen, später Schrumpfung nach Wucherung der Kerne, dann Verlagerung des Lumens durch Ansammlung von Wander- zellen findet man sowohl in den Saftbahnen zwischen Adventitia und Media der Capillaren, die mit dem Subarachnoidealraum in Verbindung stehen, als auch in den extravasculären Lymphbahnen. Jedenfalls führen sie zum Uebergreifen ähnlicher Vorgänge auf die Blutgefässe selbst; durch Verdickung der Gefässwandungen wird das Gefässrohr enger, Kernwucherungen des Endothels führen zu Knötchen und kleinen Aus- buchtungen.

Während Ganglienzellen und Nervenfasern schwinden, vermehren sich die feinen Gefässe; oft sieht man jenen Schwund s c h i c h t e n w e i s e stärker ausgeprägt, während die Gefässveränderung i n s e l f ö r m i g hervor- tritt: dadurch kann dann auch namentlich der Schwund der Ganglien- zellen inselartig werden. Möglicherweise ist die leichtere oder schwerere Ablösbarkeit der Rinde von den weichen Hirnhäuten abhängig von der berührten Ausdehnung der mikroskopischen Vorgänge, doch ist diese Eigenart der Decortication ja auch als Folge von Leichenvorgängen zu untersuchen.

Alle diese diffusen Veränderungen betreffen in erster Linie immer das S t i r n - und S c h e i t e l h i r n mit I n s e l, und greifen oft, aber nicht immer, auf Schläfen- und Hinterhauptslappen über. Makroskopisch sieht man daher in vorgeschrittenen Fällen besonders die Stirnlappen atrophirt, die Windungen verschmälert, fast scharfkantig, oft mit Einsenkungen, über die sich Blasen voll Serum hinziehen, die Furchen klaffen. Querschnitte zeigen auch die Rinde verschmälert. Die gesammte Gewichtsabnahme des Gehirns beträgt mindestens mehrere hundert Gramm, so dass das Normalgewicht (1350 *gr* für Männer, 1250 *gr* für Frauen) zuweilen unter 1000 *gr* schwindet.

Weitere Befunde sind: starke Erweiterung der Hirnhöhlen mit körnigen Wucherungen ihres Ependyms. Die Stammganglien schrumpfen selten oder nur in mikroskopischen Herden; im centralen Höhlengrau hat man Faserschwund gefunden.

Die Trübung und Verdickung der weichen Hirnhäute findet sich erst später, kann dann aber von der Spitze des Stirnhirns über die Scheiteltheile bis ans Hinterhauptshirn reichen, wo sie zuweilen ziemlich scharf absetzt; an der Basis des Stirnhirns ist die Leptomeningitis stärker als hinten, auf der Scheitelhöhe findet man oft Trübungen und Verdickungen, Wucherungen der Pacchionischen Granulationen, namentlich in der Nähe stark geschlängelter Venen. Wenn nicht zwischen den Gewebsmaschen starke ödematöse Durchtränkung auftritt, die Pia und Rinde löst, so findet man jetzt ausgedehnte Verwachsungen zwischen ihnen.

Hämatome der Dura, Verdickungen des Schädels können hier nur erwähnt werden, obwohl sie häufige Befunde sind.

Endlich sind noch Veränderungen der Nervenkerne im verlängerten Mark zu beachten, die aber erst sehr spät auftreten. Die Erkrankungen des Rückenmarks sind die verschiedenen strangförmigen Degenerationen; davon unabhängig findet man Entartungen an den vordern und hintern Wurzeln. Eine Betheiligung peripherer Nerven ist selten.

Da die paralytische Seelenstörung unter Männern mindestens 15% der Psychosen ausmacht und fast sicher einen ungünstigen Ausgang nimmt, ist die rechtzeitige Feststellung der **Diagnose** von hoher Bedeutung, um so mehr als die Lebensstellung der Erkrankten, die oft in voller Berufsthätigkeit ergriffen werden, wichtige Maßregeln für das Wohl der Angehörigen erfordert. Jedenfalls gehört es zu den wichtigsten Aufgaben eines praktischen Arztes bei einer geistigen Störung zu entscheiden, ob es sich um Paralyse handelt oder nicht: ausserdem ist diese Krankheit ein Angelpunkt der Psychiatrie als Wissenschaft, insoweit sie die organische Begründung solcher Erscheinungen zeigt, die sonst in anderer Gruppirung bei den verschiedensten anderen Geisteskrankheiten vorkommen können, die aber hier mehr zu einem Gesammtbilde zusammengefasst auftreten. Die typische progressive Paralyse mit Grössenwahnvorstellungen macht der Diagnose meistens keine so grossen Schwierigkeiten, wenn die Höhe der Krankheit erreicht ist. Anders steht es zur Zeit der Vorboten; wenn überhaupt eine Möglichkeit vorliegt, den weitern Verlauf günstig zu beeinflussen, so ist es nur zu dieser Zeit der Fall. Man beachte besonders die Veränderung des Charakters, den Ausfall früherer höherer Interessen, ethischer Vorstellungen und ästhetischer Gefühle, die Gedächtnis- und Urtheilsschwäche; dann leichte Schwindelanfälle und die zahlreichen motorischen Störungen, unter denen obenan die Pupillenreaction Kniereflexe und die Sprachstörungen stehen.

In diesem Zeitpunkt bieten Neurastheniker, d. h. geistig minderwerthige oder nervenschwache Menschen viele dieser Zeichen; daher sind zur Unterscheidung einige Anhaltspunkte sehr wichtig. Tiefere Veränderung des Charakters, ethische und intellectuelle Schwäche fehlen ihnen, die Affecte sind nicht so flüchtig wie in der Paralyse; die motorischen Störungen beobachtet der Neurastheniker selbst auf das Peinlichste, während der beginnende Paralytiker sie meistens überhaupt garnicht bemerkt. Zittern der Zunge und Mitbewegungen der Gesichtsmuskeln beim Sprechen sieht man bei Neurasthenie sehr selten; die leichte Erschöptbarkeit dieser Kranken findet ferner einen Ausdruck darin, dass ihre Sprachstörungen sich zwar auch nach Anstrengungen steigern, aber nach der Nachtruhe am schwächsten sind, wenn sie sich erholt haben, während der beständige Reizzustand des Gehirns bei Paralytikern auch nach dem Schlaf die Sprachstörung sofort deutlich beobachten lässt. Die geistige Schwäche drängt sich bei diesen neben der durch die erschwerte Lautbildung gestörten Sprache in der ungenügenden Zusammenordnung der Sprachvorstellungen vor; daher ist das Zaudern beim Aussprechen viel stärker. Am wichtigsten ist aber natürlich eine fortlaufende Beobachtung, die erst den fortschreitenden Blödsinn klarstellen kann. Immer, z. B. auch bei nervösen Folgezuständen nach Unfällen, ist Werth auf das Fehlen der reflectorischen Pupillenstarre zu legen.

Andern vollen Psychosen gegenüber kann die Unterscheidung der schon weiter vorgeschrittenen Paralyse dann und wann schwierig sein. So kann man sie eine Zeitlang mit Manie verwechseln, wenn Grössenwahnvorstellungen und Erregungszustände ausgebildet sind. Man wird dann die verhältnismässig kürzere Entstehungszeit der Manie berücksichtigen, während die Vorboten der Paralyse oft schon Jahrelang zurückliegen; man wird achten auf das Ungeheuerliche und Schrankenlose im Inhalt des Grössenwahns, seine leichte Bestimmbarkeit, alles Zeichen der grösseren. geistigen Schwäche. Endlich aber sind die Sprachstörung und etwaige paralytische Anfälle von entscheidender Bedeutung. Es gibt aber Fälle, die unter den Erscheinungen einer vollen Manie mehrere Monate gebrauchen, ehe überhaupt irgendwelche motorische Störungen dazu kommen, so dass auch die Pupillenstarre noch fehlt. Ueberwiegt die gedrückte Stimmung im Krankheitsbilde der Paralyse, herrschen Wahnvorstellungen vor, die einen negativen Inhalt haben, namentlich mit Gefühlen der Beeinträchtigung des eigenen Körpers verbunden sind, so können Verwechslungen mit Melancholie vorkommen. Wenn sich dann Zeichen geistiger Schwäche nachweisen lassen und namentlich das Lebensalter stimmt, muss man den Ausbruch einer Paralyse befürchten; auch hier werden die bis dahin etwa noch fehlenden Zeichen im weiteren Verlauf die Diagnose leichter begründen lassen.

Auch bei periodischen Psychosen findet man wohl niemals die Urtheilslosigkeit der Paralytiker, so dass etwaige periodische Verlaufsweisen der Paralyse dadurch von jenen sich bald unterscheiden.

Die ebenfalls fortschreitende Paranoia bietet zu gewissen Zeiten einige Aehnlichkeiten mit der Dementia paralytica, doch schwinden sie leicht bei näherer Untersuchung. Die Wahnvorstellungen werden in ein festes System gebracht, während der Paralytiker wohl immer wieder zurückkehrt zu ähnlichen Gedankenkreisen, sich aber schon durch die einfachsten Einwendungen ableiten lässt und niemals festhält an einer starren Gedankenreihe. Motorische Störungen gehören nicht zur Paranoia, eine zufällige Complication mit Tabes oder Seitenstrangsklerose ist dann sehr erschwerend für die Diagnose; besonders der Unterschied in der geistigen Leistungsfähigkeit und Urtheilskraft bei andern Dingen als dem Inhalt des Wahns ist ein grosser.

Altersblödsinn wird man mit paralytischer Seelenstörung nicht verwechseln, wenn man das Lebensalter berücksichtigt, da jenseits des 60. Jahres Paralyse so gut wie nicht mehr vorkommt: auch fehlt der Dementia senilis ein so deutlicher Fortschritt und die Ausbildung mancher Zeichen: die wenigen dürftigen Wahnideen, die auch meistens auf Misstrauen begründet sind, und die leichteren motorischen Störungen halten sich eine Zeitlang auf gleicher Höhe, nur die Gedächtnisschwäche schreitet rascher fort.

Die auf diffusen Krankheitsvorgängen beruhende Lues cerebralis und die aus Herderkrankungen sich entwickelnden klinischen Bilder, zeichnen sich namentlich durch eine grössere Beständigkeit der halbseitigen oder vereinzelten Lähmungen aus (s. u.), die bei der Paralyse nur eine flüchtigere Natur zeigen.

Ueber die sogenannte alkoholische Paralyse vergl. Alkoholismus.

Namentlich die Behandlung der sich entwickelnden Krankheit ist für den praktischen Arzt zu berücksichtigen. Erkennt er rechtzeitig die Paralyse, so kann er dem Kranken sehr viel nützen. Mag es eine übermässig gesteigerte geistige Thätigkeit gewesen sein, oder waren Sorgen und Gemüthsbewegungen die vornehmsten Schädigungen, die erste Forderung ist es immer möglichst vollständige Ruhe für den Ablauf der geistigen Vorgänge des Erkrankten zu erzielen. Bedingung dazu ist es, so gut wie immer den Kranken aus der gewohnten Umgebung zu entfernen. Damit wird er von Beruf, Geschäft und Familie getrennt, aber auch von den hundert kleinen Anlässen, die ihn täglich reizten. Die neue Umgebung darf aber keine neuen Reize enthalten: daher empfiehlt sich am meisten ein längerer, mehrere Monate langer Aufenthalt etwa bei einem Freunde auf dem Lande. Eigentliche sogenannte Erholungsreisen sind durchaus zu vermeiden, die durch den Aufenthalt in grossen Städten, klimatischen Curorten und Seebädern nur unzählige schädliche Einflüsse mit sich führen. Also körperliche und geistige Ruhe nach allen Richtungen sind zu verlangen. Wenn die krankhafte Erregung auf sexuellem Gebiet sich bei einem Ehemann äussert, wird die Entfernung von der Möglichkeit übertriebenen Geschlechtsgenusses schon von gutem Einfluss sein; sucht er ihn dann ausserehelich. so kann schon dieser Umstand die Versetzung in eine Anstalt nothwendig machen. Dazu kann im Beginn der Krankheit aber auch schon Selbstmordneigung führen, ferner Nahrungsverweigerung oder verschwenderisches Auftreten und öffentliches Aergernis. Im Uebrigen wird man einen Paralytiker nicht zu früh in eine Anstalt bringen, namentlich wenn heftigere Affecte fehlen. Verläuft die Krankheit in einem Zuge, sind die häuslichen Verhältnisse auf die Dauer ungeeignet, so wird mit fortschreitendem Leiden die Schwierigkeit der letzten Pflege freilich auch dann wohl häufig dazu zwingen. Wo die Krankheit aber, was ja häufig genug der Fall ist, bedeutende Nachlässe zeigt, die sogar eine Wiederaufnahme des Berufes ermöglichen, ist es sicher im Interesse des Kranken, ihn so lange wie möglich von dem Aufenthalt in einer Irrenanstalt fernzuhalten. Leider besteht das Vorurtheil gegen diese ja noch und hindert daraus Entlassene sehr oft an der Erhaltung von Aemtern und Thätigkeit. Wäre eine Genesung der Dementia paralytica wahrscheinlich, so würde man auch jenes Vorurtheil nicht scheuen dürfen, wie bei allen heilbaren Psychosen, da der Genesene am besten solche Bedenken selbst zerstreuen kann. Vor Kaltwassercuren und Douchen ist zu warnen. Man muss sich hüten, die geringe Widerstandskraft des Kranken durch eingreifende Curen zu schwächen. Dahin gehört auch eine antisyphilitische Behandlung mit Quecksilbereinreibungen, die ohne sichere Gründe für die ursächliche Entstehung einer einzelnen Paralyse oft genug nur eingeleitet wird, um zu sehen, ob man vielleicht etwas nützen könne. Hier und da wird dann eine der gewöhnlichen Remissionen ,der paralytischen Seelenstörung als beginnende Genesung ausgegeben; in andern Fällen aber sieht man bald darnach einen rascheren Verfall der Kräfte und das Auftreten heftiger Aufregung. Die Sache steht doch auch anders bei solchen Psychosen und körperlichen Krankheiten, bei denen die Infection zeitlich näher liegt, während sie bei Paralytikern häufig Jahrzehnte zurückliegt. Bei Lues cerebralis mit paralytischen Erscheinungen ist eine Schmiercur aussichtsvoller und daher weniger gewagt. Ist die Paralyse aber schon so ausgebildet, dass man Schwund der Gehirnmasse annehmen muss, so kann vor einer energischen Schmiercur nur auf das Eindringlichste gewarnt werden; das Verlorene würde doch nicht mehr ersetzt werden können, und die Gefahr der frühzeitigen Erschöpfung, das Auftreten ausgebreiteten Druckbrandes sind Ereignisse, die dann den trostlosen Verlauf noch schlechter stellen. Quecksilbereinspritzungen unter die Haut scheinen besonders gefährlich zu sein durch die Leichtigkeit des Eintritts von Abscessen bei Paralytikern. Jedenfalls darf auch eine rechtzeitig eingeleitete Schmiercur nur kurze Zeit dauern; sieht man nicht rasch Besserungen, so breche man sofort ab.

Weniger bedenklich würde wohl der innerliche Gebrauch von Jodkalium sein, wobei man eine resorbirende Einwirkung auf entzündliche Bindegewebswucherungen zu erzielen wünscht; zweifellose Erfolge hat man aber auch hier nicht erreicht. Ueberhaupt gibt es kein specifisches Heilmittel für unsere Krankheit, so viel nach neuen Mitteln und Methoden gesucht worden ist. Unter den letzteren ist eine starke Ableitung auf den Kopf, im Anschluss an ältere Versuche und angebliche Erfolge mit Einreibungen von Brechweinsteinsalbe auf den rasirten Scheitel auch neuerdings wieder empfohlen worden; meistens wird aber der Erfolg jetzt nicht mehr zugegeben; diese Behandlungsweise ist in der Privatpraxis gewiss nur zu vermeiden.

Gegen die Schlaflosigkeit ist Chloralhydrat in Verbindung mit Morphium wohl am wirksamsten; es muss aber vor anhaltendem Gebrauch des Chlorals bei Paralytikern sehr gewarnt werden. Vergl. Allgemeine Behandlung, S. 150, auch über die Anwendung von Bädern, allgemeiner Faradisation, Lagewechsel zur Vermeidung von Druckbrand u. s. w.

C. Sonstige Verblödungsformen mit Lähmung.

Hier sind einige in der Erscheinungsform der eigentlichen Dementia paralytica verwandte Krankheitsbilder zu betrachten, die andere anatomische Grundlagen haben.

Lues cerebralis.

Die Beziehung der Syphilis zur Paralyse ist schon berührt; der Zeitraum zwischen ihrem Bestehen und dem Auftreten der Paralyse ist meistens ein so grosser, Jahre langer, dass man dann eine Beziehung nur in der allgemeinen Schwächung des Organismus erkennen kann. Etwas Anderes ist es, wenn sich bestimmte anatomische Veränderungen syphilitischer Natur sehr bald mit klinischen Erscheinungen verbinden. Hirnblutungen können in Folge luetischer Gefässerkrankung bereits im vierten Monat nach der Infection eintreten, überhaupt fällt fast ein Drittel der Fälle von luetischer Erkrankung des Centralnervensystems noch in das erste Jahr. Es ist also vor allen Dingen festzuhalten, dass das Centralnervensystem verhältnismässig frühzeitig ergriffen werden kann; allerdings kommt gewöhnlich die Nervensyphilis erst Jahre lang nach der Infection zur Entwicklung. Die Erkrankung wird immer zuerst kenntlich an den kleinen Arterien; auf der Innenfläche ihrer Wandungen bilden sich Wucherungen eines anfänglich weichen Granulationsgewebes, das sich erst später zu festem Bindegewebe verwandelt. Dadurch wird das Gefässrohr verengt, zuweilen schliesslich zu einem festen undurchgängigen Strang verödet; man kann dann mit blossem Auge die eigenthümliche drehrunde Form der Arterien erkennen, die besonders kennzeichnend für die syphilitische Grundlage der Erkrankung ist. Uebergänge zu gummösen geschwulstartigen Neubildungen finden sich oft. In Folge der geringeren oder grösseren Unwegsamkeit der blutzuführenden Gefässe kommt es zur theilweisen oder völligen Absperrung des Kreislaufes in den betroffenen Hirngebieten und damit zu Functionsstörungen mit oder ohne Erweichung der Hirnsubstanz. Hieraus erklärt sich die Flüchtigkeit von umschriebenen Lähmungen bei Verengung kleiner Arterienzweige, gegenüber der Hartnäckigkeit von bleibenden Ausfallserscheinungen, wie Hemiplegie und Aphasie, bei Verstopfung grösserer Aeste. Es ist wichtig, diesen Unterschied zweier Verlaufsformen der Hirnsyphilis auch für die psychischen Erscheinungen im Auge zu behalten. Da ausserdem fast immer gleichzeitig eine starke Entzündung der Hirnhäute besteht, die eine Verklebung oder Verwachsung mit der Hirnoberfläche an der Convexität bewirkt, so haben wir, ohne weiter einzugehen auf sonstige syphilitische Vorgänge,

wie z. B. die häufigen Erkrankungen der Schädelknochen, anatomische
Verhältnisse, die uns sowohl die Aehnlichkeiten wie die Unterschiede
zwischen der typischen Dementia paralytica und dieser syphilitischen Erkrankung bis zu einem gewissen Grade erklären können. Begleiterscheinung der Hirnsyphilis ist vor allen Dingen der ausserordentlich
heftige Kopfschmerz, der sehr hartnäckig ist und sich besonders
Nachts zu steigern pflegt; dadurch tritt auch die Schlaflosigkeit sehr in
den Vordergrund. Sehr wichtig ist ferner umschriebene insel-
förmige Gefühllosigkeit, namentlich in der Gesichtshaut, die
gleichzeitig mit Lähmung des Oculomotorius beobachtet wurde. Auch
andere Hirnnerven sind gelähmt, meistens aber ist die Flüchtigkeit und
der Wechsel der Erscheinungen auffallend. Dazu kommt noch ein buntes
Nebeneinander von Ausfallserscheinungen in anatomisch getrennten
Gebieten, z. B. von linksseitiger Körperlähmung neben Aphasie, kreuz-
weiser motorischer Schwäche des rechten Schenkels und des linken Armes.
So sind auch Ptosis auf dem einen Auge und Abducenslähmung auf dem
andern, Oculomotoriuslähmung links, Fäcialislähmung rechts, Erscheinungen,
die sich nicht auf einen einheitlichen Sitz zurückführen lassen. Die
Pupillenreactionen sind mannichfaltig, daher nicht differentialdiagnostisch
entscheidend gegenüber der echten Paralyse. Diese Zustände entwickeln
sich schleichend, niemals plötzlich, ebenso verschwinden sie
meistens allmählich. Ein völliger Verlust des Bewusstseins pflegt
nicht dabei vorzukommen, dagegen werden eigenthümliche rauschartige
Zustände beobachtet, aus denen die Kranken durch Anrufen nur unvollständig zu erwecken sind, aber zeitweise überraschend verständige Antworten geben, um dann schnell wieder in tiefen Schlaf zu verfallen.

Auch die geistigen Störungen sind im Allgemeinen gekennzeichnet
durch die Halbheit und Unvollständigkeit der Erscheinungen bei
Verödung kleiner Gefässe. Natürlich kommt es dabei immer auf den
Ort im Gehirn an, an dem sich die Erkrankung vorzugsweise entwickelt
hat. Die Verbreitung über das Stirnhirn bedingt Krankheitsbilder, die
der paralytischen Seelenstörung nahe verwandt sind; meistens ist es
die rein demente Form, der man hier begegnet. Schon in der Zeit
der Vorboten der eigentlichen vollen geistigen Störung ist die Mannichfaltigkeit und Wandelbarksit der klinischen Bilder eine ver-
wirrende, nur die geistige Schwäche tritt auffallend früh hervor; das
Gedächtnis, überhaupt die geistige Leistungsfähigkeit sinken rasch, höhere
Gefühle stumpfen ab und grosse Reizbarkeit und Launenhaftigkeit
stellen sich dafür ein. Der Gesichtsausdruck ist ein stumpfer. Heftige
Aufregungszustände können sich an die bis dahin nur wenig ge-
würdigten Vorboten anschliessen und den Uebergang zu der deutlicheren

Dementia vermitteln; ebenso werden heftige Angstzustände mit schreckhaftem Inhalt der Sinnestäuschungen zuweilen beobachtet. Die grösste Aehnlichkeit gewinnt das Krankheitsbild mit der paralytischen Seelenstörung, wenn sich den paralytischen ähnliche Anfälle und Sprachstörungen einstellen.

Auch die Dauer des Verlaufes ist eine sehr verschiedenartige und lässt sich in keiner Weise vorher bestimmen, da plötzliche Besserungen und Verschlimmerungen, ja auch ganz unerwartet der Tod in einem paralytischen Anfall vorkommen. Der fortschreitende Schwund des Gehirns kann nach einiger Zeit des Bestehens der Krankheit den wahrscheinlich durch Hirnschwellung entstandenen heftigen Kopfschmerz verschwinden lassen, doch begleitet er zuweilen den ganzen Krankheitsverlauf.

Nun könnte man glauben, die sicherste Begründung zu gewinnen durch den Nachweis der einmal stattgehabten syphilitischen Ansteckung, wenn nicht mannichfache Schwierigkeiten dem entgegen stünden. Man findet Menschen, die mit Bereitwilligkeit eine solche eingestehen, jede Gonorrhoe und jeden Schanker gleichwerthig als Syphilis bezeichnen mögen, andererseits gibt es Personen, die um keinen Preis auch nur die Möglichkeit einer Ansteckung zugeben und ohne Bedenken wahren Thatbestand ableugnen. Zwischen diesen Schwierigkeiten ist schwer durchzufinden; Frauen wissen zuweilen überhaupt gar nicht, dass sie syphilitisch waren. Man kann dann oft durch harmlose Fragen nach früheren Ausschlägen, die nicht juckten, nach langwierigen Halsleiden, Knochenschmerzen, Frühgeburten, vom Kranken selbst oder von den Angehörigen gewisse Anhaltspunkte gewinnen.

Erleichtert wird die Diagnose natürlich sehr durch Narben, Knochenauftreibungen, Bubonen u. s. w. In zweifelhaften Fällen darf man auch eine versuchsweise Behandlung mit Jodkalium oder eine Schmiercur unternehmen, deren günstige Erfolge dann zu kühnerer Fortsetzung dieser Behandlung führen werden. Denn so vorsichtig man mit diesen eingreifenden Methoden bei der einfachen paralytischen Seelenstörung sein soll, so sicher ist es, dass eine anhaltende antisyphilitische Behandlung berechtigt und nothwendig ist, sobald man Lues cerebralis festgestellt hat. Dies wird um so wichtiger, je näher der zeitliche Ausbruch der Hirnerscheinungen der Infection liegt; dann wird die Prognose eine entschieden günstige, nimmt aber mit der Entfernung von jenem Zeitpunkte rasch und in hohem Grade ab. Sonst hüte man sich vor längeren, dann immer nur schwächenden Einwirkungen. Nutzlos sind Inunctionen bei hereditärer Lues, welche übrigens mehr zu der paralytischen als zu der hier besprochenen Form der Demenz zu führen scheint.

Diffuse Hirnsklerose, Gliose u. s. w.

Bei der diffusen Hirnsklerose entwickelt sich eine ausgedehnte Vermehrung des Bindegewebes in einer Halbkugel oder in beiden, zuweilen auch nur auf einzelne Theile beschränkt, doch von der inselförmigen Sklerose dadurch unterschieden, dass die Uebergänge zu den nicht ergriffenen Theilen allmählich, nicht deutlich abgesetzt sind. Die Gehirnsubstanz ist eine sehr feste und für das schneidende Messer sehr schwer durchtrennbar. Ein Schwund der Hirnmasse pflegt sich anscheinend nur sehr langsam auszubilden.

Die motorischen und sensiblen Störungen sind vorzugsweise halbseitig; namentlich rhythmische Zuckungen in einzelnen Theilen der gelähmten Seite, auch Zittern sind bezeichnend. Das Alter der Befallenen, die meistens Männer sind, ist zwischen 30 und 50 Jahren.

Die Gliose der Hirnrinde beschränkt sich auf die oberflächlichen Rindenschichten, in denen die Glia stark gewuchert ist; dieser Vorgang geht einher mit Höhlenbildung und Schwund der nervösen Elemente. Die Krankheit entwickelt sich meistens in früher Kindheit mit Krämpfen und geistiger Reizbarkeit, später nimmt sie auch die Form des paralytischen Blödsinns an, oft in Verbindung mit Opticusatrophie und Zeichen der Tabes.

Auch nach Erkrankungen der Hirnhäute kann die Hirnrinde erkranken, so dass zahlreiche Krankheitsbilder mit den verschiedenartigsten Begleiterscheinungen namentlich in motorischen Gebieten auftreten können, in denen ein fortschreitender Blödsinn sich bemerklich macht.

Herderkrankungen des Gehirns.

Wenn heftige eitrige Entzündungen des Gehirns, die zur Abscessbildung führen, psychische Störungen bedingen, so treten diese meistens in den Hintergrund. Meistens bildet sich nach den ursächlichen Schädlichkeiten bald eine tiefe Benommenheit des Bewusstseins aus, die ein deutliches Hervortreten einzelner geistiger Störungserscheinungen verhindert. Dadurch verliert auch die diagnostische Verwerthung mancher Herderscheinungen ihre sonst so grosse Bedeutung; jedenfalls können chirurgische Eingriffe zur Entfernung des in Schmelzung übergehenden Hirngewebes im Beginn heftiger eitriger Entzündungen nicht so leicht gewagt werden, ehe mit Sicherheit ans länger bestehenden Ausfallserscheinungen ihr Ort nachgewiesen ist. Die Entstehung durch Verletzungen oder Ohrentzündungen kann natürlich schon sicherere Anhaltspunkte verschaffen. Sobald aber der Verlauf chronischer geworden ist, werden einzelne bestimmtere Zeichen psychischer Störung die Aufmerksamkeit auf sich lenken. Dasselbe gilt von der ganzen grossen Gruppe der verschiedenen Hirngeschwülste, ferner von den Folgezuständen einer Hirnblutung, sei sie nun durch eine Embolie oder Thrombose mit folgender Erweichung bedingt: im Allgemeinen gilt dann natürlich die Regel, dass die psychischen Erscheinungen abhängig sind von der Ausdehnung, in der die Hirnrinde ergriffen ist, doch sieht man zweifellos auch deutliche Abschwächung der Intelligenz beim Sitz der Herde in Hirntheilen unterhalb der Hirnrinde sowie im Hirnstamm.

Die Unterscheidung raumbeschränkender Geschwülste von einfachen Erweichungsherden soll hier angedeutet werden. Im Allgemeinen haben Personen mit Hirngeschwülsten etwas Gedrücktes, sie sind meistens traurig und weinerlich, ziehen sich möglichst zurück und werden schliesslich theilnahmslos und stumpfsinnig. Daneben besteht Stimmungswechsel; Intelligenz und Gedächtnis zeigen meistens eine Abschwächung. Im späteren Verlauf werden trübe weinerliche Affecte häufiger: volle Psychosen sind seltener, dann tragen sie aber wohl immer das Zeichen des fortschreitenden Blödsinns. Je nach dem Sitz der Geschwulst ist sonst das Bild im Einzelnen sehr verschieden, selbst der häufige Kopfschmerz ist davon sehr abhängig. Stauungspapillen und Neuritis optica sind fast ausnahmslos in allen Fällen vorhanden, wo eine grössere Raumbeschränkung stattgefunden hat, sehr häufig sind auch Gesichtsfeldbeschränkungen. Wichtig ist für das mehr oder weniger deutliche Hervortreten psychischer Störungen die Schnelligkeit des Wachsthums einer Geschwulst: rasche Steigerung des Hirndrucks wirkt am schädlichsten. Dadurch sind diese Fälle manchmal besonders unterschieden von den psychischen Störungen bei Blutungen. Da letztere entsprechend dem Gefässverlauf besonders häufig Aphasie im Gefolge haben, so wird durch diese Ausfallserscheinung die Beurtheilung der Intelligenz des Kranken indessen oft sehr erschwert, er erscheint oft weit blödsinniger als er wirklich ist. Daran zu denken ist schon wichtig für den Umgang mit dem Kranken, den man tief verletzen kann durch unvorsichtige Aeusserungen über seinen Geisteszustand, die er klar versteht. Ferner wird man es wagen, ihn trotz mangelnder Sprache, schon bald nach einem Schlaganfalle testamentarische Bestimmungen treffen zu lassen, da er zuweilen Vorgelesenes versteht: er ist meistens nicht so benommen wie ein Kranker, der eine Hirngeschwulst hat. Nur bei längerem Bestehen der Aphasie leidet regelmässig auch der gesammte Ablauf geistiger Vorgänge. Im Uebrigen ist auch hier die Stimmung eine sehr reizbare, weinerliche, aber auch leicht umstimmbare.

Unter den Herderkrankungen des Gehirns, die mit psychischen Störungen verlaufen, verdient noch eine besondere Erwähnung die multiple Sklerose. Auch hier können fortschreitender Blödsinn und Sprachstörung völlig unter dem Bilde der paralytischen Seelenstörung verlaufen; nur Intentionszittern und Nystagmus leiten auf die richtige Diagnose, die wichtig ist, weil der Verlauf der Krankheit durchschnittlich ein viel langsamerer zu sein pflegt. Auch treten die Zeichen der Erkrankung des Rückenmarks meistens früher und deutlicher hervor als bei der Paralyse. Nach dem 40. Jahre entwickelt sich Sklerose nicht.

Im Allgemeinen gelangen die Herderkrankungen ziemlich selten in psychiatrische Behandlung und gehören mehr zu den eigentlichen Gehirnkrankheiten, da die psychischen Störungen nur ausnahmsweise vorwalten; diese entstehen aus diffusen Erkrankungen der Hirnrinde.

Die Behandlung richtet sich nach den Erscheinungen und ergibt sich daher aus den allgemeinen Regeln der Behandlung psychischer Störungen, wenn nicht die Diagnose einer syphilitischen Grundlage eine specifische Behandlung erfordert.

D. Imbecillität. (Angeborener Schwachsinn.)

Im Gegensatz zu dem später erworbenen Schwachsinn, der ohne scharfe Grenze in Blödsinnsformen übergeht, ist der angeborene und in frühester Kindheit erworbene zu untersuchen. Klinisch erscheint bei ersterem die geistige Schwäche meistens als Herabsetzung früherer Leistungsfähigkeit und Ausdauer sowohl auf intellectuellem wie ethischem Gebiete. Die ungenügende Uebereinstimmung der früheren sittlichen Anschauungen und der späteren Handlungen gehört zu den wichtigsten Zeichen der secundären Schwächezustände; es handelt sich um Anschauungen, die durch Erziehung und Sitte in den vollen Erwerb übergegangen waren und nach eingetretenem Abklingen der primären Psychose lückenhaft geworden sind.

Die Entstehung, weniger die Sache selbst stellt sich klinisch anders beim angeborenen Schwachsinn, der Imbecillität dar. Hier ist es überhaupt nicht zum vollen Verständniss der Tiefe der sittlichen Anschauungen gekommen; der Mangel an Uebereinstimmung zwischen Sitte und Handlungen beruht auf einer Urtheilslosigkeit. Wo es sich weniger um vergleichende Geistesarbeit, mehr um Gedächtnisthätigkeit handelt, entwickeln sich vielfach hohe Grade von Schlauheit und Durchtriebenheit, wenn bestimmte Ziele vorschweben. Sonst beschränkt sich die Beobachtung und Erkenntnis der Aussenwelt auf das unmittelbar Gegebene und Naheliegende. Grosse Gesichtspunkte über die höchsten und wichtigsten Fragen des Lebens werden überhaupt nicht gewonnen, nur das Einzelne und Kleinliche wird beachtet. Der Gesichtskreis bleibt beschränkt auf die Zustände und Interessen der eigenen Person. Werden deren Bedürfnisse befriedigt, so kann das Leben eines solchen Menschen ruhig und harmlos verlaufen, im andern Fall aber wird man überrascht durch heftige Ausbrüche von Zorn und Gewaltthaten, die beweisen, dass Selbstbeherrschung und Unterordnung unter feste sittliche Anschauungen völlig fehlen. Die scheinbar so ruhige Stimmung entbehrt eben jedes inneren Gleichgewichtes; ist die Erregung verrauscht, so ist auch kein Bedauern oder Gefühl von Reue vorhanden, obwohl das Gedächtnis für das Geschehene klar ist. Die Unmittelbarkeit der Entschliessungen aus inneren Zuständen des Körpers zeigt die Verwandtschaft zu den triebartigen Handlungen der Idioten.

Wenn ein von Natur imbeciller Mensch im späteren Lebensalter von einer Psychose befallen wird, so zeigt ihr Verlauf bestimmte Eigenthümlichkeiten. Vielfach tritt etwas Läppisches und Albernes in den Vordergrund. Die krankhaften Aeusserungen des jeweiligen Verstimmungszustandes gehen weit über das gewöhnliche Maß hinaus und verlieren sich ins Ungeheuerliche und Abenteuerliche. Sowohl der Ausdruck des gehobenen Selbstgefühls wie der ängstlichen Selbsterniedrigung lässt sich mit dem Maßstabe des Möglichen und Fassbaren garnicht mehr messen. Es kommen Grade von Grössenwahn vor, wie man sie sonst nur in der paralytischen Seelenstörung kennt. Die Krankheit bietet in ihrem Verlauf überraschende und unvorhergesehene Wendungen. Jedenfalls sind viele Unbegreiflichkeiten und manches Widerspruchsvolle im Verlaufe der auf schwachsinniger Grundlage sich entwickelnden geistigen Störungen nur durch diese Grundlage zu erklären. Schwachsinnige geben zahllose Anlässe zu Zusammenstössen mit dem Recht und der öffentlichen Sitte. Klinisch ist der Unterschied zu beobachten, dass das Zurückbleiben höherer geistiger Gefühle deutlicher sein kann als die mangelhafte Ausbildung des Intellects. Wenn wir in diesem Zusammenhang erwähnen müssen, dass für diese Fälle der Name des moralischen Irreseins vielfach gebräuchlich ist, so geschieht das nur, um vor seiner Anwendung zu warnen; denn niemals besteht ein sittlicher Ausfall ohne Betheiligung der anderen geistigen Eigenschaften, Thatsache ist nur das Vorwiegen sittlicher Mängel. Vor allen Dingen möge man sich hüten an das Fehlen der sittlichen Gefühle gröbere anatomische Vorstellungen anzuknüpfen im Sinne örtlich umschriebener Mängel; dies würde der Weg sein, auf dem Verbrechen als einfache Ausfallserscheinungen der Gehirnthätigkeit erklärt werden. Die Moral ist aber aus der Verbindung der verschiedensten geistigen Anlagen hervorgewachsen, immer alle einzelnen Aeusserungen der geistigen Persönlichkeit durchdringend.

Aber die Unmöglichkeit, die höheren sittlichen Vorstellungen als innerstes Eigenthum für sich zu erwerben, bedingt die Unfähigkeit, ihren Werth für das Allgemeine zu verstehen. Dieser Schwachsinnige beschränkt eben alle seine Gefühle und Strebungen auf sich und seinen eigenen Vortheil. Wer geistig vollwerthig in der heutigen menschlichen Gesellschaft steht, muss jeder Zeit im Stande sein, die Gründe zu verstehen, die ihn von der rücksichtslosen Befriedigung seiner unmittelbaren selbstsüchtigen Neigungen zurückhalten sollen. Diese Fähigkeit mangelt aber dem in Rede stehenden Schwachsinnigen, trotzdem er mitten in einem Culturleben aufwächst, dessen Vorzüge er täglich geniesst, der in seiner Erziehung von Anfang an hingewiesen wird auf die Bedeutung von Religion und Sitte. Alle Erziehungsbemühungen, wie sie Familie und Schule anstrengen, haben keinen tieferen Einfluss, trübe Erfahrungen des späteren Lebens können darin Nichts mehr ändern. Wohl können die Gebote des Sittengesetzes eingelernt und gedächtnismässig richtig wiederholt werden, aber sie bleiben als solche todte Vorstellungsmassen, die benutzt werden als Aushängeschilder, während das Urtheilen und Handeln nur die Frage der Nützlichkeit oder Schädlichkeit ins Auge fasst. Darum drängen sich bei diesen Schwachsinnigen auch die elementaren Triebe in krankhafter Weise bei jeder Gelegenheit vor.

Der Mangel des Mitgefühls zeigt sich schon in früher Jugend in einer Neigung Thiere zu quälen und leiden zu sehen. Mindestens aber besteht Gleichgültigkeit gegen das Unglück der Mitmenschen, und seien es die nächsten Angehörigen; diese Kinder zeigen keine Anhänglichkeit an ihre Eltern und Geschwister. Von grossem klinischen Interesse ist dabei die Thatsache, dass in manchen Fällen die genannten und verwandte Erscheinungen in grossen Zeitabständen mit grösserer oder geringerer Deutlichkeit, gewissermassen periodisch auftreten. Auf dem Gebiete des Schwachsinns und der periodischen Geistesstörungen begegnet sich nicht so selten die berührte moralische Verkommenheit; in solchen Zuständen werden leichtere Vergehen und schwerere Verbrechen begangen. Schon als Kinder faul, naschhaft und lügenhaft, dadurch der Schrecken ihrer Eltern und Lehrer, verfallen jene Personen als junge Leute dem Landstreichen, begehen Diebstähle, da ihnen die Ausdauer zu geregelter Thätigkeit fehlt; unter ihnen sind geborene Verbrecher, namentlich Diebe zu finden; sie werden bald die Plage der Gemeinden und Behörden, sind

unverbesserlich durch Strafen und beachten das Gesetz nur wie polizeiliche
Vorschriften, deren Folgen zu vermeiden die ihnen wichtigste Aufgabe für
eine Zeit lang ist, bis auch dies ihnen gleichgültig wird und sie rücksichtslos und triebartig den eigenen Begierden nachlaufen. Unbezwinglich
ist dann die Neigung zur Masturbation und zur Befriedigung sexueller
Triebe; diese pflegen schon in früher Jugend hervorzutreten und als maßlose Ausschweifungen später fortzudauern.

Unsittlichkeit und Rohheit, Grausamkeit und Bosheit können dann
oft um so strafwürdiger erscheinen, als eine gewisse dialectische
Gewandtheit und planmässiges Handeln nicht so selten sich damit
verbinden; Wahnvorstellungen und Sinnestäuschungen fehlen. Es ist
dann schwer auseinanderzusetzen, dass auch auf intellectuellem Gebiet
Mängel vorliegen; und doch wird es in diesen Fällen gerade die wichtigste Aufgabe des Arztes, auch die intellectuelle Imbecillität nachzuweisen. Oft hilft uns hier eine Beobachtung, die beweist,
dass der gesammte Schwachsinn als eine Hemmung in der Entwicklung des geistigen Lebens angesehen werden muss. Solche
Menschen können in der Schule bis zu einem gewissen Zeitpunkte sich
erstaunlich gut und auf gleicher Stufe mit ihren Altersgenossen entwickelt haben, namentlich sich auszeichnen durch eine leichte Aneignung
und Erlernung von Dingen, die gedächtnismässig aufzufassen sind. Aufzufallen pflegt nur schon frühzeitig die Unbeständigkeit ihrer Aufmerksamkeit, eine häufige Zerstreutheit und Zerfahrenheit. Dann
aber bleiben sie fast plötzlich zurück, oft zur Zeit der Pubertät, aber
auch früher, können nicht mitkommen, wo es sich um selbstständige
Verarbeitung des Gelernten handelt. Es ist so als ob die innere Wachsthumskraft des Gehirns mit einem Male versagt. Schon bei der Wahl,
noch mehr bei der Ausübung eines eigentlichen Lebensberufes tritt dieser
Mangel weiter hervor. Vielleicht reden sie mit über viele Dinge, sind
aber unfähig zu einer geordneten Thätigkeit. Sie sind untaugliche, un-
praktische Menschen. Diese Thatsache muss man immer wieder in
das richtige Licht stellen, weil erst dann die sittlichen Mängel verständ-
licher werden. Stammen die Kranken aus einer Familie, die sonst nur
vollsinnige tüchtige Mitglieder aufweist, so wird durch den Gegensatz die
Natur des Schwachsinnes schon deutlicher zu machen sein. Ist die erbliche Belastung eine verbreitete, so wird uns Aerzten der krankhafte Zustand in solchem Zusammenhang um so klarer; aber dem Richter gegenüber muss man um so sorgfältiger die inneren Widersprüche des
Handelns zeigen. Und diese sind meistens auch nachzuweisen; denn die
Handlungen der Imbecillen lassen trotz scheinbarer Beweise von Schlauheit gleichzeitig oft die gewöhnlichsten Regeln der Klugheit ausser Acht.

Der Hauptzweck bleibt immer die augenblickliche Befriedigung, ob die dazu aufgewendeten Mittel im Verhältnis stehen, ist gleichgültig; weil dies nun häufig nicht der Fall ist, so kann die ungenügende Begründung der für einen unbedeutenden Zweck verwandten übergrossen Mittel die schwachsinnige Denkweise des Handelnden beweisen. Ein Diebstahl wird ausgeführt, um den Gewinn in lächerlich unnützen Dingen zu verwerthen. Mit allem Aufwand von List und betrügerischer Gesinnung wird die Ausführung eines Planes angestrebt, zu der ihnen sicher von Andern jeder ehrliche Vorschub geleistet werden würde, sobald sie sich darum bemühten, bei Dingen, die sie mit ungleich grösserer Bequemlichkeit und im Einverständnisse mit ihrer Umgebung hätten zu Ende bringen können. Sucht man nun von ihnen zu erfahren, warum sie so ohne fremde Unterstützung vorgegangen sind, so wissen sie das nicht anzugeben, sie hätten so handeln müssen, es habe ihnen ja auch Niemand geholfen. Zwischen Wunsch und That schiebt sich keine längere Ueberlegung, sondern die Ausführung geht die Wege der Triebe. Zuweilen wird eine gemeingefährliche Handlung durch Nachahmungstrieb ausgelöst, oder es besteht die Neigung, ähnliche Versuche bei Andern zu unterstützen; daher nehmen Schwachsinnige gern Partei für Andere, halten zusammen, um gemeinsam die Umgebung zu belästigen, zu hintergehen oder heimtückisch zu schädigen.

Noch tiefer sinkt die geistige Leistung, wenn nicht Begierden, wie eben erörtert, triebartige Entäusserung verlangen, sondern eine einfache Vorstellung genügt, um eine daran geknüpfte weitere in eine That umzusetzen. Diese Zwangshandlung unterscheidet sich aber doch wesentlich von der des Neurasthenikers; dieser kämpft beständig gegen die immer wieder auftauchende und eine Ausführung verlangende Vorstellung an; jener Schwachsinnige ist ohne Ueberlegung und inneren Widerstreit dem Spiel seiner Vorstellungen überlassen. Sehr erleichtert wird die Auslösung solcher impulsiver Handlungen durch A l k o h o l g e n u s s. Freilich begleiten d u n k l e G e f ü h l e diese Vorgänge, aber der Imbecille kann weder sich noch Andern über deren Zusammenhang mit seinen Vorstellungen und Handlungen Rechenschaft geben. Wohl scheinen manche Handlungen dadurch begründet, aber die p s y c h o l o g i s c h e Begründung findet dabei häufig mehr im Innern des Beobachters als des Handelnden statt; z. B. B r a n d s t i f t u n g e n von Schwachsinnigen ausgeführt, können als einzig verständlichen Grund die Befriedigung einer kleinlichen R a c h e bieten; dieser Zusammenhang kommt auch garnicht so selten vor, aber man muss sich hüten, ihn ohne Weiteres hineinzulegen, wenn die meistens jugendlichen Brandstifter erklärt haben, ohne Grund vorgegangen zu sein. Thatsächlich war an Feuer denken und es hervorrufen Eins, oder die kin-

dische Lust am flackernden Feuer Grund genug es anzulegen. In andern
Fällen ist das Heimweh Grund zur Brandstiftung durch einen Imbecillen; der Gedanke, dadurch den Aufenthaltsort verändern zu können,
genügt zur Ausführung der That: es ist dann wieder die schon erwähnte
rücksichtslose Auswahl der Mittel zur Erreichung des persönlichen Zweckes,
die keine Ueberlegung der sonstigen Tragweite der Handlung aufkommen
lässt. Die Unmöglichkeit höhere ethische Begriffe überhaupt zu bilden,
lässt so neben der moralischen immer auch die intellectuelle
Schwäche erkennen. Es ist daher neben dem Hinweis auf die Unfähigkeit, Vergehen als solche anzuerkennen — sie lieber als Dummheiten und
leichtsinnige Streiche zu erklären — die Feststellung des Schwachsinnes
immer zu erzielen durch den Nachweis der in irgend einer Weise hervortretenden intellectuellen Minderwerthigkeit, sei es nun eine geringe
Fassungsgabe oder eine geringe Leistungsfähigkeit. Die
Trägheit dieser Menschen ist Unfähigkeit : um einer Arbeit zu entgehen,
werden sie Landstreicher, Strafen machen sie noch widerstrebender, und
die Zahl der sogenannten Unverbesserlichen in den Strafanstal-
ten enthält manche verkehrt behandelte Schwachsinnige. In Pflege-
anstalten dagegen, wo ihnen entsprechend begegnet wird, können sie
oft noch einigermassen brauchbare, oft sogar sehr nützliche Mitglieder
werden. Aber selbst in der Anstaltszucht ist die schwachsinnige Eitelkeit, die ihnen vorspiegelt, sie leisteten besonders viel, nicht selten ein
grosses Hindernis für ihre Erziehung und den Versuch, sie der Haus-
ordnung fügsam zu machen.

Diese Formen des Schwachsinns, einerlei ob sie sich mehr auf mo-
ralischem oder rein intellectuellem Gebiet zeigen, die auch in den verschiedensten Stärkegraden vorkommen, haben im Allgemeinen etwas Abgeschlossenes und zeigen nicht einen unaufhaltsamen Fortschritt, wenn
die Jahre der körperlichen Entwicklung überwunden sind. Dass aber
eine gewisse periodische Art des Verlaufs der Erscheinungen sich auf
erblicher, neurasthenischer Grundlage zu erkennen gibt, erfuhren wir schon :
dazu kommt nun noch die prognostisch wichtige Thatsache, dass es
durch äussere zufällige Schädlichkeiten, wie eine Schädelverletzung oder
eine schwere körperliche Erkrankung zu einer länger andauernden Steigerung aller Erscheinungen kommen kann, die nach Beseitigung dieser
hinzutretenden Leiden wohl auch wieder verschwindet ; es bietet sich dann
eine scheinbare Genesung dar, wenn der ursprüngliche Schwachsinn überhaupt keinen hohen Grad hatte oder auch wohl ganz übersehen
war. Etwas Aehnliches ist der Fall zur Pubertätszeit; man thut gut
diese verhältnismässig günstige Aussicht nicht ganz aus dem Auge zu
lassen bei Stellung der Prognose; solche Steigerungen des ursprünglich

geringen Schwachsinns können sich noch nach einem Jahre gänzlich verlieren.

Eine Form geistiger Entwicklungsstörung, die Taubstummheit, bleibt von unserer Betrachtung ausgeschlossen, weil sie klinisch ein abgeschlossenes und zu umfangreiches Gebiet umfasst, als dass eine flüchtige Heranziehung genügen würde. Ueberhaupt sind geistige Entwicklungsstörungen, die auf Sinnesmangel beruhen, also besonders auch noch die nach Blindheit auftretenden, nicht eigentlich Gegenstände psychiatrischer Untersuchung; diese Abtrennung geschieht mehr aus praktischen als wissenschaftlichen Gründen, obwohl die Störung der geistigen Entwicklung natürlich nach der besonderen Ursache auch wieder wichtige Besonderheiten darbietet; bei der Taubstummheit sind sie noch bedeutender als bei früh erworbener Blindheit, weil Gehör und Sprache für die Vermittlung geistiger Entwicklung noch unersetzlicher sind als das Auge und die Schrift.

Imbecillität gehört zu den geistigen Störungen, die mit nachweisbaren anatomischen Veränderungen verbunden sind; gemeinsam ist ihr mit der Idiotie das Merkmal, dass diese Veränderungen aus frühester Zeit, meistens vor oder bald nach der Geburt stammen, d. h. sie sind Hemmungen aus der Zeit der grössten Entwicklung des Gehirns. Die Dementiaformen sind im Gegensatz dazu meistens später erworben oder Entwicklungshemmungen in späterer Zeit, z. B. Pubertäts- und Involutionsstörungen; wenn ihnen schon eine frühe Entwicklungshemmung zu Grunde lag, so blieb diese latent und bedurfte erst eines besondern Anstosses zum Hervortreten. Obwohl also Imbecillität und Idiotie nur gradweise in ihren anatomischen Veränderungen geschieden erscheinen, so sind abgesehen von einigen Uebergangsfällen die klinischen Bilder doch so scharf geschieden, dass man auch versuchen muss ihre anatomischen Grundlagen zu trennen.

Bei der Imbecillität sind die Veränderungen mit blossem Auge nicht sichtbar; es handelt sich um nur mikroskopisch erkennbare Entwicklungshemmungen in der Hirnrinde. Das Stehenbleiben auf einer frühen Stufe ist die Ursache mangelhafter Ausbildung functionstüchtiger Nervenzellen in der Hirnrinde nach Zahl und Form: in der Regel ist allerdings nur ein kleineres Gebiet, inselartig, in seiner Entwicklung vollständig zum Stillstand gelangt, aber die gesammte Rinde hat ihre Entwicklung nicht vollendet, besonders ist die normale Neubildung von Zellen während des Wachsthums der Rinde im ersten Lebensjahr nicht vorhanden. Die Beschränkung der Entwicklungsstörung auf verschiedene kleinere Gebiete erklärt uns die Verschiedenheit der Krankheitsbilder bei Imbecillen: sowohl ihre Verwundbarkeit gegenüber dem spätern Befallenwerden durch andere Formen geistiger Störungen, sowie das gelegentliche Erhaltenbleiben einzelner Functionen und Talente, die sogar einseitig zu hohen Leistungen erzogen werden können. Je nach der Stärke der Hemmung findet man Imbecille, die zeitlebens nur die Stufe 1—5jähriger Kinder oder etwa 6—12jähriger erreichen; die Zahl der letzteren ist gross und forensisch wichtig: ihr Sittencodex ist der des Kindes und kann auch nur so bestraft werden. Sie sind also nur bis zu einem gewissen Grade erziehungsfähig; ihre Sinne sind in der Regel normal entwickelt. Jedenfalls ist es als ein ausserordentlicher Fortschritt zu begrüssen, dass gerade diese Schwachsinnigen frühzeitig in den Schulen mancher grösseren Städte erkannt und in besondern Hülfsschulen gesammelt werden, um ihnen eine ihren Gaben entsprechende Erziehung zu geben; früher blieben sie zurück, wurden geistig und körperlich misshandelt, weil man sie verkannte. Jetzt gelingt es, Manchem Verständnis und Urtheil für Gesetz und Sitte beizubringen.

E. Idiotie. (Angeborener Blödsinn.)

Auch die Idiotie ist eine Entwicklungshemmung des Gehirns; war diese bei der Imbecillität im Wesentlichen auf mikroskopische Veränderungen in der Hirnrinde beschränkt, die oft nur inselförmig stärker hervortraten, so ist die anatomische Grundlage bei der Idiotie viel ausgedehnter. Sehen wir zunächst von Veränderungen im Schädelbau sowie im ganzen Centralnervensystem ab, weil es zweifelhaft bleibt, ob sie Folgen oder Ursachen der Hirnerkrankung sind, so ist auch die Entwicklungshemmung im Gehirn nicht auf die Hirnrinde beschränkt wie bei der Imbecillität; die Veränderung ist in der Regel schon makroskopisch erkennbar, entweder in Grösse oder Form des ganzen Gehirns oder im herdartigen Zurückbleiben einzelner Theile. Wenn man bedenkt, dass die Hemmungsbildungen der Idiotie schon im Keim angelegt sein können, in der Fötalzeit zu Stande kommen oder erst in den ersten Jahren nach der Geburt, dass auch von Aussen hinzutretende Schädigungen während dieser Zeiten verwandte Wirkungen herbeiführen können, so ist die Mannichfaltigkeit der anatomischen Bilder und der sich daraus abwickelnden Krankheitszeichen erklärlich. Dazu kommen die schon angedeuteten Missbildungen des Schädels und des ganzen Nervensystems, die vielleicht trophisch vom Hirn aus bedingt sind, gleichzeitige Entwicklungshemmungen der Sinne und Sinnesorgane. Viele Degenerationszeichen finden sich darum bei Idioten neben Blindheit mit und ohne Schielen, Taubheit, Sprachstörungen, Lähmungen und Contracturen. Die Krankheitsbilder der Porencephalie und der verschiedenen cerebralen Kinderlähmungen gehören hierher. Je nach der Stärke und Ausdehnung der zu Grunde liegenden Erkrankung finden wir nun Idioten, die den Imbecillen geistig nahe stehen, und solche im tiefsten Blödsinn, die ohne Bewusstsein, ohne Gedächtnis und ohne Apperception vollkommen dahin vegetiren.

Während abnorm grosse Gehirne, die meistens nur Mangel an normal gelagerten Zellen und Ueberschuss an Fasern zeigen (Kephalonen), näher zur Imbecillität stehen, so findet sich bei Idioten oft eine auffällige Kleinheit des Hirns verbunden mit einer solchen des Schädels. Nicht immer ist eine frühzeitige Verknöcherung der Nähte die Ursache dieser Mikrocephalie. Da gelegentlich mehrere, nicht alle Kinder derselben Mutter aus einer zweifellos erblich nicht belasteten Familie Mikrocephalen sind, so ist die Vermuthung ausgesprochen, dass die Ursache der Hemmung im Schädel- und Hirnwachsthum in bestimmten andern, mechanischen Verhältnissen zu suchen sei, wie z. B. in einer Behinderung durch die Eihäute, aber nicht im Uterus selbst, da sonst alle Kinder hätten mikrocephalisch werden müssen. Nur die bestimmte Form der Mikrocephalie beim Cretinismus scheint sicher auf eine vorzeitige Verknöcherung der Nähte am Schädelgrunde zurückgeführt werden zu müssen.

Bei der einfachen zur Idiotie führenden Mikrocephalie ist der Gesichtsschädel gut entwickelt, doch springen die Kiefer zuweilen stark vor; der knöcherne Hirnschädel dagegen und das Gehirn sind ausserordentlich klein, die Stirn flach. Obwohl nun die Windungen meistens in hohem Grade vereinfacht sind, so pflegen dabei die wesentlichsten Hauptfurchen doch mehr oder weniger gut ausgebildet zu sein; sehr selten sind die Windungen vollständig und vielfach nur in verkleinertem Maßstabe vorhanden. Dass in dem verkleinerten Gehirn aber auch noch zahlreiche andere Veränderungen beobachtet werden, unter denen Ungleichheiten der Hälften, das auffallende Hervortreten gewisser Furchen (Affenspalte), Hydrocephalus internus und Porencephalie, sowie die Ursachen der infantilen Cerebrallähmungen hier wieder zu nennen sind, lässt sich nur andeuten. Bei manchen Mikrocephalen ist das Gehirn noch viel kleiner, als der Schädel von Aussen erwarten lässt, wenn durch Hydrocephalus oder eine gewaltige Verdickung der Kopfknochen der Rauminhalt des Schädels auch von Innen weiter beschränkt ist.

Es zeigt sich eine Verschiedenheit des Krankheitsbildes, je nachdem die Entwicklungshemmung mehr die unter der Schädel kapsel liegenden Theile der Hirnrinde oder die am Schädelgrunde befindlichen Hirnabschnitte betrifft. Im ersteren Falle (sogenannter Aztekentypus) ist die Idiotie zwar auch eine grosse, aber die Möglichkeit der freien Entwicklung von Hirntheilen am Schädelgrunde, die die motorischen Bahnen enthalten, spricht sich darin aus, dass die Kranken sehr bewegliche Geschöpfe zu sein pflegen, sich vogelleicht bewegen und überhaupt zu wohlgeordneten Bewegungen befähigt sind; im Gegensatz dazu erscheinen die Kranken, bei denen eine Verkürzung des Schädelgrundes die in ihm liegenden Hirntheile in ihrer Ausbildung gehemmt hat, träge und unfähig zu feineren Bewegungen.

Kopfverletzungen, Entzündungen des Gehirns und seiner Häute können in den ersten Lebensjahren ein Stehenbleiben der geistigen Entwicklung auf frühester Stufe mit sich führen, gleichzeitig aber auch in vielen körperlichen Entwicklungsfehlern zum Ausdruck gelangen; diese Entartungszeichen (s. o.) sind dann nicht ohne Weiteres zu unterscheiden von den Erscheinungen körperlicher Degeneration, welche schon früher im Fötalleben entstehen und daher auch eine angeborene Idiotie begleiten. Dahin gehören noch verschiedenartige Schädelverbiegungen, bei einem unförmlichen Wasserkopf die nach unten gedrückten und weit aus einander stehenden Augenhöhlen; Schielen, Schiefstand und Fehlen von Zähnen, kielförmiges, schmales und hohes Gaumengewölbe; Spaltbildungen im Gaumen und in den Regenbogenhäuten; Missbildungen der Genitalien, überhaupt das ganze Heer der früher beschriebenen Degenerationszeichen; auffallend sind auch die spatenähnlichen Gliedmassen. Bei später erworbener Idiotie bleibt der Gesichtsausdruck intelligenter als bei der sofort angeborenen.

Ohne zu vergessen, das die Grade der Idiotie und ihrer körperlichen Begleiterscheinungen eine ganze Stufenleiter bilden, wenden wir uns zu Einzelheiten in ihrem klinischen Bilde. Wesentliche Grundlage ist von frühester Zeit an bei allen Idioten ihr Mangel an Aufmerksamkeit; völlige Unfähigkeit oder hochgradige Erschwerung der Aufmerksamkeit tritt um so stärker hervor, als begleitende Affecte, auf denen jedes Aufmerken sich aufbauen muss, nur ausserordentlich schwach ausgelöst werden; daher werden aus den sinnlichen Eindrücken überhaupt nur sehr wenige Vorstellungen gebildet, diese sind auch so flüchtig und oberflächlich, dass sie alsbald wieder schwinden. Die Verarbeitung ihrer halbsinnlichen Vorstellungen ist eine ungenügende, sie werden nicht mit andern zum wirklichen geistigen Besitz verknüpft; es fehlt an einem festen geordneten Gedankeninhalt, der die Willenstriebe bestimmt, es fehlt ferner das Verständnis für geistige Werthe, die über die dunklen Gefühle und Triebe des eigenen Innern hinausführen. Dieser Mangel an Verständnis tritt um so mehr hervor, je mehr die Sprache in ihrer Entwicklung und Ausbildung gehemmt ist; die Möglichkeit der Erziehung und des geistigen Weiterschreitens hängt ja ganz wesentlich von der Vermittlung durch die Sprache ab. Diese ist nun sowohl in ihren äusserlichen Mitteln wie als Vorgang des innerlichen Sprechens gestört und unvollkommen, bis herab zu ihrem völligen Mangel. Selbst wo die Sprache aber ziemlich vollständig erlernt wird, beschränkt ihr Gebrauch sich gewöhnlich auf wenige, oft nur auswendig gelernte Ausdrücke und Sätze. Dies liegt in der Gleichgültigkeit und dem Mangel an Interesse für äussere Vorgänge. Je mehr die Aufmerksamkeit für einige Zeit erregt werden kann, wird auch das Sprechen fertiger und ein zunehmender Verkehr zur Aussenwelt vermittelt. Je mehr Sinne in diesen Verkehr gezogen werden, desto besser sind die Aussichten zur Fortbildung eines Idioten; daher ist es für ihren Unterricht der oberste Grundsatz, gleichzeitig mehrere Sinne in Anspruch zu nehmen und gleichzeitig Gesicht, Gehör und Gefühl anzuregen. So erklärt sich auch die besondere Schwierigkeit der Erziehung von Kindern mit Sinnenmangel. Grosse Schwierigkeiten macht die Erziehung von Idioten besonders deshalb, weil sie oft kein Verständnis oder keine Aufmerksamkeit für kindliches Spiel haben, dies mächtigste Hülfsmittel der Erziehung überhaupt.

Wo nun ein Idiot den gewöhnlichen Lehrstoff einigermassen sich angeeignet hat, da beschränkt sich der Inhalt seines geistigen Lebens doch auf einzelne Vorstellungskreise; in einzelnen Fällen werden dann einseitige Fähigkeiten und Talente in merkwürdiger Weise ausgebildet, vielfach aber auch nur triebartig und halbbewusst, wobei eine mechanische Gedächtnisarbeit wohl meistens die Hauptsache ist; daher sind Zahlenkunststücke auch hier am häufigsten die glänzendsten Leistungen dieser Menschen.

Im Uebrigen bleibt alles höhere Streben ausgeschlossen und knüpfen sich alle geistigen Vorgänge immer nur wieder an persönliche Empfindungen. Freude und Schmerz gehen vielfach nur von körperlichen Zuständen aus, oder sie scheinen auch, vollkommen grundlos, aus undurchschaubaren Aenderungen in den Zuständen des Gehirns unmittelbar zu entstehen. Die stehend gewordene Art dieser Gemüthsbewegungen gibt schon auf der untersten Stufe dem Einzelnen etwas Besonderes, seine eigene besondere Gemüthsart. Es stehen sich dabei zwei Arten gegenüber: einerseits ein finsteres, oft wahrhaft thierisches und äusserlich abschreckendes, plumpes Wesen, andererseits Geschöpfe, die bei völliger geistiger Werthlosigkeit immer freundlich und heiter erscheinen, die in immer — über Nichts — lächelnden Zügen und sanften Augen den Ausdruck der Gutmüthigkeit und Herzlichkeit tragen. Diese sich entgegengesetzten Formen der Idiotie unterscheiden sich auch nach der Leichtigkeit, mit welcher die Aufmerksamkeit angezogen und abgelenkt werden kann. Die stumpfen Idioten sind gewöhnlich nur schwer aus ihrem Hinbrüten aufzurütteln, wenn nicht gelegentlich ein gestörter Trieb heftige, ganz unerwartete, dann unbändige Wuthausbrüche auslöst, die sich nicht selten gegen die eigene Person richten, während ein zorniger Imbeciller sich zu schonen pflegt. Dagegen wandert bei den beweglichen Idioten die Aufmerksamkeit bald hierhin bald dorthin, auch die äusserliche Unruhe und Beweglichkeit äussert sich in Händeklatschen, zwecklosem Umherspringen, Lachen und Schreien. Auch bei ihnen werden die Bestrebungen hauptsächlich durch Triebe, wie besonders durch das Nahrungsbedürfnis angeregt; dieses bildet vielfach den Mittelpunkt aller geistigen Vorgänge. Auf den tiefsten Stufen der Idiotie werden ohne Auswahl alle Gegenstände in den Mund gesteckt, und daneben ist ein solches Geschöpf nicht einmal wie das Thier im Stande, sich seine Nahrung zu suchen; hülflos, unrein, ohne geistige Regung, ist es eine Masse, deren Thätigkeit sich nur auf die Befriedigung der wenigen eigenen Triebe beschränkt. Der Geschlechtstrieb tritt einzeln brunstartig auf; auch die häufige Hemmung in der Entwicklung des Genitalapparates ist meistens begleitet von schwachen sexuellen Trieben.

Der Bewegungstrieb erleidet oft eine Einschränkung durch motorische Störungen der verschiedensten Art. Dahin gehören vor allen Dingen Krämpfe; bald sind sie beschränkt auf die Zehen, einen Arm, ein Bein, nach Art halbseitiger Athetose, oder sie sind allgemein mit den besondern Kennzeichen der Chorea und Epilepsie. Die letztere Krampfart ist die häufigste und darum schon wichtigste, dann aber noch um so beachtenswerther, als sie die Prognose sehr trüben muss. Während im Allgemeinen die Idiotie ein auf seiner anfänglichen Höhe stehen bleibendes Leiden ist, so dass ihre geringeren Grade fortschreitende Verblödung ausschliessen, ist diese zu befürchten, wo sich Idiotie mit Epilepsie verbindet; andererseits aber kann man in solchen Fällen auch wieder hoffen, eine Verblödung zurückzuhalten, wo es gelingt, die Epilepsie wirkungsvoll zu bekämpfen.

Von paralytischen Zuständen der Glieder werden manche Idioten befallen; viele können weder stehen noch gehen, bei andern besteht Schwierigkeit, beim Gehen das Gleichgewicht zu halten. Daneben finden an den Beinen oft noch krampfhafte Bewegungen statt, durch Verbindung mit Erkrankungen des Rückenmarks kommen mannigfache schwere Krankheitsbilder zu Stande, wobei Schwund einzelner Muskelgruppen und Contracturen der Glieder die äussere Erscheinung der Kranken kennzeichnen. Bei schweren Graden der Idiotie fehlen solche Begleiterscheinungen, die auf schwere anatomische Erkrankung deuten, selten; aber auch in leichteren Fällen sieht man nicht nur eine kraftlose Haltung des Körpers, unsichern Gang, unbehülflichen Gebrauch der Hände, sondern auch noch manche Andeutungen spastischer und paralytischer Muskelleiden, mangelhafter Entwicklung oder Schwundes einzelner Muskeln oder einer ganzen Körperhälfte. Wo die Körperbildung eine Misstaltung nicht aufweist, wie bei der erwähnten beweglichen erregten Form, erinnern stets fortgesetzte, schaukelnde und schwankende Bewegungen an Chorea, es sind zwecklose Zwangs- oder Triebbewegungen; oder sie sind Spielerei, wie z. B. Schnauben und Blasen mit dem Munde, das häufig auch noch von einförmigen singenden und murmelnden Tönen begleitet ist, die eine Art Takt angeben.

Zu motorischen Störungen gehört auch die Erschwerung des Sprechens, doch ist die Höhe der Idiotie daran nicht regelmässig zu erkennen, weil daneben ein verhältnismässig gutes Verständnis für Gehörtes bestehen kann. Freilich zeigt der vorzugsweise Gebrauch von Infinitiven und einzelnen Interjectionen, dass ebenso oft auch eine central bedingte intellectuelle Schwäche vorliegt, als eine Behinderung des Aussprechens.

So deutlich nun neben solchen Erscheinungen die geistige Schwäche oder der gänzliche Mangel geistiger Thätigkeit sein kann, so wird die Scheidung der Idiotie von der Imbecillität schwerer, wenn die körperlichen Entwicklungsfehler schwächer angedeutet sind: es ist dann oft die Scheidung nur eine willkürliche und zeigt die geistige Schwäche auch in beiden Fällen keine wesentlichen Abweichungen. Idioten geringeren Grades können bis zu einem gewissen Grade brauchbare Glieder der Gesellschaft sein, insofern sie eine eingelernte, gewohnte Beschäftigung gut verrichten, weil sie ihr die ganze Aufmerksamkeit zuwenden und sich von ihr nicht so leicht ablenken lassen; im Gegensatz dazu fehlt einem Imbecillen oft die Ausdauer und Arbeitslust; aber jene Leistung des Idioten ist maschinenmässig, eine selbstständige Abänderung findet nicht statt, eigene Gedanken kommen nicht hinzu. Kein zielvolles Streben ist vorhanden, es fehlt die Fähigkeit, das Erlernte in selbstständiger Weise anzuwenden, und der Stillstand auf einer gewissen mühsam erreichten Entwicklungsstufe ist ein vollkommener; diese Grenze bildet mindestens die Pubertät, wenn sie nicht schon früher erreicht wird. Das bis dahin Erreichte ist dann nichts Anderes als Dressur.

Ueber die Prognose der Idiotie ist wenig mehr zu sagen als über die der Imbecillität; für die Heilung ganz ungünstig, kann eine Besserung nur auf pädagogischem Wege erzielt werden. In den höheren Graden der Idiotie sind die Kranken durch die eigene Unfähigkeit, sich schädlichen Einflüssen zu entziehen, manchen Schädlichkeiten ausgesetzt, die ihr Leben verkürzen; Verletzungen, Verdauungsstörungen und besonders, Lungenschwindsucht gehören dahin.

Die Behandlung jugendlicher Idioten, soweit sie eine erziehende sein kann, wird der Arzt immer anrathen und daher frühzeitige Versetzung in eine Idiotenanstalt unterstützen. Bei älteren Idioten beschränkt sich die Behandlung auf die einzelnen Erscheinungen und richtet sich dabei nach den allgemeinen bekannten Regeln. Während man den unaufmerksamen Imbecillen durch kleine Schmeicheleien sowie durch kleine Belohnungen fesseln, andererseits durch strammes Anhalten zu angespannterer Thätigkeit veranlassen kann, nützen bei einem Idioten höheren Grades solche Mittel nichts mehr. Strafen halten Imbecille meistens noch leichter im Zaum als Idioten, da sie furchtsam sind. Sowohl bei Imbecillen wie bei nicht zu tief stehenden Idioten sollte man die Vorsicht gebrauchen, Strafen allein mit ihnen vorzunehmen, da die Gegenwart Anderer beim Ausschelten, bei der Entziehung von Speisen oder kleinen Genussmitteln, sie verleitet, sich als Märtyrer aufzuspielen und ihnen dadurch Befriedigung bei fortgesetztem Widerstand bietet. Daher ist eine Isolirung für einige Stunden häufig das einfachste Mittel, diese Idioten und Imbecillen fügsam zu machen. Sonst ist aber beständige Aufsicht die erste Regel, da sie allein gelassen, gern ihre Kleider zerreissen, wenn sie zornig werden, oder wohl gar anfangen zu schmieren, nur um ihr Wartpersonal zu ärgern, indem sie ihm Last und Mühe machen. Der Imbecille steht durch seine selbstsüchtigen, boshaften, gemeingefährlichen und unlenksamen Triebe und Handlungen sonst in vollem Gegensatz zu den gemeinsamen Interessen der menschlichen Gesellschaft, während der geistig nur unvollkommen entwickelte, aber gutmüthige, darum doch noch bis zu einem gewissen Grade erziehungsfähige Idiot der Gesellschaft unschädlich ist, überhaupt ganz ausserhalb ihr steht.

Zur angeborenen Idiotie ist der endemische **Cretinismus** zu stellen; der Blödsinn ist hier allerdings nur Theilerscheinung, denn der Kropf und die Verunstaltung des Körpers, namentlich des Schädels gehören dazu. Die Entstehung durch eine Erkrankung der Schilddrüse ist sehr wahrscheinlich; es ist Cretinismus anzusehen als nicht angeboren und nicht eigentlich ererbt, vgl. u.; er wird erworben, aber so früh, dass er eine Entwicklungshemmung bedeutet wie die Idiotie; er unterscheidet sich dadurch wesentlich von dem im spätern Alter erworbenen myxödematösen Irre-

sein, welches eine Folge des Schwundes der Schilddrüse ist (vgl. S. 29).
Die eigenthümliche myxödematöse Schwellung der Haut findet sich übrigens
oft bei Cretinen, ist indessen von Fettwucherungen zu unterscheiden. Die
Entwicklungsstörung beginnt meistens im ersten Lebensjahr, die geistige
Störung zeigt sich deutlicher im fünften Jahr und pflegt der dauernde
Stillstand diesem Alter zu entsprechen. Vorzeitiges Aufhören der Knochen-
bildung hemmt das Längenwachsthum, daher sind die Cretinen meistens
Z w e r g e; obwohl der K o p f verkleinert ist, erscheint er doch v e r-
h ä l t n i s m ä s s i g g r o s s, da er sich auf einem kleinen, untersetzten,
oft noch kindlichen, vielfach auch unförmlich aufgetriebenen Leibe befindet. Die G e s i c h t s z ü g e sind alt und hässlich, dabei kindisch. Dicke
Lippen, wulstige Augenlider, tiefliegende Augen zwischen breiter, an der
Wurzel eingedrückter aufgeworfener Nase, gedunsene schwammige Haut
des Gesichts und hochgradige Vergrösserung der S c h i l d d r ü s e vervollständigen das eigenthümliche Bild. Der Cretinismus als Endemie ist
überall von K r o p f begleitet und in endemischer Verbreitung nur i n d e n
g r o s s e n G e b i r g s s t ö c k e n und ihren Ausläufern zu finden, so in
tiefen Thälern der Alpen, Pyrenäen, Cordilleren und der Felsengebirge
Nordamerikas, im Kaukasus und Himalaya, in den Hochgebirgen Chinas,
viel seltener auch in niedrigen Gebirgszügen; sonst kommt er auch auf
Donauinseln und zuweilen s p o r a d i s c h vor. Als Ursache sieht man
in der Regel eine Infection an, die bedingt ist durch Bestandtheile schlechten
Trink- und Grundwassers, wie es sich in feuchten und zeitweise heissen tiefen
Gebirgsthälern findet. Ein solches Miasma wird jedenfalls durch schlechte
Nahrung, häufig auch Mangel an Sonne während des grössten Theiles des
Jahres gerade in jenen Gegenden sehr unterstützt. Obwohl e r b l i c h e E i n-
f l ü s s e nicht ganz ausgeschlossen sind, so scheint doch diese ö r t l i c h e
I n f e c t i o n dazu kommen zu müssen. Dafür spricht z. B. der Umstand,
dass die deutlichen Zeichen des Krankheitszustandes sich erst einige Mo-
nate nach der Geburt oder noch später einzustellen pflegen, dass auch
Kinder g e s u n d e r eingewanderter Eltern dem Cretinismus verfallen
können. Cretinen werden fast immer nur in jenen Gegenden gezeugt,
selten erzeugen cretinistische Eltern solche nach Auswanderung in andere
Gegenden. Wenn ein sporadischer Fall anderswo auftritt, so liegt wohl
keine versteckte Infection zu Grunde ; man wird aber eine Schädigung der
Schilddrüse als Zwischenglied immer finden; fehlt der Kropf, so ist die
Schwellung und Entartung schon vorausgegangen und bereits Schrumpfung
eingetreten. Es wird auch M a l a r i a als Ursache einzelner Fälle von
Cretinismus vermuthet.

So zweifellos die Schilddrüsenerkrankung als Ursache des Cretinismus anzusehen ist, so sind die Zustände von idiotischem Blödsinn viel-

leicht doch nicht als unmittelbare Folgen der Infection, wie beim Myxödem, anzusehen, sondern vermuthlich erst vermittelt durch die Verbildung des Schädels und die sich daran schliessende Hemmung in der Gehirnentwicklung. Eine frühzeitige Verknöcherung der Näthe am Schädelgrunde stellt die Cretinen auf eine Stufe mit den oben geschilderten trägen, regungsarmen apathischen Idioten.

Die Behandlung des Cretinismus hat daher auch nur dann Erfolge aufzuweisen, wenn Neugeborene und Kinder, die Zeichen des Cretinismus bieten, sofort aus den gefährdeten Gegenden entfernt werden; vorsichtiger Gebrauch von Thyreoidin bei etwas älteren Geschöpfen kann diese Maßnahme erfolgreich unterstützen.

III.

Geistige Störungen bei einigen allgemeinen Erkrankungen des Nervensystems und bei Vergiftungen.

A. Seelenstörung mit Epilepsie.

Obwohl die neuere Forschung die Grundlage der selbstständigen Epilepsie mit Sicherheit in bestimmten Theilen des Gehirns nachgewiesen hat, die aber in der Regel keine Veränderungen zeigen, so ist diese Krankheitsform doch nicht zu dem Abschnitt gestellt, in welchem es sich im Wesentlichen um Spannungszustände in einzelnen Hirntheilen handelte. Das anfallsweise Auftreten aller epileptischen Störungen zeigt freilich sehr deutlich, dass grade hier auch moleculare oder elektrochemische Vorgänge durch Häufung von Reizen eine bestimmte Spannung bedingen und dadurch den Anfall auslösen. Es gehört die mit Seelenstörung verbundene Epilepsie aber klinisch doch vielmehr zu einer Gruppe von allgemeineren Erkrankungen des Nervensystems, die wie die Hysterie und namentlich die Neurasthenie in allen ihren Erscheinungen, nicht nur gelegentlich, wie wir bei der Melancholie und Manie sahen, eine constitutionelle Grundlage oder Anlage deutlich ausgesprochen zeigen. Diese allgemeine constitutionelle Grundlage des ganzen Nervensystems, nicht nur des Gehirns, ist das Entscheidende; bei einem rüstigen vollkräftigen Nervensystem führt die gemeine selbstständige Epilepsie, die hier überhaupt selten und meistens nur in späterem Lebensalter auftritt, nicht zu schweren geistigen Störungen und deren Folgezuständen. Gemeinsam sind der Epilepsie bei rüstigen und minderwerthigen belasteten Individuen ausser den Krämpfen die anfallsweise auftretenden Bewusstseinsstörungen : deren Erweiterung aber und Abänderung zu weiteren geistigen Störungen setzt ein minderwerthiges Nervensystem voraus.

19*

Einigen geistigen Störungen, die mit epileptischen Anfällen und Zuständen verbunden oder gelegentlich von solchen begleitet sein können, sind wir schon begegnet, so namentlich bei der Idiotie und bei einigen Formen der Dementia.

Wenn man sonst die geistigen Störungen beachtet, die bei Epilepsie vorkommen, so sind grosse Verschiedenheiten auffällig, theilweise in deutlichem Zusammenhang mit der Heftigkeit und Häufigkeit epileptischer Anfälle. Obwohl es zweifellos Menschen gibt, bei denen nur ganz einzelne deutliche epileptische Anfälle beachtet sind, deren geistige Thätigkeit auch der peinlichsten Untersuchung ausserhalb der Anfälle keine Veränderungen bietet, so muss es doch im Allgemeinen als Regel gelten, dass der Epileptische, wenn auch oft sehr wenig, in seinem geistigen Leben berührt und geschädigt ist. Die leichteren Zustände von Reizbarkeit und geistiger Schwäche springen wenig in die Augen, es ist aber doch nothwendig zu wissen, dass sie als Anfänge schwererer geistiger Störungen in diese leicht übergehen können; dies ist ungefähr für ein Drittel aller Fälle von Epilepsie die Regel. Meistens ist eine leichte Veränderung des Charakters schon früh merklich, erst später drängen sich niedere Triebe in den Vordergrund unter allgemeiner Abschwächung der Intelligenz. Ausserdem gibt es noch eine Reihe eigenthümlicher Zustände, die nach Art und Verlauf sehr bezeichnend für die epileptische Grundlage sind.

Zunächst müssen wir uns über die Natur des einfachen epileptischen Anfalles verständigen. Am Wichtigsten ist die Störung oder der Verlust des Bewusstseins, während Krämpfe nur theilweise vorhanden sein oder ganz fehlen können. Neben ausgeprägten epileptischen Anfällen, deren Erscheinungen hier als bekannt vorausgesetzt werden müssen, gibt es leichte schwindelähnliche Zustände, in denen nur eine kurze, einige Secunden bis eine halbe Minute dauernde Abwesenheit des Bewusstseins, verbunden mit Unterbrechung einer angefangenen Thätigkeit ohne Krampf beobachtet werden kann. Ohne alle Vorboten mitten in irgend einer Beschäftigung, beim Arbeiten, beim Gehen, beim Essen hält der Kranke plötzlich inne, lässt sein Handwerkszeug, seinen Stock, seine Gabel fallen, starrt einige Augenblicke stier in die Luft, thut einen tiefen Seufzer, und der Anfall ist vorüber. Viele Kranke fahren dann nachher unbeirrt in der unterbrochenen Beschäftigung fort: sie vollenden das Wort, den Satz, in dem sie stecken geblieben waren; eine Clavierspielerin fuhr in dem Tacte fort, bei dem sie stehen geblieben war; ein Kartenspieler warf die Karte auf den Tisch, die er während des Anfalls in der Hand gehalten hatte. Klarheit darüber, dass dies echte epileptische Anfälle sind, gewinnt man am leichtesten dann, wenn diese Zustände mit schwereren Anfällen wechseln, die von

Krämpfen begleitet sind. Ausserdem findet man zahlreiche Uebergangs-
formen von diesen leichten Bewusstseinspausen zu tieferen Störungen, in
denen das Bewusstsein längere Zeit abwesend ist; auch die Deutlichkeit
einzelner Krampfzustände unterliegt zahlreichen Uebergängen. Neben
Blinzeln, Gesichterschneiden, Bewegungen der Lippen, der Zunge, des
Kopfes und der Finger in leichterer Art sieht man dann Anhalten der
Athmung mit leichtem Zittern des ganzen Körpers oder bewusstloses
Gradeauslaufen.

Hält man fest an der Thatsache, dass die Abwesenheit, die Pause
und Einengung des Bewusstseins grundlegende Zeichen
der Epilepsie sind, so gewinnt man erst das richtige Verständnis für
die mit Epilepsie verbundenen Seelenstörungen. Es gibt nämlich eine Reihe
von psychischen Störungen, die an die Stelle eines epileptischen Anfalles treten; wie wir später sehen werden, ist aber immer
ein traumhaft veränderter Bewusstseinszustand, tiefe Trübung,
oft das völlige Fehlen des Bewusstseins eines ihrer deutlichsten Kennzeichen. Dahin gehören zahlreiche sogenannte epileptische Dämmerzustände und eigentliche psychisch-epileptische Aequivalente;
ferner die epileptoiden Zustände. Es ergibt sich in diesem Zusammenhange auch sofort der Grund für das meistens völlige Fehlen der Erinnerung an die Zeit der Ereignisse im psychisch-epileptischen Anfall.
Aus der epileptischen Grundlage erklärt sich auch das oft fast plötzliche Auftreten der Seelenstörung, die ebenso wie der reine
epileptische Anfall in der Regel sehr rasch einsetzt und zuweilen blitzartig erscheint. Damit soll nicht gesagt sein, dass die Seelenstörung mit
Epilepsie ganz ohne Vorboten auftritt, denn oft findet man ähnlich wie
bei der einfachen Epilepsie eine Aura; nur pflegt sich die eigentliche
Psychose unvermittelter einzustellen. Eine gewisse Schwierigkeit liegt
aber darin, dass sich zwischen den periodisch auftretenden Anfällen,
wenn diese längere Zeit vorhanden waren, allmählich auch ausserhalb
der eigentlichen psychisch-epileptischen Störung ein eigenthümlicher Geisteszustand zu entwickeln pflegt, der von jener unmittelbar vorausgehenden
Aura unterschieden werden muss. Wir müssen daher diejenigen geistigen
Störungen, die sich vor, während oder nach einem epileptischen
Anfall entwickeln, welche als einfache Begleiterscheinungen gelten
müssen, abgrenzen gegen solche, die man bei den Kranken gewöhnlich
während der Intervalle feststellt. Erst dann dürfen wir übergehen
zu den echten epileptischen Psychosen, die die Zeit eines Anfalles überdauern, mit dem sie vielfach auch garnicht unmittelbar mehr verbunden sind.

Ebenso wie verschiedene körperliche Störungen, wie eine Art von
Unbehagen, Kopfschmerz, Erbrechen, Schmerzen als epileptische Aura

dem epileptischen Anfall vorauslaufen können, ebenso können einige Minuten oder Stunden vorher manche geistige und Charakteränderungen auftreten. Einige Epileptische werden einige Stunden **vor dem Anfall** traurig, übelnehmerisch, gereizt und streitsüchtig; andere zeigen eine auffallende Verlangsamung der Auffassungsgabe, Gedächtnisschwäche, stumpfe Gleichgültigkeit gegenüber höheren geistigen, namentlich ethischen Vorstellungen und Handlungen; diese können dadurch der Umgebung sichere Zeichen für einen herannahenden Anfall werden. Andere zeigen auch einige Stunden vorher eine ungewohnte Fröhlichkeit, ein gesteigertes Wohlbehagen, gewaltiges Vertrauen auf ihre Kräfte, hier und da gesteigert zu einem Zustande grosser Beweglichkeit und Geschwätzigkeit.

Intellectuelle Störungen, die dem Anfall nur einige Minuten vorausgehen, gehören diesem selbst schon unmittelbarer an; dies wird um so deutlicher, wenn ganz die gleiche Idee, Erinnerung oder Sinnestäuschung sich regelmässig wieder dicht vor jedem Anfall einstellt. So sehen die Kranken Flammen, Feuerkreise, oft die Farben Roth und Purpur, sie hören Glocken schlagen oder eine deutliche Stimme, die immer dasselbe Wort ausspricht; zuweilen endlich bemerken sie auch irgend einen Geruch oder Gestank. Diese Gedanken, Erinnerungen oder Sinnestäuschungen, die gewöhnlich bei verschiedenen Kranken abweichen und sie unterscheiden lassen, wiederholen sich in der Regel mit ausserordentlicher Gleichmässigkeit bei einem und demselben Kranken bei jedem neuen Anfall.

Aus dem oben Gesagten, dass der echte epileptische Anfall sich durch eine mehr oder minder grosse Trübung oder gänzliche Abwesenheit des Bewusstseins auszeichnet, geht schon hervor, dass besondere psychische Störungen in diesem Zeitabschnitt nur wenig bemerkbar sind; es verdient aber doch eine besondere Erwähnung, dass einige Kranke nach Ablauf des Krampfanfalls eine gewisse summarische Erinnerung bewahren von den Vorstellungen, die **während** desselben in ihrem benommenen Bewusstsein auftauchten; sie bezeichnen den Zustand dann als einen peinlichen schweren Traum, ein tiefes quälendes Leiden, es bleiben auch wohl heftige Gewissensbisse oder Gedanken an ein unbeschreibliches Unglück, ohne dass sie im Stande sind, diese Gefühle in der Wirklichkeit irgendwie zu begründen.

Wichtiger sind die psychischen Störungen **nach dem epileptischen Anfall.** Die Kranken sind dann meistens eine Zeitlang, einige Minuten oder Stunden, in einer Art Erstarrung, mehr oder minder deutlichem Stumpfsinn. Sie zeigen Schwierigkeit, ihre Gedanken zu ordnen und sich Rechenschaft zu geben über die Dinge und Personen in ihrer Umgebung; sie begreifen nur langsam und schwer. Einige bleiben Stunden lang in diesem Zustande, sind dabei sehr traurig und niedergeschlagen, andere werden von einer unbestimmten Angst umhergetrieben. Aber auch unmittelbar an den epileptischen Anfall können sich noch andere rasch vorübergehende geistige Störungen anschliessen; nach einigen Augenblicken der Erstarrung kann rasch eine grosse Heftigkeit auftreten und blinde Wuth, wahrscheinlich oft begleitet von schreckhaften Sinnestäuschungen, die sich in rücksichtsloser Gewaltthätigkeit und Neigung zum Zerstören ausprägt, ohne dass die geringste Erinnerung dafür zurückbleibt. Harmloser sind die Kranken, die dann eine Zeit lang geschwätzig werden und unruhig umhergehen.

Obwohl es sicher ist, dass geistig bedeutende Menschen an Epilepsie leiden und in den Zwischenzeiten ganz gesund erscheinen, so ist doch die Regel, dass bei längerem Bestehen auch nicht gerade zahlreicher epileptischer Anfälle der Geisteszustand in den Zwischenzeiten bestimmte eigenthümliche Veränderungen mehr oder weniger deutlich erkennen lässt. Der herrschende Charakterzug des Epileptischen ist seine Reizbarkeit. Die Kranken sind gewöhnlich misstrauisch, streitsüchtig, zornmüthig, auch übelnehmerisch und bei kleinen Anlässen gewaltthätig, ja auch ohne irgend eine äussere Veranlassung. Sie zeichnen sich aus durch beschränkten Eigensinn, kleinliche Rechthaberei, sind beständig verstimmt. Sehr auffällig wird diese reizbare Stimmung durch den häufigen Wechsel mit ganz entgegengesetzter Gemüthslage, in der derselbe Kranke ein schüchternes, furchtsames und verschlossenes Wesen an den Tag legt, Anordnungen aufs Wort folgt, ja eine völlige Unterwürfigkeit zeigt, die durch Zärtlichkeit und Höflichkeit noch geschmückt wird. Zu Zeiten tritt dazu ein trauriges, mürrisches und muthloses Wesen oder eine ungesunde, ganz unbegründete Heiterkeit. Der Wechsel dieser Zeichen kann ein ausserordentlich mannichfaltiger sein und Schwankungen unterliegen, die man nur schwer auf äussere Veranlassungen zurückführen kann. Eine allmählich zunehmende geistige Schwäche, die oft in geistigem Verfall und völligem Blödsinn endet, wird oft noch lange übersehen. In Haltung und Umgangsformen zeigen sich unsere Kranken gegen ihre Umgebung jetzt noch sehr verschieden: ihren Beruf erfüllen sie bald fleissig und aufmerksam; sie sind in dieser Hinsicht in den Anstalten für Epileptische meistens sehr nützliche Mitglieder, weil man auch versteht ihren Eigenthümlichkeiten aus dem Wege zu gehen oder die richtige Nachsicht ausübt. Auch hier aber kommen Zeiten vor, in denen sie völlig unfähig sind, ihre Pflichten zu erfüllen, dabei wohl auch noch ungefügig und unfreundlich werden. In unangenehmer Weise tritt sehr oft die Neigung zum Lügen auf; dazu kommen dann die an und für sich schon so hässlichen Eigenschaften, Neid und Eifersucht, die der Lügensucht neue Nahrung geben.

Epileptiker sind oft wahre Intriguanten und unglaublich erfinderisch im Lügen, dabei aber roh und rücksichtslos, sobald man sie darauf hinweist. Diese Menschen können durch ihr hämisches, lügenhaftes Wesen unleidlich werden, durch die rücksichtslose Gewaltthätigkeit unheimlich: aber wie die epileptische Grundlage treten auch diese Erscheinungen immer nur periodisch auf, so dass man überrascht werden kann durch Züge von Gutmüthigkeit und Liebenswürdigkeit, die das frühere selbstsüchtige Gebahren dann eine Zeit lang gern wieder vergessen lassen. Harmloser ist die Neigung vieler Epileptischer, sich selbst zu loben oder beständig das Lob ihrer vortrefflichen Familie auszuposaunen. Auch ihr Befinden loben sie, fühlen täglich, dass es besser wird.

Zuweilen begegnet man auch in der anfallsfreien Zeit bei Epileptischen einem süsslich frömmelnden bigotten Wesen, vielem Lesen in Bibel und Gesangbuch. In Rede wie Schrift wiederholen sie stereotyp dieselben religiösen Phrasen. Diese Erscheinung ist in allen Fällen um so abstossender, als sie sich fast immer mit einem Schwinden ethischer Gefühle im Handeln Anderen gegenüber verbindet.

Wenn wir uns nun dem eigentlichen epileptischen Irresein, der Seelenstörung mit Epilepsie zuwenden, so können wir einstweilen den Zusammenhang mit epileptischen Krämpfen ausser Acht lassen, da wir im Vorstehenden Anhaltspunkte genug gewonnen haben, um die psychischen Krankheitsbilder zu verstehen, wie sie sich im Anschluss oder an Stelle epileptischer Krämpfe entwickeln. Die periodische anfallsweise Wiederkehr von sehr rasch auftretenden heftig verlaufenden Erscheinungen, wobei entweder nur summarische Erinnerung oder völliges Vergessen des in einem Dämmerzustande Vorgefallenen beobachtet wird, ist das Bezeichnende einer solchen Seelenstörung.

Die vorübergehenden kurzen Dämmerzustände erinnern uns in mancher Beziehung an jene schon geschilderten Bewusstseinspausen. Der Zustand dauert mehrere Stunden oder Tage, besteht hauptsächlich in einer grossen Verworrenheit, auch häufig in grosser Angst, und ist oft begleitet von triebartigen Handlungen. Die Vorboten sind auch hier mürrisches Wesen oder Muthlosigkeit, gesteigert durch ein undeutliches Bewusstsein des Bevorstehenden nach wiederholten Anfällen. Ein abenteuerliches Umherschweifen beginnt, der Kranke ist die Beute einer unbestimmten ihn packenden Angst; zuweilen tauchen dabei Erklärungsversuche auf; die Kranken halten sich wohl für Verfolgte, für Opfer eines schändlichen Planes. Triebartig greifen sie zur Abwehr und Rache; Selbstmord und Mord kommen dann vor und, namentlich bei jugendlichen Kranken, auch Brandstiftungen.

Die Heftigkeit und Plötzlichkeit solcher Handlungen ist ihr besonderes Merkmal; unmittelbar neben einander stehen gleichgültige Erscheinungen und unerwartete gewaltthätige Handlungen; bemerkenswerth für die tiefe Störung des Bewusstseins und das Triebartige dabei ist die Beobachtung, dass die Kranken in diesem Zustande von einer Person auf die andere fallen und rücksichtslos jeden zur Hülfe Kommenden verletzen, sich unter Umständen nicht damit begnügen, den vermeintlichen Feind unschädlich gemacht zu haben, sondern ihn durch zahlreiche Wunden von Neuem verletzen oder in blinder Wuth Gegenstände zertrümmern.

Nicht immer, aber doch sehr häufig begleiten Sinnestäuschungen diese Anfälle; sie haben einen schreckhaften verworrenen Inhalt und steigern dadurch den Affect zu gewaltiger Höhe; glänzende Gegenstände, Feuer und Flammen, blutige Erscheinungen, entsetzliche Todesgefahren, Gespensterspuck und verschwommene Schreckgestalten, seltener deutliche Personen, wie ein schwarzer Mann, der Teufel dringen auf sie ein. Zuweilen erscheinen sie massenhaft und umringen ihn von allen Seiten. Gehörstäuschungen sind dabei im Ganzen seltener, häufiger noch Gestank. Der Bewusstseinsinhalt ist so ein grauenvoller; der Gedanke an Folterqualen, Hinrichtung, Lebendigbegrabenwerden gehört dahin.

Zuweilen lässt nach Ausführung einer abwehrenden Gewaltthat die äussere Erregung nun rasch nach, meistens aber besteht der Dämmerzustand noch eine Zeitlang fort, wenn die Angst sich schon ganz verloren hat. Die Erinnerung an das Geschehene kann während des Anfalles noch ziemlich klar sein, schwindet aber später rasch und zwar entweder vollständig oder nur theilweise, so dass der Kranke sich auf einzelne Erlebnisse bisweilen noch zu besinnen vermag, während ihm andere gänzlich entfallen sind. Diese Erfahrung fordert zu grosser Vorsicht in der gerichtlichen Beurtheilung derartiger Fälle auf, da der Verdacht absichtlicher Täuschung natürlich naheliegt, wenn ein Anfangs gemachtes Geständnis von dem Thäter später vollständig widerrufen wird. Meistens aber besteht für die ganze Dauer des Anfalls ein völliger Mangel der Erinnerung.

Abweichend von diesen mit starken Angstaffecten verbundenen Bewusstseinsstörungen verhalten sich die Dämmerzustände ohne solche Angst. Vorschlagend häufig ist hier der Bewusstseinsinhalt ein religiöser und dreht sich um göttliche Dinge und Erscheinungen. Der Kranke sieht den Himmel offen, steht mit ihm in unmittelbarem Verkehr, ist selbst Engel, Gott, Heiland. Oder er spielt die Rolle des zerknirschten, zuletzt begnadigten Sünders oft in starrer Verzückung. Die häufige Nennung des Namen Gottes ist fast ein besonderes Kennzeichen: Befehle von Gott drängen zu plötzlichen Handlungen. Bemerkenswerth ist auch die Häufigkeit, mit der gleichzeitig sexuelle Angriffe und Ausschreitungen vorkommen. Meistens entwickeln sich diese Zustände sehr rasch, während die Bewusstseinstrübung sich nur allmählich wieder verliert. Sehr bezeichnend ist die Gleichartigkeit der einzelnen Anfälle bei periodischer Wiederkehr. Dies wiederholt sich in auffallender Weise bei einer andern Reihe epileptischer Dämmerzustände, in denen der Bewusstseinsinhalt sich um romanhafte, meist erdichtete, aber doch ernst gemeinte Begebenheiten dreht. In andern Fällen werden aber auch wirklich während des Dämmerzustandes die abenteuerlichsten Erlebnisse durchgemacht. Die nahe Verwandtschaft dieser Zustände mit dem Nachtwandeln ist deutlich, und gehört dieses zweifellos in manchen Fällen mit zu der Gruppe epileptischer Dämmerzustände. Indessen wird man sich hüten müssen, eine solche Annahme aufzustellen, wenn man nicht andere Beobachtungen bei demselben Kranken gemacht hat, die wie z. B. namentlich nächtliche epileptische Anfälle mit Bettnässen, Zungenbissen zur Begründung der Auffassung dienen können.

Die bis jetzt geschilderten Seelenstörungen mit Epilepsie waren entweder Begleiter epileptischer Krampfanfälle oder ihre Stellvertreter, hatten das gemeinsame Merkmal einer kürzeren Dauer von Stunden oder Tagen. Diesem acuten Verlauf gegenüber gibt es solche, die sich verschleppen und den Uebergang zu den chronischen Formen geistiger Störung bilden. Obwohl der Krampfanfall in diesen klinischen Bildern eine untergeordnetere Rolle spielt, auch ganz fehlen kann, so hat doch der ganze Verlauf auch hier die bestimmten, dem epileptischen Irresein zukommenden Zeichen, weshalb man die Anfälle entweder als prä- und postepileptische bezeichnet oder als psychische Aequivalente ansieht, sie gelegentlich auch larvirte Epilepsie nannte. Neben ihrer grösseren zeitlichen Ausdehnung von Wochen und Monaten ist die geringere Trübung des Bewusstseins zu beachten, die besser nur als Benommenheit bezeichnet wird. Obwohl das Bewusstsein nur benommen, nicht aufgehoben ist, so ist seine Störung doch tiefer als in gewöhnlichen Psychosen: der Eintritt ist rascher, fast plötzlich, die Lösung erfolgt meistens durch einen Dämmerzustand, der bei jenen Erkrankungen fehlt; es haben Kranke in solchen Zuständen weite Reisen gemacht und sich dann in fremden Ländern selbst wiedergefunden, ohne zu wissen, wie sie dahin gekommen. Der Mangel der Erinnerung für den Anfall und Alles, was damit zusammenhängt, ist oft ein völliger; die sinnlose Rücksichtslosigkeit der Handlungen und die religiöse Färbung des Bewusstseinsinhaltes sind weitere Unterscheidungsmerkmale von andern einfachen geistigen Störungen. Eintreffenden Falles wird die periodische Wiederkehr einzelner unter sich gleicher Anfälle von Bedeutung; wechseln sie ab mit deutlichen oder doch in einzelnen Gliedern oder im Gesicht erkennbaren epileptischen Krampfanfällen, so ist jeder Zweifel gehoben; sind diese nächtliche, was oft der Fall ist, so muss man sich an die Folgen solcher halten, wie heftige Kopfschmerzen und Ermattung, Bettnässen, Zungenwunden, Blutaustritte in die Bindehaut des Auges und im Gesicht, schliesslich an die eigenthümliche Charakterveränderung der Epileptischen in den freien Zwischenräumen. Auch eine erschwerte lallende Sprache kann als Folgeerscheinung eine Zeitlang deutlich erkannt werden. Wiederholte Schwindelanfälle aus früherer Zeit, wie überhaupt eine sorgfältige Aufnahme der Vorgeschichte, unter Anderm die neuropathische oder erbliche Anlage mit Zeichen der geistigen Minderwerthigkeit müssen uns unterstützen. Es ist noch gut zu wissen, dass die psychisch-epileptischen Aequivalente gewöhnlich weiter aus einander gerückt sind als einfachere Krampfanfälle.

Endlich ist noch die epileptische Entartung ins Auge zu fassen als eine Folge gehäufter Anfälle oder ihrer Aequivalente. Sie zeigt sich vorzugsweise in dem Niedergange der Intelligenz, der immer deutlicher neben der uns schon bekannten Veränderung des Charakters hervortritt. Von leichteren Graden der Schwäche des Gedächtnisses, der Auffassungsgabe und Verbindung der Vorstellungen, die Anfangs als Vergesslichkeit, erschwerte Urtheils- und Begriffsbildung auftreten, führt diese Abnahme der Intelligenz später zu Erinnerungslücken, zu einer Einschrumpfung des Vorstellungsinhaltes und zu weiter fortschreitendem geistigen Verfall, der sich wie bei den zur Verblödung fortschreitenden Psychosen so auch hier am frühesten und deutlichsten in dem Verlust der höheren geistigen Gefühle zeigt. Daher finden sich hier auch wieder die grausamen Gewalttaten, bei denen jede sittliche Gegenvorstellung fehlt, so dass auch niemals mehr von späterer Reue die Rede ist. Sehr deutlich schliesst sich die Steigerung der geistigen Abstumpfung an die Anfälle. Lange Zeit hält sich daneben noch die grosse Gemüthsreizbarkeit des Epileptikers, die bei den geringfügigsten Anlässen in zornige Wuth ausbricht; womöglich ist dieser epileptische Charakter zeitweise noch gesteigert, das mürrische, hämische Wesen wird zu einem unheimlichen, lauernden und dann wieder thierisch losbrechenden. Trotzdem aber kommt es verhältnissmässig selten zu den höchsten Graden jenes stumpfen Blödsinns, in dem die Kranken hülflos und unreinlich sind. Je früher in der Kindheit die begründende Epilepsie anfing, je grösser ist auch im weitern Verlauf die Zunahme der Verblödung; es stellen sich dann auch körperlicher Verfall und Lähmungen ein, unter ihnen halbseitige, ferner Sprachstörungen verschiedener

Art und grobe gedunsene Gesichtszüge. Eine besondere epileptische Physiognomie bildet sich dann aus, oft freilich durch vorgebildete Knochenformen als ererbtes Degenerationszeichen gekennzeichnet: die Stirn ist breit, die Nase eingedrückt, die Backenknochen springen vor: dicke Lippen und glänzende Augen treten hervor.

Als **Status epilepticus** bezeichnet man einen Zustand, der entsteht, wenn die Kranken in Folge von Schlag auf Schlag einander folgenden Anfällen aus der tiefen Bewusstseinsstörung garnicht herauskommen, so dass sie wie im Coma dahinliegen. In diesem Zustande kann der Tod eintreten: vorher zeigt sich gewöhnlich eine sehr hohe Steigerung der Körpertemperatur bis 41 und 42° C. Diese ist nicht auf die vermehrte Muskelarbeit bei den Krämpfen zurückzuführen, welche schon mehrere Tage gänzlich aufgehört haben können; die Erschöpfung wird rasch dadurch gesteigert, dass die Kranken sich nicht selbst nähren und wegen der Gefahr des Verschluckens auch nicht genährt werden können. Die Anzahl der in einer Reihe auftretenden Anfälle kann sich auf Hunderte und mehr belaufen und sich über Wochen bis zu einem Monat mit kurzen Unterbrechungen ausdehnen. Die Erscheinungen in der Leiche machen es wahrscheinlich, dass Gehirnödem diesen Status epilepticus begleitet.

Die **anatomische Grundlage** der Epilepsie und der mit ihr in Verbindung auftretenden Seelenstörungen ist neben der allgemeinen constitutionellen Veränderung des ganzen Nervensystems, im Gehirn wahrscheinlich cortical, nicht basal; die eigentliche Rindenepilepsie ist indessen eine Herderkrankung mit Convulsionen, die völlig zu scheiden ist von unserer Krankheit, deren Hauptmerkmal die anfallsweisen Bewusstseinsstörungen sind.

Die verbreitetste Ursache ist die Erblichkeit in Form neuropathischer Belastung; dann sind zu nennen der Missbrauch alkoholischer Getränke, Trunksucht der Eltern, sowie Zeugung im Rausch. Daran schliessen sich dann noch in früher Kindheit überstandene Gehirnerkrankungen: dem entsprechend erfährt man auch beim Nachforschen in vielen Fällen, dass schon in den ersten Lebensjahren diese oder jene Art von Krampfzuständen vorgekommen ist. Eine wichtige Ursache bildet auch die Gehirnerschütterung nach Schädelverletzungen und die verwandte Art des psychischen Traumas, der Schreck. Diese letztgenannten Ursachen sind natürlich nicht an ein bestimmtes Lebensalter gebunden; überhaupt findet man nur, dass die Pubertätszeit in dieser Beziehung einen schädlichen Einfluss zu haben pflegt. Epileptiforme Zustände während der Schwangerschaft und im Wochenbett, sogenannte Chorea gravidarum und puerperale

Eklampsie scheinen auch in ihrer Entstehung eigenartig zu sein, insofern es wahrscheinlich ist, dass dabei Vergiftung durch Stoffe stattfindet, die aus dem kindlichen Stoffwechsel mit Placentarelementen in die Blutbahn geschwemmt werden oder von intrauterinen Zersetzungen stammen. Auch die bei kleinen Kindern als Eklampsie bezeichneten epileptischen Reizzustände mögen hier erwähnt werden: in dem unentwickelten Gehirn ist eine Reizentladung viel leichter ausgelöst, aber auch nicht von so schlimmer Bedeutung.

Die Mannichfaltigkeit der mit Epilepsie verbundenen psychischen Störungen macht eine allgemeine zusammenfassende Besprechung ihres Verlaufes sehr schwer. Für die Prognose wird man aber doch einige Thatsachen berücksichtigen können. Ganz besondern Schaden leidet die Intelligenz in den Formen von Epilepsie, die durch häufige leichte Bewusstseinspausen und Schwindelzufälle ausgezeichnet sind, mehr noch als nach schweren echten epileptischen Krampfanfällen. Diese Thatsache verdient auch insofern Beachtung, als sie darauf hinzuweisen scheint, dass die Verblödung nicht einfache Folgeerscheinung der Anfälle ist, sondern dass Krampfanfälle und geistige Störung nur verschiedene Erscheinungsweisen eines Grundvorganges sind. Die häufigere Schädigung der Centren des Bewusstseins scheint also das Bedenklichere, während die motorischen Störungen allein für die Intelligenz nicht so schädlich sein werden. In Uebereinstimmung damit steht es jedenfalls, dass gerade die schwersten Aufregungszustände sich an leichte Schwindelzustände und nur unbedeutende nächtliche Anfälle vielfach anschliessen. Im Uebrigen ist die Aussicht für das Erhaltenbleiben der geistigen Leistungsfähigkeit um so grösser, je seltener Anfälle, welcher Art immer, auftreten und in je späterem Lebensalter. Der einzelne Anfall geht ja in der Regel gut vorüber, im Allgemeinen aber muss man doch die Seelenstörung mit Epilepsie als eine sehr ungünstige Krankheitsform bezeichnen.

Die **Diagnose** der Krankheit ist nach Vorstehendem bei ausgeprägten Fällen leicht, kann aber zuweilen grosse Schwierigkeiten machen und nur durch längere Beobachtung festgestellt werden, die z. B. auch erst den periodischen Verlauf erkennen lässt. Wahrscheinlich sind oft Fälle von epileptisch begründetem Irresein als transitorische Manie beschrieben. und muss man vorsichtig sein, um diesen Irrthum zu vermeiden. Es handelt sich dabei um rasch vorübergehende, meist nur Stundenlang oder höchstens bis zu einem Tage dauernde heftige Erregungen, die unter dem Bilde eines hochgradigen Wuthanfalles mit triebartigen Gewalthandlungen unter den Zeichen starken Blutandranges zum Kopfe verlaufen. Sie beginnen in der Regel ganz plötzlich ohne eigentliche Vorboten und erreichen alsbald die volle Höhe der Entwicklung: sie werden von lebhaften Sinnestäuschungen begleitet. Nach heftigem Toben und Lärmen verfällt der Kranke dann in tiefen Schlaf, aus dem er ruhig und ohne klare Erinnerung an das Geschehene, aber mit eingenommenem Kopfe und grosser Ermattung erwacht. Auch hier wird man die Zeichen der epileptischen Grundlage der Psychose erkennen in dem plötzlichen Anstieg, der tiefen Störung des Bewusstseins mit nachfolgender Erinnerungslosigkeit, der triebartigen Heftigkeit der Handlungen und dem ziemlich unvermittelten Abfall der Erscheinungen. Für die Diagnose ist es wichtig, dass auch andere Psychosen als die geschilderte, obwohl selten sich mit Epilepsie verbinden. Periodische Trinksucht (Dipsomanie) kommt auf epileptischer Basis vor. Den Status epilepticus könnte man mit Eklampsie und Urämie verwechseln; die Untersuchung des Harns, besonders aber die Vorgeschichte des Falls können helfen. Gewisse Schwierigkeiten für die Erkenntnis kann auch ein Zustand starrer Stummheit machen, der viel Aehnlichkeit mit tiefer Melancholie hat. Erst nach seinem Ablauf hat man dann ein Unterscheidungsmittel in dem Erinnerungsmangel. Katatonische Zustände erfordern längere Beobachtung zur Unterscheidung.

Die **Behandlung** der Seelenstörung mit Epilepsie steht auf dem Boden der Behandlung dieser Neurose. Einer ziemlich allgemeinen Anerkennung erfreut sich das Bromkalium, dessen Wirkung meistens sowohl die Krampfanfälle und die Aufregung als die Erhaltung der geistigen Kräfte günstig beeinflusst; die letztere Wirkung wird freilich sehr angezweifelt, jedenfalls kann man sie nur vermittelt denken durch die Fernhaltung der Anfälle, da der längere Gebrauch des Bromkaliums in grossen Mengen bekanntlich schon an und für sich die Gefahr einer Abstumpfung der geistigen Leistungsfähigkeit mit sich führt. In einzelnen Fällen steigt Anfangs die Reizbarkeit sogar, wenn die Zahl der Anfälle sinkt. Es gehören dann immer grosse Mengen von Bromkalium dazu um zweifellose Erfolge zu erzielen. Indessen ist dabei zu bemerken, dass die wirksame Dosis individuell sehr verschieden ist und dem einzelnen Falle erst angepasst werden muss. Der Erfolg zeigt sich am besten darin, dass die Zwischenräume verlängert und die Anfälle zeitlich aus einander gerückt werden. Dadurch wird zwar keine Heilung erzielt, aber es muss doch als eine wesentliche Besserung gelten, wenn es gelingt den raschen geistigen Verfall aufzuhalten; hier und da kommt es denn auch zu längerer Erwerbsfähigkeit. Der Gebrauch des Bromkaliums muss ein längerer sein; man beginnt in der Regel mit zwei bis sechs Gramm täglich, steigt unter Umständen bis acht und zehn Gramm, lässt das Mittel einige Wochen unter reichlichem Wassertrinken nehmen und versucht dann herunterzugehen oder es auszusetzen. Wo es nöthig ist, kann man es in Mengen bis 4 gr täglich auch Monate und Jahre lang geben, selbstverständlich nur dann, wenn sichtliche Erfolge zu verzeichnen sind; die Verbindung mit Tinctura Opii 2—3 Mal täglich 10—20 Tropfen ist oft sehr wirksam. Namentlich in Anstalten kann man Anfangs über seine Wirksamkeit getäuscht werden, insofern die Versetzung in die geordneten Verhältnisse und die gute Ernährung noch einflussreicher waren. Darum ist es richtiger, das Mittel erst nach einiger Zeit zu geben, wenn nicht dringende Erscheinungen es sofort erheischen. In manchen Fällen ist die Bromacne sehr lästig; durch gleichzeitig gegebene Tinctura Fowleri wird sie erfolgreich bekämpft. Eine organische Bromverbindung, das Bromalin hat weniger Acne im Gefolge, ist aber sehr theuer. Sehr vortheilhaft ist es auch den Kranken nach einem Anfall womöglich völlig ausschlafen zu lassen oder Schlaf durch Arzneimittel zu erzwingen.

Wo das Bromkalium sich erfolglos zeigt oder nicht vertragen wird (Verlangsamung der Herzthätigkeit und Athmung, Herabsetzung der Temperatur), kann man Versuche mit Atropin, Curare, Zinc. valerianum, oxydatum etc. machen, indessen sind günstige Wirkungen leider selten. Im Status epilepticus kann eine Morphiuminjection die schweren Erscheinungen mildern, auch Chloralclysmata werden empfohlen. Im Uebrigen wird man nach den vorliegenden Erscheinungen handeln, namentlich in Anstalten durch verschiedene Maßregeln die Kranken gegen Verletzungen in den Anfällen zu schützen suchen und sie bewahren vor unnöthigen Erregungen im Umgang mit Andern. Ueberhaupt aber hat man auch für das praktische Leben zu erwägen, dass Kranke mit epileptischer Seelenstörung im hohem Grade gemeingefährlich werden können, so dass man sie kaum zu frühzeitig in den Schutz einer Anstalt bringen kann. Die dadurch erzwungene Alkoholenthaltung ist dann oft eine sehr wichtige Ursache der Besserung. Aber selbst wenn der fortschreitende Blödsinn nur geringe Grade zeigt, sind die Kranken durch plötzliche Gewaltthaten sich selbst und Andern gefährlich und darum vielfach auch dann der Anstaltspflege bedürftig.

B. Seelenstörung mit Hysterie.

Das wesentliche Merkmal der Hysterie ist es, dass alle psychischen Vorgänge sich mit der Beobachtung der eigenen Gehirnthätigkeit des Erkrankten zu verbinden pflegen: gleichzeitig ist dieser gestörte Ablauf der Vorstellungen verknüpft mit zahlreichen Innervations-

störungen, die meistens auch cerebral bedingt sind, jedenfalls immer mit
Vorgängen im cerebrospinalen Nervensystem zusammenhängen. Die Hysterie beruht auf allgemeiner constitutioneller Veranlagung;
sie ist regelmässig mit einer Veränderung des Charakters verbunden, die mindestens an der Grenze geistiger Störung steht und häufig
Wille und Bewusstsein schädigt. In vielen Fällen wird diese Grenze
überschritten und es kommt zu deutlichem hysterischem Irresein.
In beiden Fällen ist aber der psychische Ursprung das Gemeinsame, so
dass es streng genommen keine Hysterie ohne Seelenstörung geben würde;
doch ist es nicht gebräuchlich alle jene Grenzzustände unter die geistigen
Störungen zu rechnen.

Die Hysterie wird in der Regel als constitutionelle Veranlagung
vererbt, kann aber auch erworben werden; nicht selten ist ihre
Ursache eine plötzliche heftige geistige Erregung, Schreck oder
Angst, oder geringere, aber wiederholte und andauernde Beunruhigung.
Auch bei körperlichen Verletzungen, die als Ursache von Hysterie
gelten, ist sicher der psychische Stoss, das psychische Trauma das
Ausschlaggebende. Dieser Zusammenhang ist namentlich bei Kindern
ein sehr häufiger, wobei ausserdem die Nachahmung (Kinderkreuzzüge,
Tanzwuth) eine grosse Rolle spielt. Sowohl Knaben wie Mädchen
werden hysterisch, während nach der Pubertät das weibliche Geschlecht überwiegt, so dass männliche Hysterie als Ausnahme
gelten muss.

Bedeutungsvoll für die gesammte Auffassung der zahlreichen körperlichen hysterischen Erscheinungen und Zeichen in Beziehung zu ihrer psychischen und cerebralen Grundlage ist die Beobachtung, dass derjenige
Körpertheil, auf welchen bei dem unsächlichen (psychischen und körperlichen) Trauma die Aufmerksamkeit gelenkt war, später meist der
Ort für das betreffende hysterische Symptom ist: Narben nach Verletzungen, Lähmungen, die nach einem Fall flüchtig da waren, werden
viel später in den hysterischen Symptomencomplex als wesentlichste Theile
eingewebt. Das Gedächtnis für verhältnismässig kleine Schädigungen
bleibt in dem schwachen minderwerthigen Nervensystem länger haften
als in einem vollkräftigen, gesunden.

Weiter kann es als ein Beweis für die cerebrale Entstehung
der Hysterie gelten, dass die Anordnung von Lähmungen sich
nicht nach der Gruppirung einzelner spinaler Muskelkerne richtet, sondern
wenn sie nicht die ganzen Glieder trifft, einzelne Abschnitte nach den
grossen Gelenken getrennt. Daneben ist die Lähmung als eine
solche des Willens dadurch gekennzeichnet, dass sie nur bei bewusst
gewollten, nicht bei unbewussten Ausdrucks- oder Gewohnheitsbewegungen

hervortritt. Auch die Ausbreitung der Gefühlslähmungen und der Hyperästhesieen zeigt nicht selten eine ähnliche Beschränkung auf einzelne Gliedabschnitte in peripherer Segmentirung, z. B. auf einen Unterarm, eine Hand, oder überhaupt Ausbreitungsweisen, die bei organischen Nervenleiden nicht möglich sind. Von den Anästhesieen ahnen die Hysterischen anfänglich meistens nichts, weil trotz ungestörter Leitung die Apperception der sensiblen Erregungen aus bestimmten Körpertheilen in einzelnen Gehirntheilen unmöglich ist. Hysterische Hyperästhesieen und Neuralgieen sind auch central bedingt und deshalb mit Recht als Schmerz-Hallucinationen oder Schmerzwahnideen bezeichnet; Hysterie ist kürzlich sogar schlechthin als eine Erkrankung der Sensibilität des Gehirns bezeichnet worden.

Als Beweis für die constitutionelle Grundlage der Hysterie gilt besonders ihr frühes Auftreten, das sich oft bis in die Kindheit zurückverfolgen lässt, am häufigsten statthat zur Zeit des geschlechtlichen Reifwerdens. Schon seltener ist ihr Beginn im 3. Jahrzehnt und wird er von da an sehr rasch seltener. Auch die Erblichkeit ist zahlenmässig sehr auffallend: indessen muss man doch gerade dabei berücksichtigen, dass eine hysterische Mutter ihrer Tochter ebenso sehr durch verkehrte Erziehung schaden wird. Daher ist Entfernung von den Eltern in manchen Fällen gleichbedeutend mit Heilung der Hysterie. Wenn nun auch dem Geschlechtsleben ein grosser Einfluss auf die Hysterie zugewiesen werden muss, so ist doch sehr zu betonen, dass höchstens die Hälfte aller Hysterischen irgend welche Reizzustände im Geschlechtsapparat erkennen lässt: ferner fehlen oft die geringsten Andeutungen sexueller Erregung bei chronischen Uterusleiden echt Hysterischer.

Unter den geistigen Erscheinungen und Störungen der Hysterie unterscheidet man zweckmäsig mehrere Gruppen; solche, die eine besondere **Veränderung des Charakters** der Hysterischen beweisen, dann solche, die einen hysterischen Anfall begleiten oder ersetzen; schliesslich diejenigen, die dem hysterischen Irresein im Besonderen zukommen.

Von früher Kindheit an zeigen die meisten zukünftigen Hysterischen bestimmte Anlagen, die ein schwankendes psychisches Gleichgewicht ankünden. Sie sind allen Eindrücken leicht zugänglich: sie lachen oder weinen bei dem geringsten Anlass. Sie sind lebhaft und gewandt, nur selten unbegabt oder schwachsinnig, haben gute Anlagen zum Lernen und für Handarbeiten, und eine natürliche Anlage zur Nachahmung, ein gewisses schauspielerisches Talent. Dabei sind sie aber auch lügenhaft, streit- und herrschsüchtig, aufgeregt und damit wechselnd sehr verstimmt und gedrückt: über Kleinigkeiten erregen sie sich und bleiben gefühllos bei Ereignissen, die sie viel tiefer berühren müssten. Oft leiden sie an zahlreichen nervösen Störungen: wie Kopfschmerzen, unruhigen Träumen in Art des Alpdrückens, wobei hier und da schon Sinnestäuschungen eintreten. Magen- und Leibschmerzen, Herzklopfen, Ohnmachten, Druckgefühle im Halse, zuweilen deutliche Krampfzustände kommen hinzu.

Zu diesen wirklichen Beschwerden fügen sie oft eingebildete hinzu, um sich interessant zu machen; sie behaupten beständig an Kopfschmerzen zu leiden, unfähig zu mancherlei Dingen zu sein, mit ihren Magenbeschwerden beunruhigen sie tagtäglich Familie und Arzt. Religiöse Neigungen in frühreifem Alter mit Zuständen der Verzückung sind Kennzeichen der hysterischen Grundlage.

Bei den erwachsenen Hysterischen entwickeln sich diese Anlagen mit wechselnder Stärke. Am frühesten bemerkt man bei ihnen eine Unbeständigkeit des Charakters. Ohne Vermittlung oder innere Beweggründe gehen sie über von Heiterkeit und von Aeusserungen liebenswürdiger Charakteranlagen zur Uebelnehmerei, Empfindlichkeit und Heftigkeit. Sie werden ärgerlich, ungerecht und boshaft. Es wiederholt sich in höherem Grade als bei den Kindern die Gleichgültigkeit bei grossem Unglück, während sie zu heftigen Verzweiflungsausbrüchen gedrängt werden bei einem unbedeutenden Zufall. Sie übertreiben Alles, sind masslos und launenhaft in ihren Leidenschaften, in der Liebe wie im Hass, in den edelsten Gefühlen, wie in den niedrigsten Trieben. Sie begeistern sich für das Gute wie das Schlechte, besonders wenn sie sich selbst dabei bemerklich machen können. Man sieht sie an die Spitze mildthätiger Vereine treten, im Streben dafür ihre Thätigkeit verdoppeln, die widerlichsten moralischen Vergehen schonend behandeln und beeinflussen, Trauernde trösten, Muthlose heben. Aber andererseits sind sie fähig zu den grössten moralischen Verirrungen und schrecken dann endlich nicht vor einem Verbrechen zurück. Womöglich suchen sie dies dann noch hinterher auf das Tiefste zu beklagen. Als vollendete Schauspielerinnen schwärmen sie für eine gemachte Haltung und treiben damit ihr Spiel.

Sie sind Geister der Verneinung und des Widerspruchs. Es genügt schon ihnen gegenüber irgend etwas zu behaupten, sofort wenden sie sich zum Gegentheil. Es gefällt ihnen dann auch wohl heute gerade das Gegentheil von dem zu sagen, was sie gestern aussprachen.

Aber trotz der Beweglichkeit ihres Geistes beweisen sie bei bestimmten Gelegenheiten eine staunenswerthe Beharrlichkeit und Zähigkeit. Völliges Schweigen in der Furcht, dass das Sprechen schädlich sei; wochenlanges Fasten, um die Magenbeschwerden zu vermeiden; jahrelanges Liegen im Bett in der festen Ueberzeugung, zum Gehen ganz unfähig zu sein, sind solche Züge, deren vernunftmässige Bekämpfung nur dazu dient, sie zu steigern. Aber nicht ein mächtiger Wille ist die Ursache des hartnäckigen Ausharrens und des steifen Widerstandes, sondern Willensschwäche begründet sie.

Die Lüge wird oft eine der auffallendsten Beschäftigungen und in gewisser Weise das Merkmal des hysterischen Charakters. Ueberraschend ist bisweilen die Schlauheit und Zähigkeit, mit der im Ganzen zwecklos gelogen wird. Nicht immer ist die Lüge oder Verstellung harmlos, sondern oft bringt sie es zu schweren Anschuldigungen und Verleumdungen Anderer. Es ist vorgekommen, dass Hysterische sich selbst mit Messern verletzten, Kleider und Gesicht besudelten, um die Beschuldigung der Nothzüchtigung zu beweisen; dass sie Gegenstände selbst beseitigten, um Andere des Diebstahls zu beschuldigen. Durch Briefe mit verstellter Handschrift, die sie sich selbst zuschicken, verleumden sie Andere. Der Hauptgrund solcher Handlungen ist auch hierbei der Wunsch, sich interessant zu machen; daher werden Krankheiten erheuchelt, Selbstmord versucht, ja Selbstanklagen über Verbrechen mit allen Einzelheiten gemacht, die längere Zeit die Aufmerksamkeit der Gerichte in Anspruch nehmen.

Die Klagen von tiefem Seelenschmerz über ein angeblich begangenes Laster oder Verbrechen werden mit so täuschender Gewandtheit und so eingehender Ausführlichkeit schriftlich und mündlich vorgetragen, dass der Zweck, die Erregung des Mitleids, nicht ausbleibt. Den Schein der Wahrheit wissen diese Personen so sicher zu erwecken, dass sie bei Manchen die heiligste Ueberzeugung davon hervorrufen.

Oft hört man dann wieder die Ansicht, dass gesteigerte Geschlechtslust den Untergrund für das Gebahren der meisten Hysterischen abgäbe, indessen verleitet sie auch zu sexuellen Ausschreitungen meistens das ewige Bedürfnis, sich bemerklich zu machen. Nur in einzelnen Fällen muss man an der sexuellen Erregung festhalten; dann dient Harnverhaltung zu täglicher Sondirung der Urethra mit einem Katheter, ein erdichtetes Uterinleiden zum immer erneuten Verlangen einer Untersuchung mit dem Speculum. Jedenfalls kann man in Gegenwart von Männern oft eine Steigerung der hysterischen Krankheitserscheinungen feststellen.

Eine jede Hysterische kann nun die ganze Reihe solcher psychischer Störungen von leichter Verschiebung des Charakters bis zu den höchsten Graden allmählich durchlaufen und endlich von einer ausgesprochenen Psychose befallen sein, ohne dass man sagen könnte, zu welcher Zeit die letztere sich entwickelt hätte. Grundzüge ihres gesammten Verhaltens bilden aber doch immer eine gesteigerte Reizbarkeit und eine nur zu bestimmten verkehrten Zwecken sich steigernde, im Allgemeinen abgeschwächte Willenskraft. Launenhaft folgen sie nur augenblicklichen Antrieben und sind unfähig Abneigungen gegen Personen und gewisse Eindrücke, wie z. B. Gerüche und Geräusche, zu beherrschen.

Neben der geschilderten Veränderung des Charakters pflegen die Intelligenz und das Gedächtnis bei Hysterischen nicht besonders zu leiden. Aber gerade das Erhaltenbleiben der Besonnenheit befähigt sie zu der Durchführung ihrer Absichten, wodurch sie wahre Quälgeister für ihre Umgebung und Aerzte werden können.

Verwandt mit epileptischen Zuständen sind besonders Krampfanfälle, die auch als hysteroepileptische beschrieben werden.

Zu einem hysterischen Anfall gehören aber auch andere körperliche Begleiterscheinungen als die Krämpfe; wir werden aus dem Heer der Störungen des Gefühlssinnes, der Bewegung, des Kreislaufes, der Absonderung und Ernährung einige berühren müssen, immer aber nur mit Rücksicht auf ihre psychische Grundlage, die hier der Zweck bei der Schilderung der Hysterie ist. Die sensiblen und motorischen Störungen der Hysterie haben ein gemeinsames Merkmal, wodurch sie sich auch anderen Neurosen und organischen Hirnleiden gegenüber unterscheiden; es ist keine anatomisch zusammenfassbare Wurzel für sie zu erkennen, sondern sie ordnen sich im Sinne physiologischer Thätigkeit, und zeigen dabei den Charakter psychischen Ursprungs. Einheitliche Ausgangspunkte, namentlich bestimmte cerebrale Herde fehlen daher auch in der Regel. Da die motorischen Störungen bei einem hysterischen Anfall meistens sehr in den Vordergrund treten, so wenden wir uns zuerst zu ihnen. Die Vorboten eines Krampfanfalles pflegen den Kranken so peinlich zu sein, dass sie sich nach der erlösenden Wirkung der Krämpfe sehnen; grosse innere Unruhe und Reizbarkeit quälen sie, unaufhörliches Gähnen und Seufzen gehen voraus; die Gefühle einer Aura sind äusserst verschieden, gemeinsam ist ihnen wohl meistens die peinvolle Hoffnung auf den Krampfanfall, welchen der Epileptiker fürchtet. Wenn dann die Krämpfe sich einstellen, so findet der Bewusstseinsverlust nicht so plötzlich wie beim Epileptischen statt. Das Hinstürzen ist kein so völlig plötzliches, dies verschafft den Kranken die Möglichkeit Gefahren zu vermeiden; sie zerschlagen sich daher fast niemals den Kopf, während viele Epileptische regelmässig auf die Stirn fallen; sie verletzen sich nicht an Ecken und Kanten, fallen nicht ins Fenster oder Feuer, denn alle Bewegungen werden noch in richtiger physiologischer Weise geordnet und stehen unter psychischer Leitung. Die den Krampfanfall einleitenden Bewegungen erscheinen daher oft willkürlich und sehr zweckmässig, ohne dass immer eine absichtliche Täuschung im Spiel ist. Viele motorische Reizzustände Hysterischer erinnern sehr an schlechte Angewohnheiten. Zum völligen Bewusstseinsverlust kommt es nur in den schwersten Fällen. Wo das Bewusstsein ganz schwindet, ist die Erinnerung für das Vorgefallene ebenso unvollständig, ja sogar ganz wie abgeschnitten, wie es bei Epileptischen der Fall ist. Während der leichteren Anfälle dagegen sehen und hören die Kranken Alles, was um sie vorgeht und können sich später darauf besinnen; nur vermögen sie dies während des Anfalles nicht kund zu thun; aber vor allzugrosser Leichtgläubigkeit muss hier gewarnt werden. Die Krampfbewegungen sind sehr ausgedehnt und unregelmässig in ihrer Reihenfolge; auch der Rumpf wird in wilder Unordnung hin- und hergeworfen. Oft scheint es, als ob alle diese Bewegungen von einem unklaren Bestreben geleitet werden, peinvolle Gefühle, besonders in der Kehle zurückzudrängen.

Der epileptische Anfall dauert in der Regel nur einige Minuten, der hysterische kann stundenlang dauern. In der Regel aber pflegt er in einer Viertelstunde zu verlaufen: er kann sich wiederholen und an Zahl sogar zu Hunderten anwachsen, woraus sich dann ähnlich wie bei der Epilepsie ein Status hystericus ausbilden kann, doch nicht in gleicher Schwere; so fehlt namentlich die Temperatursteigerung. Wichtig ist das Verhalten der Pupillen im epileptischen und hysterischen Anfall: während sie im ersteren weit und reactionslos sind, sind sie im letzteren normal.

Die mannichfachen auf Krämpfen tonischer Art beruhenden Contracturen und die häufig mit Sensibilitätsstörungen verbundenen Lähmungserscheinungen Hysterischer haben wir nur insofern zu erwähnen, als ihre Beeinflussung durch die Hypnose und Suggestion zeigt, dass der Grundzug auch hier die ausserordentliche Leichtigkeit ist, mit der psychische Reize das Krankheitsbild verändern. Nur so wird z. B. das widerspruchsvolle Verhalten erklärlich, dass manche Bewegungen im Bett normal sind, während Stehen und Gehen unmöglich ist (Astasie und Abasie). Die Erscheinung der Katalepsie mit wächserner Biegsamkeit der Glieder ist ein Gemisch verschiedener motorischer und sensibler Störungen unter dem Einflusse psychischer Reizbarkeit bei gleichzeitig herabgesetzter Willenskraft. Auch bei den Störungen im Kreislauf und den absondernden Organen ist der psychische Einfluss meistens unverkennbar. Gegenüber der Wirkung epileptischer Anfälle ist es sehr wichtig, dass hysterische Krampfanfälle selbst wenn sie gehäuft Jahre hindurch stattfanden, keine auffällige Störung der Intelligenz mit sich zu führen pflegen; eine Steigerung des reizbaren Charakters und der Abstumpfung höherer Gefühle ist aber unverkennbar.

Wenn man auch nicht wie bei der Epilepsie gewohnt ist, von hysterischen Aequivalenten oder etwa von posthysterischen Zuständen zu sprechen, so lässt sich nicht läugnen, dass man in gewissen **Dämmerzuständen**, die einem hysterischen Anfall folgen oder ihn zu ersetzen scheinen, ähnlichen Verhältnissen begegnet. Diese Dämmerzustände sind kürzer oder länger dauernde Anfälle stärkerer Bewusstseinsstörung. Die einfachste Form ist jene Bewusstseinsstörung, die regelmässig den Krampfanfall kürzere oder längere Zeit überdauert. Die Kranken liegen mit schlaffen Gliedern, in denen nur noch vorübergehend eine leichte Erstarrung hervortritt, mit ruhiger Athmung und langsamem Pulse unbeweglich da, die Augen sind nach oben und seitwärts gerollt. Ausnahmsweise kann sich dieser Dämmerzustand Tage, selbst Wochen ausdehnen, wenn man ihn nicht durch starke äussere Reize unterbricht.

Als Aequivalente oder verschleppte hysterische Anfälle kann man auch Dämmerzustände ansehen, die dem Gebiete des Nacht wandelns angehören: es gelingt verhältnismässig schwer die Kranken aus diesem Zustand zu klarem Bewusstsein zu führen.

Durch das Hinzutreten lebhafter Sinnestäuschungen bilden sich aber die Dämmerzustände in der verschiedensten Weise aus; sie verbinden sich mit Zuständen der Verzückung, in denen auch eine Versteifung der Muskulatur stattfindet: unter den Sinnestäuschungen sind hier namentlich Visionen des Gesichts wichtig, da sie den Bewusstseinsinhalt wesentlich bedingen. Häufig ist ihr Inhalt ein erschreckender; die Kranken sehen entweder nur dunkle und verschwommene Schatten, Feuer und Flammen, oder deutlich Thiere, wie Ratten, Schlangen, auch grössere, oft in phantastischen Formen, z. B. Elephanten mit zahllosen Rüsseln oder Beinen, von denen auch der Rücken besetzt ist; diese laufen dann unermüdlich vor den Kranken umher. Jedenfalls ist die Massenhaftigkeit des Eindringens solcher Gestalten auch hier auffallend und dadurch von aufregender Wirkung. In ähnlicher Weise erscheinen nackte Männer, Leichname, Beerdigungen und Leichenbegängnisse, grässliche Gefahren durch Feuersbrunst, Mord. Durch drohende Stimmen und Geräusche, lästige Gerüche steigert sich die angstvolle Unruhe.

Häufiger aber noch sind ekstatische Zustände mit Wonnegefühlen und himmlischen Erscheinungen; diese Stimmung äussert sich auch deutlich im ganzen Benehmen, den Reden und Ausdrucksbewegungen. Die Kranken fühlen sich versetzt in eine eingebildete Welt, der Bewusstseinsinhalt ist häufig ein religiöser. In der Stellung eines Betenden oder Verzückten, die Augen gegen den Himmel gerichtet, ist wie im Gesichtsausdruck das Schwelgen im Glück unverkennbar. Die unbewegliche starre Haltung geht dann wohl über in die Stellung des

Gekreuzigten oder ahmt andere Scenen aus der Leidensgeschichte Christi oder eines Märtyrers nach. Das Hersagen von Gebeten, das Absingen frommer Lieder, lautes Weissagen unterbricht zeitweilig das Schweigen und zeigt das Bewusstsein ausgefüllt von jener religiösen Versenkung. Später bestätigen die zur Klarheit zurückgekehrten Kranken auch, wie glücklich sie sich fühlten im Paradiese, Angesichts Gottes und der Engel, sie beschreiben mit Begeisterung die entzückenden Gesichte, deren Glanz ihre Augen geblendet hat. Dass die Kranken sich in der Zeit der Verzückung auf äussere Reize nicht rühren, überhaupt gefühllos scheinen, dass der Puls oft beschleunigt, die Athmung verlangsamt ist, der Blick durch die schwimmenden Augen und weiten Pupillen glänzend wird, rundet dies Bild ab.

Zuweilen knüpft der Bewusstseinsinhalt im Dämmerzustande an ein wirklich früher erlebtes Ereignis an, z. B. an eine schreckhafte Begebenheit, wie einen Nothzuchtsversuch. Dies Ereignis spielt sich dann wieder in mannichfacher Ausschmückung ab, es kann zu lebhaften Handlungen verzweifelter Gegenwehr kommen, zu toberdem Umsichschlagen und Geschrei; den Schluss bildet oft ein Krampfanfall. Vorzugsweise werden auch Erlebnisse der jüngsten Vergangenheit, wie die Erlebnisse des Tages, zuweilen in geschwätziger Weise wiederholt, aber auf einer ganz traumhaften Stufe des Bewusstseins; die Erinnerung dafür ist dann eine sehr ungenaue.

Endlich ist noch ein bei jungen Mädchen vorkommender Dämmerzustand zu erwähnen, der sich durch eine alberne und läppische Erregung kennzeichnet und einem hysterischen Krampfanfall einige Stunden vorauszugehen pflegt: Singen, Lachen und Tanzen wechseln mit der Neigung zum Sammeln. Die Kranken befinden sich in vorwiegend heiterer, ausgelassener Stimmung, führen schnippische Reden, begehen allerlei thörichte und muthwillige Streiche, ahmen Thierstimmen nach, laufen wie blind fort. Sie verkennen die Personen ihrer Umgebung und behalten nur eine unklare Erinnerung des Zustandes.

In der Regel dauern alle die genannten Dämmerzustände nur einige Stunden oder Tage. Doch findet sich wie bei der Epilepsie gerade bei den leichten Fällen der Hysterie zuweilen eine Verschleppung und Ausdehnung des ganzen Anfalls auf einige Wochen oder Monate. Eintritt und Lösung sind rasch, der Verlauf unterliegt manchen Schwankungen, wobei die Trübung des Bewusstseins sich zeitweise fast völlig verlieren kann, während sein sonstiger krankhafter Inhalt bleibt und nicht als solcher anerkannt wird. Die zahlreichen Sinnestäuschungen, unter denen neben solchen des Gesichtes, Täuschungen des Gefühls überwiegen, erfahren Umdeutungen der Beeinträchtigung oder des Glücks: zu einer systematischen

Verarbeitung der Wahnvorstellungen kommt es aber nur selten, weil die Trübung des Bewusstseins dies nicht erlaubt; jedenfalls verschwinden sie mit den Dämmerzuständen meistens rasch.

Ehe wir die letzte Gruppe der Seelenstörungen bei Hysterie, das eigentliche hysterische Irresein betrachten, muss noch erwähnt werden, dass einfache Seelenstörungen natürlich auch bei Hysterischen vorkommen können, ohne dass man die hysterischen Erscheinungen anders als zufällige ansehen dürfte. Dies zeigt sich dann auch darin, dass z. B. eine Melancholie bei einer Hysterischen in Genesung übergehen kann, aber die hysterischen Beimengungen bleiben entweder unverändert oder erscheinen gesteigert gegenüber der Zeit vor der Melancholie. Ein geräuschvolles theatralisches Gebahren, eine erotische Färbung verwischt das Krankheitsbild der einfachen Psychosen bei einer Hysterischen, aber es handelt sich doch immer nur um eine Manie oder Melancholie bei einer Hysterischen, nicht um eine hysterische Manie oder eine hysterische Melancholie, denn weder der Verlauf, noch andere klinische Kennzeichen weichen von den einfachen Formen wesentlich ab. Man wird davon die früher berührten Erscheinungen zu trennen vermögen, die einem zu Affectausbrüchen hohen Grades neigenden Stimmungswechsel folgen; wir haben sie kennen gelernt als Zeichen der hysterischen Charakterveränderung.

Diese finden wir wieder als Grundlage des **eigentlichen hysterischen Irreseins**. Angeboren oder erworben wird dieses als eine **Entartung** angesehen und trägt namentlich auf erblicher Grundlage den Keim der ungünstigen Entwicklung in sich. Der Verlauf zum Blödsinn ist dann häufiger, wenn auch sehr langsam. Der Grundzug des hysterischen Irreseins ist im Beginn die leichte Verletzlichkeit der Kranken, das Gefühl der Nichtbeachtung; diese psychische **Reizbarkeit** verbindet sich auf das Mannichfaltigste mit dem vielgestaltigen Bilde der Hysterie. Wenn man das beständige Klagen über Zurücksetzung erfährt, wo theilnehmendste Liebe und Sorgfalt bemüht ist, den kleinsten Wünschen entgegenzukommen, so wird die Vermuthung auf eine beginnende **Urtheilsschwäche** begründet und durch den **fortschreitenden** Verlauf zu leichtern oder schwerern Graden des Blödsinns bestätigt. Massenhafte Gefühlsstörungen und andere **Sinnestäuschungen** erschweren von Anfang an eine ruhige Beurtheilung des eigenen Zustandes, so kommt es, dass sie rasch und hemmungslos umgesetzt werden in **Wahnvorstellungen**. Die Lebhaftigkeit und Erregbarkeit der Vorstellungen bringt dadurch ein nur noch **Anfangs** Erklärungsversuchen der Beeinträchtigungsgefühle zugängliches **System** zu Stande, bald geht es über in **Verwirrtheit** oder **Blödsinn**.

Der **Verlauf** ist aber kein stetiger, sondern ein **sprungweiser**;

oft wird er von schamlosen s e x u e l l e n T r i e b e n begleitet, wobei die klinisch so wichtige Verbindung mit G e r u c h s t ä u s c h u n g e n und religiösen Vorstellungen sehr auffällig wird. Im Allgemeinen ist aber dieser Zustand ein chronischer und f o r t s c h r e i t e n d e r, zum U n t e r s c h i e d e von den leichtern Zufällen ähnlicher Natur bei e i n f a c h e r H y s t e r i e, bei welcher der einzelne Anfall kurz und ohne wesentliche Schädigung der Intelligenz verläuft. Uebergänge von der einfachen hysterischen Charakterveränderung zu der ausgesprochenen Form des hysterischen Irreseins kommen vor. Von einer einfachen P a r a n o i a ist es unterschieden durch die namentlich im Anfang auffällige Verbindung psychischer Reizbarkeit mit gekränktem Selbstgefühl, durch das bunte Zuströmen von Gefühlstäuschungen zur kritiklosen Verwerthung; der Verlauf ist auch meistens rascher und das Kleeblatt von geschlechtlichen, von religiösen und Geruchsstörungen ist ihm eigen. Sehr häufig findet man E i f e r s u c h t s - w a h n auf derselben Grundlage; in früherer Zeit mehr als jetzt wurde diese Form des hysterischen Irreseins ausgebildet zum B e s e s s e n h e i t s - w a h n, zuweilen epidemisch.

Eine a n d e r e F o r m d e s h y s t e r i s c h e n I r r e s e i n s verläuft o h n e Sinnestäuschungen, oder diese spielen doch eine so untergeordnete Rolle, dass der Ablauf der krankhaften Erscheinungen auf psychischem Gebiet von ihnen unbeeinflusst bleibt. Der Grundzug ist hier der V e r - s u c h der Kranken, e i n e E r k l ä r u n g für die eigene krankhaft gehobene oder gedrückte Stimmung, die sich zwangartig aufdrängt, in äusseren Einflüssen z u f i n d e n; zu der einfachen hysterischen Charakterveränderung kommt dies Bestreben hinzu und beherrscht das Denken und Fühlen der Kranken vollständig. Eine grosse F e r t i g k e i t i m R e d e n, die bis zu einer gewissen dialectischen Gewandtheit gesteigert sein kann, verbindet sich oft mit diesem Zustande, in dem die Kranken unfähig sind, fremde Interessen zu verfolgen, ganz in eigenen aufgehen. Man muss dabei auch immer an die verschiedenen zu Grunde liegenden k ö r p e r l i c h e n B e - g l e i t e r s c h e i n u n g e n denken, deren Schilderung hier nicht geschehen kann; aber es sei erinnert an die Lähmungen der Muskeln und des Gefühls, an die Gesichtsfeldeinschränkungen und die Störungen der Absonderung, die immer n e u e R e i z e herantragen.

In Folge davon können sogar S e l b s t m o r d s v e r s u c h e als Verzweiflungshandlungen vorkommen. Meistens freilich sind gerade diese Versuche nur Schaustücke zum Zwecke der Heranzwingung der Aufmerksamkeit, nicht ernstlich gemeint, obwohl sie natürlich unglücklich enden können. Man wird daher diesen Kranken gegenüber selbst in einer Anstalt die nöthigen V o r s i c h t s m a ß r e g e l n nicht aus der Acht lassen dürfen, da oft gegen den eigenen Willen eine Schlinge straffer wird als

sie sein sollte: aber man vermeide es, viel Wesens von den Gegenmaß-
regeln zu machen und zeige sich den Selbstmordsversuchen gegenüber
selbst scheinbar möglichst gleichmüthig. Diese Form des hysterischen
Irreseins neigt weniger zu Abnahme der Intelligenz, jedenfalls
kommt es nur selten und langsam zur vollen Verblödung, während in der
steigenden Selbstsucht höhere und Mitgefühle immer mehr schwinden.
Daher finden sich bei diesen Personen nicht nur triebartig ausgeführte
geschlechtliche Ausschreitungen, sondern auch ein oft planloses oder
nur von Eitelkeit geleitetes Stehlen von Schmuck- und Werthgegen-
ständen in Kaufläden und bei Bekannten. Wie das Bild der Hysterie
überhaupt nicht durch wenige Züge wiederzugeben ist, so muss man auch
auf diesem Gebiete des hysterischen Irreseins auf die grösste Mannichfaltigkeit gefasst sein und versuchen die oben berührten Grundzüge
zur Erkennung zusammenzufassen.

Daraus folgt auch wieder, dass der Verlauf ein höchst verschiedener ist. Tritt die geistige Störung anfallsweise auf, so ist wie bei der
Epilepsie die Aussicht auf Verschwinden des einzelnen Anfalls
eine günstige, auch wenn es sich um die ihm gleichwerthigen Dämmerzustände handelt. Rückfälle und neue Anfälle sind jedoch wahrscheinlich. Sowohl die hysterische Charakterveränderung wie das
sich verschleppende hysterische Irresein führen oft zu bleibenden,
vielfach sich verschlechternden Zuständen. Die Gefahr des Ausgangs
in Blödsinn ist am grössten bei sehr jugendlichen Personen, im Ganzen
ist er aber seltener, namentlich seltener als bei Seelenstörung mit Epilepsie.
Mit Berücksichtigung der Thatsache, dass die Hysterie überhaupt meistens
eine geistige Minderwerthigkeit, nicht so sehr des Intellects als des Willens
bedeutet, muss man daher die **Prognose** im Ganzen für die mit ihr verbundenen Seelenstörungen nur als eine ungünstige hinstellen, trotz
der Wahrscheinlichkeit des Verschwindens der einzelnen Anfälle. Wo
das Geschlechtsleben eine unverkennbare Rolle spielt, werden Besserungen
zuweilen beim Eintritt des Klimacteriums angegeben, ferner nach
Beseitigung örtlicher Reize; im Uebrigen aber bleibt mindestens der hysterische Charakter bis ans Lebensende oder es bildet sich in den
schwereren Fällen allmählich ein mehr oder minder hoher Grad von
Blödsinn aus.

Die **Diagnose** ist wegen des bunten Wechsels der Krankheitsbilder
oft nicht leicht und muss mit Berücksichtigung aller geschilderten Merkmale gestellt werden: daher soll hier auch nicht versucht werden einzelne
als wichtigste hinzustellen, denn die Erfahrung lehrt ohnehin, dass die
Gefahr gross ist, hysterische Seelenstörungsform anzunehmen, sobald einzelne der angeführten Erscheinungen vorkommen. Nur die Berücksichtigung

des ganzen Krankheitsbildes und seines eigenthümlichen Verlaufes können davor schützen, die Diagnose auf eine mit Hysterie verbundene Seelenstörung zu leicht zu stellen. Auf einzelne Unterschiede von der Epilepsie ist schon hingewiesen, Beziehungen zur Neurasthenie findet man im folgenden Abschnitt.

Einzelne Bemerkungen haben uns schon darauf hingewiesen, dass eine Behandlung der in Rede stehenden Krankheit am meisten Aussichten auf Erfolg hat, wenn es gelingt Ursachen zu beseitigen; denn eine Behandlung der einzelnen Erscheinungen ist hier im Ganzen weniger erfolgreich als sonst, weil es ja besonders darauf ankommt, diese Kranken nicht merken zu lassen, dass man sie für geistig krank hält. Andererseits verlangen aber gerade unsere Kranken, dass man viel für sie thut. Sind daher wie so oft geistige oder körperliche Erschöpfungsursachen vorhanden, so muss man Alles daran setzen, um diese zu beseitigen und neue Kräfte für das erschöpfte Nervensystem zu sammeln. Dazu gehört dann vor allen Dingen gewöhnlich die Entfernung der Kranken aus der gewohnten Umgebung und ihre Einordnung in Verhältnisse, wo sie selbst nicht regieren, sondern eine wenn auch milde und wohlwollende, so doch zweifellos in anderer Hand liegende Leitung anerkennen müssen; aber es gibt auch viele Fälle, in denen der persönliche Einfluss des Arztes noch wichtiger sein kann, wie ja schon aus den bekannten Beeinflussungen Hysterischer durch die Suggestion hervorgeht. Diese Behandlung ist indessen wichtiger für die einfache Hysterie mit körperlichen Begleiterscheinungen und leichterer Charakterveränderung, während bei stärkerem Hervortreten der psychischen Störungen und besonders bei den Dämmerzuständen von einer heilenden Beeinflussung durch persönliche Eigenschaften des Arztes immer weniger die Rede sein kann. Es soll ja nicht geleugnet werden, dass bei einer mit Hysterie verbundenen Seelenstörung vorkommende Lähmungen oder Gefühlsstörungen durch Eingebung gebessert werden können, die eigentlichen psychischen Vorgänge sich in andere Bahnen lenken lassen : es scheint aber nicht gerechtfertigt, die Suggestion wie in der Hypnose oder in einem ähnlichen künstlichen Dämmerzustande als Heilmittel auch bei unserer Krankheit zu versuchen, da später schwerere Rückfälle dafür einzutreten scheinen. Jedenfalls darf die Suggestion nur in der milden Weise persönlicher Autorität, nicht als Hypnose versucht werden; dann aber scheint sie gerechtfertigt, ja zeigt schöne Erfolge. Das unerschütterliche Vertrauen, das sich der Arzt durch ernstes Wohlwollen verschaffen kann, wird dadurch zu einem seiner mächtigsten Hülfsmittel. Persönliche Geschicklichkeit und Menschenkenntnis können dabei natürlich grosse Unterschiede bewirken.

Die körperliche Erschöpfung ist nach allgemeinen Regeln zu behandeln. So wird die Masteur, Elektricität, eine geregelte, vorsichtige, kühle Ueberrieselung nach lauen Bädern und Aehnliches unter Umständen ein werthvolles Mittel zur Bekämpfung hervortretender Krankheitserscheinungen. Da die Behandlung wesentlich eine symptomatische bleiben wird, denn die vereinzelten Erfolge einer Castration z. B. können keine allgemeinen Vorschriften begründen, so wird man auch nicht erwarten, specifische Arzneimittel wie gegen die Seelenstörung mit Epilepsie zu erhalten. Freilich besteht vielfach noch eine gewisse Vorliebe für Asa fötida, Castoreum und Baldrian; aber zweifellose Erfolge erzielt man damit nicht. Ebenso lässt sich auch nicht behaupten, dass das Bromkalium ein so wirksames Mittel wie bei der Epilepsie ist; möglicher Weise kann es Schlaf unterstützen durch Herabsetzung der nervösen Erregung, andererseits wird aber vor seiner Anwendung gewarnt bei Zuständen, die an und für sich schon zu hypnotischen Erscheinungen neigen. Endlich wird noch mit Recht gewarnt vor der zu kühnen und andauernden Anwendung des Opiums und Morphiums, da unsere Kranken namentlich bei ungenügender Aufsicht nur zu oft zur Morphiumsucht gelangen.

Die richtig durchgeführte psychische Behandlung unter günstigen äusseren Verhältnissen und gute körperliche Pflege sind also als die wirksamsten Mittel bei der Bekämpfung unserer Krankheitsform anzusehen. Dies zeigt sich nun noch in ganz hervorragender Weise bei den namentlich früher zuweilen fast epidemisch auftretenden Häufungen hysterischer Krankheitsformen bei Kindern wie bei Erwachsenen, in denen die geistigen Störungen eine hervorragende Rolle spielen können. Da Nachahmung und ungesunde erziehliche Einflüsse z. B. in Pensionaten auch heutzutage noch ähnliche Zustände hervorrufen können, ist es gut zu wissen, dass die Krankheitserscheinungen meistens sehr rasch zu schwinden pflegen, wenn man die Ergriffenen trennen und an weit aus einander gelegene Orte zerstreuen kann. Besonders Kindern gegenüber möge man im Auge behalten, dass Hysterie überhaupt eine Willenskrankheit ist, die weniger der Beruhigung und Tröstung als der Erziehung und Schulung bedarf.

Zuweilen verbinden sich die in solchen Epidemieen auftretenden Krampferscheinungen mit solchen, die an Chorea erinnern; überhaupt kommen bei der Chorea psychische Störungen vor, die wieder darauf hinweisen, dass auch diese Neurose eine constitutionelle ist und das geistige Leben mit der Zeit tief schädigen kann.

Viele der hierher gehörigen Fälle scheinen eine gewisse Verwandtschaft mit Seelenstörungen bei Hysterie oder Epilepsie zu haben. Sollte sich zeigen, dass die bei Chorea zuweilen in den Sehhügeln gefundenen Veränderungen die Regel sind, so würde man vielleicht auch ein choreatisches Irresein abgrenzen müssen. Die erbliche Huntington'sche Chorea, welche erst in mittleren Lebensjahren auftritt und meistens zu geistiger Schwäche führt, hat eine solche Annahme nicht unterstützt.

C. Seelenstörung mit Neurasthenie.

Die grosse Reizbarkeit und Schwäche des gesammten Nervensystems, welche der Neurasthenie ihren Namen gegeben haben, nehmen wie bei der Hysterie die ganze Aufmerksamkeit des Kranken in Anspruch, so dass er zu einem beständigen Beobachter aller der vielseitigen Erscheinungen wird, die durch die Reizbarkeit und Schwäche seines Centralnervensystems und etwaige zufällige körperliche Erkrankungen anderer Art bedingt sind. Das Gebiet dieser mit Neurasthenie verbundenen Seelenstörungen zeigt sich als ein sehr umfangreiches und umfasst einmal viele Zustände, denen wir im allgemeinen Theil besonders unter den Grenzzuständen des Irreseins begegnet sind, andererseits den grössten Theil desjenigen Krankheitszustandes, den man als Hypochondrie zu bezeichnen pflegt. Der letztere Name hat nun im Laufe der Zeit nicht nur seine ursprüngliche Bedeutung ganz verloren, sondern mehrfach so verschiedene und theilweise willkürliche Erklärungen gefunden, dass man ihn besser nicht mehr als einen Sammelbegriff verwendet, sondern nur zur Bezeichnung einzelner Erscheinungen: die hypochondrischen Vorstellungen des Neurasthenikers haben meistens einen ängstlichen Inhalt (s. u.).

Diese Neurasthenie kann angeboren sein oder erworben werden. Viele ihrer Erscheinungen finden sich auch gelegentlich in andern Psychosen. Wir fassen hier zunächst diejenigen ihrer Zeichen ins Auge, die eine gewisse Selbstständigkeit besitzen und dadurch zur Aufstellung eines besondern Krankheitsbildes geführt haben: natürlich können hier aber auch wieder nur solche Erscheinungen etwas näher gewürdigt werden, die innigere Verbindungen mit dem Ablauf geistiger Vorgänge besitzen. Dieser Zusammenhang ist ein sehr inniger, weil er auf der abnormen geistigen Constitution beruht. Denn die nervöse Constitution ist hier nicht nur eine constitutionelle Beschaffenheit des ganzen Nervensystems, sondern besonders auch eine Störung im Ablauf psychischer Functionen im Zusammenhang mit manchen körperlichen Vorgängen. Die Hauptsache bleibt die Beziehung zum Vorstellungsinhalt. Daher ist sowohl bei erworbener wie bei angeborener Neurasthenie das Hauptkennzeichen die abnorme psychische Reizbarkeit, die leichte Anspruchsfähigkeit geistiger Thätigkeit verbunden mit ihrer raschen Er-

schöpfbarkeit. Sie führen einen Mangel an geistiger Energie und Selbstbeherrschung herbei und verhindern die stetige Regelung und Beschränkung
von Gemüthserregungen, welche beim Gesunden durch Geschlossenheit
und Festigkeit des Bewusstseins den festen Charakter bedingen. Also auch
beim Neurasthenischen ist eine Veränderung des Charakters ähnlich
wie beim Epileptischen und Hysterischen zu finden.

Die mit der Neurasthenie verbundene Seelenstörung tritt aber nicht
wie bei Epilepsie und Hysterie deutlich anfallsweise auf und lässt sich
auch nicht in ähnlicher Weise wie dort aus bestimmten Erscheinungen
entwickeln, die sich wie dort an Anfälle anschliessen oder als deren Ersatz
einstellen. Entwicklung und Verlauf sind hier langsamer und
allmählicher, schleppen sich unter verhältnismässig geringeren Schwankungen durch längere Zeiträume mit ausgesprochenen Krankheitserscheinungen. So mannichfaltig nun die Bilder dieser Krankheit im Einzelnen sein können, ein gemeinsames immer wiederkehrendes Zeichen ist
das Gefühl gebrochener körperlicher und geistiger Kraft.
Es ist nicht so zu verstehen, als ob beständig in jedem Augenblick
ein deutliches Krankheitsgefühl vorhanden sei, denn namentlich in Augenblicken der Erregung sind die Neurasthenischen geneigt alle möglichen
äusseren Umstände für ihre reizbare Stimmung verantwortlich zu machen;
nach verschwundener Erregung aber mit der wieder eintretenden allgemeinen nervösen Erschöpfung drängt sich das Gefühl des Krankseins und
die Einsicht in den inneren Zusammenhang von Stimmung und eigenem
Verhalten wieder auf. Das Gefühl des Krankseins ist aber ein unabweisliches, nicht aus Ueberlegung und Vergleichen erschlossenes, sondern
zwangsmässig sich aufdrängendes; darin besteht auch oft das Krankhafte des geistigen Verhaltens dieser Menschen, dass ihr Krankheitsgefühl
oft kaum genügend, vielfach garnicht begründet ist durch andere Zustände
des eigenen Körpers, dass mindestens kein Verhältnis zwischen ihnen
besteht und daher die gesteigerte Aufmerksamkeit auf kleine Abweichungen
im eigenen geistigen Geschehen sich als ein hervorragendes Zeichen des
Krankheitszustandes kundgibt. Obwohl wir zahlreichen körperlichen
Zeichen begegnen, die hier und da den Gesammtzustand begründen und
ihm seine Richtung geben, so ist dieser Zusammenhang doch nicht die
Regel.

Versuchen wir nun auf geistigem Gebiet die gesteigerte Reizbarkeit
und die nervöse Schwäche des Neurasthenikers gesondert zu betrachten,
so zeigt sich bald, dass dies kaum möglich ist, da sie theilweise neben
einander bestehen, theils unmerklich in einander übergehen. Die gesteigerte
geistige Erregbarkeit kann sowohl eine zu starke als eine verhältnismässig zu nachhaltige sein. Aber eine Mischung von Steigerung

und von Verminderung der Erregbarkeit auf beschränkteren
Gebieten ist unverkennbar. Dadurch kommt es eben in dem gesammten
Verhalten dieser Menschen zu einem Mangel an Ebenmaß, das selbst
durch eine zuweilen vorhandene grosse Selbstbeherrschung nicht verdeckt
werden kann. Dies kann sowohl in höheren Gefühlen hervortreten,
z. B. in übertriebener Zärtlichkeit oder Abneigung; oder in noch höherem
Grade in der geringen Ausdauer geistiger Leistungsfähigkeit
bei grosser Leichtigkeit der augenblicklichen Auffassung. Unverkennbar
ist manchmal sowohl die erhöhte Reizbarkeit wie die grössere Schwäche
und der Mangel an Ausdauer in periodischen Schwankungen,
indessen sind diese unregelmässige, da natürlich äussere gelegentliche
Anlässe bei der grossen Reizbarkeit die schubweise auftretenden inneren
Veranlassungen verwickeln.

Bei verhältnismässig kräftigen Naturen drängt sich natur-
gemäss die grössere Erregbarkeit in den Vordergrund, während die
schwächeren die rasche Ermüdbarkeit und Erschöpfung deutlicher
erkennen lassen. In diesem Zusammenhang bedeutet dann eine Abstumpfung der Reizbarkeit bei zunehmender Erschöpfbarkeit meistens auch
geistigen Verfall, während beim Uebergang neurasthenischer Zustände
in Genesung die Reizbarkeit schwindet bei steigender Ausdauer. Jedenfalls muss man es als ein Glück für solche Naturen ansehen, wenn ihre
geistige Entwicklung eine langsame ist, da ein Ausgleich des neurasthenischen Grundzustandes dann am ehesten möglich ist; in der That sieht
man, dass erblich Belastete dann am schwersten und heftigsten auf dieser
Grundlage erkranken, wenn ihre geistige Erregbarkeit, die sie als Kinder
klüger erscheinen lässt als ihrem Alter entspricht, Veranlassung dazu wird,
dass sie zu früh und zu rasch mit Dingen bekannt und in Verhältnisse
eingeführt werden, die sie auf die Dauer nicht ohne immer rascher zunehmende Erschöpfung ertragen können. Aus dieser allgemeinen Betrachtung ergibt sich daher schon hier die Wichtigkeit und die Möglichkeit dem Uebel vorzubeugen und durch zweckmässige Leitung nicht
nur die Steigerung des Leidens zu verhüten, sondern eine Kräftigung des
Willens und Charakters zu erzielen. Dass man dabei die körperliche
Gesundheit als wichtigstes Bindeglied ansehen und befördern soll, ist
ein heutzutage zwar allgemein anerkannter, aber doch nicht immer genügend durchgeführter Grundsatz.

Eines der wichtigsten Merkmale der mit Neurasthenie verbundenen
Seelenstörung ist die Art wie das ganze Fühlen, Denken und Handeln
des Kranken seine eigene volle Aufmerksamkeit erzwingt; wir müssen
jetzt dem Zeichen des **Zwangsdenkens** in seinen Einzelheiten näher
treten. Unter Zwangsdenken soll die verschiedene Art verstanden werden,

in der Vorstellungen, Gefühle und Antriebe zum Handeln sich dem Kranken unwiderstehlich aufdrängen und ihn überwältigen. Man kann daher auch von Zwangsempfindungen, Zwangsvorstellungen und Zwangshandlungen sprechen. Der Kranke hat die Herrschaft über seinen Bewusstseinsinhalt bis zu einem gewissen Grade verloren. Zunächst ihm selbst ganz unverständlich und überraschend quillt der Gedanke hervor, ohne jeden Zusammenhang mit dem übrigen gerade vorhandenen Denken, oder er schliesst sich unmittelbar an den Anblick gewisser ganz nebensächlicher Aeusserlichkeiten. Regelmässig ist dabei die Einsicht in die Störung, sowie ein oft äusserst peinliches Gefühl jenes Zwanges vorhanden: aber der Betroffene kann sich nicht willkürlich davon losmachen. Aus der Verknüpfung der genannten verschiedenen Arten zwangsweise auftretender Gedanken entstehen nun zahlreiche Krankheitsbilder.

Nur selten sind die **Zwangsvorstellungen** selbständig. Dann drängt sich wohl ein gedachtes und innerlich gesprochenes Wort auf, mitten aus geistigem Wohlbefinden, oder wenn eine Erregung, eine Aeusserlichkeit den Gelegenheitsanstoss abgibt. Bleibt eine Zwangsvorstellung einfach und selbstständig, so pflegt sie meistens nur einem Begriff, seltener einer inneren Anschauung zu entsprechen; ein einzelnes Wort schiebt sich immer wieder in das übrige Denken ein, auch wohl in Verbindung mit Zwangsreden: der Begriff eines völlig ausserhalb der sonstigen Gedankenrichtung liegenden Gegenstandes, wie z. B. eines Abtritts, einer Unanständigkeit oder der Name einer Person, die sonst kein besonderes Interesse bietet, schiebt sich immer wieder in lästigster Weise vor. Das peinliche Gefühl dieses Zwanges kann nun natürlich auf gewöhnlichem psychologischen Wege Befürchtungen und Zweifel auslösen, ohne dass man diese als Zwangsvorstellungen bezeichnen wird; aber ohne solchen richtigen Schlussvorgang verbindet sich ein Zwangsgedanke zuweilen auch mit andern.

Ein häufiges Beispiel, dass Zwangsgedanken sich verbinden, ist die bei Neurasthenikern recht verbreitete Vorstellung einen Brief nicht verschlossen zu haben: sie sehen jedes Mal wieder nach, ob der auf den Schreibtisch gelegte Brief noch offen sei; ist er unglücklicher Weise schon zur Post besorgt, so taucht die Sorge auf, Andere könnten seinen Inhalt lesen, und nun treibt die Unruhe darüber zu weitern Nöthen und Gedanken: vielleicht sei dieser oder jener Ausdruck im Briefe verfänglich, es wird ein neuer Brief geschrieben, um den Empfänger aufzuklären und ihn um Entschuldigung zu bitten, und das quälende Spiel kann von Neuem beginnen trotz sorgfältigster Beaufsichtigung der Correspondenz. Bekannt ist auch die Vorstellung, die Thür oder ein Schloss nicht geschlossen zu haben, die zu immer wiederholtem Nachsehen und Wiederschliessen

verleiten kann, trotzdem der Betreffende sich des meistens zwecklosen
Verfahrens völlig bewusst ist und wohl sogar schämt. Diese oft nur als
Eigenthümlichkeiten angesehenen Zwangszustände können sich bei den
verschiedensten Beschäftigungen einstellen; der Gedanke, ein Licht nicht
ausgelöscht zu haben, zwingt bei Nacht aufzustehen, ins Nebenzimmer zu
gehen und nachzusehen, oder wenn dies nicht geschieht, schliesst sich
die Furcht vor Feuer daran in quälendster Weise. Ueberhaupt hat die Ausführung einer solchen kleinen Handlung nach jenen Vorstellungen meistens
etwas wenigstens im Augenblick Erlösendes. Thut der Kranke sich aber
aus Einsicht in die verkehrte Natur seines Zweifels innerlich Gewalt
an und unterlässt z. B. die Nachzählung eines gezählten Geldbetrages,
wozu ihn sonst die Sorge, sich verzählt zu haben, in der Regel mehrere
Male hintereinander geführt hat, so steigert sich der peinliche begleitende
Affect, körperliche Gefühle lästiger Art treten hinzu: Zittern, Herzklopfen,
Pulsbeschleunigung, Schweisse und Durchfälle. Daher zählt er denn das
nächste Mal wieder zehn und zwanzig Mal nach, reisst den Umschlag
von schon zugeklebten Briefen, um die Befürchtung zu heben, dass ihr
Inhalt von ihm verwechselt sei. Eine ziemlich häufige Erscheinung ist
die Furcht vor Berührung von Thürgriffen und andern Dingen, an
denen möglicher Weise irgend ein Ansteckungsstoff hätte kleben können.
Hier sieht man immer erneute Waschungen ausführen oder die Thürklinke
vorm Anfassen abwischen. Der Gedanke es könne ein Glassplitter, ein
scharfes Knochenstück in der Speise, eine Nadel in den Kleidern versteckt
sein, verlangt die immer erneute Untersuchung darnach, trotz der durch
die Erfahrung immer wieder gewonnenen Erkenntnis der Grundlosigkeit
solcher Bemühungen, trotz des Anscheins von Lächerlichkeit, den der
Untersuchende dadurch bei seiner Umgebung erweckt und auch selbst
empfindet. Er kann nicht anders, der Gedanke ist da, unentrinnbar, er
muss sich von seiner Grundlosigkeit immer wieder von Neuem überzeugen
Ein Anderer denkt plötzlich, er könne auf der Strasse seine Kleider be-
schmutzen, daran schliesst sich der Gedanke, der Schmutz könne seinen
Körper berühren, den Ekel Anderer erregen, ihnen in die Speisen fallen;
jetzt weicht er jeder Berührung mit dem Boden, den Wänden, mit andern
Leuten aus, geht nur noch auf den Fussspitzen, bürstet und reibt unaufhörlich die Hände u. s. w.

Ist nun eine solche Berührungs- und Zweifelfurcht schon ein quälen-
der Krankheitszustand, so sind die Zustände der Grübelsucht noch
ärger, in denen sich in förmlichen Anfällen reihenweise, zwecklose
Fragen in das Bewusstsein drängen (vgl. Seite 55). Dass bei diesem
Grübeln und Fragen die allgemeine Richtung des Gedankenganges vorschlagend oft auf die letzten Gründe der höchsten und letzten Dinge

aller menschlichen Erkenntnis gerichtet ist, sich auch oft nur in Begriffen bewegt, abgelöst von der Wirklichkeit, mag betont werden: seltener trifft man hier die Verbindung mit dem sexuellen Gebiet, am ehesten dann, wenn sich körperliche Zwangsgefühle im Geschlechtsapparat dazu gesellen.

Damit nähern wir uns wieder dem Gebiet der hypochondrischen Beschwerden, die ja wesentlich von dem Bildungsgrade und den medicinischen Anschauungen des Kranken abhängen. Die bange Befürchtung, dass er im Beginne eines verhängnisvollen, schweren Leidens stehe, findet Anhaltspunkte genug zur Begründung dieser Anschauung in leichteren oder schweren wirklich vorhandenen körperlichen Störungen oder lediglich in den nervösen Zuständen, die aus der neurasthenischen Grundlage hervorgehen. Die geäusserten Klagen spiegeln dabei die gleichzeitigen medicinischen Theorien zurück und beziehen sich auf Modekrankheiten, denen sich auch das ärztliche Interesse gerade zuwendet. Herrschende Epidemieen sowohl, wie weit verbreitete chronische Krankheiten, von denen man viel liest oder hört, geben den Inhalt der Befürchtungen ab. Sowohl die Cholera und Influenza, wie Syphilis und Phthisis spucken in den Berichten dieser Neurastheniker; ein chronischer Rachenkatarrh wird zur beginnenden Schwindsucht, ein leichtes Ekzem zur Syphilis; jeder Erkältungszustand oder einfacher Kopfschmerz enthält die Vorboten der schweren Infection, an der der Kranke zu Grunde gehen muss. Diese hypochondrische, sich stets erneuernde und aufzwingende Sorge sucht sich meistens ein chronisches Leiden, welches eigenen und fremden Einwänden gegenüber am längsten Stich hält; denn der Nachweis für die Grundlosigkeit einer Erklärung der Klagen kann die wirklich vorhandene nervöse Reizbarkeit und Widerstandslosigkeit nicht beseitigen, aus dem kranken Nervenleben quillt von Neuem das peinliche Gefühl und die zwingende Vorstellung dieses oder jenes Leidens hervor.

Die durch die Zwangsvorstellung ausgelösten Gefühle haben nicht die Lebendigkeit und Dauer peripher begründeter; die Erkenntnis ihrer psychischen Entstehung blickt bei dem Kranken selbst immer wieder durch und gewinnt Einfluss auf ihre Betonung. Darum ist die gesammte Gefühlsstimmung, so sehr sie im Einzelnen zu Missmuth, Verdriesslichkeit und Unzufriedenheit neigt, doch wieder eine sehr schwankende, führt zu unbegründeter Launenhaftigkeit und macht die Kranken unberechenbar; oft überraschen uns dann wieder freundliche Züge, unter denen ein thätiges Mitleid am Anziehendsten erscheint.

Da es schwer ist festzustellen, ob die im einzelnen Falle auftretenden körperlichen Begleiterscheinungen Ursachen oder Folgen des Grundleidens sind, so müssen wir sie als klinische Zeichen für sich erörtern, so wie sie uns entgegentreten. Allerlei neuralgische Gefühle, selbst Schmerzen sind häufig. Eine der verbreitetsten Klagen ist die über Kopfweh, sie erfährt die mannichfaltigsten Bezeichnungen und Umschreibungen, so findet sich das Gefühl der Eingenommenheit, der Schwere und Völle des Kopfes, eines Druckes, der den Kopf von Innen zu zersprengen droht oder von Aussen zusammenschnürt. Dies Gefühl ist zuweilen gleichmässig über den Kopf verbreitet, zuweilen betrifft es nur die Stirn oder das Hinterhaupt. Häufig ist ein Gefühl der Wallung und Hitze gleichzeitig vorhanden, und nicht selten ist es den Kranken, als werde ihr Kopf hin und herbewegt oder als fühlten sie darin drehende und wirbelnde Bewegungen. Ohne gerade zu Schmerz zu werden, sind die Gefühle doch äusserst lästig, und dies um so mehr als gewöhnlich eine gewisse Behinderung des Denkens hinzukommt, die freilich in den Leistungen nicht so deutlich ist, als in der Vorstellung des Kranken. Zur geistigen Arbeit bedarf es einer grösseren Anstrengung als sonst, Zerstreutheit und Gedächtnisschwäche sind hinderlich. Die rasche Erschöpfung nach geistiger Arbeit steigert dann auch wieder die krankhaften Gefühle im Kopfe. Neuralgieen einzelner Kopfnerven sind seltener, aber doch recht oft finden sich umschriebene Empfindungen und Schmerzen, die gleichzeitig auf einer Ueberempfindlichkeit der Kopf-haut beruhen. So kann schon die Berührung des Kammes schwer er-träglich sein; aber auch ohne sichtbare äussere Reize stellt sich ein Gefühl ein, als ob die Haut vom Schädel abgezogen würde, ferner die Gefühle von Brennen oder Kälte.

Mit diesen Gefühlserscheinungen verbinden sich nun meistens noch Reizerscheinungen in andern Sinnesgebieten, die durchweg auf einer grossen Empfindlichkeit und Verschärfung in der Auffassung von äussern Eindrücken beruhen, selten als eigentliche Sinnestäuschungen auftreten. Lichtblitze, Ohrensausen sowie andere subjective Erscheinungen verschiedenster Art wechseln mit einander ab; eine grosse Ueberem-pfindlichkeit gegen Licht verursacht zuweilen recht grosse Be-schwerden, besonders wenn sie begleitet ist von Anfällen, in denen Flecken und Funken das Gesichtsfeld erfüllen (Flimmerscotom). Dahin gehören denn auch die Vorliebe oder Abneigung für gewisse Arten von Geruch und Geschmack; durch diese Empfindlichkeit berühren sich die Neu-rastheniker mit den Hysterischen. Sie leiden bei starken Geräuschen, aber auch schon bei leichteren, so dass ihnen sogar ihre eigene Stimme einen unerträglichen Lärm machen kann.

Mit solcher Reizbarkeit der Sinne verbindet sich nicht selten eine grosse subjective Schwäche derselben, während die volle Seh- und Hör-schärfe sich bei Versuchen ergeben. Es handelt sich eben wieder um rasche Ermattung, so dass das Gesichtsfeld verschwommen wird, das Aufhorchen ermüdet und nur undeutliches Hören mehr stattfindet. Diese Mischung erleichterter Anspruchsfähigkeit und rascher Ermüdbarkeit findet sich in allen Sinnesgebieten und führt dadurch zu den buntesten Krankheitsbildern. Die gesammte Körpermuskulatur und die inneren Organe werden ferner von Gefühlen ergriffen, die sich durch die Kennzeichen der Reizbarkeit und Erschöpfbarkeit als neurasthenische ausweisen. Daher hört man von diesen Menschen so oft die Klagen über Müdigkeit und Schwere in allen Gliedern nach geringfügigen Anstrengungen; die Grenze des Uebergangs zu Schmerzgefühlen wird dabei oft überschritten. Es kommen gleichzeitig Gefühle des Einschlafens und Pelzigseins der Glieder hinzu, zu welchen sich Prickeln, Stechen und Ameisenlaufen in Händen und Füssen gesellt. Sehr verbreitet ist das Gefühl schmerzhafter Erschöpfung im Nacken, Rücken und Kreuz; es kann von selbst, bei Druck und bei Bewegungen auftreten; wo eine für Berührung schon deutliche Ueberempfindlichkeit der Wirbelfortsätze diese Gefühle begleitet, hat man den ganzen Zustand auch als Spinalirritation bezeichnet. Der Ort der Gefühle kann oft wechseln, sie können aber zu qualvoller Heftigkeit anwachsen und ein schweres Leiden sein. Man sieht übrigens leicht, wie nahe sich diese Zustände mit manchen der Hysterischen berühren: gemeinsam ist auch die peinliche Muskelunruhe, die in den Beinen als anxietas tibiarum zu einem der qualvollsten Krankheitszeichen werden kann. Hier und da sieht man eine starke Spannung dieses oder jenes Muskels, namentlich in den Beinen z. B. Wadenkrämpfe; allgemeine Krämpfe gehören aber nicht zur Neurasthenie. Wichtig ist es die fibrillären Zuckungen bei Neurasthenikern zu kennen, die ganz besonders häufig die Gesichtsmuskulatur betreffen: sie finden sich im ganzen Facialisgebiet, sind sehr lästig und beunruhigen den Kranken, in dessen Natur es so wie so schon liegt, sich selbst auf das Sorgfältigste zu beobachten. Es kann dies eine Zeichen unter Umständen ein entscheidendes sein, wenn es sich darum handelt festzustellen, ob Dementia paralytica oder neurasthenische Störung vorliegt. Der Paralytiker bemerkt jene Zuckungen nicht, der Neurastheniker wendet ihnen seine ganze Aufmerksamkeit zu; ebenso folgt er mit Sorge leichten Sprachstörungen, namentlich einem häufigen Versprechen in der Erregung, das der Paralytiker garnicht beachtet.

Eine Schilderung der vielfachen hypochondrischen Klagen über Störungen der Verdauung würde hier zu weit führen; Anfälle von trockenem nervösen Husten, gewaltiger Lufthunger sind zu erwähnen. Wichtiger ist für das Verständnis der ganzen Krankheit die Erörterung der Störungen an den Blutgefässen, überhaupt am ganzen Kreislauf. Voranzustellen ist das nervöse Herzklopfen, welches so stark auftreten kann, dass der Kranke selbst den verstärkten Herzschlag fühlt und hört; meistens tritt dazu bald ein Gefühl von Angst und Unruhe, an das sich leicht hypochondrische Wahnvorstellungen schliessen. Es ist von grossem Interesse, dass diese Anfälle von Herzklopfen sich nicht so selten mit Erweiterung der linken Pupille verbinden, so dass man bei der Unterscheidung von Dementia paralytica auch diesen Grund für eine Differenz der Pupillen kennen muss; die Ungleichheit schwindet mit dem Herzklopfen, dadurch wird die Ansicht bestätigt, dass Herzklopfen und linksseitige Pupillenerweiterung auf Reizung des Nervus sympathicus zurückzuführen sind, in dessen Halstheil ja Fasern verlaufen, die den Musculus dilatator pupillae versorgen, während die durch Sympathicusreizung verengten Blutgefässe die Ueberfüllung des Herzens mit Blut und dadurch Herzklopfen vermitteln. Mit dem Nachlassen des Reizzustandes zeigt sich die Erschlaffung des Gefäßsystems in fliegender Hitze Pulsiren und Klopfen im Kopfe, einseitiger Röthe und Schwitzen des Gesichts, während die Pupille sich wieder verengt. Lähmungen im Gebiete des Sympathicus kommen im Blutgefäßsystem oft bei Neurasthenikern vor; rasches Erröthen bei Ueberraschungen, beim Anreden oder bei Erwartungsaffecten gehört zu den peinlichsten Leiden der Neurastheniker, denen sie selbst durch die darauf gespannte Aufmerksamkeit immer neue Nahrung geben, ohne sich ihnen durch die grösste Anstrengung des Willens entziehen zu können: im Gegentheil wird das Eintreten des Erröthens dadurch nur erleichtert. Von andern Einflüssen des sympathischen Nervensystems sei hingewiesen auf die Lähmungszustände des Darms, die oft durch die Stimmung des Kranken hervorgerufen werden. Die Beziehungen des Sympathicus zum Gefäßsystem führen noch zu einer andern Betrachtung. In grosser Ausbreitung können anfallsweise am ganzen Körper Hitze und Gefässklopfen auftreten Diese Empfindungen sind äusserst quälend und aufregend, da sie sich auch auf innere Organe erstrecken und die Kranken in peinvolle Unruhe versetzen. Schon an und für sich sind diese Zustände, die sich namentlich nach Gemüthsbewegungen einstellen, als neurasthenische Zeichen wichtig und zeigen zugleich, dass das gesammte Centralnervensystem ein reizbares und rasch erschöpftes ist; ausserdem aber enthalten sie einen Hinweis für das Verständnis einiger eigenthümlicher Zustände, die bei Neurasthenikern beobachtet werden. Wir wissen, dass das **Gefühl der Angst und Furcht** in der Regel von **Reizzuständen und Lähmungen des Gefäßsystems** begleitet wird, andererseits ist es sicher, dass auch **Schwindelgefühle** in demselben Zusammenhang mit dem

Gefäßsystem sich entwickeln. Es ist daher sehr wahrscheinlich, dass wir auch durch Betheiligung des Sympathicus die verschiedenen Formen krankhafter Furcht erklären müssen, die sich bei Neurasthenikern finden: nur dadurch ist das Zwingende dieser Angstgefühle einigermassen verständlich, die niemals auf Sinnestäuschungen beruhen und auch nicht zu vollen Wahnvorstellungen ausgebildet werden. Doch darf nicht verschwiegen werden, dass der Beweis für diese Annahme nicht immer zu erbringen ist, weil sichtbare Begleiterscheinungen vom Gefäßsystem nicht regelmässig vorhanden sind. Dass Gefäßschwankungen die Zustände vermitteln, geht daraus hervor, dass sie meistens mit mehr oder minder stark ausgebildeten Schwindelgefühlen verlaufen. Schon der allgemeinste Ausdruck eines solchen Furchtzustandes, die Befangenheit in ungewohnten Verhältnissen, ist niemals ganz frei von einem solchen Schwindelgefühl, das gelegentlich mit einer Ohnmacht endet.

Die nun zu erörternden Formen krankhafter Furcht werden in der Regel nach bestimmten Anlässen beobachtet. Die verbreitetste Form ist die Platzangst, die sich beim Betreten freier Plätze, in menschenleeren Strassen oder beim Alleinsein in einsamen Gegenden einstellt. Der Kranke wird plötzlich von der Angst befallen, die Kräfte würden ihn verlassen und er könne nicht weiter gehen. Dabei entsteht starkes Beklemmungsgefühl, Herzklopfen, Zusammenschnüren im Halse; kalter Schweiss mit Zittern und Schwächegefühl in den Beinen bricht aus. Kehrt der Kranke um oder erreicht er nach glücklicher Ueberschreitung des Platzes wieder eine seitliche Häuserreihe, so schwindet das Angstgefühl. Eine klare Vorstellung verbindet sich mit dieser Angst nicht, nur die unbestimmte Befürchtung einer drohenden Gefahr. Die Begleitung einer Person, auch wenn sie nur zufällig vorausgeht, genügt oft schon die Angst zu überwinden. Dieser Kranke geht um keinen Preis allein durch einen Saal, in dem er ohne das geringste Bedenken tanzt: er zittert, wenn er einen Platz überschreiten will, über den er früher auf einem wilden Pferde geritten ist.

Unter ganz ähnlichen Erscheinungen tritt Höhenschwindel bei Kranken auf, schon wenn sie allein an einem etwas hoch gelegenen Fenster sitzen, während sie vielleicht in Begleitung gut an einem steilen Abhange stehen können. Das Gefühl der Hülflosigkeit zwingt dem Kranken, so lange er allein ist, auch das Gefühl der Angst auf. Wiederholung steigert die Stärke der Anfälle in der Regel; daraus geht hervor, dass die Furcht vor einer ähnlichen Lage ihr Eintreten erleichtert. Die geistige Reizbarkeit verbindet sich mit der Schwäche des Gefässsystems, um ähnliche Zustände auszulösen; in diesem Zusammenhang stehen daher wahrscheinlich auch einige andere klinisch verwandte Zustände, wie die Furcht im Gedränge, im Theater oder Concertsaal, überhaupt die Furcht vor geschlossenen Räumen. Auch hier ist die Furcht seltener begleitet von Erklärungsversuchen, wie Sorge vor der Gefahr des Verbrennens bei ausbrechendem Feuer, oder im Gedränge in Gefahr zu kommen, sondern sie ist allgemein und unbestimmt. Ist die Gelegenheit zum Furchtanfall vorbei, so lachen die Kranken wohl über die Thorheit; trotzdem vermögen sie bei erneutem Anlass dem Angstgefühl doch keinen Widerstand entgegenzusetzen. Es ist diese Furcht immer ein echtes Zwangsgefühl. Ein ähnliches Gefühl von Schwindel und Furcht kommt vor in hohen Hallen und Domen, deren Einsturz als drohende Möglichkeit, lebendig begraben zu werden, erscheint.

Hieran ist zu schliessen die Erwähnung des Auftretens von Zwangshandlungen, soweit sie selbständig ohne gedanklichen Zusammenhang mit Befürchtungen oder Wahnvorstellungen auftreten. Einzelne Mordthaten, Zerstörungen von Gegenständen, Diebstähle, Brandstiftungen, Befriedigungen des Geschlechtstriebes scheinen in dieser Weise erklärt werden zu müssen; doch möge man sich hüten, eine solche Annahme zu leicht zu machen, da sicher in vielen Fällen eine genauere Untersuchung die Entstehung solcher Handlungen aus Sinnestäuschungen oder Wahnvorstellungen nachweisen lässt; wo diese aber fehlen, findet man meistens das ehrliche Bestreben des Kranken gegen den krankhaften Trieb anzukämpfen, der sein Leben in trostloser Weise verbittern kann und ihm selbst als etwas Unbegreifliches erscheint.

Haben wir im Vorstehenden eine ganze Reihe bestimmter geistiger Störungserscheinungen kennen gelernt, die sich mit Neurasthenie verbinden, so ist die gesammte Veränderung des geistigen Lebens doch nicht in dem Sinne, wie wir ein epileptisches und hysterisches Irresein anerkannten, als neurasthenisches Irresein anzusehen; denn die einfache Neurasthenie führt an und für sich nicht zu dauernden oder fortschreitenden selbständigen Störungen, die wie dort mit verschieden hohen Graden des Blödsinns enden können. Jedenfalls beschränkt sich die Ausbildung einer neurasthenischen Psychose, für die wir eine gewisse Selbständigkeit in Anspruch nehmen müssen, auf die Anfänge einer solchen: sie ist dann schwer zu unterscheiden von andern Psychosen, die mit den Zeichen der Reizbarkeit und Erschöpfbarkeit zu beginnen pflegen; es ist nur festzuhalten, dass verschiedene Formen geistiger Störung wie Manie, Melancholie, Paranoia und Dementia paralytica ein besonderes Gepräge zeigen, wenn sie sich auf dem Boden der Neurasthenie entwickeln. Die Mischung von ausgeprägten Krankheitserscheinungen und deutlicher Krankheitseinsicht ist aber ein Merkmal jeder mit Neurasthenie verbundenen Seelenstörung.

Wir begegnen unter den Ursachen der Neurasthenie und der mit
ihr verbundenen Seelenstörungen so ziemlich allen Ursachen, die wir für
die Entstehung von Geistes- und Nervenkrankheiten kennen: als allgemeiner Ausdruck für sie alle gilt bei ihrer Entwicklung die Erschöpfung
des ganzen Nervensystems. Die Bedeutung der erblichen Belastung kennen wir schon zur Genüge; eine andere Ursache oder, wenn
man will, Veranlassung zum Ausbruch von Neurasthenie, da meistens
eine Veranlagung besteht, ist geistige Ueberanstrengung, besonders
wenn sie mit dem Gefühle der Verantwortung in einer einfluss-
reichen Stellung verbunden, d. h. also eine Ueberanstrengung des Intellects
und des Gemüths ist. Daher sind hochgestellte, begabte und lebhafte
Männer der Gefahr der Erkrankung besonders ausgesetzt; in andern Le-
benslagen überwiegt das weibliche Geschlecht wohl wegen seiner grösseren
gemüthlichen Erregbarkeit und geringeren Widerstandsfähigkeit. Indessen
schon in früher Jugend bringt die Schule durch Ueberbürdung der
Schüler manche Gefahren mit sich, wobei man aber bedenken möge, dass
die Erziehung im Hause häufig ebenso schädlich wirkt. In der Pubertätszeit dient eine zu frühe Reizung des Geschlechtstriebes, die zu
masslosem Masturbiren führen kann, zum raschen Auftreten nervöser
Erschlaffung und Erschöpfung. Der Einfluss des Geschlechtslebens
ist zuweilen durch erschöpfende Blutverluste, gehäufte Geburten vermittelt,
tritt aber unmittelbar wieder darin zu Tage, dass Fälle von Neurasthenie sich
im Klimacterium wieder häufen. Auch die senile Involution kann
noch im Greisenalter bei vorher gesunden Personen volle Krankheitsbilder zeitigen. Wenn sonach kein Lebensalter von der Krankheit
verschont wird, so ist doch durch die äussern Lebensverhältnisse, die
Beschäftigung und den Beruf, das mittlere Lebensalter
am meisten gefährdet. Sitzende Lebensweise begünstigt die Entwicklung, daher findet man sie so häufig bei Bureaubeamten, Schrei-
bern, Kauflenten und Gelehrten. Andererseits aber führt auch ein über-
hastetes, unregelmässiges und ausschweifendes Leben ohne die ausreichende Erholung durch Ruhe und Schlaf rasch zur Neurasthenie.
Jedenfalls ist Schlaflosigkeit nicht nur ein auffallendes Zeichen
der Neurasthenie, sondern gehört zu ihren wichtigsten Ursachen.

Erschöpfende Krankheiten (vgl. Seite 28 u. 31 über Fieberzustände) aller Art, acute und chronische, bei denen die Blutbildung leidet
und der allgemeine Kräftezustand herabgesetzt wird, dienen zur Entwicklung neurasthenischer Zustände; diese Ursachen treten um so zweifelloser
als solche hervor, wo sie vollwerthige Personen betreffen, während sie
bei Minderwerthigen immer nur den Anstoss zur Weiterentwicklung schon
vorhandener Anfänge geben. Verletzungen haben psychische Erre-

gungen zur Folge, die auf neurasthenischer (auch wohl hysterischer) Grundlage das Bild der traumatischen Neurosen hervorrufen, die neuerdings zahlreiche Unfallsuntersuchungen bedingen.

Der **Verlauf** der Seelenstörung mit Neurasthenie ist ein äusserst mannichfaltiger und selten ein gleichmässiger; im Allgemeinen entwickelt sie sich langsam und schleichend, seltener tritt sie im Anschluss an erschöpfende Erkrankungen plötzlich und heftig auf. Die Schwankungen im Verlauf sind meistens nicht äusserlich begründet, wenigstens ist es schwer, solche Anlässe im Einzelnen festzustellen; Besserung tritt oft ebenso überraschend plötzlich ein, wie Verschlimmerung. Durch Ablenkung der Aufmerksamkeit, erheiternde Eindrücke, vernünftiges Zureden, in geeigneten Augenblicken sogar durch ernste Zurechtweisungen kann ein rascher Nachlass zu Stande gebracht werden, oft genügt ein Wort oder ein Anblick, um eine Verschlimmerung einzuleiten. Der Nachlass aller Erscheinungen kann zeitweilig ein so bedeutender sein, dass die Krankheit Monate, selbst Jahre lang nicht nachweisbar ist. Meistens erkennt man aber aus der raschen Wiederkehr bei geringfügigen Anlässen, dass keine vollständige Wiederherstellung stattgefunden haben konnte. In einer kleinen Zahl von Fällen ist nach Monaten oder Jahren völlige Genesung vorhanden. Die **Dauer** des Leidens reicht in der Mehrzahl der Fälle aber bis ans Lebensende; niemals darf man daher Hoffnung auf rasche dauernde Besserung erwecken.

Die **Prognose** einer mit Neurasthenie verbundenen Seelenstörung ist zusammengesetzt aus dem Urtheil über den wahrscheinlichen Verlauf der zu Grunde liegenden nervösen Reizbarkeit und Schwäche, sowie über die Form der besondern damit verbundenen Psychose, da wir ein selbständiges neurasthenisches Irresein nicht anerkennen können. Günstiger wird die Prognose bei nachweisbaren äussern Schädlichkeiten, während eine erbliche Belastung für das Leben zu bleiben pflegt. Fälle, in denen Zwangsgefühle vorkommen, darf man etwas günstiger ansehen als solche mit Zwangsvorstellungen, nach dem allgemeinen Gesetz, dass psychische Störungen um so günstiger verlaufen, je deutlicher begleitende Affecte in den Vordergrund der Erscheinungen treten, während Abweichungen vom gewöhnlichen Gange der Vorstellungen ohne Affecte, zu dauernden Störungen neigen. Dass die Neurasthenie an und für sich nicht zum Blödsinn führt, möchte ich hervorheben, während natürlich jede auf neurasthenischer Grundlage erwachsende Psychose diesen Ausgang nehmen kann, wenn es zu ihrem Wesen gehört. Es ist auch ein etwaiger Selbstmord bei einem Neurastheniker möglicher Weise ein Ausfluss von melancholischen oder verrückten Wahnvorstellungen, indessen ist es nicht selten, dass er durch Zwangsvorstellungen oder auf dem so zu sagen natürlichen Wege zu Stande kommt, der bei der Ueberlegung der Unerträglichkeit des Leidens eingeschlagen wird.

Die sichere Diagnose der Neurasthenie als Grundlage einer zu Tage tretenden psychischen Störung kann für den praktischen Arzt von ganz ausserordentlicher Wichtigkeit werden, besonders in zwei Richtungen. Erstens gilt es zu unterscheiden, ob die Vorboten irgend einer andern schweren Erkrankung des Centralnervensystems, besonders des Gehirns, sowie einer Psychose überhaupt vorliegen: zweitens soll man entscheiden, ob das vorliegende Leiden nicht auch eine Dementia paralytica sein kann.

Im ersteren Falle wird man sich namentlich durch die Beobachtung leiten lassen, dass die traurige Verstimmung der beginnenden Psychosen eine festere, nicht so leicht durch äussere Anregung zu beseitigende ist. Die hypochondrische Grundstimmung fehlt den specifischen Beschwerden Hysterischer. Sehr schwierig kann es lange Zeit sein festzustellen, ob die beobachtete Reizbarkeit und Nervenschwäche selbständig oder nur die Vorläufer einer organischen Erkrankung des Centralnervensystems sind, wie dies namentlich bekannt ist bei Herderkrankungen des Gehirns, aber auch bei diffuser Sklerose und verwandten Vorgängen, bei Meningitis und endlich bei der Tabes. Ebenso muss man die durch Neurasthenie verursachten Beschwerden unterscheiden von denjenigen, welchen bestimmte körperliche Veränderungen anderer Organe zu Grunde liegen, damit man bei der Behandlung diese zuerst ins Auge fasst und die nervöse Reizbarkeit und Schwäche als eine Begleiterscheinung bekämpfen kann.

Am wichtigsten aber ist die Unterscheidung der Neurasthenie von einer beginnenden paralytischen Seelenstörung. Den Grundzug für die Unterscheidung verschafft die zum Blödsinn fortschreitende Schwäche des Urtheils, während die geistige Schwäche des Neurasthenikers eine leichte Ermüdbarkeit ist, ohne die Beurtheilung anderer, ja selbst der eigenen Verhältnisse wesentlich zu erschweren, sobald sie sich nicht auf die Zustände des eigenen Körpers bezieht. Doch selbst im letztern Falle beachtet der Neurastheniker die Veränderungen in seinem eigenen Körper und Wesen genau, ja wie wir sahen mit krankhafter Aufmerksamkeit, während der Paralytiker nicht darauf merkt, sondern häufig gerade durch diesen Gegensatz zwischen seiner gehobenen Stimmung und dem wirklichen Verhalten seine Urtheilslosigkeit an den Tag legt. Dadurch erweist sich der Paralyker bald unfähig zur Ausübung seines Berufes, während der Neurasthenische ihn meistens tadellos erfüllen kann, ja sich oft sogar

durch eine peinliche Sorgfalt und Pflichterfüllung auszeichnet. Beispielsweise sehr deutlich kann der Unterschied der Beachtung etwaiger S p r a c h-
s t ö r u n g e n sein, die im einen Falle Gegenstand grösster Befürchtungen
werden können, wie Furcht vor Dementia paralytica, die beim wirklichen
Vorhandensein dieses Leidens aber meistens garnicht empfunden werden
oder doch keine Sorgen erregen und dem Kranken nur als nebensächliche Kleinigkeiten erscheinen. Die sonstigen m o t o r i s c h e n S t ö r u n g e n
im Anfang der Paralyse, wie die engen und verschieden weiten P u-
p i l l e n können ja auch bei Neurasthenischen vorkommen, sind aber doch
seltener und nicht so andauernd; ebenso steht es mit Z i t t e r n der Hände
und Beine. Von einem gewissen Werthe ist auch die Beobachtung, dass
Z w a n g s d e n k e n in dem oben geschilderten Sinne bei Paralytischen
nicht vorkommt. Eine Verwechslung der Paralyse mit Neurasthenie ist
bei vorgeschrittener Dementia kaum mehr möglich, paralytische K r a m p f-
a n f ä l l e können mit einem Schlage jeden Zweifel beseitigen. Den Hauptwerth muss man aber auf die Züge der i n t e l l e c t u e l l e n S c h w ä c h e
legen, die sich dazu noch oft mit Abstumpfung e t h i s c h e r und ä s t h e-
t i s c h e r G e f ü h l e verbindet; dies ist bei einem Neurastheniker wohl
nie der Fall.

Die ausführliche Erörterung der **Behandlung** der Neurasthenie als
solcher gehört nicht in einen Grundriss der Psychiatrie, weil sie zu innig
verknüpft ist mit andern Erkrankungen des Nervensystems und so viel-
fache Berührungspunkte mit Erkrankungen anderer Organsysteme aufweist,
dass es hier unmöglich sein würde, auch nur das Hauptsächlichste zu
bringen. Im allgemeinen Theil wird man übrigens manche Winke finden
können, die auch für die V e r h ü t u n g und Behandlung der einfachen
Neurasthenie von Werth sind. Die eigenthümlichen Zustände von Zwangsdenken in den mit Neurasthenie verbundenen Psychosen sind keiner psy-
c h i s c h e n, jedenfalls keiner dialectischen B e h a n d l u n g mit Erfolg
zugänglich, wie man schon daraus schliessen kann, dass die Kranken
selbst sich immer von Neuem wieder nutzlos mit Einwänden quälen.
Sogenannte Z e r s t r e u u n g e n, wenn sie ohne Anstrengungen verbunden
sind, können einem Neurastheniker nützlich sein; er verträgt oft besser
eine R e i s e als den Aufenthalt in einer Anstalt, ein Heilmittel wird
sie aber auch für ihn selten. Im Ganzen ist es sonst eine durch reiche
Erfahrung bestätigte Regel, dass bei allen Behandlungsmethoden der
Neurasthenie und der mit ihr verbundenen geistigen Störungen die p s y-
c h i s c h e B e e i n f l u s s u n g der wichtigste Theil ist, so dass sogar eine
grössere Leichtigkeit des Erfolges zum Maßstab für die Schwere der Erkrankung werden kann, im Gegensatz z. B. zu einer echten hypochondrischen
Form der Verrücktheit, bei der eine psychische Beeinflussung unmöglich ist.

D. Geistige Störungen bei Vergiftungen.

Die Seelenstörungen bei Epilepsie, Hysterie und Neurasthenie zeigten sich mehr oder weniger verbunden mit allgemeinen, in der Regel constitutionellen Erkrankungen des ganzen Centralnervensystems; auch ganz über dieses ausgebreitet, aber abweichend nach der Art der Entstehung sind die bei Vergiftungen auftretenden Störungen. Am Ende der Reihe psychischer Störungen begegnen wir hier meistens einem eindeutigen Zusammenhang zwischen Ursache und Wirkung, doch kommt auch eine Färbung der Krankheitsbilder durch constitutionelle Beimischungen vor. Die anatomische Begründung ist nur im Allgemeinen durch pathologische Untersuchungen ganzer Functionssysteme des diffus erkrankten Centralnervensystems möglich, eine örtliche Begrenzung auf einzelne Theile ist bisher nicht gelungen oder nur bei chronischem Verlauf als Folgezustand gefunden; die neuerdings nach experimentellen Vergiftungen in den Hirnrindenzellen von Thieren gefundenen besonderen Veränderungen eröffnen aber auch der Forschung beim Menschen neue Wege. Wenn der klinischen Beobachtung aber noch der Haupttheil der Betrachtungen zufallen muss, so zeigt sich die Bedeutung gemeinsamer Untersuchung nach ursächlichen, anatomischen und klinischen Gesichtspunkten hier wieder in hellem Licht. Im Allgemeinen indessen ist festzuhalten, dass die psychischen Störungen bei Vergiftungen begleitet sind von Erkrankungen des ganzen Centralnervensystems, sehr oft auch des ganzen Körpers (vgl. Seite 31 über Fieberdelirien, Vergiftungen nach organisirten Giften).

Wir wenden uns zunächst zu den psychischen Störungen bei einmaligen schweren Vergiftungen. Dieselben sind theilweise sehr flüchtiger Natur, auch ist die Zahl der Nervengifte eine so grosse und die durch sie bedingte Mannichfaltigkeit der Krankheitserscheinungen eine so reiche, dass hier nur einzelne Bilder herausgegriffen werden können, die häufiger und typischer sind. Die wichtigste, den Alkoholrausch, besprechen wir besser erst im Zusammenhang mit dem chronischen Alkoholismus.

Bei einer Kohlenoxydvergiftung, wie sie bekanntlich im Kohlendunst häufig ist, stellt sich nach Ueberwindung der durch eine kurze aber qualvolle Seelenangst oder Lustgefühle eingeleiteten Bewusstlosigkeit, noch Tage lang ein Zustand von Unbesinnlichkeit und Verwirrtheit ein, der ohne Kenntnis der Vorgeschichte des Krankheitsfalles schwer von andern ähnlichen Zuständen zu unterscheiden ist. Bemerkenswerth ist indessen das Fehlen von Sinnestäuschungen, auch pflegt ein heftiger Kopfschmerz sehr aufzufallen. Während der vollen Bewusstlosigkeit muss man sich an die sonstigen Vergiftungserscheinungen halten, die wie alle rauschartig wirkenden Gifte in der Bewusstseinspause nur an anderen Begleiterscheinungen kenntlich sind. Die Kenntnis dieser, auch sensibler und motorischer Störungen lehrt die Toxikologie. Der Uebergang in geistige Schwäche ist nicht selten und zuweilen verbunden mit motorischen Lähmungen oder Spannungszuständen, die wahrscheinlich von kleinen Erweichungsherden im Gehirn abhängen.

Durch Aether, Stickoxydulgas und Chloroform entstehen rauschartige Delirien, in denen einzelne Sinnestäuschungen vorkommen. Das Stickstoffoxydulgas pflegt heitere Traumbilder oft sexuellen Inhalts mit sich zu führen; die bei der Betäubung durch Aether oder Chloroform auftretenden Zustände sind jedem Mediciner bekannt.

Durch Aufsaugung in Wundflächen kann das Jodoform zu psychischen Störungen führen; nach ängstlicher Unruhe tritt eine heftigere Erregung mit Verwirrtheit und Sinnestäuschung auf, oder die Angst steigert sich zu schwerer Melancholie. Leichte Fälle beschränken sich auf ängstliche Verstimmung, Schlaflosigkeit und Appetitlosigkeit, in den schwersten kommt es zu tiefer Betäubung mit vorausgehenden Delirien und Sprachstörungen. Bei Kindern ist Aengstlichkeit und Schlafsucht vorherrschend.

In Kautschukfabriken kommen Vergiftungen durch Schwefelkohlenstoff vor, die allerdings erst bei längerem Bestehen Anklänge an paralytische Seelenstörung zeigen; wechselnde Stimmung, Unbesinnlickeit, Sprachstörung, Krämpfe und fibrilläre Zuckungen stellen sich ein, die bei einmaligen Vergiftungen aber auch schon angedeutet sind.

Der Uebergang von einmaligen schweren Vergiftungen zu wiederholten und chronischen ist überhaupt sehr häufig. Selten findet man ganz acute Delirien wie bei Phosphorvergiftung, Nicotinvergiftung, acute Rauschzustände nach Atropingebrauch; Opium- und Haschischgenuss nähern sich der Gruppe chronisch missbrauchter Gifte, da Wiederholungen gewöhnlich sind. Wirkungen des Hyoscins sind Seite 152 beschrieben, des Sulfonals Seite 151. Das Chloralhydrat führt selten zu einmaligen Erregungen, die vermittelt durch Gefässlähmungen bei längerem Missbrauch geistige Schwäche im Gefolge haben können. Auf die flüchtigen psychischen Erregungen bei verschiedenen Narcoticis kann hier nicht weiter eingegangen werden.

Endlich sind hier noch zu erwähnen die geistigen Schwächezustände, die sich nach längerem Gebrauch von Jod-, Brom- und Quecksilberpräparaten einstellen können.

Praktisch von weit grösserer Bedeutung sind einige Zustände, die sich nach chronischem Missbrauch einstellen. Wir wenden uns hier zunächst zu dem

Morphinismus.

Der Morphinismus oder die Morphiumsucht ist ein Folgezustand des wiederholten Missbrauches des Morphiums, dessen Aussetzen dann wieder so unangenehme Gefühle und Functionsstörungen hervorruft, dass die wegen ihrer Unterdrückung erneute und übertriebene Anwendung des Mittels zur Entwicklung seiner giftigen Eigenschaften führt. Zuerst wird das Morphium, anders wie das Opium im Orient, bei uns höchst selten als Genussmittel genommen, in der Regel wird es ärztlich verordnet gegen zufällige kleinere oder grössere mit Schmerzen verbundene Leiden. In Form einer Einspritzung unter die Haut wirkt es dann ja so völlig schmerzstillend und dadurch zugleich beruhigend und schlafbringend, dass alsbald der Wunsch auftaucht, diese Wirkung für sich zu geniessen, um so mehr, als sich mit ihr beim Einschlafen häufig Träume mit angenehmen Inhalt in bunten, wechselnden Bildern einstellen. In Augenblicken der Erschlaffung angewandt, führt das Morphium rasch eine grössere Leistungsfähigkeit und ein allgemeines Gefühl des Behagens mit sich; dadurch wird es dann allmählich zu einem Genussmittel und zwar einem unentbehrlichen; aber um den gewünschten Erfolg zu erzielen, muss eine ursprünglich kleine Menge bald gesteigert werden; aus Decigrammen werden dann sogar Gramme, von denen der Morphiumsüchtige selbst zwei und drei an einem Tage gebraucht. Die auffallende Häufigkeit mit der Aerzte oder deren Frauen Morphiumeinspritzungen vornehmen, zeigt wie abhängig wir dabei von zufälligen Gelegenheiten sind, die den Gebrauch des Mittels erleichtern. Daraus mag man die Lehre ziehen, als Hausarzt seinen Patienten niemals die Morphiumspritze in die Hand zu geben, sie bei sich selbst nicht anzuwenden, sondern sich dann als Kranker auch von einem Collegen behandeln zu lassen.

Die Vergiftungserscheinungen können, soweit sie psychische Störungen sind, aus dem Gebrauch des Mittels unmittelbar hergeleitet werden, während andere Erscheinungen erst vermittelt durch das Aussetzen des Giftes als sogenannte Abstinenzerscheinungen bezeichnet werden. Zu den ersteren gehört vor Allem eine auffällige Veränderung des Charakters; reizbar, mürrisch und menschenscheu zeigt der Kranke sich gleichgültig gegen fremde Interessen und wird immer selbstsüchtiger und engherziger, bis sich alle seine Wünsche und Bestrebungen nur um die einzige Befriedigung des Morphiumhungers drehen. Auch die früheren angenehmen Wirkungen verlieren sich immer mehr, das Mittel erzielt nur noch vorübergehend eine Erleichterung der Vergiftungsfolgen. Die geistigen Störungen bleiben in der Regel auf dem Gebiete ethischer Vorstellungen, während eine Abschwächung der Intelligenz nur in gewisser Weise ersichtlich zu werden pflegt, soweit sie das Gedächtnis und die Ausdauer bei geistigen Leistungen berührt; die chronische Morphiumvergiftung führt kaum je zum Blödsinn; wo es der Fall zu sein scheint, wird man eine andere Psychose daneben vermuthen dürfen. Dagegen fehlt die Abnahme von Entschlossenheit und Thatkraft neben jener Engherzigkeit in keinem Falle; körperliche Schwäche und Schlaffheit finden sich auch häufig daneben. Gelegentlich, namentlich in den Zeiten der Abstinenz, kommen auch Sinnestäuschungen vor, die sich dann oft mit Angstgefühlen und Selbstmordtrieb mischen, sonst nicht selten einen angenehmen Charakter haben. Der Grund zu den häufigen Rückfällen ist aber vor Allem die Schlaffheit des Denkens und Handelns.

Auffallend sind die engen Pupillen und die aschgraue Hautfarbe der Morphinisten, wodurch die Diagnose oft auf den richtigen Weg geführt wird, trotz des Leugnens des Morphiumsüchtigen; auch während einer Entziehungscur versucht er sich das Mittel zu verschaffen oder nimmt es vorher sogar schon heimlich mit. Jedenfalls ist für die Behandlung Erfolg nur in einem Krankenhause zu erwarten.

Cocainismus.

Als Ersatz für Morphiummissbrauch, selten von Anfang an selbstständig findet man die Cocainsucht; da die Rückfälle hier noch leichter stattfinden, ist die Prognose noch trüber. Auch das Krankheitsbild selbst ist ein heftigeres, jede Erregung ist anfänglich einem Champagnerrausch ähnlich und wird darum wieder gesucht. Später entwickelt sich neben deutlicher ausgeprägten Sinnestäuschungen, Hören von Worten, rasch grössere Erregung, doch ohne Verwirrtheit. In Folge von Gefühlstäuschungen, Hautjucken kommt es zu sexuellen Beeinträchtigungsideen, aus denen sich ein Eifersuchtswahn bilden kann, der auch in Zeiten der Entziehung die andern Erscheinungen zu überdauern pflegt. Wegen schlechten Schlafes wird daneben vielfach Morphium genommen, und man findet schliesslich Morphiumsucht und Cocainismus bei einer Person. Aber auch die Cocainsucht allein führt allmählich zu geistiger Entartung und körperlicher Erschöpfung, die höchstens in einem Krankenhause bekämpft werden können.

Alkoholismus.

In manchen Zügen des Cocainismus ist eine Aehnlichkeit mit den Folgen des Alkoholmissbrauches nicht zu verkennen. Die grosse sociale Bedeutung des letzteren fordert eine eingehendere Betrachtung; zweckmässig schicken wir derselben eine kurze Schilderung der einmaligen, gewissermassen physiologischen Wirkung einer Alkoholvergiftung voraus, wie sie sich im Rausch zeigt, denn hier lassen sich schon einige der wichtigsten Bestandtheile der Krankheit bemerken. Die psychischen Vorgänge erscheinen im Rausch erleichtert und beschleunigt. Der Schweigsame wird schwatzhaft, der Ruhige lebhaft. Das erhöhte Selbstgefühl führt zu Dreistigkeit, keckem Auftreten und Lustigkeit. Auch die körperliche Leistungsfähigkeit ist zunächst gesteigert; ein grösseres Bedürfnis nach Bewegung gibt sich durch Singen, Schreien, Lachen, Tanzen, allerlei muthwillige und vielfach zwecklose Handlungen kund. Eine gesteigerte sexuelle Begehrlichkeit ist jetzt ja auch nicht selten. Die Hebung des Allgemeingefühls und des Selbstbewusstseins erlaubt aber doch Anfangs noch eine gewisse Selbstbeherrschung, so dass Sitte und Anstand bewahrt werden. Doch bald ist die Spannung der Aufmerksamkeit für diese inneren Vorgänge wie für äussere erschwert; die Auffassung äusserer Eindrücke wird auch verlangsamt. Zuerst erlöschen beim Betrunkenen die ästhetischen Gefühle und Vorstellungen, während er in seinen Reden noch das Gefühl der erhöhten Leistungsfähigkeit bewahrt hat und auch auszudrücken versteht. Es treten dann mit dieser Lebhaftigkeit die unüberlegten Handlungen in einen um so wirksameren Gegensatz. Bezeichnend ist das völlige Ableugnen und Bestreiten des erregten Zustandes und seiner Ursache. Ebenfalls wichtig ist der nicht seltene, äusserlich völlig unbegründete Stimmungswechsel, der vorübergehend aus dem Lustigen einen ganz Gedrückten macht. Aber auch diese scheinbar erhöhte Leistungsfähigkeit verliert sich rasch, und mit der immer deutlicher werdenden Erlahmung der Aufmerksamkeit und dem Eintreten noch grösserer Urtheilslosigkeit nähert sich der Betrunkene dem Zustande völliger Berauschung. Beim Uebergang dazu können sich Sinnestäuschungen zeigen, die freilich in der Regel keine echten Hallucinationen sind, sondern meistens nur durch Verwechslungen sich kennzeichnende Illusionen. Das Bewusstsein trübt sich immer mehr, und während die Reden verwirrt werden, beendigen Bewegungsstörungen verschiedener Art das Schauspiel; die lallende Sprache und der taumelnde Gang haben den Vergleich mit der paralytischen Seelenstörung herausgefordert.

Der Ausgang in dem Blödsinn ähnelnde Zustände, durch Erregung aller psychischen Functionen hindurch, begleitet von Stimmungswechsel und frühzeitigem Schwinden ethischer Gefühle, Neigung zur Ableugnung des Trinkens und seiner augenfälligen Folgen, sexuelle Erregung, Sinnestäuschungen und motorische Störungen, das Alles sind Erscheinungen, die auch dem chronischen Alkoholismus in mehr oder weniger ausgeprägter Weise, getrennt oder vereint zukommen können. Natürlich gibt es zahlreiche Uebergangszustände von dem einmaligen Rauschzustande zu den Erscheinungen des chronischen Alkoholismus; jeder höhere Grad von Berauschung kann schon als Irresein aufgefasst werden, wie ja auch das Gesetz den Betrunkenen nicht für die in der Trunkenheit begangenen Handlungen voll verantwortlich macht. Dass bei einzelnen Personen schon nach ganz geringen Mengen von alkoholischen Getränken **schwere rauschartige Zustände** sich einstellen, lässt sich fast immer darauf zurückführen, dass diese Personen durch Erblichkeit oder erworbene Minderwerthigkeit widerstandsloser sind und veranlagt zu psychischen Störungen. Bei solchen Personen findet man eine Neigung zum Auftreten zahlreicher Sinnestäuschungen, namentlich des Gesichtes; diese Zustände nennt man **trunkfällige Sinnestäuschung**, sie dauern nur einige Stunden, der Inhalt der Sinnestäuschungen ist ein schreckhafter, das Bewusstsein ein dämmerhaftes. Daher können schwere Gewaltthaten ausgeführt werden, ohne dass mehr als eine summarische Erinnerung für sie zurückbleibt. Auch bei alten Säufern kann ein solcher Zustand als flüchtige Erscheinung aufgesetzt sein auf den sonst dauernden Alkoholismus. Wenn ein bis dahin scheinbar gesunder Mensch in den angedeuteten pathologischen Rauschzustand verfällt, der vielleicht als nüchterner Mensch bekannt ist, so sind diese schweren Folgen der einmaligen Alkoholvergiftung nur aus einer irgendwie bedingten Minderwerthigkeit seines Centralnervensystems zu erklären. Ein Beweis für die Vermittelung dieser Zustände durch solche Minderwerthigkeit ist es, dass sie sich nicht immer unmittelbar an den Alkoholgenuss anschliessen, vielmehr oft erst einige Zeit nach ihm auftreten, namentlich unter der hinzukommenden Einwirkung von Affecten. Für die Beurtheilung vor Gericht ist der Hauptwerth darauf zu legen, dass diese pathologischen Rauschzustände immer mit Besinnungs- und Erinnerungslosigkeit verbunden sind; sie erinnern dadurch an epileptische Zustände, mit denen sie in vielen Fällen auch thatsächlich verknüpft sind; vielleicht sind diese dann durch die Alkoholvergiftung ausgelöst.

Der ausgebildete dauernde **chronische Alkoholismus** (die Alkoholsucht) fasst alle jene psychischen und physischen Functionsstörungen zusammen, die der gewohnheitsmässige Missbrauch des Alkohols hervorbringt. Doch möge man im Auge behalten, dass die Trunksucht sich immer auch mit anderen Ursachen verbindet, so dass sie selbst oft ebensosehr als die Folge solcher Eindrücke anzusehen ist (häuslicher Kummer, Gram, Aerger und Verdruss); oder dass die Trunksucht nur eine Theilerscheinung einer tiefer liegenden allgemeinen Krankheitsanlage ist. Auch wirkt der übermässige Genuss alkoholischer Getränke andrerseits wieder auf dem Umwege rein körperlicher Störungen, unter denen die Erkrankungen des Verdauungssystems mit seinen Anhängen, sowie die zahlreichen Veränderungen am gesammten Blutgefässapparat die wichtigste Rolle spielen. Rechnet man dazu dann noch die Veränderungen des Gehirns und seiner Häute, so ist leicht ersichtlich, wie verwickelt die Wege sind, auf denen die Gesammtwirkung des Giftes in Erscheinung treten kann.

Wenn wir zunächst nur die psychischen Veränderungen und Störungen ins Auge fassen, so ist das Hauptmerkmal der fortschreitende Verfall ethischer und intellectueller Leistungen, gewöhnlich zuerst auf ethischem Gebiete. Die in der Sitte und Sittlichkeit begründeten Vorstellungen, welche den Einzelnen in der Gesellschaft zu einer gesitteten Haltung veranlassen, welcher persönliche Anlagen des Temperaments eine bestimmte Färbung verleihen, mit einem Wort, der Charakter des Trinkers, ändert sich allmählich, ja schwindet schliesslich gänzlich. Er verliert die Fähigkeit nach feststehenden Grundsätzen zu handeln; die Anschauungen über Ehre, Sitte und Anstand lockern sich, gegen die augenblicklichen Begierden, namentlich nach Alkohol selbst, treten alle sonstigen höheren Gefühle mehr und mehr zurück. Durch alle Stufen hindurch drängt sich als wichtigster Beweggrund aller Handlungen Selbstsucht vor, bis zuletzt auch diese jeden tieferen Werth verliert und, entkleidet jedes höheren Strebens, nur noch als nackte Sucht zum Trinken erscheint, als dem Mittel, welches allein im Stande ist, die peinlichen Folgen der Alkoholvergiftung vorübergehend wieder zurückzudrängen; daher fühlt sich der Trunksüchtige ähnlich wie der Morphiumsüchtige immer wieder unwiderstehlich zur Beseitigung der Abstinenzerscheinungen hingedrängt. Anfangs können dabei noch schwere Kämpfe zwischen der wachsenden Leidenschaft und dem ursprünglichen ernstgemeinten Pflichtgefühl zur Selbstbeherrschung stattfinden; Angesichts der drohenden, deutlich erkannten Gefahr, sich geistig, körperlich und gesellschaftlich völlig zu Grunde zu richten, ist der Entschluss, sich des Trinkens zu enthalten, ein fester; aber leider ist die Gelegenheit, in Gesellschaft doch wieder einen Versuch zu machen, eine zu häufige, und ein falsches Schamgefühl verleitet Viele trotz besseren Wissens und Willens, es zu wagen. Weiter ist die anregende Wirkung nach körperlicher oder geistiger Ueberanstrengung zu verführerisch, um freiwillig dem Alkoholgenuss gänzlich zu entsagen. Später aber stumpft das Gefühl der Pflicht zu ernstem Widerstand ganz ab, die freiwillig gern ausgesprochenen guten Vorsätze werden immer mehr zu leeren Redensarten, um die Umgebung und wohl auch noch sich selbst hinwegzutäuschen über den jetzt bei jeder Gelegenheit ausgeführten heimlichen Missbrauch des Alkohols. Noch mehr als ein einmalig Berauschter wird der Gewohnheitstrinker unwahr im höchsten Grade, es ist auf seine heiligsten Versprechungen und Schwüre nicht das Mindeste zu geben; er lügt nicht nur über seine Absichten, sondern leugnet trotz schwerer Trunkenheit ab, etwas getrunken zu haben. Die sittliche Entartung macht immer weitere Fortschritte, weder Strafe noch Schande schrecken zurück vor der Begehung von Rohheiten, Misshandlungen oder andern Gewaltthaten, wenn durch sie das Trinken erreicht oder verdeckt werden kann.

Schon lange vorm Erscheinen intellectueller Schwäche tritt die Charakterlosigkeit hervor. Deshalb sind diese Personen so schwer zu beurtheilen und unterzubringen, denn die lange erhaltene Intelligenz, unter Umständen durch gewandte Redeweise unterstützt, die im Dienste des Alkoholmissbrauches dazu noch vielfach geübt wurde, macht es den Meisten unwahrscheinlich, dass jene Verstösse gegen Sitte und Gesetz aus einer pathologisch begründeten geistigen Störung erwuchsen. Man ist daher geneigt, jene Trinker in Besserungsanstalten zu bringen, während man sich selten entschliesst sie in dieser Zeit in eine Irrenanstalt zu versetzen; es ist auch nicht zu leugnen, dass sie sich nicht für eine Irrenanstalt eignen, denn die Nothwendigkeit, ihnen jede Gelegenheit des Alkoholmissbrauches zu entziehen, zwingt zunächst sie in Abtheilungen leben zu lassen, wo ihre persönliche Freiheit sehr beschränkt ist. Da sie aber hier unvermeidlich mit manchen traurigen Eindrücken zusammentreffen, ist es nicht durchführbar sie dort lange zu lassen. Der Versuch zu grösserer Freiheit der Bewegung wird gemacht, schlägt aber nach kurzer Zeit fehl; dem Kranken nützt sein Aufenthalt in der Anstalt nichts, nur seine Angehörigen sind von ihm befreit. Er selbst aber geht mehr oder weniger schnell einem fortschreitenden geistigen und körperlichen Verfall entgegen. Die Nothwendigkeit für diese Trinker eigene Asyle zu errichten, wird immer dringender; denn die Erfahrung zeigt, dass dauernde Entziehung des Alkohols im Verlauf von 1—2 Jahren zuweilen ein unversehrtes, auch sittlich kräftiges Gemüthsleben wieder beginnen lässt, das oft wieder für Jahre die Erfüllung des früheren Berufes erlaubt. Wo dies aber nicht erreicht wird, kann das Trinkerasyl den Trinker bewahren vor weiterem Verfall und ihm gleichzeitig ein erträgliches Dasein verschaffen, um so mehr, wenn es ihm nützliche Thätigkeit bietet.

Die Gefügigkeit des Alkoholisten, dem der Missbrauch des Giftes unmöglich gemacht wird, ist zuweilen eine erstaunliche: dadurch dass sie am grössten ist im Anfang einer solchen Behandlung, erweist sie sich als ein krankhafter Schwächezustand. Ueberhaupt geht die Vollwerthigkeit eines Nervensystems unter dem längeren Einflusse des Alkoholmissbrauches immer mehr auf die Neige; wir finden daher auch so viele Neurastheniker unter den Säufern. Die Reizbarkeit ist oft eine gewaltige, die geringsten Veranlassungen können bedenkliche Affecte und Wuthausbrüche hervorrufen, in denen eine vollständige Rücksichtslosigkeit gegen die Umgebung ausbricht. Auch gegen die eigene Person wendet sich zuweilen der plötzliche Zorn. Weiter stellen sich namentlich Morgens Zustände tiefer geistiger Verstimmung ein. Missmuth bis zur Neigung zum Selbstmorde; aber nach erneutem Alkoholgenuss sind diese Stimmungen leicht wieder verschwunden und können ins Gegentheil umschlagen. Diesem häufigen Wechsel entspricht auch die Unentschlossenheit und Rathlosigkeit beim Handeln, die Willensschwäche in der Erfüllung des Berufes.

Selbst bei andauerndem Alkoholmissbrauch kann sich die Intelligenz des Trinkers oft noch überraschend lange halten. Er kann noch theilnehmen an den Vorgängen der Aussenwelt, namentlich politischen, die ja in Versammlungen und Kannegiessereien gleichzeitig oft der beste Vorwand werden für erneutes Trinken. Je besser und reiner nun das alkoholische Getränk ist, desto länger bleibt die geistige Leistungsfähigkeit unberührt; bei den schlechten Schnapsarten dagegen leidet sie eher. Zuweilen tritt zuerst Gedächtnisschwäche auf, dann rasche Erlahmung der Aufmerksamkeit, namentlich bei selbständiger geistiger Thätigkeit. So kann der Kranke wohl mit Interesse und Verständnis noch an einer Unterhaltung theilnehmen, aber nicht mehr aufmerksam ein Buch lesen oder gar wissenschaftlich arbeiten. Ueberhaupt aber ist die Abschwächung der Intelligenz in jedem Falle unverkennbar in der einseitigen und ungenügenden Auffassung und Verarbeitung neuer Eindrücke, so dass auch hier wieder die Einengung des Gesichtskreises auf die nächsten Interessen eintritt. So kann auch ohne tiefergreifende Erkrankung des Gehirns, ohne Verbindung mit Delirium tremens und Epilepsie, die Verödung des Geisteslebens nach allen Seiten vor sich gehen, die freilich oft Jahrzehnte bedarf, um zu völligem Blödsinn zu führen. Rascher ist dies der Fall, wo mit dem chronischen Alkoholismus sich andere Psychosen und schwerere Erscheinungen auf anderen Gebieten des Nervensystems verbinden.

Zwei Dinge sind es, die den Alkoholisten kennzeichnen, wenn vorübergehende oder dauernde psychische Störungen zu den geschilderten hinzukommen. Erstens ist es die Art und Massenhaftigkeit der Sinnestäuschungen, zweitens die Häufigkeit des Wahnes der ehelichen Untreue.

Die Sinnestäuschungen sind ausserordentlich beweglich und wechselnd, sie entfalten und verändern sich unablässig, sind oft in hohem Grade phantastischer Natur; vielfach mag es sich dabei nur um Illusionen, um ungenügende Auffassung wirklicher Vorgänge handeln; Lichter, Gegenstände, die sich bewegen, tragen dazu bei. Tagesgeräusche, z. B. von fahrenden Wagen, gehen als beängstigende Eindrücke ein in den Vorstellungsinhalt des erregten Alkoholisten. Gemeinsam ist ihnen durchweg das Elementare und die phantastische Verarbeitung. Lichter, Flammen und Sterne wechseln mit Wolken, die den Blick verschleiern; ein Fleck bildet sich vor dem Auge, begrenzt sich, nimmt regelmässige Umrisse an, jetzt zeigt sich ein Kopf, Tatzen, nun verwandelt er sich allmählich zu irgend einem Thier; dann ändert er seinen Ort, drängt sich näher, entfernt sich, verschwindet und kehrt wieder zu seiner Stellung zurück. Alle möglichen und unmöglichen Thiere können dem Alkoholisten erscheinen; indessen überwiegen die kleinen. Diese Bilder durchkreuzen das Zimmer, scheinen sich auf den Kranken zu stürzen, laufen über sein Bett, wachsen, schwinden und verschwinden im Fussboden, in der Wand oder Decke. Aber er sieht sie auch Fratzen schneiden; er sieht Feuersbrünste, Kämpfe und Schlachten; Massen, die auf ihn eindringen und sich auf ihn stürzen. Durchweg haben alle diese Erscheinungen etwas Erschreckendes, nur selten sind sie angenehmer Art; dann werden schillernde Vögel, bunte Blumen und herrliche Landschaften gesehen; oder es findet ein Wechsel solcher Erscheinungen statt. Die Gehörstäuschungen sind ebenfalls meistens elementarer Natur, wie Brausen, Klingen und Zischen, Schiessen oder Glockenläuten. Wo sie eine bestimmte Gestalt annehmen, ist ihr Inhalt ein bedrohender, verhöhnender und beschimpfender. Wieder ist ausser dem Erschreckenden die Massenhaftigkeit der Geräusche bezeichnend. Wenn wir dann noch erwähnen, dass in den selteneren Fällen, wo auch Geruch und Geschmack betheiligt sind, sich die gleichen Merkmale einfinden, so sehen wir schon aus der Art und Menge der Sinnestäuschungen sich das eigenthümliche Bild des sogenannten **alkoholistischen Verfolgungswahnes** entwickeln. Dasselbe bedarf zu seiner Vollständigkeit noch einiger weiterer Züge. Gefühlstäuschungen schliessen sich in ähnlicher Weise an; die Kranken fühlen wie die gescheuen Thiere in ihre Haut eindringen, ihre Glieder anfressen; das Feuer versengt ihre Haare und ihre Haut. Zuweilen treten solche Abweichungen vom gesunden Haut- und Organgefühl auch im Geschlechtsapparat auf und verbinden sich dann gern mit der Vorstellung geschlechtlicher Bedrohung, dem Wahn ehelicher Untreue und unbegründeter massloser Eifersucht. Ueberhaupt ist die Hineinziehung des Geschlechtslebens etwas sehr Gewöhnliches, so dass man mehrfach geneigt ist den Eifersuchtswahn als dem Alkoholisten eigenthümlich auch zum Unterschied von anderem hallucinatorischen Verfolgungswahn darzustellen; in manchen Fällen mag er begründet sein durch gesteigerte Wollustgefühle bei gleichzeitig rasch erlöschender sexueller Leistungsfähigkeit, wie sie sich namentlich in vorgeschrittenen Fällen von Alkoholismus neben einander finden. Jedenfalls aber ist die Begründung des Eifersuchtswahnes durchaus nicht immer durch Sinnestäuschungen gegeben, sondern meistens werden nur harmlose Worte, Geberden und Begebenheiten im Sinne des Wahnes gedeutet und zu seiner Stütze verwerthet. Ein anderer Ausdruck für verwandte Vorgänge ist es, wenn ledige Frauen und Männer ihre Umgebung der Unzucht beschuldigen oder behaupten, dass man ihnen unsittliche Anträge und Zumuthungen stelle. Dass auch vielfach bei einem Trinker das eheliche Leben allmählich ein unglückliches wird, ist leicht verständlich; man wird darin aber häufiger eine Folge als eine Ursache des Trinkens erkennen müssen, wenn auch hier und da das umgekehrte Verhältnis vorliegt und dann später als Grund zu neuem Trinken mit Vorliebe vorgeschoben wird.

Der sogenannte acute Trinkerwahnsinn zeigt sich gewöhnlich Nachts, ziemlich plötzlich beginnend, unter Umständen nach wenigen Tagen bis auf die allgemeinen Erscheinungen des Alkoholismus verschwindend. Die Abgrenzung dieses Zustandes vom Delirium tremens, mit dem er nahe verwandt ist, wird durch das Vorherrschen sexueller Gedankenreihen bedingt, die bei verhältnismässiger Klarheit des Bewusstseins zu einem verschwommenen Wahnsystem mit den andern Krankheitszeichen vereint werden, ziemlich oft begleitet von Geruchstäuschungen, ferner durch das Zurücktreten motorischer Störungen, die im Delirium tremens das Krankheitsbild beherrschen; in letzterer Krankheit ist die Benommenheit auch durchweg viel grösser.

Soweit motorische und sensible Störungen dem Alkoholismus in seiner gewöhnlichen Form zukommen, haben wir davon hier Folgendes zu erwähnen. Weitverbreitet ist das Zittern der Zunge, Gesichtsmuskeln und Hände; im nüchternen Zustande pflegt es deutlicher zu sein als unter der unmittelbaren Alkoholwirkung. Beschränkte Krämpfe, z. B. in den Waden, sind seltener. Deutliche Lähmungen sind nicht häufig, dagegen kommen öfter Paresen auch in den Beinen vor. Neuerdings ist man aufmerksamer darauf geworden, dass diese motorischen und manche sensible Störungen nicht allein auf Erkrankungen des Centralnervensystems und seiner Häute beruhen, sondern oft bedingt sind durch Entzündungen peripherer Nerven; es handelt sich um infectiöse Neuritiden an verschiedenen Stellen, die starke Störungen der Sensibilität mit sich führen, sowie eine sehr auffallende Gedächtnisschwäche. Umschriebene Gefühllosigkeit oder Reizerscheinungen in einzelnen Gliedern können sehr lästige Gefühle bedingen und die Grundlage von Wahnvorstellungen werden. Auch Störungen der Sehschärfe werden durch Entzündungen oder Schrumpfung der Netzhaut (namentlich Abblassung ihrer temporalen Hälfte, centrale Scotome für Farben, besonders Roth und Grün) zu schweren, oft dauernden Leiden. Sind sie nur flüchtiger Art, so hat man an Kreislaufschwankungen zu denken; Gefässlähmungen der verschiedensten Art gehören überhaupt zum Alkoholismus; es braucht nur erinnert zu werden an die Gefässerweiterungen im Gesicht der Trinker, die Entartungen der Gefässwände sowohl wie des Herzens und der Nieren. Die Schädigung des Verdauungsschlauches und seiner Anhänge beeinflusst die Stimmung, durch Gefäßschwankungen und andere Erkrankungen bedingte Kopfschmerzen und Schwindelgefühle kommen immer wieder als neue Störungen zu den rein psychischen Veränderungen.

Ehe wir den gewöhnlichen Verlauf und Ausgang des chronischen Alkoholismus untersuchen, muss uns der eigenthümliche Zustand des Delirium tremens beschäftigen. Als abgeschlossenes Krankheitsbild tritt es gerade dem praktischen Arzt so häufig entgegen, dass es auch wissenschaftlich immer wieder als besondere Form aufgefasst worden ist, obwohl man sich klar darüber ist, dass es nur eine verhältnismässig flüchtige Theilerscheinung der chronischen Alkoholvergiftung ist. Selten schliesst es sich unmittelbar an eine einzelne Unmässigkeit des Trunksüchtigen, jedenfalls ist es niemals die Folge einer einmaligen schweren Vergiftung durch Alkohol bei einem sonst mässigen Menschen. Vielfach schliesst sich das Delirium tremens an irgend eine Gelegenheitsursache, namentlich eine Verletzung oder eine heftige Lungenentzündung, kann sich aber auch gewissermassen selbständig allein aus den inneren Vorgängen im durchseuchten Körper entwickeln und sich in dieser Weise häufig im gesammten Verlauf des Alkoholismus wiederholen. Hartnäckige Branntwein-Trinker entgehen ihm kaum jemals, wenn auch die Häufigkeit sehr verschieden und abhängig von andern äusseren Verhältnissen, namentlich der gesammten Ernährung ist. Wenn gute Weine und Biere den Alkoholismus hervorrufen, ist das Delirium tremens seltener. Ueber den Inhalt der Sinnestäuschungen gilt ziemlich dasselbe wie oben beim Trinkerwahn. Wenn man auch durchaus nicht regelmässig den am häufigsten sich einfindenden Gesichtstäuschungen das Merkmal der Kleinheit, vertreten z. B. durch Mäuse,

Insecten u. dgl., zuschreiben darf, so ist doch deren Massenhaftigkeit und ein concentrisches Eindringen durchaus bezeichnend. Es ist sehr wahrscheinlich, dass die Vervielfältigung der so herdenweise auftretenden Thiere zusammenhängt mit Störungen der Accommodation und mit Veränderungen im Augenhintergrunde (illusorische Verarbeitung des Purkinje'schen Phänomens), ihre Entstehung also grösstentheils peripher geschieht, daher wohl eine Folge von Kreislaufstörungen im Auge selbst ist. Sie sind für den Deliranten schreckhaft, um so mehr als entsprechende beängstigende Täuschungen im Gehör- und Hautsinne sie zu begleiten pflegen. Unter den letzteren gelten die Gefühle von Kröten, Schlangen, Würmern, Spinnen und Ameisen auf und in der Haut für besonders bezeichnend, und beruht auf ihnen zum Theil das beständige Zupfen an der Bettdecke und Wischen über die Haut, das auf der Höhe der Krankheit fast immer beobachtet werden kann.

Diese lebhaften Sinnestäuschungen laufen in einem, die meiste Zeit tief getrübten Bewusstsein ab; doch kommt es nicht zum völligen Verlust der Besinnung, man kann den Kranken durch kräftiges Ansprechen für Augenblicke veranlassen, Rede und Antwort zu stehen. Meistens aber ist der Zustand ein dämmerhaft traumartiger, so sehr er auch in Einzelheiten hin und herschwankt. Die Schlaflosigkeit ist schon unter den Vorboten des Deliriums auffallend, ebenso eine grosse Schreckhaftigkeit; hat sich die Krankheit aber nach einigen Tagen — selten dauern die Vorläufer 10 oder 12 Tage — voll entwickelt, so ist der gänzliche Mangel des Schlafes und das Zusammenschrecken bei jedem kleinsten Anlass die Regel. Da das Bewusstsein nicht gänzlich fehlt, die Aufmerksamkeit flüchtig erregbar ist, so erscheint das Benehmen der Kranken vielfach täppisch und albern. Die bewegliche Unruhe und die Art, wie sie sich mit den Gegenständen ihrer Sinnestäuschungen beschäftigen, vermehrt diesen Eindruck; das Greifen und Wischen nach den umherhuschenden Trugwahrnehmungen, das Sprechen mit und gegen die zahllosen Eindringlinge gestaltet den Anblick des in seinem Zimmer hausenden Deliranten häufig zu einem lebhaften Schauspiel. dessen einzelnen oft komischen Wirkungen man ebenso wenig entgeht, wie der vielfach in einer Art Galgenhumor befindliche Patient selbst. In anderen Fällen überwiegt eine grosse Aengstlichkeit, doch kommt es gewöhnlich nicht zu einem in deutlichen Worten ausgesprochenen Verfolgungswahn, sondern die einzelnen Eindrücke reihen sich einfach an einander, ohne in einem engeren Zusammenhang verarbeitet zu werden. Trotzdem kann es durch den schreckhaften feindlichen Inhalt der Sinnestäuschungen zu Gewaltthaten gegen das eigene Leben und gegen die Umgebung kommen. Wie vorschlagend häufig beängstigende Gedanken den Bewusstseinsinhalt des Deliranten wie des Trinkers erfüllen, auch ohne abhängig zu sein von bestimmten Sinnestäuschungen, geht daraus hervor, dass Trinker und Deliranten gelegentlich behaupten, sie selbst oder Andere in ihrer Nähe hätten einen Mord begangen, ohne dass später für eine solche Behauptung auch nur die leistete Veranlassung nachgewiesen werden kann.

Der untersuchende Arzt kann sich zuweilen den eigenthümlichen Umstand zu Nutze machen, dass die Sinnestäuschungen am stärksten hervortreten, sobald der Kranke selbst die Augen schliesst, um zu schlafen, oder wenn man auf die geschlossenen Augen drückt. Auf ähnlichen Druckverhältnissen im Auge, die dem Hirn Reize zutragen, beruht es dann auch wohl, wenn ein genesender Delirant halb willkürlich sonst fehlende Gesichtstäuschungen dadurch wieder hervorruft, dass er die Augen schliesst. Deshalb tritt allmählich erst volle Klarheit bei den Kranken ein, die noch lange an die Wahrheit nächtlicher Schreckens-scenen glauben, während die Sinnestäuschungen abblassen und schwinden.

Endlich sind beim Delirium tremens die motorischen Störun-gen von ganz hervorragender Bedeutung, so dass das Zittern ja auch in seinem Namen eine besondere Stelle gefunden hat. Dass die beweg-liche Unruhe in gewissem Grade eine Folge des Einflusses von Trug-wahrnehmungen ist, erfuhren wir schon; aber wenn Kranke stundenlang ihr Bett durchsuchen und ausräumen, beständig an ihrem Körper zupfen, Fäden aus der Kleidung ausziehen, so ist die unklare Absicht, die lästigen Dinge zu suchen und zu entfernen, häufig jedenfalls auch unterstützt von einer unmittelbar wirkenden Muskelunruhe. Diese zeigt sich auch in andern Muskelgruppen als denen der Hände, äussert sich ebenso in ganz zwecklosem Umhergehen, im Umstossen und Wegschieben zufällig im Wege befindlicher Gegenstände. In Schweiss gebadet und völlig er-schöpft kann der Kranke dabei kraftlos zusammenbrechen oder nach kurzen Augenblicken der Ermattung und scheinbarer Ruhe das Spiel von Neuem beginnen. Auf unmittelbare centrale Reizzustände sind auch die motorischen Störungen zurückzuführen, die sich als blitzartige Zu-ckungen in den Gesichtsmuskeln zu erkennen geben, besonders um Mund und Augen spielen, als Nystagmus erscheinen und in der Form des Zitterns sich auf Rumpf und Glieder ausbreiten; der Tremor wird so zu einem allgemeinen. Am deutlichsten ist er zu erkennen an den ausgespreizten Fingern, ferner beim Hervorstrecken der Zunge. Dabei ist die Sprache lallend und sehr erschwert, mehr jedoch durch Kraft-losigkeit als durch bestimmte Arten des Anlautens und Aussprechens ge-kennzeichnet. Die Kraftlosigkeit zeigt sich auch in dem unsicheren und taumelnden Gang; doch in Augenblicken heftigster Aufregung und Wuth

wird sie überwunden, der Kranke kann dann in der Zerstörung Unglaub-
liches leisten. Nicht so ganz selten kommen auch epileptische allgemeine Krampfanfälle bei Deliranten vor.

Da die Reflexerregbarkeit eine sehr gesteigerte ist, kommt
es zu ziellosem Herumwerfen im Bett, Zucken und Herumschlagen der
Glieder und in Folge dessen zu häufigen kleineren Verletzungen, um so
mehr als die Trübung des Bewusstseins und zuweilen vielleicht auch eine
Herabsetzung der Schmerzempfindlichkeit sie nicht beachten lassen.
Aber auch gröbere Verletzungen werden nicht empfunden, selbst
gebrochene Glieder werden mit der grössten Rücksichtslosigkeit bewegt.
Dadurch, sowie durch gleichzeitige Erkrankungen innerer Organe kommt
es oft zu Fieber. Aber auch das einfache Delirium tremens, welches
gewöhnlich zwar fieberlos verläuft, kann in seinen schwersten Formen
unter den höchsten Steigerungen der Eigenwärme verlaufen. Der Tod
pflegt dann regelmässig der Ausgang dieses Krankheitszustandes zu
sein. In einzelnen Fällen endet er ebenso durch allgemeine Erschöpfung ohne Fieber; der Puls wird weich und klein, verschwindet,
ein unregelmässig aufflackerndes, aber inhaltsleeres Delirium führt zum
völligen Erlöschen des Bewusstseins, schwache Bewegungen wie Flocken-
lesen sind noch angedeutet, die Zuckungen werden zum Sehnenhüpfen
und die letzten Kräfte sind erschöpft, ein rasch auftretendes Hirnödem
begleitet wahrscheinlich diesen Zustand. Wenn man berücksichtigt, dass
Deliranten in der Regel schon heruntergekommene Personen sind, namentlich
Lungenentzündungen bei ihnen oft auftreten, auch schwere Verletzungen und Selbstmord recht häufige Todesursachen für sie werden,
so muss man die Angabe, dass etwa der fünfte Theil im Anfall stirbt,
noch als eine verhältnismässig geringe Sterblichkeitsziffer ansehen. In
den andern Fällen pflegt das Delirium tremens durchschnittlich in
3 bis 8 Tagen zu verlaufen, freilich unter häufigen Schwankungen,
so dass ein vorübergehender kurzer Schlaf die Lösung einzuleiten scheint,
die aber durch erneute Steigerung der Erregung zuweilen noch weiter,
ja einige Wochen hinausgeschoben werden kann. In leichten Fällen endet
ein tiefer Schlaf von längerer Dauer das Delirium so völlig, dass der
Erwachende ganz genesen ist.

Da die Beseitigung der Schlaflosigkeit das Wichtigste ist, sie in
der Zeit des Abfalls der Erregung auch Arzneimitteln zugänglich wird
so hat die Behandlung hier einzusetzen. Im Anfang nützen Schlafmittel gewöhnlich nichts, während sie gegen Ende des Anfalls sehr
wirksam und heilsam zu sein pflegen. Die Wahl der Schlafmittel ist
eine dem Einzelfall anzupassende, doch gibt man vielfach dem Chloralhydrat den Vorzug, wo keine Herzleiden dagegen sprechen. Im

Uebrigen beschränkt sich die Behandlung auf möglichst gute Ernährung und die nöthigen Maßregeln zum Schutz der Umgebung und des Kranken. Aus dem Bereiche des Kranken ist Alles zu entfernen, womit er sich oder Andere verletzen könnte. So naheliegend der Versuch einer Beschränkung, besonders einer Fesselung des Deliranten an sein Bett, unter Umständen sein mag, so ist doch deshalb entschieden davor zu warnen, weil in der ausgestreckten Lage Entzündung und Oedem der Lungen sehr bedrohlich werden können. Es ist daher auch trotz des meistens kurzen Verlaufes die Behandlung in einem Krankenhause zu erstreben, in dem geeignete Einrichtungen zur Verfügung stehen; auch eine Irrenanstalt, wenn sie leicht erreichbar ist, wird der häuslichen Behandlung vorzuziehen sein. Zur Erhaltung der Kräfte dient es neben guter Kost mässige Mengen guter alkoholhaltiger Getränke zuzuführen; diese Maßnahme hat eine noch grössere Bedeutung bei Alkoholikern überhaupt, die wegen irgend eines andern, namentlich fieberhaften Leidens oder wegen einer Verletzung in Behandlung kommen, weil erfahrungsgemäss die plötzliche Entziehung des gewohnten Reizmittels einen Anfall von Delirium tremens unter solchen Umständen begünstigen kann.

Wenn wir noch erwähnen, dass einen Anfall von Delirium tremens das Zittern der Glieder, besonders der Hände lange überdauern kann, so sehen wir damit den Zustand wieder zurückkehren zu seinem früheren Verhalten und gelangen zu dem oben verlassenen Punkte in dem weitern Verlaufe des chronischen Alkoholismus. Wird dieser nicht unterbrochen durch die geschilderten Aufregungszustände, so ist er im Ganzen gleichmässig; doch gibt es noch eine bemerkenswerthe Form geistiger Störung, die nach einer einmaligen maßlosen Berauschung oder doch mehreren nur in kurzer Zeit sich folgenden Ausschreitungen bei einem Alkoholisten vorkommen kann. Es verbindet sich dann echte Alkoholvergiftung mit der schon vorhandenen allgemeinen Veränderung: das dadurch entstehende Krankheitsbild enthält die meisten der sonstigen Zeichen eng zusammengedrängt und zu gewaltiger Höhe ausgebildet. Dadurch gewinnt es eine grosse Aehnlichkeit mit einer galoppirenden paralytischen Seelenstörung. Die Stimmung ist eine sehr gehobene, maßlose Grössenvorstellungen treten unter grosser Redseligkeit und Muskelunruhe auf, Pupillendifferenzen, Facialislähmungen, allgemeines Zittern und stark erschwerte Sprache vervollständigen den täuschenden Eindruck der Paralyse. Aber wie einige der durch Gifte hervorgerufenen Paralysen einen günstigen Verlauf nehmen, so ist auch diese Alkoholparalyse dadurch ausgezeichnet, dass sie gewöhnlich nicht fortschreitet zum Blödsinn, sondern meistens nach wenigen Wochen oder Monaten zu völligem Abfall und zu Krankheitseinsicht führt: diese Genesung ist dann eine dauernde, soweit sie nicht von andern Erscheinungen des chronischen Alkoholismus abgelöst wird. Jedenfalls muss man diesen Zustand unterscheiden von dem Blödsinn mit Lähmungen, der in ausserordentlich langsamer Weise im Verlauf des gewöhnlichen chronischen Alkoholismus eintreten kann. Zur Unterscheidung kann es auch dienen, dass in dem ersteren Falle epileptiforme paralytische Anfälle selten vorkommen, während gerade die Verbindung des Alkoholismus mit Epilepsie den langsamen Verlauf zum Blödsinn hervorzurufen pflegt. Natürlich kann ein Alkoholist auch an echter Dementia paralytica progressiva erkranken, aber der berührte Blödsinn mit Lähmungen ist doch etwas Anderes nach seinem klinischen Verlauf: abgesehen von der geringeren Lebendigkeit aller Erscheinungen fehlt ihm eben der unaufhaltsam fortschreitende Verlauf, und bei völliger allmählicher Entziehung des schädigenden Giftes kann man auch hier noch einen Stillstand und eine bedeutende Besserung erzielen. Ueberhaupt pflegt die chronische Vergiftung durch alkoholhaltige Getränke nur selten zu den höchsten Graden des Blödsinnes zu führen, wie sie für die echte paralytische Seelenstörung bekannt sind. Auch wird das Fehlen reflectorischer Pupillenstarre entscheidend sein können.

Endlich müssen wir noch die Beziehung des Alkoholismus zur Epilepsie in einem anderen Sinne berühren und die sogenannte Alkoholepilepsie besprechen. Unter dem Einflusse einer heftigen Alkoholvergiftung kann sowohl bei einem chronischen Alkoholisten wie bei einem nicht als Trinker zu bezeichnenden mässigen Menschen ein Zustand tiefer Bewusstseinsstörung, die weit über den Rausch hinaus andauert, in Verbindung mit epileptischen Krämpfen auftreten und durch Sinnestäuschungen manchen epileptischen Zuständen und Aequivalenten täuschend ähnlich werden; auch ein überstürzter Verlauf der Erscheinungen, ihr rascher unvermittelter Abfall und das Fehlen der Erinnerung für das während der Zeit Geschehene und Erlebte vermehren die Aehnlichkeit. Zu bemerken ist, dass Personen davon betroffen werden, die früher nicht an Epilepsie litten; das frühere Epileptiker, die dem Alkoholismus verfallen sind, ähnliche Zustände zeigen können, bleibt davon unberührt. Ist der Zustand nur ein einmaliger, so mag man ihn als einen im früher gegebenen Sinne pathologisch genannten Rauschzustand bezeichnen. Es ist aber wesentlich, dass solche Krampfanfälle, wenn sie einmal bei einem Alkoholisten auftraten, sich nach jeder stärkeren neuen Vergiftung zu wiederholen pflegen; für diese Fälle würde der Name Alkoholepilepsie am Besten zutreffen. Ein Drittel der Deliranten leidet daran; nach der Alkoholentziehung tritt sie meistens zurück.

Nach Zufuhr gewaltiger Mengen schlechten Alkohols

kann der höchste Grad der Vergiftung von Vornherein sich in völliger Benommenheit und Lähmung äussern, die dann nicht selten durch acutes Hirnödem zum raschen Tode führen.

Im Allgemeinen aber enden die chronischen Alkoholisten noch ehe sie die höchsten Grade geistiger und körperlicher Verkommenheit erreicht haben, durch eine dazwischen tretende Organerkrankung, der sie bei ihren schwachen Kräften nur geringen Widerstand entgegenzusetzen vermögen. Von grösster Bedeutung für die Schnelligkeit des ganzen Verlaufes ist namentlich die Zusammensetzung der gebrauchten alkoholhaltigen Getränke. Dies führt uns zu der Erörterung einiger Ursachen des Alkoholismus, deren Kenntnis nothwendig ist, ehe von seiner Diagnose und Behandlung die Rede sein kann.

Voran zu stellen ist die schon berührte Thatsache, dass schlecht abgelagerte, die Fuselöle noch enthaltende alkoholische Getränke viel gefährlicher sind; das Gehirn leidet nicht nur durch den Alkohol, auch durch seine Beimengungen und Verunreinigungen. Aus diesem Umstande erklärt es sich auch ohne Weiteres, dass die Schäden des Alkoholismus vorzugsweise in den niedern Gesellschaftsclassen verbreitet sind; sie zeigen sich schon bei den Biertrinkern verhältnismässig weit seltener, ebenso auch bei vornehmen Weintrinkern. Es ist daher nicht allein die Bekämpfung des übermässigen Alkoholmissbrauches die Aufgabe, sondern man muss die alkoholischen Getränke verbessern, Bier für Schnaps einführen, da nun einmal das Trinken nicht mehr ganz zu beseitigen ist; das immer und überall seit den ältesten Zeiten vorhandene Bedürfnis nach alkoholischen Getränken wird durch das rasche, vielfach aufreibende Leben der Jetztzeit noch gesteigert. Allerdings ist das Angebot durch die erleichterten Verkehrsbedingungen ja auch vermehrt, und Gelegenheit macht Diebe; Damen trinken sogar kölnisches Wasser. Der Beruf mancher Arbeiter ist jedenfalls ausser der Verleitung durch Andere ein sehr wesentlicher Grund zum Trinken: im Freien ist es die Kälte oder Hitze, der z. B. Schmiede und Seeleute ausgesetzt sind; ähnlich geht es den Fuhrleuten im Regen und Wind, Maurern im Staube, sie Alle trinken. Alle Arbeiter, die schwere Anstrengungen zu machen haben, finden leicht Anlass zum Alkoholgenuss; wenn sie dabei ankämpfen müssen gegen den Schlaf, scheint dies noch öfter der Fall zu sein. Dass Wirthe besonders im Kleinhandel der Gefahr des Trinkens sehr stark ausgesetzt sind, ist bekannt. Mit der Ausbreitung der Schankstätten auf das platte Land ist die Trunksucht auch in bedenklicher Weise unter die bäuerliche Bevölkerung eingedrungen.

Die regelmässige Wiederholung der Zufuhr kleinerer Mengen des

Giftes ist im Allgemeinen viel schädlicher als eine stossweise sich einstellende Neigung und Ausschreitung. Indessen das periodische Auftreten eines unwiderstehlichen Dranges nach alkoholischem Getränke (Dipsomanie, vgl. Seite 76), steht ausserhalb der ursächlichen Begründung durch Alkoholvergiftung; wenn dieser Zustand einen Alkoholisten betrifft, so wird die nervös begründete Periode des triebartigen Trinkens zu einer gefährlichen Unterlage des Gesammtleidens; solche Quartalssäufer sind daher auch meistens raschem Verfall ausgesetzt, da ihre Anfangs vereinzelten aber maßlosen Ausschreitungen im Laufe der Zeit sich häufiger wiederholen: es wird auch in den von nervösen Störungen freieren Zeiten die Menge des Getrunkenen eine grosse.

Die Bedeutung des Berufes zeigt sich noch in dem völligen Ueberwiegen der durch Alkoholmissbrauch hervorgerufenen psychischen Störungen beim männlichen Geschlecht. Ebenso wie der einfache Rausch bei Frauen etwas sehr Seltenes ist, sieht man bei ihnen auch Blödsinn mit Lähmungen auf alkoholischer Grundlage äusserst selten; am Häufigsten ist es wohl noch der Fall bei Prostituirten.

Bei festgestellter Ursache, die durch den Geruch und das Aussehen der Trinker unterstützt wird, ist die Erkennung der Alkoholvergiftung und ihrer verschiedenen Erscheinungsformen auf psychischem Gebiet meistens leicht. Wenn einfache Psychosen sich auf alkoholischer Grundlage entwickeln, so muss man unterscheiden, ob eine augenblickliche Alkoholwirkung besteht, oder ob unabhängig davon der Gewohnheitstrinker in einer in sich abgeschlossenen Form erkrankt. Im ersteren Falle zeigen sich anfänglich immer besonders schwere Erscheinungen, auch der Verlauf ist ein schwerer; aus der geringen Widerstandskraft gegen kleine Mengen Alkohols darf aber nicht sofort auf Alkoholismus geschlossen werden, da eine solche Intoleranz ja vielen minderwerthigen, irgendwie belasteten Nervensystemen zukommt. Ob man den Psychosen von Gewohnheitstrinkern, die bei ihnen nicht durch Alkoholmissbrauch, sondern durch irgend eine andere Gelegenheitsursache entstehen, besondere Kennzeichen zuschreiben kann, ist zweifelhaft, da die dafür angeführten Erscheinungen meistens als allgemeine des Alkoholismus angesehen werden können oder doch auf die durch ihn erworbene allgemeine Neurasthenie zurückgeführt werden müssen.

Nach langem Bestehen des Alkoholismus bilden sich ausser den zahlreichen Veränderungen in andern Organen, am Gehirn und seinen Häuten anatomische Veränderungen aus, die nicht ohne Einfluss auf die Art der psychischen Erscheinungen bleiben. Entzündungen und Verdickungen der Hirnhäute, Schwund der Hirnsubstanz, insbesondere der Rinde, Hydrocephalus internus treten dann stark hervor. Die motorischen

Störungen, namentlich die Lähmungen, sind aber oft auch durch Erkrankungen des Rückenmarks und seiner Häute, sowie durch Entzündungen peripherer Nerven bedingt. Jedenfalls werden die schweren Reizerscheinungen, sowie Lähmungen und Sinnestäuschungen verschiedener Art, auch die starke Benommenheit der Kranken sich durch diese anatomische Grundlage deuten lassen.

Da die **Behandlung** der mit Alkoholismus verbundenen Psychosen sich nach allgemeinen Grundsätzen ergibt, bleibt uns nur noch übrig, kurz einige Bemerkungen über die Behandlung des Alkoholismus zu machen, soweit das nicht schon vorstehend geschehen ist. Auf eine völlige Wiederherstellung kann man erfahrungsgemäss nicht rechnen und muss sich daher darauf beschränken, die Krankheitserscheinungen zu mildern; dass man dazu am besten beitragen kann durch Verminderung und Verbesserung des schädigenden Giftes darf wiederholt werden. Bestimmte Heilmittel und Heilmethoden gibt es nicht: bei Dipsomanie wird Strychnin in grossen Dosen (0,002—0,005) subcutan bis 0,01 steigend sehr gerühmt; dauernde Entziehung des Alkohols hält den Verfall wohl auf, aber zu dauerndem Abschluss von der Welt entschliesst man sich selten, wenn nach Verschwinden der schwersten Erkrankungszeichen ein erträgliches Gleichgewicht zurückkehrt; dann kommen neue Rückfälle, und der Unglückliche wird wieder das Opfer dieser Geissel der Neuzeit, des Alkoholismus. Seine Entfernung steht nicht in unserer Macht, um so mehr müssen wir streben, seiner Ausbreitung durch Verbesserung der Hygiene zu begegnen. Die Bestrebungen der zahlreichen Vereine gegen den Alkoholmissbrauch haben oft segensreiche Wirkungen für Einzelne; sie schiessen aber über das Ziel hinaus, wenn sie den Alkoholgenuss ganz zu beseitigen versuchen, der immer wieder von vollkräftigen Naturen gesucht und auch ohne Nachtheil vertragen werden wird. Alkoholmissbrauch aber sollen wir immer bekämpfen, besonders bei belasteten, nicht nervenstarken Naturen. Eine grosse Gefahr des Alkoholgebrauches scheint darin zu liegen, dass sowohl die im einfachen Rausch wie die von Alkoholikern erzeugten Nachkommen sehr häufig eben dadurch belastet sind, dass das Keimplasma vergiftet wurde (vgl. Seite 22); wenn aber ganze Geschlechterreihen im 16. Jahrhundert, wo vielleicht viel stärker auch von Frauen getrunken wurde als heutzutage, nach genealogischen Nachweisen nicht entarteten. so zeigt diese Thatsache andrerseits, dass diese Alkoholvergiftung nicht eindeutig ist, sondern dass auch andere Schädigungen daneben wirken müssen.

Recept-Tafel.

(Vergleiche Behandlung im Allgemeinen, Seite 150 ff.)

Rp.: Chlorali hydrati 2·0,
Aq. dest. 20·0,
Succi Liquir. 5·0.
MS. Auf einmal zu nehmen.

Rp.: Chlorali hydrati 5·0,
Mucil. Salep. 125·0,
Syr. Rub. Idaei 25·0.
MS. Esslöffelweise (etwa 0·5
pro dosi).

Rp.: Chlorali hydrati 2·0,
Morphini hydrochlorici 0·02,
Aq. dest. 20·0,
Succi Liquir. 5·0.
MS. Auf einmal zu nehmen.
(Morphio-Chloral).

Rp.: Chlorali formamidati 2·0
in Oblaten.
S. 2—3 tägl. in Wein, Bier,
Thee.

Rp.: Paraldehyd 3 0—5·0.
S. in Milch, Pfefferminzthee,
Wein. Abends auf einmal zu nehmen
oder in Tinct. Aurantii simpl. 5·0.
Umschütteln!

Rp : Amyleni hydrati 5·0,
Aq. dest. 50·0.
Syr. Cort. Aur. 30·0.
MS. Umschütteln! Abends
die Hälfte zu nehmen (auch mit
Zucker und Rothwein).

Rp.: Sulfonal fein gepulvert in viel
warmer Flüssigkeit
Männer 2 gr ⎫ pro dosi
Frauen 1 gr ⎭
nie länger als 8 Tage!

Rp.: Trional 1·0 in reichlich Selters,
Apollinaris, Gieshübler.

Rp.: Trional 1·5—2·0. Vor Ueberführung in eine Anstalt.

Rp.: Hyoscini hydrobromici 0·002
oder das reinere
Scopolamini hydrobrom. 0,002
Aq. dest. 10·0.
MS. Zu subcutanen Injec-
tionen mit ½ Spritze zur Zeit =
1 Decimgr. beginnen. ½ mg. pro
dosi! 2 mg. pro die!

Rp.: Hyoscini hydrobromici 0·005!
Morph. mur. 0·1,
Aq. dest. 10·0.
MS. 1 Spritze vor Ueber-
führung in eine Anstalt.

Rp.: Duboisini sulfurici 0·002,
Aq. dest. 10·0.
MS. Zu subcutanen Injec-
tionen mit ½ Spritze zur Zeit =
1 Decimgr. zu beginnen. ½ mg pro
dosi! 2 mgr. pro die!

Rp.: Morphini hydrochl. 0·015.
Sacch. albi 0·3.
Mfp. Dtd. No. X.
S. 1 Pulver zur Zeit.

Rp.: Morphini hydrochl. 0·3,
Olei Cacao 10·0.
Div. in. part. aeq. No. 10.
F. suppositorium.

Rp.: Morphini hydrochl. 0·3,
Aq. Amygdal. 30·0.
M. S. Abends 10—20 Tropfen.

(Vergleiche auch Melancholie, Seite 185.)

Rp.: Morphini hydrochl. 0·015,
Chinini sulfurici 0·10.
Pulveris acrophor. 0·5.
Mfp. Dtd. No. V. ad chart.
cerat. Abends 1 Pulver bei Schlaf-
losigkeit Anämischer.

Rp.: Opii puri 0·05, etwas Koch-
salz, etwas Amylum, ein Ei,
¼ Liter Wasser.
M. S. als Klystier von 30⁰ bis
31⁰ C.

Rp.: Opii puri 0·02—0·05.
Sacch. albi 0·3.
Mfp. Dtd. No. XX.

Rp.: Tinct. Opii simpl. 1·0 = 20
Tropf. entspricht 0·1 Opium
purum, oder 10 Tropfen =
0·05. Op. pur.

zuerst 4—5mal täglich, in einigen
Tagen bis auf das Doppelte steigend.
Die stärkere Dosis sofort bei geeigneten Constitutionen. Vom 5. Tage
an für diese dann zuerst noch 5mal
täglich.

Opium purum 0·15 pro dosi!
Opium purum 0·5 pro die!

Rp.: Opii puri 0·1,
Sacch. albi 0·5,
Mfp. Dtd. Nr. X.
Steigerung bis zu den Maximaldosen nur in Kranken-
häusern! Steigen und Sinken in Zwischenräumen von
einigen Tagen.

(Auch schmerzlindernde Mittel.)

Rp.: Codeini puri 0·1,
Sacchari albi 0·3,
Rad. Gentian. 0·4.
MS. Abends ½ Pulver.
0·05! pro dosi, 0·2 pro die.

Rp.: Syrupi Codeini 30·0 (0·02 : 10).
S. bis ein Theelöffel zur Zeit.

Rp.: Codeini phosphorici 1·0.
Aq. Chloroformii 20·0.
MS. ½—1 Pravatzspritze
Abends.

Rp.: Tinct. Valerian. 20·0.
Camphor. trit. 1·0.
MS. Zur Zeit 10—20 Tropfen.

Rp.: Jnfus. rad. Valerian. 15 : 150.
S. Esslöffelweise.

Rp.: Kalii bromati 4·0.
Auf einmal in Wasser zu nehmen.

Rp.: Chinini sulfuric. 0·5—1·0.
Sacch. albi 0·5.
Mfp. Zur Zeit 1 Pulver.

Rp.: Antipyrini 1·0—2·0.

Rp.: Antifebrini 0·5—1·0.

Rp.: Phenacetini 1·0—1·5
(geschmacklos).

(Vergleiche auch Manie, Seite 197.)

Rp.: Sulfonal 2—3mal tgl. 1 gr. bei Männern ⎱ auch in refracta dosi
„   „   „   „ ¹/₂   „ Frauen ⎰ nie länger als 8 Tage.

Rp.: Kalii bromati 3mal tgl. 1—2 gr., dazu jedes Mal 10—20 Tropfen
Tinct. Opii. simpl.

Rp.: Hyoscini hydrobromici 0·01—0·02.
Aq. dest. 150·0.
MS. Abends 1 Theelöffel bis Esslöffel, reichlich trinken lassen
wegen starker Durstempfindung.

(Vergleiche auch Epilepsie, Seite 302.)

Rp.: Kalii bromati 20·0,
Natrii bromati 20·0,
Ammonii bromati 20·0.
MS. 2mal tgl. 2 gr.

Rp.: Curarini purissimi 0·01.
Aq. dest. 10·0.
MS. Zur subcutanen Injection
¹/₂ Spritze zur Zeit.

Rp.: Atropini sulf. 0·05.
Succi Liquir. dep.
Pulv. rad. Liqu. ana 5·0.
F. pil. Nr. 100. Consp. P.
Rhiz. Ir. flor.
DS. 2mal tgl. 1—2 Pillen
im Beginn.

Rp.: Bromalin 2·0 (theuer!)
= Bromkalium 1·0

Rp.: Erlenmeyer'sches Bromwasser
nach Vorschrift.

Rp.: Kalii bromati 20·0,
Aq. dest 200·0.
Succi Liquir. 20·0.
MS. 2—3 tgl. 1 Esslöffel.

Rp.: Zinci oxydati sive. ⎱ 5·0.
valerian.   ⎰
Extr. Aloës 2·5.
Succi. Liquir. dep. q. s. ut. f.
Pil. Nr. 100. Consp. Lycop.
DS. 2mal tgl. 1 Pille, steigend.

Register.

23*

K. u. k. Hofbuchdruckerei Karl Prochaska in Teschen.